奥陶系碳酸盐岩古岩溶及其油气储层研究

赵永刚　陈景山　雷卞军　赵明华　著

西安石油大学优秀学术著作出版基金
陕西省自然科学基础研究计划项目(2019JM-381)
中国石油科技创新基金研究项目(2011D-5006-0103)　联合资助
国家自然科学基金项目(61401355)

科学出版社

北京

内 容 简 介

本书以我国塔里木盆地塔中西部和鄂尔多斯盆地西部为例，从地质学角度系统研究奥陶系碳酸盐岩古岩溶及其油气储层。厘清了岩溶岩、岩溶相及岩溶环境间的关系，确定了古岩溶研究所包含的关键性内容，并将古岩溶置于层序地层格架中，提出了古岩溶分布模式。针对研究区的地质特征，提出了包括古岩溶定量表征，古岩溶系统划分、评价预测，叠加型古岩溶评价预测和古岩溶储层评价预测在内的古岩溶及其储层体系的评价预测方法，这是本书的显著特色，可为国内外碳酸盐岩古岩溶储层评价提供重要借鉴。

本书可作为碳酸盐岩油气勘探开发、碳酸盐岩古岩溶研究、碳酸盐岩储层地质学和碳酸盐岩成岩作用研究等领域工作者的重要参考书，也可作为高等院校相关专业师生的实用参考书。

图书在版编目（CIP）数据

奥陶系碳酸盐岩古岩溶及其油气储层研究 / 赵永刚等著. —北京：科学出版社，2019.11

　　ISBN 978-7-03-063211-1

　　Ⅰ. ①奥… Ⅱ. ①赵… Ⅲ. ①奥陶纪-碳酸盐岩油气藏-古岩溶-储集层-油气勘探-研究②奥陶纪-碳酸盐岩油气藏-古岩溶-储集层-层序地层学-研究 Ⅳ. ①P618.13

中国版本图书馆CIP数据核字（2018）第245660号

责任编辑：祝　洁　徐世钊 / 责任校对：郭瑞芝
责任印制：张　伟 / 封面设计：陈　敬

科 学 出 版 社 出版

北京东黄城根北街16号
邮政编码：100717
http://www.sciencep.com

北京中石油彩色印刷有限责任公司 印刷

科学出版社发行　各地新华书店经销

*

2019年11月第 一 版　　开本：720×1000 B5
2019年11月第一次印刷　印张：22 3/4　插页：6
字数：453 000

定价：168.00元

（如有印装质量问题，我社负责调换）

序 一

  (古)岩溶储层作为与礁滩储层、白云岩储层并列的三大类碳酸盐岩储层之一,在国外著名的含油气盆地中比比皆是,在我国的含油气盆地中分布广泛。我国的碳酸盐岩古岩溶及其油气储层研究兴起于 20 世纪 80 年代,历经三十余载,几代人共同努力,一路高歌猛进,形成了具中国特色的碳酸盐岩古岩溶及其储层研究体系。

  古岩溶储层成因机理研究很大程度上就是古岩溶问题的研究。该书以我国塔里木盆地塔中西部和鄂尔多斯盆地西部两个地区作为实例,系统研究奥陶系碳酸盐岩古岩溶及其油气储层。这两个地区奥陶系构造背景、沉积环境及成岩作用等诸多地质条件存在着明显差异,因此其碳酸岩盐古岩溶及其油气储层特征迥异。将两个含油气盆地的实例纳入一本书中,既要"彰显个性",又要"求同存异",绝非易事,因此类似的碳酸岩盐古岩溶及其油气储层研究的专著在国内并不多见。该书具有以下特色成果和认识:

  (1) 对比国内的岩溶岩分类方案与国际上流行的岩溶角砾岩分类方案,明确了两者的关系;区分"岩溶相"与"岩溶环境",界定了各自的适用范围。

  (2) 将古岩溶划分为同生期、表生期和埋藏期岩溶三大类;根据沉积相类型,将同生期岩溶划分为台缘滩、礁型,台内滩、潮坪型和蒸发潮坪型三种;针对两个研究区,划分了叠加型古岩溶的类型。

  (3) 认为同生期岩溶主要受海平面变化及滩、礁、潮坪沉积旋回共同控制;岩性、构造、古地形和古水文体系、古气候及海平面变化等方面对表生期岩溶具明显的控制作用;埋藏期岩溶受温度、压力、地层酸性水及构造运动等因素控制和影响。

  (4) 认为三级层序界面对同生期岩溶发育具有控制作用;建立了层序地层格架中古岩溶的分布模式;提出"内陆架低位体系域"的层序地层学概念;明确了"低位期前层序岩溶"和"晚高位期岩溶"两个层序地层学与古岩溶交叉研究的新概念。

  (5) 利用关键岩溶参数表征岩溶作用的强弱程度,划分、评价古岩溶系统,开展裂缝预测,采用多因素综合评价预测方法,对叠加型岩溶体系做出平面分级评价预测。

  (6) 揭示了岩溶作用对碳酸盐岩储层形成、分布的控制作用;将残余岩溶强度和岩体破坏接近度系数与多项储层地质参数综合，完善了我国古岩溶储层的分类评价标准，为古岩溶储层评价提供了新思路。

这些成果和认识在中国特色的碳酸盐岩古岩溶及其油气储层研究体系中举足轻重，是该书作者多年努力研究的成果与结晶。

在该书付梓出版之际，特作此序以表示祝贺！

中国工程院院士

中国石油化工集团有限公司总经理

2019 年 4 月

序　二

　　碳酸盐岩分布面积占全球沉积岩总面积的五分之一，蕴藏的油气储量却占世界总储量的一半以上，世界油气产量的近六成来自碳酸盐岩。1884年人们首次在美国印第安纳州发现碳酸盐岩油气藏，随后的一百多年里，海相碳酸盐岩油气田(藏)在全球不断被发现。我国从20世纪50年代开始相继在四川盆地、渤海湾盆地、鄂尔多斯盆地和塔里木等盆地发现碳酸盐岩油气田(藏)。碳酸盐岩油气田(藏)已成为世界石油工业的重要组成部分，在我国的分布也仅次于碎屑岩气田(藏)。

　　我国的海相碳酸盐岩普遍具有形成时间早、经历了多期构造演化与叠加、成岩作用改造强烈、埋藏深和非均质性强的显著特点，因此碳酸盐岩储层研究难度大。碳酸盐岩储层作为一种主要的油气储层类型，多为孔洞缝复合体，其形成、演化与古岩溶及古岩溶作用密切相关。"碳酸盐岩古岩溶及其油气储层"作为碳酸盐岩油气地质学中的一个重要研究领域，历来都受到油气地质学家们的关注与重视。

　　赵永刚博士从2003年开始长期专注于奥陶系碳酸盐岩古岩溶及其油气储层研究，2006年从西南石油大学矿产普查与勘探专业博士毕业到西安石油大学资源勘查工程系(先后更名为油气资源学院、地球科学与工程学院)工作。十多年里，先后参与国家科技重大专项计划项目和国家自然科学基金项目，主持完成陕西省自然科学基础研究计划项目、中石油科技创新基金研究项目和陕西省教育厅专项科研计划项目，曾负责或参与油气田企业科研项目10余项。2016年8月～2017年8月国家公派前往澳大利亚墨尔本迪肯大学科学工程与建筑环境系做访问学者一年。

　　该书作者历经十余载，积沙成塔，完成了这本专著。短期内做一件事不难，难的是长期坚持做一件事，并能够适时总结。该书的出版必将提高西安石油大学的碳酸盐岩油气地质研究水平，丰富我国的碳酸盐岩油气地质理论。

　　"宝剑锋从磨砺出，梅花香自苦寒来"。预祝该专著出版！

西安石油大学校长、教授

2019年7月

前　　言

　　古岩溶研究主要是伴随成岩、成矿作用及油气地质的研究而兴起。特别是与石油、天然气及金属、非金属矿产地质研究的关系密切。正如我国著名沉积学家叶连俊院士所言，"中国的碳酸盐岩储层都与古岩溶作用有关"。碳酸盐岩古岩溶储层是中国深层油气勘探的一个重要领域。碳酸盐岩古岩溶及其油气储层始终是海相石油地质学和碳酸盐岩储层地质学研究的重要内容。过去的几十年里，在我国塔里木盆地、鄂尔多斯盆地、四川盆地和渤海湾盆地等含油气盆地中已经发现了大量碳酸盐岩古岩溶储层。本书选择我国塔里木盆地塔中西部和鄂尔多斯盆地西部两个地区作为典型实例，聚焦研究奥陶系碳酸盐岩古岩溶及其油气储层。

　　全书共 10 章。第 1 章阐述本书的研究背景、意义、内容，研究方法与思路、成果与认识，介绍碳酸盐岩古岩溶及其油气储层研究的进展及发展趋势；第 2 章介绍研究区塔里木盆地塔中西部的地质特征；第 3 章介绍研究区鄂尔多斯盆地西部的地质特征；第 4 章调查鄂尔多斯盆地周缘古岩溶露头，研究鄂尔多斯盆地奥陶系岩溶岩、岩溶相及岩溶环境；第 5 章研究两个地区奥陶系古岩溶的期次、类型、特征及发育规律，划分叠加型古岩溶的类型；第 6 章综合考虑影响古岩溶发育的内因与外因，分析两个地区奥陶系古岩溶发育的控制因素；第 7 章将两个地区奥陶系古岩溶置于层序地层格架中研究，提出古岩溶分布模式；第 8 章针对两个地区奥陶系古岩溶的具体特征，将古岩溶定量表征与定性分析相结合，形成两种古岩溶体系评价预测方法；第 9 章分析两个地区奥陶系古岩溶储层特征，研究岩溶作用对储层形成和分布的控制作用，开展古岩溶储层评价预测；第 10 章基于研究结论，针对两个研究区奥陶系碳酸盐岩，提出油气勘探建议。

　　全书由西安石油大学赵永刚博士撰写、统稿，共计 45.3 万字。西南石油大学陈景山教授、雷卞军教授指导了本书的撰写，西安理工大学赵明华教授在本书的软件二次开发和图像处理方面做了具体工作，西南石油大学李凌教授和董兆雄教授为本书撰写提供了很大帮助。本书的撰写得益于中国石油天然气股份有限公司的勘探开发研究院、塔里木油田分公司和长庆油田分公司，中国石油化工股份有限公司中原油田分公司提供碳酸盐岩古岩溶及其油气储层研究所需的资料。本书的出版得到了西安石油大学领导的关心和有关同事的大力支持。作者指导的王帅、许准、刘徐磊、王鉴、张栋梁、刘森、王政杰、徐睿军、李磊、杨路颜、王志伟等研究生在本书的撰写过程中，清绘了部分图件，承担了文字、图表整理工作。在此一并表示感谢！

由于作者水平有限，仍然在努力地探索"碳酸盐岩古岩溶及其油气储层"问题，因此书中不妥与疏漏之处在所难免，敬请读者批评指正，不吝赐教。

作　者

2019 年 3 月

目　　录

第1章 绪 论

1.1 研究背景与研究意义

1.1.1 研究背景

碳酸盐岩是对主要由碳酸盐类矿物组成的一类沉积岩的泛称。碳酸盐岩按其生成环境，可分为海相碳酸盐岩、湖相碳酸盐岩和陆相碳酸盐岩(主要指淡水石灰岩、钙结层、洞穴碳酸盐岩和风成碳酸盐岩等)三大类，通常所指的碳酸盐岩是海相碳酸盐岩。地质历史时期，广袤无垠的海洋环境孕育出世界范围内寒武系至古近系和新近系大套的海相碳酸盐岩。我国的碳酸盐岩主要分布于震旦系、寒武系、奥陶系、泥盆系、石炭系、二叠系、三叠系及部分侏罗系、白垩系、古近系和新近系的海相地层中。

碳酸盐岩分布占全球沉积岩总面积的 20%，仅次于黏土岩和砂岩。我国碳酸盐岩约占沉积岩覆盖面积的 55%，几乎遍布全国，出露面积约 $91\times10^4km^2$，加上已知的埋藏在不同深度的碳酸盐岩，总面积大于 $455\times10^4km^2$，约占国土面积的 47%。除内蒙古、宁夏、甘肃、黑龙江、吉林、浙江、福建等省(自治区)为零星出露外，其余省(自治区)均有大面积分布，其中尤以南方的广西、广东、云南、贵州、四川、湖南、湖北等省(自治区)出露分布集中。

就沉积盆地而论，碳酸盐岩油气储层主要分布于北半球，如中东波斯湾盆地，北非锡尔特盆地，俄罗斯西西伯利亚盆地，中亚哈萨克斯坦滨里海盆地，美国墨西哥湾盆地、阿拉斯加山脉北坡、二叠盆地和我国四川盆地、塔里木盆地、鄂尔多斯盆地及渤海湾盆地等(张宁宁等，2014)。

我国碳酸盐岩储层分布跨度大，从前寒武系到中、新生界的 13 个系 20 多个层组中均有分布，尤以古生界最为发育。我国陆上分布海相碳酸盐岩盆地 28 个，面积 $330\times10^4km^2$，海域分布海相碳酸盐岩盆地 22 个，面积 $125\times10^4km^2$(李静等，2007)。第三轮油气资源评价结果表明，我国陆上海相碳酸盐岩油气资源总量丰富，其中，石油 340×10^8t，天然气 $24.30\times10^{12}m^3$。在塔里木盆地、四川盆地、鄂尔多斯盆地和渤海湾盆地碳酸盐岩中探明石油 24.35×10^8t，天然气 $1.70\times10^{12}m^3$，探明率分别为 7.16%和 7%(赵文智等，2012)。由此可见，海相碳酸盐岩油气勘探潜力巨大，是我国油气资源战略接替的重要领域。

世界上 50%以上的油气聚集在碳酸盐岩中，世界油气产量的近 60%来自碳酸盐岩。在国外，近几十年，碳酸盐岩地层一直是油气勘探开发的重要靶区，伊朗、委内瑞拉、巴西、美国、阿尔及利亚、摩洛哥、安哥拉、埃及、匈牙利、罗马尼亚、俄罗斯等国都发现了碳酸盐岩油气藏，其中规模较大的要属阿尔及利亚的哈西梅萨乌德潜山油田，含油面积达 $1300km^2$，石油地质储量为 $35.70×10^8t$。我国自 20 世纪 60 年代以来，在四川盆地、塔里木盆地、鄂尔多斯盆地和渤海湾盆地的碳酸盐岩地层中分别发现了威远气田、磨溪气田、卧龙河气田、五百梯气田、沙坪坝气田、普光气田、塔中油田、塔河油田、和田河气田和轮南油田，靖边气田，任丘油田和千米桥油气田等一大批油气田。证实我国在海相地层中找油气，特别是在海相碳酸盐岩中找油找气大有潜力。我国石油工业虽然仍以陆相地层为主力，但是勘探开发海相油气已经有了一定的理论和技术基础，据统计，石油产量的 10%，天然气产量的近 50%产自海相地层，主要来自海相碳酸盐岩，标志着迈入陆相、海相并重的油气勘探开发阶段。近些年世界各国对石油和天然气的需求空前旺盛，能源匮乏致使世界范围内又一次掀起油气勘探开发的高潮。因此，加大海相碳酸盐岩的研究投入和勘探力度，加快发展我国的海相石油地质势在必行。

综上所述，无论是在世界范围内，还是具体到我国，海相碳酸盐岩油气资源量巨大，勘探前景十分广阔。碳酸盐岩储层作为一种主要的油气储层类型，其形成、演化与碳酸盐岩古岩溶及古岩溶作用关系密切，如美国西得克萨斯二叠系圣安德烈斯(San Andres)组中的耶茨(Yates)油田和墨西哥白垩系黄金巷(Golden Lane)大油田等；也正如我国著名沉积学家叶连俊所言，"中国的碳酸盐岩储层都与古岩溶作用有关"。因此，碳酸盐岩古岩溶及其储层始终是海相石油地质学和碳酸盐岩储层地质学研究的重要内容。目前，在塔里木盆地、鄂尔多斯盆地、四川盆地和渤海湾盆地等盆地的古生界和中生界中已经发现了大量碳酸盐岩古岩溶储层，该类储层与白云岩储层及礁滩储层并称为三大类碳酸盐岩储层，这不但丰富了我国碳酸盐岩储层的类型，而且成为我国深层油气勘探的一个重要领域。

1.1.2 研究意义

早古生代奥陶纪作为我国大陆地史时期的最大海侵期，碳酸盐岩发育，目前已发现的碳酸盐岩古岩溶储层在下古生界奥陶系中分布数量多、规模大，具代表性。塔里木盆地是我国最大的含油气盆地，为早古生代以来发育成的一个大型叠合复合盆地，隶属于特提斯构造域，海相地层发育，油气资源丰富。塔河油田、轮南油田、塔中地区及和田河气田等地区的奥陶系海相碳酸盐岩古岩溶储层已被揭露，并成为目前该盆地，乃至我国海相碳酸盐岩勘探开发的热点和亮点。塔中地区在探明塔中 I 号断裂构造带油气富集区带的基础上，其勘探区域不断扩大。

鄂尔多斯盆地作为我国第二大含油气盆地，是在稳定克拉通基础上发育起来的大型叠合复合盆地，以结构简单、构造平缓、沉降稳定而闻名。该盆地中部和东部奥陶系顶部海相碳酸盐岩古岩溶储层发育，勘探程度较高，盆地中部气田举世瞩目，盆地西部奥陶系海相碳酸盐岩勘探工作日益深化，部分井已获工业气流，其奥陶系海相碳酸盐岩古岩溶储层也逐渐被揭露。其他如渤海湾盆地、四川盆地和南方海相残留盆地等一些盆地中，奥陶系海相碳酸盐岩古岩溶储层也都有不同程度的揭露。

我国奥陶系海相碳酸盐岩具有形成时间早，经历了多期构造演化与叠加，成岩作用改造强烈，普遍具有埋藏深和储层非均质性强的显著特点，因此对奥陶系海相碳酸盐岩古岩溶及其储层的研究难度很大。但是在奥陶系碳酸盐岩储层评价预测研究和勘探实践中又必须面对"古岩溶体系评价预测"和"古岩溶储层评价预测"等棘手问题。因此，要对奥陶系海相碳酸盐岩古岩溶及其储层进行全面认识、系统研究，尤其是要尽可能把握古岩溶的期次、类型、特征及发育规律，剖析古岩溶发育的控制因素，并揭示古岩溶储层的本质特征，这是科学合理地建立古岩溶发育模式，开展古岩溶体系及古岩溶储层评价预测工作的关键。从我国海相碳酸盐岩油气勘探的实际需要出发，以"塔中西部和鄂尔多斯盆地西部为例"，开展"奥陶系碳酸盐岩古岩溶及其油气储层研究"的目的也正在于此。

该研究不但对塔里木盆地中央隆起区、鄂尔多斯盆地西部地区奥陶系碳酸盐岩油气勘探开发具有现实的指导意义，对于我国海相地层油气勘探及深层油气勘探具有理论意义，而且有助于我国海相碳酸盐岩古岩溶及其油气储层研究水平的提高，对我国碳酸盐岩储层地质学的发展和海相石油地质理论体系的完善也会有促进作用。

1.2 国内外研究进展及发展趋势

1.2.1 岩溶与古岩溶

喀斯特(karst)一词产生于 100 多年前，当时仅是伊斯的利亚半岛石灰岩高原的地理专用名词。"喀斯特"的原始定义也仅具有地名学的意义，表明具有某种特殊的地貌和水文现象的地理区域。随着地学研究的发展，20 世纪 70 年代以来，该名词已经演化为全世界通用的地质学和地貌学专门术语。在 1966 年中国第二次"喀斯特"会议上，决定将"喀斯特"一词改称为"岩溶"，"喀斯特作用(karstification)"则改称为"岩溶作用"。Roehl(1967)认为"岩溶实际上是一种暴露于大气中成岩作用的地貌，它具有一系列清晰的并且通常是可将其解释的形态"。Esteban等(1983)将岩溶理解为"岩溶作为一种成岩相，是碳酸盐岩体暴露于大气水成岩环境中留下的一种印记，它受大气水中碳酸钙的溶解和迁移控制，可发生在多种气候条件和大地构造背景下，并形成可以辨识的地貌景观"。James 等(1988)更明确地指出，"岩溶一词包括了所有成岩形态——宏观的和微观的、地表的和地下的，它们在化学溶蚀过程中产生并改造了有关的碳酸盐岩层序。岩溶还应该包括地下沉淀(孔洞沉淀)，它们可能改造了溶蚀空间；坍塌角砾岩和机械沉积(内部沉积物)，它们可能充填于孔洞的底部或全部充填了孔隙；地表石灰华"。任美锷等(1983)指出，"岩溶是一种术语，它的含义几乎是溶蚀作用的同义词，一直到表示岩溶发育的全部过程。地下水和地表水对可溶性岩石的破坏和改造作用称为岩溶作用，其中包括化学过程(溶蚀和沉淀)和机械过程(流水侵蚀和沉积、重力崩塌和堆积等)。岩溶作用及其所产生的水文现象和地貌现象统称为岩溶，它既包括岩溶作用过程，也包括岩溶作用结果"。王大纯(1986)指出，"岩溶是水流与可溶岩石相互作用的过程以及由此而产生的地表及地下地质现象的总和。岩溶作用不仅包括化学的溶解及随之产生的机械破坏作用，而且还包含化学沉淀和机械沉积作用"。本书从沉积学的角度，将"岩溶"理解为碳酸盐岩的一切溶解，将其看作是碳酸盐岩成岩环境中的一种有别于溶解作用的广义成岩作用类型；按成岩阶段和成岩环境将碳酸盐岩岩溶划分为同生期(层间)岩溶、表生期岩溶和埋藏期岩溶三大类型，并分别与同生成岩阶段(大气淡水环境)、表生成岩阶段(表生环境)和早-晚成岩阶段(埋藏环境)对应。欧阳孝忠(2013)认为，岩溶是指以溶蚀作用为主的地质作用及其产物。具体来讲，是指具有侵蚀性的流动着的水溶液对可溶岩的溶蚀，并伴随有侵蚀、崩塌、堆积等地质作用的全过程及这期间产生的各种地质现象，也称喀斯特。

　　由此可见，岩溶的概念尚不统一，但岩溶一词是一个逐步演化并不断完善的专门术语，现今赋予它的含义是趋向于既包括岩溶作用又包括该作用的结果，即用以表示岩溶发育的全部过程。

　　袁道先等(1988)认为岩溶作用是水对可溶性岩石进行以化学溶蚀作用为特征，包括水的机械和崩塌作用以及物质的携出、转移和再沉积的综合地质作用。岩溶作用作为水流与岩石的相互作用，其基本特点是以岩石的溶解为先导以及由此引发的其他作用。因此，凡是产生溶蚀作用的环境，就有岩溶作用在进行。对于地质环境中的水流，无论其成因如何、分布埋藏条件如何、运动特点和水化学特征如何，只要存在与之作用的(可溶性)岩石，就没有任何限制，均能参与岩溶作用。对于岩石，只要它与水流相遇，并可被其溶解，无论其岩性如何、成岩阶段如何、埋藏产出特征如何，均能参与这一作用。还应该看到，岩溶作用的同时，水流的化学成分、运动条件等也将发生重大变化。包茨(1988)认为溶蚀作用包括溶解、淋滤、岩溶三种作用，这三种作用既有共性，也有不同点。溶解作用是在CO_2等酸性气体和有机酸参与下在碳酸盐岩中出现的一种化学过程，同时也是一种物质相态的转变过程，即一种固态(或气态)物质自身转变为液态，并与另一液态相结合或化合，溶解作用的结果使可溶物质进入了溶液；淋滤作用包含溶解作用，但不限于溶解作用。淋滤作用是可溶物质的溶解并伴有被溶解物质因扩散流(主要是渗流)而带出的一种作用。为了在沉积物或岩石中保持长期而稳定的溶解过程，孔隙水必须有流动性，它必须能将溶出的物质带走，这种排水过程是淋滤作用得以发生的关键所在，也是淋滤作用和溶解作用的区别之所在。没有被溶物质的带出作用，溶液很快饱和，溶解作用的影响是极为有限的；岩溶作用包括溶解作用和淋滤作用，但是不限于这两种作用。岩溶作用是淋滤、侵蚀、崩塌、搬运、再沉积等一系列地质作用的综合，它包括物质破坏(洞穴化)和建设(沉积)两个相反方向的作用，洞穴化作用是岩溶作用的主要方向。在岩溶作用过程中可溶物质进入地下水，不仅通过化学溶解，而且有机械冲刷、重力崩塌过程；而物质的被搬出，不仅限于扩散流(渗流、细流)，而且有一定数量的管道流(地下河洞流系统)。这种形成方式的不同，使得岩溶孔洞的发育规模也有很大不同。就形成储层的潜力而言，溶解作用一般不易形成储层，淋滤作用可以形成与原生储渗条件有关的储层，岩溶作用可以形成与原生储渗条件有关的储层及与构造裂缝有关的储层。李定龙(2001)认为现今的岩溶作用的含义应是广义的成岩作用。它有三个显著的特点：一是对原岩的改造、破坏；二是导致新的岩石矿物产生；三是改变水流的运动、化学特征，从该角度看，岩溶作用也属一种地下水的形成作用。

　　Wright(1982)和 Walkden(1974)将古岩溶定义为被年轻沉积物或沉积岩所埋藏的古代岩溶，有时并非被埋藏。Choquette 等(1988)认为古岩溶是指地质历史时期的岩溶，它通常被更年轻的沉积物或沉积岩覆盖，据此，可将古岩溶进一步划分为未被覆盖的残余古岩溶和被沉积物或沉积岩所覆盖的埋藏古岩溶。古岩溶是地质历史阶段的岩溶，但这个历史阶段如何划分，是新生代前，还是第四纪以前，尚无定论。例如，我国南、北方不少地区石炭系、二叠系和奥陶系等地层发育的现代岩溶，追溯其岩溶化岩层暴露地表的历史，远在第四纪或新生代以前；在西藏、云贵高原某些山顶，发育有裸露的古近系和新近系古岩溶(海拔 5200m)。近些年，随着研究的深入，人们在第四系中也识别出了古岩溶。例如，在巴哈马的阿巴科海湾海底发现埋藏有更新世形成的古岩溶洞穴，称为蓝洞(blue hole)。有人将新生代以前的地史时期形成的岩溶称为古岩溶。袁道先等(1994)将我国第四纪中更新世以前地史时期的岩溶称为古岩溶，并根据大地构造演化和古地理环境的影响，认为我国大致存在 5 期古岩溶：元古宙岩溶、早古生代岩溶、晚古生代岩溶、中生代岩溶和新生代岩溶。张美良等(1998)根据岩溶发育的时间与构造运动期的相关关系，将我国古岩溶建造划分为 5 期：元古代古岩溶建造期、早古生代加里东古岩溶建造期、晚古生代海西古岩溶建造期、中生代印支和燕山古岩溶建造期和新生代喜山古岩溶建造期。水文地质学家认为，控制岩溶发育的主要条件就是运移于可溶岩层中的水流环境即水文地质环境。因此，划分古代与现代岩溶的依据可考虑以"其水文地质环境是在什么时候形成的"为标准。现代水文地质环境形成以来，发育的岩溶即为现代岩溶，反之，为古岩溶。对于不同的地质单元，由于地表及地下水文网形成演化步调不一致，不应存在划分古、现代岩溶的统一时间标准。现代岩溶应该是岩溶发展的一个延伸阶段，古岩溶应该与古构造、古地理等名词一样，含有随地质历史而不断演化的意义，是在古水文地质环境中发育形成的。从这个意义讲，划分现代岩溶和古岩溶并不是目的，目的在于把握岩溶的历史演化。"古岩溶作用"是地质历史时期的岩溶作用，但同样也存在确定"划分现代岩溶作用与古岩溶作用的统一时间尺度"的问题。

综上所述，古岩溶的概念首先应该强调，它是在地质历史时期发生的；同时，它还是相对于某一套年轻地层之下所出现的古岩溶叠加体系。理想的研究思路应该是通过恢复古水文地质环境(古岩溶环境)的形成与变迁，查明该套古岩溶叠加体系形成与演化的过程，以及受后期成岩作用改造的方式及程度，最终揭露古岩溶及古岩溶作用的真实面目。

1.2.2　国内外研究进展

古岩溶研究主要是伴随成岩、成矿作用及油气地质的研究而兴起。特别是与石油、天然气及金属、非金属矿产地质研究的关系密切。国外对于古岩溶与油气储层的研究始于 20 世纪 70 年代，我国的研究工作起步稍晚些，但是发展迅速。古岩溶与油气储层研究大致可以划分为以下几个阶段。

20 世纪 60~70 年代，沉积学家在开展大气水对碳酸盐沉积物成岩作用研究的过程中开始逐步了解古岩溶(Walkden，1974；Roehl，1967；Roberts，1966)。

20 世纪 70~80 年代，主要借鉴现代岩溶学理论，认识古岩溶作用过程，研究古岩溶发育机理(Ford，1984)。在古岩溶特征和发育规律研究方面，主要以碳酸盐沉积学和成岩作用的理论和技术方法为指导。James 等(1984)、Esteban 等(1983)、Longman(1980)、Bathurst(1975，1971)等进行了大量综合性研究工作，并将大气水成岩作用与古岩溶形成机理、岩溶作用的岩石矿物学和地球化学特征等线索有机地联系在一起。我国于 1975 年发现了华北任丘油田中元古界蓟县系雾迷山组古潜山油藏之后，逐步认识到古岩溶及其储层研究的重要性。

20 世纪 80~90 年代中后期，随着人们对古岩溶作用地质意义的深刻认识，"古岩溶与油气储层"引起了地质学家，尤其是油气地质学家的重视，发表的论文数以百计，并逐年增加。1985 年，由 James 和 Choquette 召集、组织美国经济古生物学家及矿物学家协会(Society of Economic Paleontologists and Mineralogists，SEPM)，在美国科罗拉多学院召开了题为"古岩溶系统及不整合面特征和意义"的学术讨论会，会后于 1987 年由美国石油地质学家协会(American Association of

Petroleum Geologists, AAPG)会刊出版了 *Palaeokarst* 研究专辑。该专辑集中反映了国际上 20 世纪 80 年代以来不同领域的专家们从多个侧面对不同时代碳酸盐地层中古岩溶的研究成果：既有理论，又有方法；既有现代岩溶的实例分析，又有对地质历史时期中古岩溶的研究。这些工作及成果为以后古岩溶与油气储层的研究奠定了基础，具有里程碑性质。同期，在中国地质科学院岩溶地质研究所和中国地质学会岩溶地质专业委员会的主持下，召开了第一届及第二届全国岩溶矿床学术讨论会；1991 年成都地质学院沉积地质矿产研究所和长庆石油勘探局勘探开发研究院合作译编了 *Palaeokarst*，以《古岩溶与油气储层》为名在我国正式出版；李德生等(1991)系统地论述了我国深埋古岩溶；1992 年 4 月，中国天然气学会地质专业委员会在无锡召开了 "碳酸盐岩岩溶储层研究及海相现代沉积学术研讨会"。期间，除大量介绍、吸收并应用国际上有关岩溶研究的先进理论、技术和方法外，还根据我国 20 世纪 80 年代以来在四川盆地、鄂尔多斯盆地、塔里木盆地等地实际揭露的古岩溶现象，结合我国地质演化的特点，借鉴相关学科研究理论和方法进行深入探索，在古岩溶发育特征、形成机理、控制因素等方面开展了大量研究工作，取得了可喜的成果，并在某些方面形成了自己的特色。例如，贾疏源等(1993，1990)对鄂尔多斯盆地中部奥陶系风化壳的古水文、古岩溶发育及演化特征和主要产层孔洞的形成机制进行了详细研究；张锦泉(1992)出版了《鄂尔多斯盆地奥陶系沉积、古岩溶及储集特征》；王志兴等(1995)研究了四川资阳地区及其邻区上震旦统灯影组的碳酸盐岩古岩溶特征及其储集空间。

20 世纪 90 年代中后期至今，古岩溶与油气储层研究逐步趋向于系统化、(半)定量化，古岩溶地貌恢复研究突飞猛进。这个阶段，国内外的古岩溶与油气储层研究几乎是同步的，一方面是尽可能地利用多种有效的新技术、新方法和(半)定量研究方法综合沉积学、水文地质学、岩溶地质学、岩溶地貌学、碳酸盐成岩作用理论、碳酸盐岩储层地质学和数学地质学等多个学科进行深入系统的研究；另一方面是以地质为基础，进行古岩溶储层的地震预测或将测井和地震联合进行古岩溶储层预测。《古岩溶与油气储层》(兰光志等，1995)；《古岩溶与储层研究》(王宝清等，1995)；《碳酸盐岩古风化壳储层》(文应初等，1995)；《新疆塔里木盆地北部古风化壳(古岩溶)储集体特征及控油作用》(陈洪德等，1995)和《塔里木盆地轮南潜山岩溶及油气分布规律》(顾家裕，2001)等一批古岩溶与油气储层研究专著相继问世。郭建华(1996)对塔北、塔中地区深埋藏古岩溶进行研究，划分出两类不同性质的古岩溶，即不整合面古岩溶与深部古岩溶。宋文海(1996)研究了四川盆地乐山-龙女寺古隆起的岩溶作用。郑荣才等(1997a，1997b，1996)对川东地区上石炭统黄龙组古岩溶储层的地球化学特征进行了研究。马振芳等(1998)对鄂尔多斯盆地中东部奥陶系风化壳古地貌展布进行了研究。西南石油学院碳酸盐岩研究室(2000，1999)对塔里木盆地塔中Ⅰ号断裂带奥陶系的古岩溶与油气储层进行了深入系统研究。徐世琦等(1999)对四川盆地加里东古隆起震旦系古岩溶及其储层进行了研究。夏日元等(1999)对鄂尔多斯盆地中东部奥陶系风化壳储层溶蚀孔洞进行了研究。王振宇(2001)对塔里木盆地奥陶系不整合面岩溶作用特征与油气储层进行了深入研究。苏立萍(2002)研究了冀中坳陷海相碳酸盐岩古岩溶与储层发育特征；拜文华等(2002)以鄂尔多斯盆地东部奥陶系风化壳为例，研究古岩溶盆地岩溶作用模式，精细刻画古地貌。2002年，第一个超亿吨级奥陶系海相碳酸盐岩大油田——塔河油田出现在塔里木盆地的北部，使得人们对奥陶系海相碳酸盐岩古岩溶及其储层的认识进一步深化，与此相关的研究论文和专著如雨后春笋般涌现。另外，郑荣才等(2003)对渝东地区上石炭统黄龙组碳酸盐岩储层的古岩溶特征和岩溶旋回进行了研究。金振奎等(2001)研究了大港探区奥陶系古岩溶及其储层。姜平等(2005)、陈恭洋等(2003)和唐泽尧等(2000)研究了大港地区千米桥潜山奥陶系古岩溶。夏日元等(2004)研究了黄骅坳陷奥陶系古岩溶发育演化模式。马玉春等(2004)研究了塔里木盆地塔中地区奥陶系古潜山的地质地球物理特征和控制因素。陈学时等(2004，2002)对"中国油气田古岩溶与油气储层"进行了较为全面的总结。唐健生等(2005)针对塔里木盆地西北缘碳酸盐岩开展了野外溶蚀试验研究。康玉柱(2005)研究了塔里木盆地寒武-奥陶系古岩溶特征与油气分布。代金友等(2005)研究了鄂尔多斯盆地中部气田奥陶系古地貌。侯方浩等(2005)通过对比白云岩与石灰岩的岩溶规模，并与国外例证比较，明确了白云岩体表生成岩裸露期古风化壳岩溶的规模及其影响因素。朱光有(2006，2005)和Ehrenberg(2006)对深埋藏条件下碳酸盐岩的溶解机制问题有新的认识，认为热化学硫酸盐还原作用(thermochemistry sulfate reduction, TSR)和(细菌硫酸盐还原作用(bacteria sulfate reducation, BSR)产生的 H_2S、CO_2 和有机酸可能是碳酸盐岩最为重要的溶解介质。Ford 等(2006)出版了 *Perspectives on Karst GeomoR-phology, Hydrology, and Geochemistry*。夏日元等(2006)研究了塔里木盆地北缘古岩溶充填物包裹体特征；赵永刚(2006)以塔里木盆地塔中西部和鄂尔多斯盆地西部为例，比较系统地研究了其奥陶系碳酸盐岩古岩溶及其储层特征。Ford 等(2007)出版了 *Karst Hydrogeology and Geomorphology*。陈景山等(2007)研究了塔里木盆地奥陶系碳酸盐岩古岩溶作用与储层分布。梁永平等(2007)讨论了鄂尔多斯盆地周边地区野外溶蚀实验结果。郑荣才等(2008)研究了渝北—川东地区黄龙组古岩溶储层稳定同位素地球化学特征。康玉柱(2008)总结了中国古生代碳酸盐岩古岩溶储集特征与油气分布规律。张宝民等(2009)按照成因把中国岩溶储集层分为 6 类，并且关注了热液岩溶(或称热水岩溶)。潘文庆等(2009)深入研究了塔里木盆地下古生界碳酸盐岩热液岩溶的特征，并建立了相应的地质模型。胡忠贵(2009)对川东邻水—渝北地区石炭系古岩溶储层稀土元素地球化学特征进行了研究。倪新锋等(2009)论述了塔里木盆地塔北地区奥陶系碳酸盐岩古岩溶类型、期次及叠合关系。

沈安江等(2010)深入分析了塔里木盆地下古生界岩溶型储层类型及特征。周文等(2011)研究了塔河奥陶系油藏断裂对古岩溶的控制作用。屈海洲等(2011)总结了塔中北部斜坡带古岩溶发育特征及演化模式。张兵等(2011)分析了四川盆地东部黄龙组古岩溶特征与储集层的分布情况。张凤娥等(2012)利用硫同位素证实了硫酸盐岩在埋藏环境中存在生物岩溶作用。赵文智等(2013)基于塔里木盆地岩溶储层实例研究，指出岩溶储层的储集空间以缝洞为主，缝洞可以发育于潜山区，也可以发育于内幕区，具不同的地质背景和成因。王建民等(2013)出版了《鄂尔多斯盆地东部奥陶系风化壳岩溶古地貌与储层特征》；李宗杰等(2013)提出了地震古岩溶学的概念，并阐述了其基本理论、研究内容、技术路线、发展趋势、研究意义，以塔河油田碳酸盐岩缝洞型油气藏为例，开展古岩溶洞穴型储层预测研究，证明了地震古岩溶学的应用效果。张银德等(2014)深入研究鄂尔多斯盆地高桥构造平缓地区奥陶系碳酸盐岩岩溶古地貌特征与储层分布。邓兴梁等(2015)重点开展了塔里木盆地塔中Ⅱ区奥陶系鹰山组岩溶古地貌恢复方法研究。苏中堂等(2015)研究了鄂尔多斯盆地奥陶系表生期岩溶类型、发育模式及储层特征。李阳等(2016)分析了塔里木盆地塔河油田奥陶系岩溶分带及缝洞结构特征。闫海军等(2016)以鄂尔多斯盆地高桥区气藏评价阶段为例，提出"双界面"古地貌恢复方法，并分析了古地貌对流体分布的控制作用。傅恒等(2017)重点研究了塔里木盆地塔中北坡奥陶系碳酸盐岩岩溶储层的形成机理。金民东等(2017)、刘宏(2015)、肖笛(2015, 2014)、谭秀成(2011)陆续对四川盆地多个地区多个层位开展了古地貌恢复及地质意义研究，形成系列成果。赵永刚等(2017)立足于油气田实例，在回顾油气田古地貌恢复历程及方法的基础上，通过分析近年来出现的备受关注的油气田古地貌恢复方法，得出我国油气田古地貌恢复方法研究的一些主要进展。同时也看到，张春林等(2016)、和虎等(2015)、袁道先(2015)、胡明毅等(2013)、曹建文等(2013)、宋晓波等(2013)、曹建文等(2012a, 2012b)、苏中堂等(2011)、姚泾利等(2011)、漆立新等(2010)、张宝民等(2009)、王黎栋等(2008)、盛贤才等(2007)、李振宏(2006)、邹元荣等(2005)都重点分析了古岩溶及其储层发育的控制因素。

归纳起来，古岩溶与油气储层研究取得的进展主要有以下一些方面。

(1) 古岩溶识别、古岩溶作用机理及古岩溶发育特征的系统研究。从地层、地貌、岩石矿物、地球化学等方面提出了古岩溶的宏观和微观识别标志；借鉴现代岩溶学理论，开展了古岩溶作用过程与机理的探讨性研究，讨论了岩溶形成的内外地质因素；研究了古生代以来的一些岩溶实例，总结了地表和地下岩溶的发育特征，对岩溶在垂向剖面上的分带性和洞穴充填物的分带特征有了较详细的论述。

(2) 将沉积学和沉积岩石学的方法引入古岩溶研究，提出了"岩溶相"的概念。关于岩溶相，可理解为"岩溶环境的古代产物"，限定岩溶相的关键要素是岩石学特征，包括基岩成分、充填物成分、岩石结构特征及缝洞系统等。把古岩溶和地层学、沉积学联系起来并侧重于对不整合面古岩溶(风化壳古岩溶)的研究，讨论古岩溶相问题及其对油气储层或矿产形成的控制作用。

(3) 将古水文地质学分析原理引入古岩溶研究。通过对地史演化过程分析，划分古岩溶类型，恢复这些类型的岩溶发育阶段的古水文地质条件，阐明这些岩溶发育及演化规律。将古水文地质原理引入古岩溶研究，从而产生了新的研究思路。岩溶是水流与可溶岩相互作用的产物，因此地下水起源和活动特征不同，必然会形成不同体系的岩溶特征。但它们间又是相互联系的，即"旧体系"对"新体系"的控制，这正是岩溶的演化。这一认识为岩溶矿床形成演化的深入研究开拓了思路。

(4) 岩溶概念进一步扩大化，认识到新的古岩溶类型。这主要是基于岩溶作用(即水-岩作用)双方拓展的。一方面是指化学溶解作用，不仅发生于碳酸盐岩中，同时在非碳酸盐岩及膏、盐岩和砂泥岩中也可发生；另一方面，引起岩石溶解的水，不仅有渗入大气成因水，同时还有沉积层的压释成因水、深部地下热水等，从而更新了传统的岩溶概念，也有利于拓展岩溶地质学的研究思路和方法。

(5) 深部岩溶和埋藏岩溶对油气储层的影响越来越受到重视。碳酸盐岩储层不仅可以在表生期形成，在深埋藏情况下也可发生明显的岩溶，并且对油气储层的发育可能起到决定性的控制作用。地下水水平循环带以下发育的岩溶即为深部岩溶，在现今深部岩溶分布区，碳酸盐岩中广泛发育了古岩溶，且古岩溶发育又控制了现代深部岩溶发育，因此在讨论深部岩溶问题时必须讨论有关古岩溶问题。同时，地史时期的岩溶发育不可避免有深部岩溶发育，因此古岩溶研究中也应重视深部岩溶研究。古岩溶中的热水岩溶和埋藏岩溶就是深部岩溶。

(6) 将元素地球化学和流体包裹体地球化学引入到油气储层的岩溶作用研究中，提出"古岩溶地球化学"的概念。主要基于以下几点考虑：①现代大气背景下的岩溶发育环境与古岩溶有明显差异，如气候条件、大气水、海洋水的氢、碳、氧同位素特征等；②古岩溶既可在常温常压的开放系统中发育，也可在高温高压的封闭系统中发育，即地球化学背景上存在一定差异；③古岩溶是在古水文地质环境中发育形成的。古水文环境现今已不复存在，即早期岩溶水早已消失，但岩溶岩还存在，由于古岩溶研究的基本目的是通过对古岩溶环境的恢复，查明古岩溶的发育分布规律，而岩溶岩中又可能记录有古环境标志的地球化学信息。将"古岩溶地球化学"定义为应用地球化学的原理和方法，通过提取岩溶岩中"记忆的地球化学信息"(如同位素、微量元素、稀土元素、矿物流体包裹体等)解释和恢复古岩溶发育环境(古气候、古地理、古水文地质等)，并为阐明岩溶发育形成机理提供可靠依据。

(7) 埋藏期溶蚀作用特征识别和期次划分、产生的孔隙类型及数量、发育的场所和酸性水来源、成岩地球化学环境和流体运移方向、溶蚀缝洞发育机制和埋藏期溶蚀相-充填相展布模式的研究取得了较大进展。一些相应成果已用于指导油气勘探开发的具体工作。

(8) 用碳酸盐沉积学、碳酸盐成岩作用、地球化学等的基础理论和实验分析手段，开展了洞穴物理、化学等充填物的研究，提出了大气水成岩作用体系的地球化学、胶结物地层学和水动力学模式，并结合岩溶地质学和岩溶地貌学理论建立了一些实例性的古岩溶发育演化综合模式。

(9) 认识到了古岩溶对决定大型储渗空间和碳酸盐岩储集体形成和分布的控制作用和地质意义，发现世界上许多大储量、高产油气田的形成多与地质历史时期中的古岩溶作用有关，并从地质、钻井、录井、测井、开发动态等方面对古岩溶储层的特征进行了表征性的描述。

(10) 进行了碳酸盐岩古岩溶储层测井、地震响应特征的分析及古岩溶形态系统和孔洞缝的分形研究。成像测井资料用于古岩溶研究渐趋成熟。除了岩心观察，成像测井是目前研究地下古岩溶的最精确的直接手段。针对纵横向非均质性强的碳酸盐岩古岩溶洞穴型储层预测的难题，开展古岩溶地质理论指导下的三维地震储层预测技术研究，催生了"地震古岩溶学"。利用分形理论定量化研究古岩溶的发育程度，将分形维数作为衡量古岩溶发育程度的定量指标，提高了古岩溶储层评价的客观性、科学性。

(11) 出现了碳酸盐岩岩溶缝洞雕刻技术。它是地质、测井和地震一体化的储集层横向预测和孔洞缝雕刻技术的集成，在地质模式指导下，通过井-震联合反演和地震属性体提取，较为准确地刻画了碳酸盐岩缝洞体的三维分布。这项技术已趋于成熟。

(12) 地质雷达技术用于古岩溶的检测与识别。地质雷达(又称探地雷达)是一种广谱电磁波技术，是采用高频宽带电磁波确定浅层介质内部物质分布规律的一种地球物理方法。目前已经建立起地质雷达特征图像(影像)与典型地质现象的对应关系，为地质雷达图像分析和识别提供了依据。古岩溶洞穴的地质雷达图像特征相对其他地质体，比较容易判断，一般结合岩体类型、水文地质资料及前期岩溶地质调查资料等，都能做出较准确的检测与识别。

(13) 随着油气工业的快速发展，岩溶古地貌恢复方法的研究有了比较明显的进展。主要体现在：古地貌恢复方法的理论基础多元化；古地貌恢复方法的实用性越来越强；古地貌恢复方法之间优势互补，趋于综合研究。井区尺度岩溶微地貌恢复法和碳酸盐岩沉积期微地貌恢复法在油气勘探开发中的实用性日益凸显。

(14) 碳酸盐岩野外溶蚀实验取得了进展。通过在野外不同地区不同环境下对露头碳酸盐岩样品进行溶蚀实验，发现灰岩溶蚀速率较白云岩大出 20%以上,且气候对岩溶作用的控制是最直接的，不同气候条件控制的水、热、生物环境下形成了不同特色的岩溶地貌景观。大陆性干旱气候条件下，降水下渗溶滤对岩溶孔缝洞的形成起到重要作用。这些认识都为研究古岩溶发育的控制因素起到"将今论古"的作用。

(15) 碳酸盐岩室内溶蚀模拟实验不断有新认识。在温度、压力、接触的比表面积大小等条件相同的情况下，方解石比白云石更易溶解，因此含有一定量残余方解石的白云岩，有利于形成优质储层。在高温、高压条件下，白云石比方解石更易溶蚀，白云岩在深埋条件下比浅埋藏条件更容易溶蚀，而埋藏条件下膏盐的存在会抑制白云岩的溶解。

1.2.3　发展趋势

历经 40 多年，虽然"古岩溶与油气储层"研究硕果累累，但是目前人们仍然对古岩溶形成机制中的一些深层次问题，如发育规律、发育的控制因素，古岩溶期次、古岩溶分类及各类型之间的相互关系，叠加型或继承性古岩溶类型的确定，岩溶孔洞的保存条件和岩溶对储层形成、分布的控制作用等方面的研究还远不够深入。对古岩溶体系及古岩溶储层的分布预测更是缺乏较为先进的手段和技术。这些问题的解决或部分解决都将使"古岩溶与油气储层"研究迈上一个新台阶。

可喜的是，"古岩溶与油气储层"研究的深度和广度正以前所未有的速度在推进和扩展，表现在其今后大致有以下几个方面的发展趋势。

(1) 对现代岩溶学的新理论、新思路、新方法、新技术和新成果的借鉴和利用会不断加强。近百年来，岩溶学经历了岩溶形态描述及其成因和演化的假说，岩溶形成背景条件的分析，到岩溶形成的水岩作用机理研究几个阶段，后者把岩溶作为一种发生在岩石圈和水圈界面上的地质作用来研究。在这种学术思想的指导下完成的许多有关岩溶发育规律的研究，常以岩性、地质构造、水文地质条件等如何控制岩溶发育的论述而告终，实质上，这些研究尚徘徊在多因素的单项研究上。后来人们意识到由于 CO_2 的参与，如不把岩石圈、水圈同大气圈、生物圈联系起来，即以地球系统科学为指导，就很难说清楚与全球碳、水、钙循环共存的岩溶作用，这也标志着现代岩溶学的出现。现代岩溶学是研究可溶岩在大气圈、水圈、生物圈共同参与下的三相(气、液、固)不平衡作用以及其作用过程和产物的科学，主要研究暴露于地表的碳酸盐岩及其他蒸发岩在大气、水的作用下形成的一种特定的地貌(包括地下形态)及具有这种地貌形态的地理区域。现代岩溶学有两个特点：一是从全球角度研究岩溶；二是引入地球系统科学思想。由我国提出并组织领导的一些国际地质对比计划项目就代表了当代岩溶学的这两个趋向。以袁道先院士及其研究团队为代表的我国一大批岩溶学者经过长期的科研攻关和理论探索提出了岩溶动力系统、岩溶形成的动力学机制(岩溶动力学)，岩溶动力系统的资源形成机制和环境效应等一系列理论。这些新理论的提出使人们视岩溶作用为一开放的、动态的复杂系统,视岩溶动力学为一门多学科交叉的复杂系统科学,这也标志着我国的岩溶研究已提高到一个新水平,并在国际上占有领先地位。在今后的古岩溶研究中,以下几方面的问题应该引起重视。①需要借鉴现代岩溶学所倡导的"系统思想及多学科交叉研究的思路"。②"岩溶形态组合",即一组在一定环境条件下发育的,包括宏观形态和微观形态、地表形态和地下形态、溶蚀形态和沉积形态的相互匹配的岩溶形态。与岩溶地形和岩溶形态相比,它是对岩溶形态的系统定义,可以避免在研究单种岩溶形态时由于异质同相而带来的混乱,也能够更好地反映岩溶发育与特定环境的相互关系。在古岩溶地貌的精细刻画中,"岩溶形态组合的概念和分析方法"有一定参考价值。③岩溶洞穴沉积物古环境重建的思路和方法对确定古岩溶洞穴的形成时间和岩溶相分析有借鉴意义。④岩溶形成的水动力学、气体动力学和生物学机制研究丰富了岩溶发育机理的研究内容;碳酸盐岩岩溶化过程的数值模拟的方法和成果给古岩溶体系及古岩溶储层预测研究提供了重要信息;岩溶动力系统的资源形成机制研究对古岩溶储层研究有一定启示,这几方面应该引起古岩溶与油气储层研究工作者的注意。⑤表层岩溶动力系统和深部岩溶动力系统的研究成果使人们对 CO_2 来源问题的认识有了很大提高,这势必会对古岩溶发育机理的研究和发育演化模式的建立有一定帮助。⑥应该积极发展比较岩溶地质学,以便使现代岩溶研究成果能够为古岩溶研究提供更多依据,犹如比较沉积学(对比沉积学)在古代沉积研究中所发挥的作用一样。

(2) 碳酸盐岩溶蚀机理、碳酸盐岩-硫酸盐岩复合岩溶形成机制的研究都会不断深入。碳酸盐岩溶蚀机理方面,地表及埋藏条件下碳酸盐岩溶蚀机理的实验室模拟研究仍然是当今石油地质、工程地质和地球化学研究的重要前沿领域之一。在建立碳酸盐岩溶蚀作用热力学模型方程的基础上,通过计算不同温度、压力条件下碳酸盐溶解反应物质的吉布斯自由能增量来研究碳酸盐岩溶蚀作用依旧是今后定量研究的重要手段。

碳酸盐岩-硫酸盐岩复合岩溶形成机制方面,碳酸盐岩地层,特别是白云岩地层中多有石膏夹层;在一些地层中,硫酸盐岩(特别是石膏)和碳酸盐岩成互层沉积。我国碳酸盐岩中普遍有石膏夹层,美国、西班牙、立陶宛和英国等地也分布有碳酸盐岩-硫酸盐岩混合建造。在富含 CO_2 的溶液(大气降水或地壳深部热水)沿可溶岩中的构造裂隙运移过程中,发生复合岩溶导致岩溶发育。这就决定了碳酸盐岩-硫酸盐岩复合岩溶形成机制的室内模拟实验研究肯定会在现有基础上继续加强。

(3) 目前局部地区古岩溶地球化学的研究已经很深入,但是大范围、规律性的认识还很不足。能否将油、气藏范围乃至盆地范围内的地球化学大数据整合起来,建立起区域内地球化学分析与岩溶现象之间的定量关系模型,深入分析岩溶发育的规律，将是古岩溶研究的一个重要方向。

(4) 从成岩作用的角度深入细致地研究古岩溶与油气储层仍然是今后的一个重要研究领域。因为岩溶作用本身就是一种广义的成岩作用或成岩相，所以古岩溶形成、演化与油气储层特征的微观研究仍然要从成岩作用研究入手。目前大气水-海水的混合溶蚀作用相对于大气水溶蚀作用和埋藏溶蚀作用有待于深入研究；与古岩溶有关的胶结物、充填物，胶结、充填作用和胶结、充填期次应加强研究，以便解释古水动力和古气候条件，重建古环境，揭示成岩作用史，预测储层的孔隙度；从成岩环境演化及成岩演化序列的角度对叠加型或继承性古岩溶进行研究急待加强；岩溶对储层的控制作用和埋藏期成岩作用改造、溶蚀-充填物质平衡、物质-空间再分配等孔洞发育、保存条件的研究仍需继续深入。

(5) 利用层序地层学来研究古岩溶问题虽然难度较大，但是它代表了一个新的发展趋势。层序地层学虽然是一项发展中的理论，但是它的科学性、先进性、预测性和定量性特征决定了它的应用潜力和发展前景。目前将计算机、高分辨率的地震剖面处理技术与钻井、露头剖面信息相结合，利用层序地层学理论恢复岩溶古地貌；应用层序地层学原理，结合古生物学和地球化学、沉积学等理论和方法，对古岩溶洞穴机械充填物进行研究，确定洞穴机械充填物的充填环境和确定古岩溶洞穴发育时间的尝试性工作已经展开，但有待进一步加强；在层序地层分析的基础上，在层序地层格架中，探讨层序界面对古岩溶发育的影响和层序中的古岩溶类型及分布,建立层序地层格架中古岩溶的分布模式的工作有待深入进行。

(6) 碳酸盐岩古岩溶演化模拟与油气地质相结合的工作已经起步。发生岩溶作用的同时，水流的化学成分、运动条件等也将发生重要的变化。可见，岩溶作用也属于一种地下水的形成作用，因此岩溶作用与水文地质密不可分。通过恢复和重建碳酸盐岩储层地质历史时期的古水动力场，继而可以分析古水动力场的演变与油气运移聚集的关系。基于地下水渗流理论和碳酸盐溶蚀动力学理论，用数值模型可以模拟古岩溶含水系统发育演化的过程，从而寻找强溶蚀带，确定良好储层所在的位置。

(7) 在完善"古岩溶与油气储层"原有研究方法的基础上，迫切需要引进和发展更为先进的方法和技术手段。①研究"古岩溶与油气储层"的传统方法仍需完善。古构造研究方法、沉积岩石学分析方法、成岩作用研究方法、古水文地球化学、有机地球化学、储层地球化学分析方法、古生物学方法与同位素方法结合研究；钻井、录井方法，地球物理方法，室内溶蚀实验方法，计算机模拟方法，压汞实验方法等一系列方法经过多年发展，已经比较成熟。但是这些方法却存在着这样或那样的不足。例如，沉积岩石学研究以建立地质概念模式见长，但分析手段却以定性为主，定量为辅；地球化学分析虽可以得到对研究岩溶成因规律有重要作用的定量数据，但其数据分析与地质模式之间的关系模型很难建立；地震资料在古岩溶储层的横向预测上具有不可替代的作用,但地震资料分辨率较低、地震解释具多解性及古岩溶储层非均质性极强的特点,使地震预测研究不免有些力不从心;测井资料在研究古岩溶发育规律上有一定优势,但是其研究范围仅限于井壁。因此,完善这些研究方法也是当务之急。②古岩溶定量表征仍然是碳酸盐岩油气勘探开发中今后要大力加强研究的问题。定量表征岩溶作用强弱程度的"岩溶参数"。例如,垂向岩溶率、岩溶强度和残余岩溶强度(率)等参数的定义和计算公式需要规范化、标准化,使之更具可操作性;岩溶系统划分及综合评价、预测的定量指标的选择应该更科学、合理。③古岩溶与油气储层研究的深入进行,需要引入大量新技术。激光雷达扫描最近十年才作为一项野外地质数据采集技术,并用于创建数字化露头模型(digital outcrop model, DOM),其中返回激光强度是识别露头岩性和古岩溶的潜在技术。近年发展的与激光雷达扫描相结合的高光谱成像技术是露头分析的新技术,不但可以利用光谱吸收特征识别古岩溶,而且可以为人们研究那些无法进入区域的露头古岩溶提供定量数据。

(8) 古岩溶与油气储层研究的迅速发展,使其研究的系统性亟待加强,并很有可能诞生一门介于岩溶地质学与碳酸盐岩储层地质学之间的边缘交叉学科——古岩溶与油气储层地质学。由于古岩溶研究是建立在多学科理论基础之上的,古岩溶研究是多学科交叉研究的过程,不同学科之间如何互相补充、互相完善是古岩溶研究的另一个难题。就某一学科而言,古岩溶的研究进展是相当惊人的。存在的问题是,地质学家对地球化学、地震、测井等学科所知有限,对其应用仍停留在表面;而地球化学家、地震和测井工作者对地质学所知甚少,使得现代化科技手段的使用变成了无源之水。因此,建立一门新学科——古岩溶与油气储层地质学用以解决这些问题也许是必要的。

总之,海相碳酸盐岩的地质研究、勘探与开发工作方兴未艾,今后古岩溶及其油气储层研究将始终是海相碳酸盐岩油气地质研究中的一个热点。

1.3 主要研究内容

本书以塔里木盆地塔中西部和鄂尔多斯盆地西部为例,系统研究奥陶系海相碳酸盐岩古岩溶及其储层。研究内容主要包括以下几个方面。

(1) 古岩溶发育的地质背景。研究区区域构造背景与古构造演化特征,奥陶系地层划分与地层特征、碳酸盐岩岩石类型、沉积相、成岩环境及成岩作用类型等。

(2) 古岩溶露头、岩溶岩、岩溶相及岩溶环境。古岩溶的识别标志与识别方法,鄂尔多斯盆地周缘主要古岩溶露头的分布特征、奥陶系岩溶岩和岩溶角砾岩、奥陶系岩溶相及岩溶环境。

(3) 古岩溶的期次、类型、特征及发育规律。奥陶系碳酸盐岩古岩溶的期次和类型的划分，古岩溶的基本特征(识别标志)、岩溶垂向剖面中各岩溶带的特征及各类古岩溶发育规律的研究；叠加型古岩溶的界定及类型的划分。

(4) 古岩溶发育的控制因素。对奥陶系碳酸盐岩同生期、表生期和埋藏期岩溶发育的控制因素分别进行讨论。

(5) 层序地层与古岩溶。在对两个地区奥陶系分别进行层序地层分析的基础上。探讨层序界面对古岩溶发育的影响和层序中的古岩溶类型及分布，建立层序地层格架中古岩溶的分布模式。

(6) 古岩溶体系评价预测。确定 3 个表征碳酸盐岩岩溶作用强弱程度的关键岩溶参数(垂向岩溶率、岩溶强度、残余岩溶强度)，根据原始缝洞率和填充率的相对大小，定量研究岩溶作用的强弱程度和充填情况，进而划分岩溶系统的类型。在古构造应力场数值模拟分析和裂缝预测的基础上，采用多因素综合评价预测方法对塔里木盆地塔中西部奥陶系叠加型岩溶体系进行平面分级评价预测。根据三类古岩溶的发育规律、表生期岩溶发育模式和岩溶古地貌及层序地层格架中古岩溶的分布模式，对鄂尔多斯盆地西部下奥陶统古岩溶体系进行平面分布预测。

(7) 古岩溶储层特征及平面预测。研究奥陶系古岩溶储层的储渗空间类型及特征、物性特征、孔隙结构类型及特征和古岩溶储层类型及岩溶作用对储层形成和分布的控制作用等。最后，以古岩溶体系平面分布预测图为基础，分别对塔中西部和鄂尔多斯盆地西部奥陶系古岩溶储层做出平面分布预测。

1.4　研究方法与思路、成果与认识

1.4.1　研究方法与思路

以塔里木盆地塔中西部和鄂尔多斯盆地西部为例，在调查鄂尔多斯盆地周缘奥陶系主要古岩溶露头，认识岩溶岩类型及特征，分析岩溶相及岩溶环境的基础上，应用碳酸盐岩石学及沉积学、碳酸盐岩储层地球化学、碳酸盐岩测井地质学、碳酸盐岩层序地层学、碳酸盐岩储层地质学、构造地质学、石油地质学、古水文地质学、岩溶地质学及岩溶地貌学等学科的理论和技术方法，其中主要以碳酸盐岩石学及沉积学、碳酸盐岩储层地球化学、碳酸盐岩层序地层学和碳酸盐岩储层地质学的理论和方法为指导，多学科结合，采用多种技术手段，主要是偏光显微镜、阴极发光、电子探针、等离子体光谱、扫描电镜、碳氧同位素、压汞分析、图像分析、油田水有机酸浓度检测等配套分析，从地质学的角度系统地研究奥陶系碳酸盐岩古岩溶及其储层问题。在古岩溶体系平面分级评价预测和古岩溶储层特征研究的基础上，对两个地区奥陶系古岩溶储层分别进行平面分类评价预测。

研究工作的技术路线如图 1.1 所示。

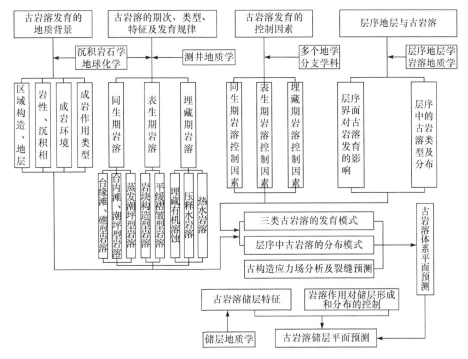

图 1.1 研究工作的技术路线图

1.4.2 主要成果与认识

(1) 结合塔里木盆地塔中西部及邻区和鄂尔多斯盆地西部奥陶系海相碳酸盐岩中古岩溶发育的实际情况,本书认为岩溶是一种成岩相,趋向于既包括岩溶作用又包括该作用的结果。岩溶作用可以在开放的大气水环境中发生,也可以是埋藏封闭环境中地层酸性水或热水的溶蚀作用。古岩溶是在地质历史时期发育的岩溶,与油气储层有关的古岩溶多被较年青的地层覆盖,现已演变为复杂的叠加型岩溶体系。

(2) 鄂尔多斯盆地周缘广泛出露不同时代的碳酸盐岩,均受到不同程度和不同时期的岩溶化作用,古岩溶露头分布较为普遍,特征鲜明。这些古岩溶露头是研究盆地井下古岩溶的“窗口”。鄂尔多斯盆地奥陶系岩溶岩分类体系与国际上流行的岩溶角砾岩分类方案(Loucks,1999)有一定的对应关系,但自身特征很明显,且奥陶系的岩溶角砾岩多数是紊乱角砾岩,有少数是镶嵌角砾岩和裂缝角砾岩。鄂尔多斯盆地奥陶系风化壳岩溶相及岩溶环境划分的实践证明,岩溶相划分能够更好地揭示风化壳古岩溶的结构,易于操作;岩溶环境划分的基础是岩溶地质体的水文学分带研究,它能够以揭示岩溶成因为前提,评价预测岩溶型储层。因此,风化壳中岩溶相的识别有助于认识、评价奥陶系岩溶储层。岩溶环境划分能够揭示岩溶作用的实质，这是预测奥陶系优质岩溶储层的有效地质手段。

(3) 按照成岩阶段和成岩环境将奥陶系碳酸盐岩古岩溶划分为同生期、表生期和埋藏期岩溶三大类。①通过对比塔里木盆地塔中西部和鄂尔多斯盆地西部奥陶系的碳酸盐岩古岩溶，从沉积相角度，首次将同生期岩溶区分为台缘滩、礁型、台内滩、潮坪型和蒸发潮坪型进行研究。总结出台缘滩、礁型同生期岩溶的 6 种主要识别标志，概括出台内滩、潮坪型同生期岩溶的 6 种主要识别标志。台缘滩、礁型和台内滩、潮坪型同生期岩溶的发育模式基本一致，出现大气成岩透镜体，而蒸发潮坪中发育淡水、盐水双层透镜体。②按照区域构造形态，将研究区奥陶系表生期岩溶分为岩块构造型和平缓褶皱型两类。塔里木盆地塔中西部及邻区奥陶系表生期岩溶属于岩块构造型，至少发育 4 期，其中以加里东中期岩溶和海西早期岩溶的规模较大，其岩溶发育模式类似于"A"型自生岩溶模式；鄂尔多斯盆地西部奥陶系表生期岩溶属于平缓褶皱型，至少发育 3 期。通过岩心的详细观察和对钻井显示、地球物理响应特征的研究，总结出表生期岩溶的主要识别标志。③认为埋藏期岩溶是碳酸盐岩在早、晚成岩阶段，埋藏成岩环境中发生的一切岩溶作用及出现的一切岩溶现象。综合两个地区奥陶系碳酸盐岩埋藏期岩溶类型，将奥陶系埋藏期岩溶分为埋藏有机溶蚀、压释水岩溶和热水岩溶三类。塔中西部及邻区上奥陶统良里塔格组灰岩中埋藏有机溶蚀作用发育，地层酸性水的最主要来源是有机成因的 CO_2，且主要发育三期溶蚀作用(晚加里东-早海西期、晚海西期和喜山期)；鄂尔多斯盆地西部的东缘下奥陶统马家沟组顶部出现压释水岩溶，酸性压释水来自古风化壳的上覆烃源岩；热水岩溶主要在鄂尔多斯盆地西部下奥陶统碳酸盐岩中发育，热水的来源主要为深循环的热水。埋藏期岩溶作为叠加在同生期岩溶或表生期岩溶之上的一期岩溶，它在改造和修饰前期岩溶产物的同时，也使自身的岩溶现象复杂化。

(4) 从成岩阶段和成岩环境演化的角度，结合两个地区奥陶系碳酸盐岩中古岩溶的类型及叠加顺序，对碳酸盐岩叠加型古岩溶进行界定及类型划分。认为塔中西部上奥陶统良里塔格组灰岩中主要发育同生期岩溶+埋藏期岩溶的叠加型古岩溶；中下奥陶统鹰山组碳酸盐岩中主要发育表生期岩溶+埋藏期岩溶的叠加型古岩溶。鄂尔多斯盆地西部的东缘发育同生期岩溶+表生期岩溶+埋藏期岩溶的叠加型古岩溶。

(5) 对奥陶系碳酸盐岩同生期、表生期和埋藏期岩溶发育的控制因素分别进行讨论。本书认为同生期岩溶主要受高频海平面变化及滩、礁、潮坪沉积旋回控制；岩性、构造、古地形和古水文体系、古气候及海平面变化等几方面对表生期岩溶具明显的控制作用；埋藏期岩溶主要受温度、压力、地层酸性水的运移规模和进入储层的时间及构造运动等因素控制和影响。

(6) 对鄂尔多斯盆地和塔中西部及邻区奥陶系分别进行了较为详细的三级层序地层分析。在鄂尔多斯盆地奥陶系中共识别出 20 个界面、19 个层序，其中有 5 个Ⅰ型层序界面(SB₁)、15 个Ⅱ型层序界面(SB₂)。层序中发育低位体系域(low stand systems tract, LST)、内陆架低位体系域(inner self lowstand systems tract, ISLST)、陆架边缘体系域(self margin systems tract, SMST)、海进体系域(transgression systems tract, TST)和高位体系域(highstand systems tract, HST)，以 SMST、TST 和 HST 所占比例较大。在塔中西部及邻区奥陶系中，结合地震剖面，识别出 5 个界面、4 个层序，其中有 4 个 SB₁、1 个 SB₂，层序中 TST 和 HST 发育。在层序地层格架中研究古岩溶是一个较新的课题。本书着重探讨层序界面对古岩溶发育的影响和层序中的古岩溶类型及分布，建立鄂尔多斯盆地西部下奥陶统层序地层格架中古岩溶的分布模式。认为奥陶系古岩溶的发育主要受Ⅰ型层序界面的控制或影响，并且揭示了同生期岩溶和表生期岩溶在层序中的分布规律。首次提出了区别于低位体系域的内陆架低位体系域的概念，明确了低位期前层序岩溶和晚高位期岩溶两个概念。

(7) 确定了 3 个关键岩溶参数(垂向岩溶率、岩溶强度、残余岩溶强度)，适用于表征碳酸盐岩岩溶作用的强弱程度。残余岩溶强度可以比较全面地表征岩溶作用所形成的储层孔洞缝的有效性，也是表征碳酸盐岩储集性能的一个重要指标。根据原始缝洞率和填充率的相对大小，定量判断了塔中西部及邻区上奥陶统良里塔格组碳酸盐岩岩溶作用的强弱程度和充填情况，进而划分了岩溶系统的类型。在对塔中西部及邻区奥陶系 T_7^4 反射层碳酸盐岩进行古构造应力场数值模拟分析的基础上，基于岩体强度理论，进行了裂缝预测，为叠加型古岩溶体系评价预测提供了定量依据。运用多因素综合评价预测方法，分别对塔中西部上奥陶统良里塔格组叠加型岩溶体系(同生期岩溶+埋藏期岩溶)和中下奥陶统鹰山组叠加型岩溶体系(表生期岩溶+埋藏期岩溶)做出了平面分级评价预测。针对两个地区，形成了两类古岩溶体系评价预测方法。

塔中西部上奥陶统良里塔格组叠加型岩溶体系在平面上的Ⅰ级岩溶发育区大致沿塔中Ⅰ号断裂构造带附近断续分布，基本上与良里塔格组台地边缘外带重合。Ⅱ级岩溶发育区呈条带状分布于Ⅰ级区的西侧或周缘，总体上与良里塔格组台地边缘内带的分布大体一致。东北部的斜坡-盆地区为Ⅲ+Ⅳ级岩溶发育区。西北部台内洼地区岩溶基本不发育，为Ⅳ级区。其余广大地区以Ⅲ级岩溶发育区为主。

塔中西部中下奥陶统鹰山组叠加型岩溶体系在平面上的Ⅰ级岩溶发育区主要沿塔中Ⅱ号断裂构造带呈北西-南东向带状展布，其次分布于该构造带北侧的 Zh1—Zh12 井一带以及西南侧的几个鼻状构造上，以及分布于岩溶斜坡、残丘和残台区。Ⅱ级岩溶发育区，主要分布于残丘和残台区，有四个分布区：①沿塔中Ⅰ号断裂构造带呈北西-南东向带状展布；②沿塔中Ⅱ号断裂构造带周边分布；

③沿塔中 10 号构造带呈北西-南东向带状分布；④大致在 sh2—Zh13 井一带呈近南北向带状分布。东北部为Ⅲ+Ⅳ级岩溶发育区，处于岩溶高地位置。西部-西北部岩溶不发育，为Ⅳ级区，处于岩溶谷地和洼坑区。其余地区以Ⅲ级岩溶发育区为主，分布于岩溶高地边缘和岩溶谷地上游区。

(8) 根据鄂尔多斯盆地西部下奥陶统碳酸盐岩中三类古岩溶的发育规律、表生期岩溶发育模式和岩溶古地貌及该区下奥陶统层序地层格架中古岩溶的分布模式，对鄂尔多斯盆地西部下奥陶统古岩溶体系进行平面分布预测。将岩溶发育区分为四级。①Ⅰ级岩溶发育区：分布于苏 15—苏 2—苏 22—陕 15 井一线以东地区，该区因同生期岩溶、表生期岩溶和热水岩溶或压释水岩溶发育叠加，古岩溶体系最发育。主要分布于岩溶斜坡区。②Ⅱ级岩溶发育区：大体上东以苏 15—苏 2—苏 22—陕 15 井一线为界，西以伊 8—鄂 7—李 1 井一线为界，北至伊 8—苏 26 井一线，南抵吴旗—莲 1 井一线，该区属于表生期岩溶、热水岩溶及压释水岩溶发育区。几类岩溶基本上分属于不同地区，主要分布于岩溶台地边缘区和部分岩溶鞍地区。③Ⅲ级岩溶发育区：呈北宽南窄的条带状，大体上西以伊 8 井—伊 27 井—任 1 井—芦参 1 井—镇原—泾川一线为界，南以长武—彬县—耀参 1 井一线为界，其北部与Ⅱ级区相邻，南部与Ⅳ级区及Ⅲ+Ⅳ级区相邻。属于表生期岩溶和热水岩溶发育区，主要分布于岩溶鞍地区和部分岩溶斜坡区。④Ⅳ级岩溶发育区：为吴旗、莲 1 井、华池和庆深 2 井等所围限，为弱岩溶发育区，主要分布在岩溶台地上。Ⅲ+Ⅳ级岩溶发育区围绕中央古陆剥蚀区分布，被Ⅲ级区和Ⅳ级区包围，属于表生期岩溶发育区，主要分布于岩溶斜坡-鞍地区。

(9) 次生孔隙、溶洞和裂缝 3 大类储渗空间在两个地区奥陶系碳酸盐岩古岩溶储层中发育，原生孔隙基本不发育，共计有 14 种储渗空间类型。古岩溶储层有裂缝-孔洞型、裂缝-孔隙型或孔隙-裂缝型、裂缝-溶洞型和孔隙型等储集类型。

岩溶作用对奥陶系碳酸盐岩储层形成、分布的控制作用主要表现在四个方面：①奥陶系碳酸盐岩古岩溶储层的储渗空间主要是同生期岩溶、表生期岩溶和埋藏期岩溶作用的产物；②表生期岩溶垂向剖面中不同岩溶带有着不同的储集特征，一般来说，水平潜流岩溶带储集性最好，其次是垂直渗流岩溶带；③岩溶作用大体上使塔中西部及邻区奥陶系碳酸盐岩储层的发育和分布被限制在古岩溶体系的范围和深度以内；④古岩溶演化过程中，同生期岩溶作用孕育了鄂尔多斯盆地西部奥陶系古岩溶储层储集空间的雏形，表生期岩溶作用形成了古岩溶储层的基本轮廓，埋藏期岩溶作用进一步将古岩溶储层改造为现今状况。

(10) 以叠加型古岩溶体系评价预测结果及平面图为基础，应用多因素综合分析叠合成图的方法，分别对塔中西部上奥陶统良里塔格组和中下奥陶统鹰山组古岩溶储层做出了平面分类评价预测。①塔中西部上奥陶统良里塔格组Ⅰ类、Ⅱ类储层主要分布于台地边缘相带的 sh2—TZ45—TZ 12 井一带，其次是分布在 Zh11—TZ 10—TZ 11 一带，Ⅰ类储层分布区仅见于台地边缘相带的 TZ 451—TZ 45 井一带；Ⅳ类储层分布于研究区的西北部和东北部。其余地区以Ⅲ+Ⅳ类储层分布区为主。②塔中西部中下奥陶统鹰山组Ⅰ+Ⅱ类储层主要分布于三个地区：一是沿着塔中Ⅰ号构造带呈北西-南东向带状展布，大致分布在 sh2—TZ 45—TZ 66—TZ 12 井一带；二是沿塔中Ⅱ号构造带及其周边呈北西-南东向宽带状分布；三是沿着塔中 10 构造带呈北西西向窄带状展布；其余地区为Ⅲ+Ⅳ类储层分布区。

(11) 依据鄂尔多斯盆地西部下奥陶统叠加型岩溶体系评价预测图，并结合该区下奥陶统的测试及生产资料，将其下奥陶统碳酸盐岩古岩溶储层在平面上分为四类地区进行评价预测。

Ⅰ类储层区分布在苏 15—苏 2—陕 56—陕 14 井一线以东的弧形区，主要位于岩溶阶地上。Ⅱ类储层区半环绕Ⅰ类区分布，大体上以伊 25 井—鄂 7 井—吴旗—莲 1 井一线与Ⅲ类区、Ⅳ类区相邻。Ⅲ类储层区的西界为伊 3 井—任 1 井—苦深 1 井—环 14 井—镇原—旬邑一线，大致以伊 25 井—鄂 7 井—吴旗—莲 1 井一线为界与Ⅱ类区相邻，并向南呈窄带状大体围绕中央古隆起边界分布，与Ⅳ类区相邻。Ⅳ类储层区为Ⅱ类区和Ⅲ类区包围，处于岩溶台地-斜坡-谷地区，岩溶作用相对较弱。

参 考 文 献

拜文华, 吕锡敏, 李小军, 等, 2002. 古岩溶盆地岩溶作用模式及古地貌精细刻画——以鄂尔多斯盆地东部奥陶系风化壳为例[J]. 现代地质, 16(3): 292-298.
包茨, 1988. 天然气地质学[M]. 北京: 科学出版社.
曹建文, 金意志, 夏日元, 等, 2012a. 塔河油田 4 区奥陶系风化壳古岩溶作用标志及控制因素分析[J]. 中国岩溶, 31(2): 220-226.
曹建文, 梁彬, 张庆玉, 等, 2012b. 黔中隆起及周缘地区灯影组古岩溶储层发育特征和控制因素[J]. 地质通报, 31(11): 1902-1909.
曹建文, 梁彬, 张庆玉, 等, 2013. 湘鄂西地区寒武系娄山关组古岩溶储层及其发育控制因素[J]. 中国岩溶, 32(3): 330-338.
陈恭洋, 何鲜, 陶自强, 等, 2003. 千米桥潜山碳酸盐岩古岩溶特征及储层评价[J]. 天然气地球科学, 14(5): 375-379.
陈洪德, 张锦泉, 1995. 新疆塔里木盆地北部古风化壳(古岩溶)储集体特征及控油作用[M]. 成都: 成都科技大学出版社.
陈景山, 李忠, 王振宇, 等, 2007. 塔里木盆地奥陶系碳酸盐岩古岩溶作用与储层分布[J]. 沉积学报, 25(6): 858-868.
陈景山, 王振宇, 1999. 塔中北斜坡奥陶系碳酸盐岩储层沉积相及优质储层预测研究[R]. 南充: 西南石油学院.
陈景山, 王振宇, 2000. 塔中地区碳酸盐岩储层评价和有利储集空间预测[R]. 南充: 西南石油学院.
陈学时, 易万霞, 卢文忠, 2002. 中国油气田古岩溶与油气储层[J]. 海相油气地质, 7(4): 13-25.
陈学时, 易万霞, 卢文忠, 2004. 中国油气田古岩溶与油气储层[J]. 沉积学报, 22(2): 244-253.
代金友, 何顺利, 2005. 鄂尔多斯盆地中部气田奥陶系古地貌研究[J]. 石油学报, 26(3): 37-39, 43.
邓兴梁, 张庆玉, 梁彬, 等, 2015. 塔中Ⅱ区奥陶系鹰山组岩溶古地貌恢复方法研究[J]. 中国岩溶, 34(2): 154-158.
傅恒, 韩建辉, 孟万斌, 等, 2017. 塔里木盆地塔中北坡奥陶系碳酸盐岩岩溶储层的形成机理[J]. 天然气工业, 37(3): 25-36.

顾家裕, 2001. 塔里木盆地轮南潜山岩溶及油气分布规律[M]. 北京: 石油工业出版社.

郭建华, 1996. 塔北、塔中地区下古生界深埋藏古岩溶[J]. 中国岩溶, 15(3): 207-216.

和虎, 冯海霞, 蔡忠贤, 2015. 塔中地区中下奥陶统鹰山组表生岩溶分布特征及主控因素[J]. 油气地质与采收率, 22(2): 17-23.

侯方浩, 方少仙, 沈昭国, 等, 2005. 白云岩体表生成岩裸露期古风化壳岩溶的规模[J]. 海相油气地质, 10(1):19-30.

胡明毅, 付晓树, 蔡全升, 等, 2014. 塔北哈拉哈塘地区奥陶系鹰山组——间房组岩溶储层特征及成因模式[J]. 中国地质, 41(5): 1476-1486.

胡忠贵, 郑荣才, 周刚, 等, 2009. 川东邻水—渝北地区石炭系古岩溶储层稀土元素地球化学特征[J]. 岩石矿物学杂志, 28(1): 37-44.

贾疏源, 1990a. 古岩溶研究取得新进展[J]. 成都地质学院学报, 17(4): 140.

贾疏源, 1990b. 陕甘宁盆地中部奥陶系风化壳天然气储层古岩溶发育特征[R]. 庆阳: 长庆石油勘探局勘探开发研究院.

贾疏源, 郑聪斌, 1993. 陕甘宁盆地中部奥陶系风化壳古水文、古岩溶演化特征及主要产层孔洞形成机制[R]. 庆阳: 长庆石油勘探局勘探开发研究院.

姜平, 王建华, 2005. 大港地区千米桥潜山奥陶系古岩溶研究[J]. 成都理工大学学报(自然科学版), 32(1): 50-53.

金民东, 谭秀成, 曾伟, 等, 2016. 四川盆地磨溪—高石梯地区加里东-海西期龙王庙组构造古地貌恢复及地质意义[J]. 沉积学报, 34(4): 634-644.

金民东, 谭秀成, 童明胜, 等, 2017. 四川盆地高石梯—磨溪地区灯四段岩溶古地貌恢复及地质意义[J]. 石油勘探与开发, 44(1):58-68.

金顺爱, 2005. 中国海相油气地质勘探与研究——访李德生院士[J]. 海相油气地质, 10(2): 1-8.

金振奎, 邹元荣, 蒋春雷, 等, 2001. 大港探区奥陶系岩溶储层发育分布控制因素[J]. 沉积学报, 19(4): 530-535.

金之钧, 2005. 中国海相碳酸盐岩层系油气勘探特殊性问题[J]. 地学前缘, 12(3): 15-22.

金之钧, 2011. 中国海相碳酸盐岩层系油气形成与富集规律[J]. 中国科学(D辑): 地球科学, 41(7): 910-926.

康玉柱, 2002. 塔里木盆地海相古生界油气勘探的进展[J]. 新疆石油地质, 23(1): 76-78.

康玉柱, 2005. 塔里木盆地寒武-奥陶系古岩溶特征与油气分布[J]. 新疆石油地质, 26(5): 14-22.

康玉柱, 2008. 中国古生代碳酸盐岩古岩溶储集特征与油气分布[J]. 天然气工业, 28(6): 1-12, 141.

兰光志, 江同文, 陈晓慧, 等, 1995. 古岩溶与油气储层[M]. 北京:石油工业版社.

李大成, 2005. 国内外海相油气基本地质特征及下步研究建议[J]. 海相油气地质, 10(1): 13-17.

李德生, 刘友元, 1991. 中国深埋古岩溶[J]. 地理科学, 11 (3): 234-243.

李定龙, 2001. 皖北奥陶系古岩溶及其环境地球化学特征研究[M]. 北京: 石油工业出版社.

李国玉, 2003. 世界石油地质[M]. 北京: 石油工业出版社.

李静, 蔡廷永, 2007. 加快实现海相油气勘探新突破[N]. 中国石化报, 2007-08-07.

李阳, 金强, 钟建华, 等, 2016. 塔河油田奥陶系岩溶分带与缝洞结构特征[J]. 石油学报, 37(3): 289-298.

李振宏, 王欣, 杨遂正, 等, 2006. 鄂尔多斯盆地奥陶系岩溶储层控制因素分析[J]. 现代地质, 20(2): 299-306.

李宗杰, 刘群, 李海英, 等, 2013. 地震古岩溶学理论及应用[J]. 西南石油大学学报(自然科学版), 35(6): 9-19.

梁永平, 王维泰, 段光武, 2007. 鄂尔多斯盆地周边地区野外溶蚀试验结果讨论[J]. 中国岩溶, 26(4): 315-320.

刘宏, 罗思聪, 谭秀成, 等, 2015. 四川盆地震旦系灯影组古岩溶地貌恢复及意义[J]. 石油勘探与开发, 42(3): 283-293.

罗平, 裴恽楠, 贾爱林, 等, 2003. 中国油气储层地质研究面临的挑战和发展方向[J]. 沉积学报, 21(1): 142-147.

马永生, 何登发, 蔡勋育, 等, 2017. 中国海相碳酸盐岩的分布及油气地质基础问题[J]. 岩石学报, 33(4): 1007-1020.

马玉春, 王璞珺, 田纳新, 等, 2004. 塔里木盆地塔中地区奥陶系古潜山的地质地球物理特征和控制因素[J]. 世界地质, 23(2): 138-143, 162.

马振芳, 周树勋, 于忠平, 等, 1998. 鄂尔多斯盆地中东部奥陶系古风化壳气藏勘探目标评价[R]. 庆阳: 长庆石油勘探局.

倪新锋, 张丽娟, 沈安江, 等, 2009. 塔北地区奥陶系碳酸盐岩古岩溶类型、期次及叠合关系[J]. 中国地质, 36(6):

1312-1321.

欧阳孝忠, 2013. 岩溶地质[M]. 北京: 中国水利水电出版社.

潘文庆, 刘永福, DICKSON J A D, 等, 2009. 塔里木盆地地下古生界碳酸盐岩热液岩溶的特征及地质模型[J]. 沉积学报, 27(5): 983-994.

彭向东, 程立人, 徐仲元, 等, 2002. 内蒙古大青山地区寒武系与奥陶系之间的一个重要的层序界面[J]. 地质论评, 48(1): 54-57.

漆立新, 云露, 2010. 塔河油田奥陶系碳酸盐岩岩溶发育特征与主控因素[J]. 石油与天然气地质, 31(1): 1-12.

屈海洲, 王福焕, 王振宇, 等, 2011. 塔中北部斜坡带古岩溶发育特征及演化模式[J]. 新疆石油地质, 32(3):257-261.

任美锷, 刘振中, 王飞雁, 等, 1983. 岩溶学概论[M]. 北京:商务印书馆.

戎昆方, 戎庆, 刘志宇, 2009. 研究岩溶的新观点: 以贵州独山南部织金洞为例[M]. 北京:地质出版社.

沈安江, 潘文庆, 郑兴平, 2010. 塔里木盆地地下古生界岩溶型储层类型及特征[J]. 海相油气地质, 15(2): 20-29.

盛贤才, 郭战峰, 陈学辉, 等, 2007. 江汉平原及邻区海相碳酸盐岩的古岩溶特征及控制因素[J]. 海相油气地质, 12(2): 17-22.

宋来明, 彭仕宓, 穆立华, 等, 2005. 油气勘探中的碳酸盐岩古岩溶研究方法综述[J]. 煤田地质与勘探, 33(3): 15-19.

宋文海, 1996. 乐山-龙女寺古隆起大中型气田成藏条件研究[J]. 天然气工业, 16(S1): 13-26, 105-106.

宋晓波, 王琼仙, 隆轲, 等, 2013. 川西地区中三叠统雷口坡组古岩溶储层特征及发育主控因素[J]. 海相油气地质, 18(2): 8-14.

苏立萍, 2002. 冀中坳陷海相碳酸盐岩古岩溶与储层发育特征[D]. 北京: 中国石油勘探开发科学研究院.

苏中堂, 陈洪德, 林良彪, 等, 2011. 靖边气田北部下奥陶统马五$_4^1$段古岩溶储层特征及其控制因素[J]. 矿物岩石, 31(1): 89-96.

苏中堂, 柳娜, 杨文敬, 等, 2015. 鄂尔多斯盆地奥陶系表生期岩溶类型、发育模式及储层特征[J]. 中国岩溶, 34(2): 109-114.

孙龙德, 2004. 塔里木含油气盆地沉积学研究进展[J]. 沉积学报, 22(3): 408-416.

孙龙德, 方朝亮, 李峰, 等, 2010. 中国沉积盆地油气勘探开发实践与沉积学研究进展[J]. 石油勘探与开发, 37(4): 385-396.

谭秀成, 聂勇, 刘宏, 等, 2011. 陆表海碳酸盐岩台地沉积期微地貌恢复方法研究——以四川盆地磨溪气田嘉二^{2}亚段 A 层为例[J]. 沉积学报, 29(3): 486-494.

唐健生, 夏日元, 邹胜章, 等, 2005. 新疆南天山岩溶系统介质结构特征及其水文地质效应[J]. 吉林大学学报(地球科学版), 35(4): 481-486.

唐泽尧, 肖姹莉, 2000. 千米桥潜山奥陶系油气藏储层评价与储层预测研究[R]. 成都: 四川石油管理局地质勘探开发研究院.

王宝清, 徐论勋, 李建华, 等, 1995. 古岩溶与储层研究——陕甘宁盆地东缘奥陶系顶部储层特征[M]. 北京: 石油工业出版社.

王大纯, 张人权, 1986. 水文地质学基础[M]. 北京:地质出版社.

王根海, 赵宗举, 2001. 中国油气新区勘探(第五卷)·中国南方海相油气地质及勘探前景[M]. 北京: 石油工业出版社.

王建民, 王佳媛, 郭德勋, 等, 2013. 鄂尔多斯盆地东部奥陶系风化壳岩溶古地貌与储层特征[M]. 北京:石油工业出版社.

王黎栋, 万力, 于炳松, 2008. 塔中地区T$_7^4$界面碳酸盐岩古岩溶发育控制因素分析[J]. 大庆石油地质与开发, 27(1): 34-38.

王兴志, 黄继祥, 侯方浩, 等, 1996. 四川资阳及邻区灯影组古岩溶特征与储集空间[J]. 矿物岩石, 16(2): 47-54.

王勇, 施泽进, 洪成云, 等, 2011. 中国岩溶型储集体的勘探技术进展及发展趋势[J]. 中国岩溶, 30(3): 334-340.

王振宇, 2001. 塔里木盆地奥陶系不整合面岩溶作用特征与油气储层研究[D]. 北京: 中国科学院地质与地球物理研究所.

王振宇, 陈景山, 1999. 塔里木盆地塔中一号断裂构造带中上奥陶统岩溶系统研究[R]. 南充: 西南石油学院.

文应初, 王一刚, 郑家凤, 等, 1995. 碳酸盐岩古风化壳储层[M]. 成都: 成都电子科技大学出版社.

夏日元, 唐健生, 2004. 黄骅坳陷奥陶系古岩溶发育演化模式[J]. 石油勘探与开发, 31(1): 51-53.

夏日元, 唐健生, 关碧珠, 等, 1999. 鄂尔多斯盆地奥陶系古岩溶地貌及天然气富集特征[J]. 石油与天然气地质, 20(2): 37-40.

夏日元, 唐建生, 邹胜章, 等, 2006. 塔里木盆地北缘古岩溶充填物包裹体特征[J]. 中国岩溶, 25(3): 246-249.

肖笛, 谭秀成, 山述娇, 等, 2014. 四川盆地南部中二叠统茅口组古岩溶地貌恢复及其石油地质意义[J]. 地质学报, 88(10): 1992-2002.

肖笛, 谭秀成, 郗爱华, 等, 2015. 四川盆地南部中二叠统茅口组碳酸盐岩岩溶特征: 古大陆环境下层控型早成岩期岩溶实例[J]. 古地理学报, 17(4): 457-476.

徐世琦, 1999. 四川盆地加里东古隆起震旦系古岩溶型储层的分布特征[J]. 天然气勘探与开发, 22(1): 14-18, 43.

许效松, 汪正江, 2002. 中国中西部海相碳酸盐盆地油气资源[J]. 新疆石油地质, 23(5): 366-372.

闫海军, 何东博, 许文壮, 等, 2016. 古地貌恢复及对流体分布的控制作用——以鄂尔多斯盆地高桥区气藏评价阶段为例[J]. 石油学报, 37(12): 1483-1494.

姚泾利, 王兰萍, 张庆, 等, 2011. 鄂尔多斯盆地南部奥陶系古岩溶发育控制因素及展布[J]. 天然气地球科学, 22(1): 56-65.

袁道先, 2015. 我国岩溶资源环境领域的创新问题[J]. 中国岩溶, 34(2): 98-100.

袁道先, 蔡桂鸿, 1988. 岩溶环境学[M]. 重庆: 重庆出版社.

袁道先, 朱德浩, 翁金桃, 等, 1994. 中国岩溶学[M]. 北京: 地质出版社.

张宝民, 刘静江, 2009. 中国岩溶储集层分类与特征及相关的理论问题[J]. 石油勘探与开发, 36(1): 12-29.

张兵, 郑荣才, 王绪本, 等, 2011. 四川盆地东部黄龙组古岩溶特征与储集层分布[J]. 石油勘探与开发, 38(3): 257-267.

张春林, 朱秋影, 张福东, 等, 2016. 鄂尔多斯盆地西部奥陶系古岩溶类型及主控因素[J]. 非常规油气, 3(2): 11-16.

张凤娥, 卢耀如, 2001. 硫酸盐岩溶蚀机理实验研究[J]. 水文地质工程地质, 28(5): 12-16.

张凤娥, 卢耀如, 郭秀红, 2003. 复合岩溶形成机理研究[J]. 地学前缘, 10(2): 495-500.

张凤娥, 卢耀如, 殷密英, 等, 2012. 埋藏环境中硫酸盐岩生物岩溶作用的硫同位素证据[J]. 地球科学-中国地质大学学报, 37(2): 357-364.

张凤娥, 张胜, 齐继祥, 等, 2010. 埋藏环境硫酸盐岩岩溶发育的微生物机理[J]. 地球科学-中国地质大学学报, 35(1): 146-154.

张锦泉, 1992. 鄂尔多斯盆地奥陶系沉积、古岩溶及储集特征[M]. 成都: 成都科技大学出版社.

张美良, 林玉石, 邓自强, 1998. 岩溶沉积-堆积建造类型及其特征[J]. 中国岩溶, 17(2): 79-89.

张宁宁, 何登发, 孙衍鹏, 等, 2014. 全球碳酸盐岩大油气田分布特征及其控制因素[J]. 中国石油勘探, 19(6): 54-65.

张银德, 周文, 邓昆, 等, 2014. 鄂尔多斯盆地高桥构造平缓地区奥陶系碳酸盐岩岩溶古地貌特征与储层分布[J]. 岩石学报, 30(3): 757-767.

赵文智, 沈安江, 潘文庆, 等, 2013. 碳酸盐岩岩溶储层类型研究及对勘探的指导意义——以塔里木盆地岩溶储层为例[J]. 岩石学报, 29(9): 3213-3222.

赵文智, 沈安江, 胡素云, 等, 2012. 中国碳酸盐岩储集层大型化发育的地质条件与分布特征[J]. 石油勘探与开发, 39(1): 1-12.

赵文智, 张光亚, 2002. 中国海相石油地质与叠合含油气盆地[M]. 北京: 地质出版社.

赵永刚, 2006. 奥陶系碳酸盐岩古岩溶及其储层研究[D]. 成都: 西南石油大学.

赵永刚, 王东旭, 冯强汉, 等, 2017. 油气田古地貌恢复方法研究进展[J]. 地球科学与环境学报, 39(4): 516-529.

郑聪斌, 谢庆邦, 1993. 陕甘宁盆地中部奥陶系风化壳储层特征[J]. 天然气工业, 13(5): 26-30, 7.

郑荣才, 陈洪德, 1997a. 川东黄龙组古岩溶储层微量和稀土元素地球化学特征[J]. 成都理工学院学报, 24(1): 1-7.

郑荣才, 陈洪德, 刘文均, 等, 1996. 川北大安寨段储层深部热水溶蚀作用[J]. 石油与天然气地质, 17(4): 293-301.

郑荣才, 陈洪德, 张哨楠, 1997a. 川东黄龙组古岩溶储层的稳定同位系和流体性质[J]. 地球科学-中国地质大学学报, 22(4): 424-428.

郑荣才, 胡忠贵, 郑超, 等, 2008. 渝北—川东地区黄龙组古岩溶储层稳定同位素地球化学特征[J]. 地学前缘, 15(6): 303-311.

郑荣才, 彭军, 高红灿, 等, 2003. 渝东黄龙组碳酸盐岩储层的古岩溶特征和岩溶旋回[J]. 地质地球化学, 31(1): 28-35.

周文, 李秀华, 金文辉, 等, 2011. 塔河奥陶系油藏断裂对古岩溶的控制作用[J]. 岩石学报, 27(8): 2339-2348.

朱光有, 张水昌, 梁英波, 等, 2005. 川东北地区飞仙关组高含 H_2S 天然气 TSR 成因的同位素证据[J]. 中国科学(D 辑): 地球科学, 35(11): 1037-1046.

朱光有, 张水昌, 梁英波, 等, 2006. TSR 对深部碳酸盐岩储层的溶蚀改造——四川盆地深部碳酸盐岩优质储层形成的重要方式[J]. 岩石学报, 22(8): 2182-2194.

邹元荣, 郭书元, 2005. 塔中地区奥陶系碳酸盐岩表生岩溶分布特征及主控因素[J]. 新疆地质, 23(2): 209-212.

JAMES N P, CHOQUETTE P W, 1991. 古岩溶与油气储层[M]. 成都地质学院沉积地质矿产研究所, 长庆石油勘探局勘探开发研究院, 译. 成都: 成都科技大学出版社.

BATHURST R G C, 1971. Carbonate sediments and their diagenesis. Development in sedimentology 12[G]. 1st ed. Amsterdam: Elseviver.

BATHURST R G C, 1975. Carbonate sediments and their diagenesis. Developments in sedimentology 12[G]. 2rd ed. Amsterdam: Elsevier.

BLEAHU M, 1989. Paleokarst of Romania[M]//BOSAK P, FORD D C, HORACEK J I. Paleokarst: a systemic and regional review. Amsterdam: Elsevier.

BÖGLI A, JAMES N P, 1980. Karst hydrology and physical speleology[M]. Berlin, Heidelberg, New York: Spring-Verlag.

CHOQUETTE P W, 1988. Introduction[M]//Paleokarst. NewYork: Springer-Verlag.

EHRENBERG S N, 2006. Porosity destruction in carbonate platforms[J]. Journal of Petroleum Geology, 29(2): 41-52.

ESTEBAN M, 1991. Paleokarst: practical applications[G]//WRIGHT V P, ESTEBAN M, SMART P L. Paleokarst and Paleokarstic reservoirs: University of Reading Postgraduate Research Institute for Sedimentology Short Course. Berkshire: University of Reading.

ESTEBAN M, KLAPPA C F, 1983. Subaerial exposure environments[C]//SCHOLLE P A, BEBOUT D G, MOORE C H. Carbonate Depositional Environments, AAPG Memoir 33: 1-95.

FORD D C, WILLIAM B W, 2006. Perspectives on karst geomorphology, hydrology, and geochemistry[M]. Boulder: The Geological Society of America, Inc.

FORD D, WILLIAMS P, 2007. Karst hydrogeology and geomorphology[M]. Chichester: John Wiley & Sons Ltd.

FORD T D, 1984. Paleokarst in Britain[J]. Cave Science, 11(4): 246-264.

JAMES N P, CHOQUETTE P W, 1984. Diagenesis 9 Limestones-the meteoric diagenetic environment[J]. Geoscience Canada, 11: 161-194.

JAMES N P, CHOQUETTE P W, 1988. Paleokarst[C]. New York: Spring-Verlag.

LONGMAN M W, 1980. Carbonate diagenetic textures from nearsurface diagenetic environments[J]. AAPG Bulletin, 64(4): 461-487.

LOUCKS R G, 1999. Paleocave carbonate reservoir: origins, Burial-depth modifications, spatial complexity and Implications[J]. AAPG Bulletin, 83(11): 1795-1834.

ROBERTS A E, 1966. Stratigraphy of Madison Group near Livingston, Montana and discussion of karst and solution-breccia features[Z]. Geology Survey Professional paper 526-B, 23.

ROEHL P O, 1967. Stony mountain(Ordovician) and interlake(Silurian) facies analogs of recent low-energy marine and subaerial carbonate, Bahamas[J]. AAPG Bulletin, 51(10): 1979-2032.

WALKDEN G M, 1974. Paleokarst surface in upper visean(Carboniferous), limestones of the Derbyshine Block, England[J]. Journal of Sedimentary Petrology, 44(2): 1232-1274.

WHITE V P, 1991. Paleokarst: type, recognition, controls, and associations[G]//WRIGHT V P, ESTEBAN M, SMART AAP L. Paleokarst and Paleokarstic reservoirs: Postgraduate Research Institute for Sedimentology, University of Reading. Berkshire: University of Reading.

WRIGHT V P, 1982. The recognition and interpretation of Paleokarst: Two examples from the lower Carboniferous of South Wales[J]. Journal of Sedimentary Petrology, 52(1): 83-94.

第2章 塔里木盆地塔中西部地质特征

塔里木盆地位于我国新疆维吾尔自治区的南部，处于东经 74°00′～91°00′和北纬 36°00′～42°00′，面积为 56×10⁴km²，是我国最大的内陆盆地。盆地位于天山和昆仑山系之间，周边尚有一系列其他次一级山系：东南侧为阿尔金山，东北侧为库鲁克塔格山，西北侧为柯坪塔格山。盆地中心是浩瀚的塔克拉玛干沙漠，面积达 33.7×10⁴km²，周缘是一系列大型山前洪(冲)积扇和洪积平原。塔里木盆地的边界为大型逆冲断裂带和走滑断裂带所限，是一个范围较大的陆块残余，也是古塔里木板块的核心稳定区部分。塔里木盆地是世界上仅存的几个尚未全面勘探的大型含油气盆地之一，经过多年的科研和勘探实践，证明塔里木盆地油气资源十分丰富，是我国西气东输的主要气源基地。塔里木盆地是一个在塔里木板块背景上演化发展而成的多旋回大型叠合复合盆地，盆地在漫长的地质演化过程中，各个地质时期的构造格局有较大的差异。现今全盆地呈现"三隆四坳"的构造格局，即塔北隆起、中央隆起、塔南隆起；库车坳陷、北部坳陷、西南坳陷和东南坳陷(图 2.1)。

图 2.1 塔里木盆地区域构造划分及研究区位置图(修改自贾承造，2004)

塔中西部地处塔里木盆地塔克拉玛干大沙漠腹地，包括中石化塔中区块中的卡塔克 1、顺托果勒西和阿东三个区块，面积约 1.5×10⁴km²，其东南邻区为中石油原塔指区块。区域构造位置主要属于塔里木盆地中央隆起带的塔中低凸起西部，部分属于北部坳陷的满加尔凹陷和阿瓦提凹陷及中央隆起带的巴楚断隆。塔中低凸起呈北西向展布，西与巴楚断隆相接，东与塔东低凸起相连，北隔塔中I号断裂构造带与满加尔凹陷相连，南邻西南坳陷的塘古孜巴斯凹陷(塘古凹陷)，面积约$2.75×10^4 km^2$(图 2.1)。总体的构造形态为向西北倾没的不对称凸起，西部相对平缓宽阔，东南相对陡峭狭窄，发育向西撒开、向东收敛的"帚状"断裂体系(图 2.2)。

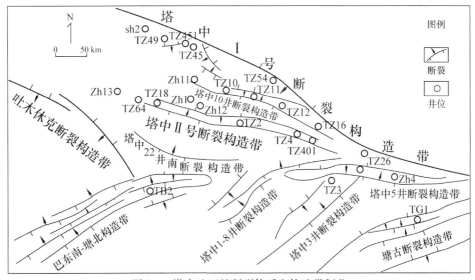

图 2.2 塔中地区的断裂体系和构造带划分

2.1 区域构造演化特征

塔中地区经历了塔里木运动、加里东运动、海西运动、印支运动、燕山运动和喜山运动的多期改造，其中加里东中期、加里东晚期和海西早期等构造运动是对该区产生重大影响的构造事件(贾承造等，1995)(表 2.1)。

表 2.1 塔中地区构造运动简表(修改自陈新军，2005)

年代地层			反射波号	接触关系	构造运动	反射特征
系	统	地层代号				
古近系、新近系		N、E	T_3^0	上超 削截	燕山末幕运动	古近系、新近系广泛分布，与下伏白垩系间为不整合接触
白垩系		K	T_4^0			为一套空白反射，厚度变化大，其下缺失侏罗系
三叠系		T	T_5^0	上超 削截	印支运动	全区厚度变化不大，上为多相位连续反射，下为弱反射
二叠系	上统	P_2	T_5^1	超覆	海西末幕运动	该套地层厚度变化大，顶为一中～强连续反射

续表

年代地层			反射波号	接触关系	构造运动	反射特征
系	统	地层代号				
二叠系	下统	P_1	T_5^5	上超 / 削截	晚海西运动	顶为一可连续追踪的强反射，为火山岩反射
石炭系		C	T_6^0	上超	早海西运动	顶为一可连续追踪的中强反射，其底面与下伏地层间为一削截面
泥盆系		D	T_6^2	削截		该套地层厚度变化大，底面为一起伏不平的反射界面
志留系		S	T_7^0	上超	中加里东运动	追踪地震反射，可见中~低频反射
奥陶系	上统	O_3s	T_7^2	削截		
		O_3l	T_7^4	上超 / 削截	中加里东运动	
	中下统	$O_{1-2}ys$			中加里东运动早幕	其顶为一单相位的可断续追踪的中~弱反射
	下统	O_1pl				

2.1.1　塔里木运动

元古宙末期的塔里木运动使得元古宇地槽褶皱抬升，最终转化为古塔里木地台，形成由中新元古界浅变质岩系和古元古界、太古宇深变质岩系组成结晶基底。

2.1.2　早加里东运动

早加里东运动在区域拉张应力作用下，地壳沉降形成陆表海接受沉积。盆地周缘为被动大陆边缘，盆地内部进入库满拗拉槽和塔西克拉通内坳陷发展阶段。塔中地区水体较浅，形成碳酸盐岩台地。

2.1.3　中加里东运动

加里东中期运动早幕(满加尔运动)使塔里木地块受构造挤压作用而不均匀升降，盆地及周边地区区域应力场由拉伸状态转变为侧向挤压状态，断层性质也发生了相应的转变，由正转逆，逆断层不仅使塔中断垒抬升，而且延伸范围和规模也相应扩大，并产生了一系列的伴生断裂，形成了现今塔中低凸起的雏形。隆起高部位中下奥陶统出露地表遭受剥蚀，造成与上奥陶统的平行不整合接触，塔中南北斜坡上奥陶统与中下奥陶统则呈超覆不整合接触。

晚奥陶世末期的加里东中期运动(艾比湖运动)对塔中地区的影响非常强烈，

地层强烈褶皱隆升,中上奥陶统甚至部分下奥陶统遭受剥蚀,隆起高部位上的奥陶系碳酸盐岩出露地表,遭受强烈的表生期岩溶改造,致使奥陶系与上覆志留系呈角度不整合接触。

2.1.4　晚加里东运动

志留纪末期,晚加里东运动(博罗霍洛运动)导致塔中隆起受到强烈的南北挤压作用,地层抬升遭受强烈剥蚀,并形成了志留系与上覆泥盆系的不整合接触。塔中隆起及其南部邻区强烈逆冲褶皱,隆起明显得到加强,构造幅度明显增大,同时伴随压扭性走滑逆冲断裂的形成和活动,塔中隆起得到进一步继承和发展。

2.1.5　早海西运动

泥盆纪晚期的早海西运动(库米什运动)是盆地演化过程中发生的最重要的构造事件之一。在这次强烈的南北挤压构造作用下,盆地大部分地区隆起剥蚀并伴随南部强烈逆冲断裂褶皱,使中央隆起带南北两侧的隐伏基底断裂(先存构造)活化,发生左行走滑运动,产生走滑隆起构造带,自西向东发育了巴楚、塔中和塔东三个左行雁列式的低凸起。塔中地区泥盆系遭受严重剥蚀,隆起顶部剥蚀殆尽,仅西北部有残留厚度,同时志留系、上奥陶统、中下奥陶统地层也遭受到不同程度的剥蚀,造成上泥盆统东河砂岩段沉积前的高低起伏地形、地貌特征,致使上覆东河砂岩段与下伏不同时代地层呈角度不整合接触。经历早海西运动,塔中地区隆起幅度进一步增加,逐渐发育成一个巨型复式台背斜构造。至此,塔中隆起定型,后期构造运动对其影响较微弱。

2.1.6　晚海西运动

早二叠世晚期的晚海西运动使塔里木板块与周边西昆仑地块碰撞,造成南天山洋最终关闭,并在塔中隆起局部地区有火山喷发和岩浆侵入。晚海西运动使塔中地区的构造格局发生了重大变动,隆起区东部抬升,西部下降,高点移向塔中I号构造带。

2.1.7　印支-喜山运动

印支运动、燕山运动、喜山运动对塔中地区的构造影响主要表现为整体的沉降与翘倾。印支期塔中隆起形成向北倾的斜坡格局;燕山期塔中隆起接受了侏罗系沉积,随着构造运动加剧,隆起带上升,缺失白垩系沉积;喜山期塔中低凸起西部相对沉降,东部相对抬升,同时地壳全面沉降,接受古近系、新近系、第四系沉积,形成现今构造格局。

2.2 奥陶系地层、岩石类型和沉积相

2.2.1 奥陶系地层特征

地层就像一部万卷巨著，记录和保存了地球自形成以来的发展和演化历史。地层研究是地质科学研究和矿产资源勘探开发的基础。奥陶系(Ordovician)是英国地质学家 Lapworth 于 1879 年用 Ordovices 命名的，Ordovices 是英国威尔士地区的一个古民族名。"奥陶"一词是 Ordovices 的日文汉语音译。1960 年，国际地层委员会和国际地质科学联合会正式通过。英国将奥陶系地层自下至上分为六个统：特马豆克统(Tremadoc)、阿伦尼格统(Arenig)、兰维恩统(Llanvirn)、兰代洛统(Llandeilo)、卡拉道统(Caradoc)和阿什极尔统(Ashgill)。世界上多数国家将奥陶系地层分为三个统，但界线不甚一致，其中俄罗斯、中国和澳大利亚等国将这三个统自下至上依次称为下奥陶统、中奥陶统和上奥陶统。国际地层委员会奥陶系分会已投票通过了全球奥陶系三分的划分方案，即下统(O_1)、中统(O_2)和上统(O_3)。第三届全国地层会议(2000)将我国奥陶系划分为六个阶，下统包括新厂阶和道保湾阶，中统包括大湾阶和达瑞威尔阶，上统包括艾家山阶和钱塘江阶。

塔里木盆地周缘的奥陶系地层主要出露于西部的巴楚地区、西北部的柯坪地区以及东北部的库鲁克塔格地区，且地层发育完整，化石丰富；西南缘的铁克里克地区奥陶系地层缺失；塔北大部分地区缺失中、上奥陶统地层，仅在其南部有残留；塔中地区在中央断垒带的主体部位残存下奥陶统，其周围有中、上奥陶统残存。盆地内的奥陶系地层与下伏寒武系地层呈整合接触，与上覆不同时代的地层呈平行不整合或角度不整合接触(周志毅，2001)。

塔中地区奥陶系的顶面埋深一般在 4000m 以下，绝大多数的钻井均未钻穿奥陶系，仅 TZ1、TC1、Zh4 等井钻穿奥陶系并钻入寒武系。奥陶系与下伏寒武系为整合接触关系，与上覆志留系为角度不整合接触关系。前人关于塔中地区奥陶系的地层划分大致有三种方案，分别以中国石油天然气集团有限公司(简称中石油)赵治信(1996)，中国石油化工集团有限公司(简称中石化)康玉柱(2001)和中石化中原油田分公司勘探开发研究院(简称中原油田研究院)(2004)的划分方案为代表(表 2.2)。本书在中原油田研究院地层划分方案的基础上，通过重点井的地层对比，发现良里塔格组在岩性和电性特征上具有明显的三分性，因此将良里塔格组自上而下进一步划分为三个岩性段(表 2.2)。塔中地区奥陶系地层综合柱状剖面见图 2.3。塔中地区上奥陶统桑塔木组和良里塔格组分布广泛，但受到不同程度的剥蚀，塔中Ⅱ号断裂构造带上被剥蚀殆尽。中下奥陶统鹰山组和下奥陶统蓬莱坝组几乎遍布全区，但因埋深较大，少有钻井钻穿。中下奥陶统鹰山组与上奥陶统良里塔

格组之间缺失了中奥陶统大湾阶上部和达瑞威尔阶，以及上奥陶统艾家山阶下部的地层(表 2.2)。本书划分的奥陶系各组地层分述如下。

表 2.2　塔中地区奥陶系地层划分方案对比表

地层系统			中石化(康玉柱，2001)	中石油(赵治信，1996)	中原油田研究院(2004)	本书
系	统	阶				
志留系	下统		塔塔埃尔塔格组	塔塔埃尔塔格组	塔塔埃尔塔格组	塔塔埃尔塔格组
			柯坪塔格组			
奥陶系	上统	钱塘江阶	勒牙伊里组	桑塔木组	桑塔木组	桑塔木组 一段
		艾家山阶		良里塔格组	良里塔格组	泥质条带灰岩段 二段 ／ 良里塔格组
			恰尔巴克组			纯灰岩段 三段
	中统	达瑞威尔阶	丘里塔格上亚群 — 一间房组		鹰山组	灰、云岩互层段 ／ 鹰山组
		大湾阶				
	下统	道保湾阶	鹰山组		蓬莱坝组	含燧石结核云岩段 ／ 蓬莱坝组
		新厂阶	蓬莱坝组	丘里塔格上亚群		
寒武系	上统		丘里塔格下亚群	丘里塔格下亚群	丘里塔格下亚群	丘里塔格下亚群

1. 上奥陶统桑塔木组

桑塔木组(O_3s)以发育灰色、深灰色厚层状泥岩和灰质泥岩为特征，并夹有泥灰岩、灰岩、粉砂岩、细砂岩及沉凝灰岩、凝灰岩、玄武岩和辉绿岩等。自然伽马曲线表现为稳定的平直形，其值在 105～120API；电阻率曲线多为平直形，且幅度差不大；产牙形刺。层位相当于上奥陶统艾家山阶上部和钱塘江阶中下部。因受后期构造运动差异性抬升剥蚀的影响，本组的钻厚变化较大，为 0～775m，总体上表现出南薄北厚的变化趋势，Zh1 井区和塔中 II 号构造带上本组被剥蚀殆尽。桑塔木组与上覆地层下志留统塔塔埃尔塔格组呈角度不整合接触关系，与下伏的良里塔格组基本呈整合接触关系。

2. 上奥陶统良里塔格组

良里塔格组(O_3l)为一套灰色、褐灰色灰岩，厚度 100～600 余米。该组总体上具有颜色深、泥质含量高、生物种类丰富及数量多、高自然伽马和低电阻率、几乎不含白云石的特征。生物主要包括隐藻类、钙藻类、钙质海绵、托盘类、四方管珊瑚、苔藓虫、海百合、腕足类、腹足类、介形虫等；产牙形刺。层位相当于上奥陶统艾家山阶上部和钱塘江阶下部。良里塔格组与上覆地层桑塔木组呈整合

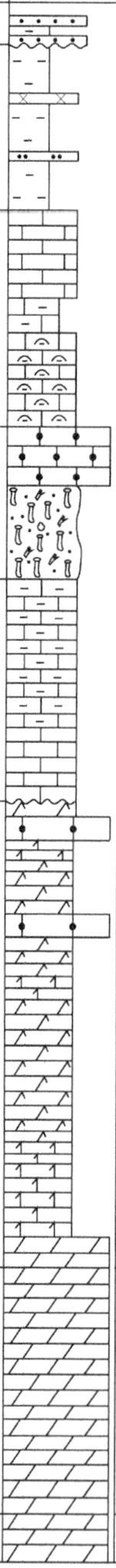

地层系统				岩性剖面	厚度/m	岩性描述	主要古生物	代表井
系	统	组	段					
S								
奥	上	桑塔木组			0~775	灰色、深灰褐色泥岩、灰质泥岩夹浅灰色泥灰岩、灰岩、粉砂岩、细砂岩、沉凝灰岩、火山角砾岩、辉绿岩	胞石: Belonechitina uter, conochitina baculata, C.minuesotensis, C.usitata, Eisenachitina obsoleta, plectonchitina sp.,Rhabdochitina turgita, Tanuchitina sp. 牙形刺: Belodina compressa, B.confluens, Phragmodus undatus	TZ30 sh2
	统	良里塔格组	一段		0~71	灰色、深灰色灰岩，发育泥质纹或泥质条带	牙形刺: Aphelognathus pyramidalis, A.sp.Belodina compressa, B. confluens, B. longxianensis, Calumbodina longxianensis, Chirognathus cliefdensis, Phragmodus tunguskaensis, Ph.undatus,Plectodina bidentata, P.bullhillensis, Pseudobelodinadispansa,P.inclinata, Taoqu pognathus blandus, Yaoxiaognathus lijianpoensis,Y.Neimengguensis, Y.yaoxianensis等	Zh11
			二段		0~119	灰色、褐灰色颗粒灰岩、隐藻凝块石灰岩、隐藻泥晶生物灰岩、礁灰岩等		TZ44 Zh1
			三段		0~193	灰色、深灰色泥晶灰岩、泥质泥晶灰岩、泥灰岩，夹颗粒泥晶灰岩及隐藻泥晶灰岩等，常含泥质条纹	隐藻类、钙藻类、钙质海绵、托盘类、珊瑚、苔藓虫、海百合、双壳类、腕足类、腹足类、介形虫等	Zh13
陶	中下统	鹰山组			705~1016	灰色、褐灰色泥晶灰岩、粉晶灰岩、砂屑灰岩、云质灰岩、灰质云岩和泥-细晶云岩的不等厚互层。从上至下白云岩和白云石所占比例逐渐增加	牙形刺: Chosonodona herfurthi, Cordylodus intermedius, Glyptoconus cf. Quadraplicatus, G.floweri G.tarimensis, Monocostodus sevierensis, Paltodus deltifer,Rossodus manitouensis, Scolopodus tarimensis,Semiacontiodus nogamii,Serratognathus diversus, terdontus gracilic, Tripodus proteus,T.variabilis,Variabiloconus bassleri	TZ162 Zh12
系	下统	蓬莱坝组			1031~2050	灰色、褐灰色晶粒云岩、残余颗粒云岩、藻云岩和颗粒云岩		TC1
∈								

图 2.3　塔中地区奥陶系地层综合柱状剖面图

接触关系，与下伏地层中下奥陶统鹰山组为平行不整合接触关系。该组在岩性和电性特征上具有明显的三分性，从上至下可进一步划分为三个岩性段。

1) 良里塔格组一段

良里塔格组一段(O_3l^1)又被称为"泥质条带灰岩段"，以发育具泥质条带的灰岩为特征。岩性主要为灰色、深灰色中-薄层状泥晶灰岩、生屑泥晶灰岩、含泥灰岩，夹泥晶砂屑灰岩、亮晶砂屑灰岩等，在 TZ35、TZ45、TZ451 井，本段发育生物障积岩，岩石多呈疙瘩状或假角砾状。本段自然伽马曲线表现为高幅齿状，自然伽马值在 25~60API，电阻率值较低。该段厚度变化范围一般为 0~71m，Zh1 井区和塔中Ⅱ号构造带该段被剥蚀殆尽。

2) 良里塔格组二段

良里塔格组二段(O_3l^2)以灰岩较纯、泥质含量低和颗粒灰岩发育为特征，也被称为"颗粒灰岩段"或"纯灰岩段"。岩性以灰色、灰褐色和深灰色亮晶砂屑灰岩、泥晶生屑灰岩、亮晶砂屑鲕粒灰岩、砂屑泥晶灰岩和泥晶灰岩为主，夹泥灰岩和含泥灰岩及藻黏结生物灰岩等。该段为礁、丘、滩发育段，也是良好的油气显示井段。Zh1 井该段发育近 30m 厚的四方管珊瑚灰泥丘、Zh11 井该段发育 20 余米厚的苔藓虫-四方管珊瑚障积礁灰岩、Zh13 井该段也发育四方管珊瑚灰泥丘，Sh2 井在该段发育 100 多米厚的颗粒灰岩。本段自然伽马值较低，在 10~30API，自然伽马曲线表现为低幅箱状，电阻率值较良里塔格组一段高。本段的厚度变化范围在 0~119m，塔中Ⅱ号构造带上该段被剥蚀殆尽。

3) 良里塔格组三段

良里塔格组三段(O_3l^3)灰岩不纯，泥质含量较高，又被称为"含泥灰岩段"。岩性以灰色、褐灰色、深灰色泥晶灰岩、泥灰岩、含泥灰岩为主，夹泥-亮晶砂屑灰岩、砂屑泥晶灰岩、生屑泥晶灰岩，局部发育珊瑚~隐藻凝块石灰泥丘。自然伽马值在 15~75API，自然伽马曲线表现为高幅齿状，电阻率曲线因含泥夹层的增多，呈明显的频繁变化齿状。本段厚度一般大于 100m，个别井区可达 337m，塔中Ⅱ号构造带上该段被剥蚀殆尽。

3. 中下奥陶统鹰山组

鹰山组($O_{1-2}ys$)以发育灰色、褐灰色泥晶灰岩、白云质泥-粉晶灰岩、白云质砂屑灰岩、砂屑灰岩与灰质云岩、泥晶云岩、粉晶云岩及细晶云岩的不等厚互层为特征。生物种类单调，数量不多，主要为广盐度的介形虫，含量一般不超过 3%，棘皮类和腕足类生物碎片偶见。垂向上，白云岩和白云石均表现出从上至下逐渐增加的趋势。电测曲线上，鹰山组和良里塔格组具有显著不同的响应特征。鹰山组的自然伽马曲线相对较平直，仅局部呈锯齿状，电阻率值总体上比良里塔格组高些。TC1、ZT43 和 TZ162 等井钻穿了鹰山组，钻厚 705~1016m 不等。层位相当于中奥陶统大湾阶下部和下奥陶统道保湾阶。鹰山组与上覆地层上奥陶统良里塔格组呈平行不整合接触关系，与下伏地层下奥陶统蓬莱坝组呈整合接触关系。

4. 下奥陶统蓬莱坝组

蓬莱坝组(O_1pl)基本全部由白云岩组成，岩性为灰色、褐灰色的不等粒的结晶云岩、残余颗粒云岩、藻云岩及颗粒云岩。自然伽马值高低变化较明显，一般在15～60API；声波时差曲线起伏不大，声波时差值在 40～50μs/ft。TC1 井和 TZ1井钻穿蓬莱坝组，钻厚分别为 1031m 和 2050m。层位相当于下奥陶统新厂阶。蓬莱坝组与上覆地层中下奥陶统鹰山组和下伏地层上寒武统丘里塔格下亚群可能均为整合接触。

综上所述，研究区奥陶系地层的岩性特征具有明显的四分性，上部以发育陆源碎屑岩为特征，中上部由石灰岩组成，中下部为灰岩与白云岩的不等厚互层，下部以白云岩为主。

2.2.2 奥陶系碳酸盐岩类型

与碎屑岩相比，碳酸盐岩的矿物成分相对简单，但是结构组分却非常复杂，主要的结构组分就有颗粒、泥、胶结物、晶粒和生物格架等，因此碳酸盐岩的岩石类型丰富。塔里木盆地奥陶系碳酸盐岩发育。

塔中西部奥陶系碳酸盐岩主要包括石灰岩和白云岩两大类，以及石灰岩、白云岩的过渡类型(如白云质灰岩、灰质白云岩)、石灰岩、白云岩与泥岩的过渡类型(如泥灰岩、泥云岩)等。下奥陶统蓬莱坝组以白云岩为主；中下奥陶统鹰山组以白云岩、灰质白云岩和白云质灰岩、石灰岩、泥灰岩、泥云岩的不等厚互层为特征；上奥陶统良里塔格组主要由石灰岩组成。

石灰岩在上奥陶统良里塔格组和中下奥陶统鹰山组均有分布，主要包括颗粒灰岩、颗粒泥晶灰岩、含颗粒泥晶灰岩、泥晶灰岩和生物灰岩等五大类，几十种(表 2.3)(图版Ⅰ-1、3、4，图版Ⅱ-1、2、3，图版Ⅲ-3、4、5、6、7、8)。

白云岩是组成下奥陶统的主要岩石类型，也是组成中下奥陶统的主要岩石类型之一，主要属于交代成因，包括结晶云岩、残余颗粒云岩、残余灰质云岩、隐藻云岩等四大类，偶见粒屑云岩。结晶云岩类包括微晶云岩、粉晶云岩、细晶云岩、中晶云岩、粗晶云岩和不等晶粒云岩(图版Ⅱ-6，图版Ⅳ-3，图版Ⅴ-5，图版Ⅵ-1、4、5、6)；残余颗粒云岩类主要包括残余砂屑云岩(图版Ⅴ-4)、残余砂砾屑云岩和残余鲕粒云岩等；隐藻云岩类包括藻层纹石云岩、藻叠层石云岩、藻凝块石云岩等；粒屑云岩类包括角砾云岩、砾屑云岩和砂屑云岩等(图版Ⅰ-2，图版Ⅳ-1、2、4)。

表 2.3 塔中西部奥陶系石灰岩类型

石灰岩大类		颗粒含量/%	粒间填隙物含量/%	岩石类型
颗粒灰岩	亮晶颗粒灰岩	>50	亮晶方解石>泥晶方解石	亮晶砂屑灰岩、亮晶鲕粒灰岩、亮晶含砾砂屑灰岩、亮晶鲕粒砂屑灰岩和亮晶生屑砂屑灰岩等
	泥晶颗粒灰岩		泥晶方解石>亮晶方解石	泥晶砂屑灰岩、泥晶生屑灰岩、泥晶球粒灰岩、泥晶生屑砂屑灰岩和泥晶砂屑生屑灰岩
颗粒泥晶灰岩		25~50	泥晶方解石>亮晶方解石	砂屑泥晶灰岩、生屑泥晶灰岩、球粒泥晶灰岩、生屑砂屑泥晶灰岩和砂屑生屑泥晶灰岩
含颗粒泥晶灰岩		10~25	泥晶方解石在 75~90	含砂屑泥晶灰岩、含生屑泥晶灰岩
泥晶灰岩		<10	泥晶方解石>90	泥晶灰岩、微晶灰岩、泥微晶灰岩
生物灰岩	礁灰岩	—	—	骨架岩、黏结岩、障积岩
	藻灰岩	—	—	藻层纹石灰岩、隐藻凝块石灰岩、隐藻泥晶灰岩、藻核形石灰岩、藻黏结岩

2.2.3 奥陶系沉积相

寒武纪时，塔里木盆地东西部出现明显差异，总的特征是东深西浅，东部形成广海陆棚到盆地沉积环境，西部为浅海碳酸盐台地沉积环境，两者之间是一个狭窄的斜坡过渡地带。奥陶纪时，塔里木盆地的古地理格局基本上继承了寒武纪的特点。早奥陶世-晚奥陶世早期在斜坡带以西的广大地区，包括中央隆起中、西段和塘古孜巴斯坳陷区，仍继续发育碳酸盐台地沉积，堆积形成了巨厚的浅水碳酸盐岩。晚奥陶世末期受海侵影响，泥质含量增加，碳酸盐沉积减少，盆地西部广大的浅水碳酸盐台地发育区演化成混积陆棚沉积环境。

研究区奥陶系沉积地层为一个完整的海侵-海退旋回，沉积水体东深西浅，沉积地层东厚西薄，纵向上经历了下奥陶统蓬莱坝组局限海台地→中下奥陶统鹰山组局限-半局限海台地→上奥陶统良里塔格组开阔海台地→上奥陶统桑塔木组混积陆棚的沉积演化过程。本区奥陶系沉积相主要包括碳酸盐台地、混积陆棚、斜坡及深海盆地 4 个相，10 个亚相和几十个微相(表 2.4)。

表 2.4 塔中西部奥陶系沉积相类型划分表

相	亚相	微 相		
碳酸盐台地	(半)局限海台地	潮坪、潟湖		
	开阔海台地	潮坪、潟湖、台内缓坡、台内洼地、滩间海		
		台内滩	砂屑滩、砾屑-砂屑滩、生屑滩	
		台内礁	礁基、礁核、礁坪、礁盖、礁翼	
		台内丘	丘基、丘核、丘坪、丘盖、丘翼	
	台地边缘	台缘滩	砂屑滩、砂砾屑滩、鲕滩、生屑滩	
		台缘礁	礁基、礁核、礁坪、礁盖、礁翼	
		台缘丘	丘基、丘核、丘坪、丘盖、丘翼	
混积陆棚	内陆棚	棚内浅滩、棚内丘(礁)、棚内洼地		
	外陆棚	静水沉积、风暴沉积		
斜坡	上斜坡	岩崩与滑塌沉积、碎屑流-浊流沉积、较深水静水沉积		
	下斜坡			
	斜坡脚	碎屑流-浊流沉积、较深水静水沉积		
盆地	盆地平原	等深岩、浊流沉积、泥页岩、硅质泥岩、笔石泥页岩、放射虫硅质岩		

平面上，研究区下奥陶统蓬莱坝组发育局限海台地，仅在区内东北部发育开阔海台地，以潮坪和潮下潟湖微相为主，白云岩沉积占绝对优势。中下奥陶统鹰山组发育碳酸盐台地相，相带分异明显，即东部为开阔海台地，塔中Ⅰ号断层西侧发育较窄的台内滩相带，西部是局限-半局限海台地，总体呈现出东深西浅的沉积格局，主要包含潮坪、潟湖、台内滩等微相，以发育白云岩、灰质云岩、云质灰岩、灰岩的不等厚互层为特征(图 2.4)。

研究区上奥陶统良里塔格组三段发育镶边碳酸盐岩台地-斜坡-盆地沉积体系，开阔海台地相、台地边缘相、斜坡相和盆地相大致呈北西-南东向展布，自西向东依次有序排列，总体上表现出东深西浅、北深南浅的沉积格局。上奥陶统良里塔格组一、二段沉积继承了良里塔格组三段的沉积格局，但是良里塔格组一、二段沉积时期台地边缘相带相对发育。在沿塔中Ⅰ号断层西侧展布的带状台地边缘上，发育由粒屑滩、生物礁、灰泥丘等组成的呈北西-南东向展布的中高能镶边体系，并且具有明显的台缘内带和台缘外带，标志着该碳酸盐岩台地已进入成熟的演化阶段(图 2.5)。上奥陶统桑塔木组沉积期，随海平面的上升以及陆源碎屑和火山碎屑物质注入量的增加，研究区发育碳酸盐岩与碎屑岩的混合沉积，导致碳

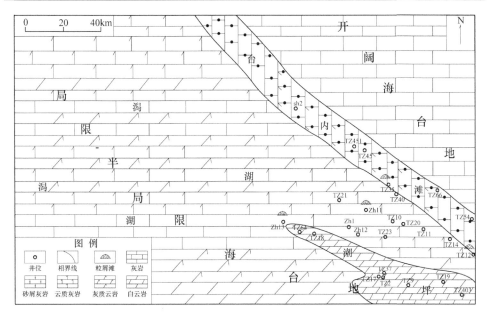

图 2.4 塔中西部中下奥陶统鹰山组沉积相平面展布图

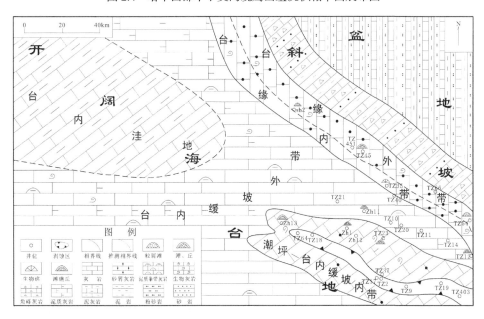

图 2.5 塔中西部上奥陶统良里塔格组一、二段沉积相平面展布图

酸盐岩台地转化为混积陆棚，形成混积陆棚-斜坡-盆地沉积体系。研究区中生物礁较发育，沿塔中Ⅰ号断层西侧展布的上奥陶统台地边缘相带，是研究区奥陶系生物礁最发育的地带，多见骨架礁和中高能粒屑滩的组合形式；上奥陶统开阔海

台地内出现的骨架礁和障积礁规模较小,多以点礁形式出现(图2.5)。塔中盆地及邻区奥陶纪海相碳酸盐岩台地体系内灰泥丘发育,其中以早奥陶世的灰泥丘最为发育。

2.3　奥陶系成岩环境演化和成岩作用类型

2.3.1　成岩环境演化

国内外学者对碳酸盐岩成岩环境的划分存在分歧(强子同等,1998,1982;Tucker,1990,1983;Scoffin,1986;Longman,1980;Burges,1979;Loucks,1977;Folk,1973;Blatt,1972;Bathurst,1971;Fairbrige,1966)。本书主要依据石油行业标准——《碳酸盐岩成岩阶段划分规范》(SY/T 5478—1992)将塔里木盆地塔中西部及邻区奥陶系碳酸盐岩成岩环境划分为近地表成岩环境(海底、大气淡水、混合水)、浅埋藏成岩环境、中-深埋藏成岩环境和表生成岩环境。

成岩环境对碳酸盐岩成岩作用的控制极为复杂,同一类型的成岩作用可以发生于不同的成岩环境,同一成岩环境也可以出现多种成岩作用类型。近几十年来,许多学者在碳酸盐岩成岩环境研究的基础上,提出了多种成岩环境演化模式(王英华,1991;Longman,1980;Folk,1974;Blatt,1972)。碳酸盐岩成岩作用的整个发展演化过程,主要受沉积环境和成岩环境的控制。碳酸盐岩成岩环境是在沉积环境的基础上继承和发展的,受沉积环境的制约,更受沉积期后埋深条件、海平面升降变化、地下水的介质条件、构造运动等因素的影响和控制。塔中西部及邻区奥陶系碳酸盐岩沉积环境中,既有开阔海台地、混积外陆棚等相对较深的环境,又有潮坪、台内滩、台地边缘、混积内陆棚等浅水环境,因此受海平面暂时性升降变化的影响程度不一。对于较深水环境中沉积的碳酸盐沉积物而言,在经历了海底成岩环境后逐渐被埋藏,直接进入埋藏成岩环境;碳酸盐岩台地上的浅滩、潮坪等极浅水沉积物,当海平面暂时性下降时,往往易遭受大气淡水或混合水的成岩改造;加上塔中西部及邻区奥陶系碳酸盐岩经历了多次重大的区域构造运动(表2.1),尤其是早古生代构造运动(加里东中期、加里东晚期运动)和晚古生代构造运动(海西早期、海西晚期运动),导致区域性抬升,造成一些地区的碳酸盐岩暴露地表,遭受风化剥蚀,进入表生成岩阶段,发生了表生成岩作用,尤其是古岩溶作用。由于上述多种因素的影响和作用,致使本区的碳酸盐岩在其形成和演化过程中经历多种成岩环境,并具有复杂的成岩历史。塔中西部及邻区奥陶系碳酸盐岩成岩环境的演化过程可概括如图2.6所示,大致反映出该区奥陶系碳酸盐岩成岩环境有三种演化过程:①第一种成岩环境演化过程:海底成岩环境→埋藏成岩环境;②第二种成岩环境演化过程：海底成岩环境→埋藏成岩环境→表生成岩环境→埋藏成岩环境；③第三种成岩环境演化过程：海底成岩环境→大气淡水或混合水成岩环境→埋藏成岩环境→表生成岩环境→埋藏成岩环境。

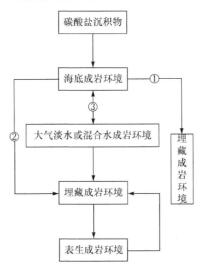

图 2.6　塔中西部及邻区奥陶系碳酸盐岩成岩环境演化示意图

2.3.2　主要成岩作用类型及特征

塔中西部及邻区奥陶系碳酸盐岩具有类型多、埋藏深浅不一、经历时间长以及遭受过多次重大构造变动等特点。因此，其成岩作用非常复杂，并表现出成岩作用类型多，多期、多种成岩效应叠加的特征。其结果不仅导致原岩显著变化，而且在很大程度上控制了储层孔隙空间的发育与演化，决定着油气的储集和保存，也影响了其中的岩溶作用标志的识别。

根据岩心观察、镜下薄片鉴定、阴极发光、电子探针、等离子体光谱、碳氧稳定同位素以及包裹体等配套测试分析，对各种成岩产物和成岩组构特征进行综合研究，总结出该区奥陶系碳酸盐岩主要的成岩作用类型、期次及其与成岩阶段和成岩环境的对应关系(图 2.7)。

成岩作用对碳酸盐岩储层储渗性能的影响具有双重性，既有充填和破坏孔隙降低储渗性的一面，又有改善原有孔隙或形成新孔隙提高储渗性的一面，据此将塔中西部及邻区奥陶系碳酸盐岩成岩作用划分为三类：①破坏性成岩作用，主要包括压实、胶结和交代充填作用；②建设性成岩作用，主要包括白云石化、构造破裂和岩溶作用；③直接影响不明显的成岩作用，包括去白云石化和热液重结晶作用。

成岩阶段		同生成岩				早成岩	晚成岩	表生成岩	
成岩环境		海底	混合水	大气淡水		埋藏		表生	
成岩作用类型和期次				渗流带	潜流带	浅埋藏	深埋藏	渗流带	潜流带
方解石胶结作用	第一期 微晶、纤维状								
	第二期 刃状、叶片状								
	第三期 粒状、连晶或嵌晶								
岩溶作用	同生期								
	埋藏期								
	表生期								
压实、压溶作用									
白云石化作用									
去白云化作用									
交代充填作用	硬石膏								
	黄铁矿								
	萤石								
	石英								
	伊利石								
热液重结晶作用									
破裂作用									
烃类充填作用									

图 2.7 塔中西部及邻区奥陶系碳酸盐岩成岩环境、成岩阶段与主要成岩作用类型

1. 胶结、压实和交代充填作用

方解石胶结充填作用是导致碳酸盐岩储渗性能变差的最主要因素之一，区内奥陶系碳酸盐岩中发生三期方解石胶结作用：①第一期为海底胶结作用，方解石胶结物主要有微晶方解石、纤状方解石、放射纤维状方解石、放射轴状方解石和泥晶方解石等类型，其类型及分布与沉积环境有关(图版Ⅱ-2)；②第二期为大气淡水胶结作用，大气淡水渗流带中的胶结、填隙物包括新月形或悬挂状细粒方解石及由泥晶方解石和细粒生物碎屑组成的粉砂级碎屑充填物(图版Ⅲ-5)，大气淡水潜流带中的胶结物包括刃状、叶片状方解石、粒状粉-细晶方解石，可沿早期的纤状环边胶结物的外缘生长，并与之呈胶结不整合接触(图版Ⅲ-3、4)；③第三期为埋藏胶结作用，胶结物主要为中-粗粒亮晶方解石、环带状方解石(主要形成于大气淡水潜流带-浅埋藏的区域地下水作用环境中)和含铁方解石等，以单晶、连晶或嵌晶形式充填于孔隙或孔洞的中心部位，可与第一期、第二期方解石呈胶结不整合接触，或直接与颗粒、洞壁接触(图版Ⅱ-3，图版Ⅲ-1、2)。

压实作用发生于第二期方解石胶结作用之后，是造成碳酸盐岩原生孔隙度减小的重要作用。压溶作用一般发生于较深埋藏环境中，是碳酸盐岩厚度减薄和损失的重要原因。

交代充填作用主要是萤石、硬石膏、石英和黄铁矿等的交代、充填及黏土矿物和石盐等的充填。萤石充填物常与中粗晶方解石、硬石膏和石英等矿物共生，在塔中 I 号断裂构造带的 TZ45、TZ12、TZ16、TZ161 等井的上奥陶统灰岩缝洞中发育。

2. 白云石化、构造破裂和岩溶作用

研究区中下奥陶统鹰山组和下奥陶统蓬莱坝组的白云石化作用比较典型，主要包括毛细管浓缩、回流渗透、混合水及埋藏白云石化等类型。毛细管浓缩白云石化基本上与第一期方解石胶结同时发生或稍晚，主要产出泥晶、微晶白云石，泥-粉晶白云石；回流渗透白云石化出现于第一期方解石胶结物形成之后，以产出粉晶白云石或晶粒更粗的白云石为特征；混合水白云石化可出现在同生成岩阶段，甚至是表生成岩阶段，多产出粉晶白云石及雾心亮边白云石；埋藏白云石化出现于早成岩阶段和晚成岩阶段，可以产出浑浊状细晶白云石，亮晶细晶白云石胶结物，亮晶细晶白云石充填物，中-粗晶白云石，雾心亮边白云石(图版Ⅱ-6)，环带白云石和马鞍状白云石等。

构造破裂作用通过产生裂缝对本区奥陶系碳酸盐岩储层起到建设性改造作用，所形成的裂缝按成因可分为构造裂缝和成岩收缩缝两种类型。岩溶作用包括同生期岩溶作用、表生期岩溶作用和埋藏期岩溶作用，将在第 4 章论述。

3. 去白云石化和热液重结晶作用

去白云石化作用主要是在富含硫酸盐的地下水作用下，方解石交代白云石，而保留白云石的晶形和光学特性，研究区奥陶系白云岩发生的去白云石化作用规模不大，多见于充填孔洞的粗晶白云石中。

热液重结晶作用前后矿物成分是不变的。研究区上奥陶统灰岩热液重结晶作用较普遍，泥晶、微晶灰岩经重结晶作用变为具残余结构的粉-细晶灰岩或细-中粗晶灰岩。

2.4 研究区勘探状况

塔中地区的油气勘探工作始于 1983 年。1990 年，TZ1 井在下奥陶统获得高产工业油流，此后经历了下奥陶统潜山(1989～1990 年)、石炭系东河砂岩(1991～1993 年)、志留系不整合面及中上奥陶统颗粒灰岩(1994～1995 年)、奥陶系低幅潜

山(潜丘内幕，1996～2000年)几个勘探阶段。2000年，中石化在塔中古隆起的外围登记了7个勘探区块，2001年投入研究工作，部署了少量的二维地震，2002年部署了一批探井。2001～2003年的勘探过程中，研究区内完钻了sh1、sh2、Zh1、Zh4、Zh11、Zh12和Zh13等几口探井，发现了奥陶系中一低隆起、多期次发育的古岩溶及多个规模巨大的地质异常体，其中，Zh1井奥陶系含油气井段长达231m，在5362～5545m奥陶系灰岩井段获工业油气流，sh2井奥陶系发育厚约190m(6711～6900m)的同生期岩溶型储层。至2006年，中石化在卡塔克隆起带上完成了(1km×1km)～(2km×2km)的二维地震测网，在顺托果勒隆起带上完成了(4km×4km)～(4km×8km)的二维地震测网，阿东区块上完成了(4km×8km)～(4km×16km)的二维地震测网，累计完成二维地震近$4×10^4km^2$，三维地震2600 km^2左右，钻井83口，总进尺$34×10^4m$左右。中石油工区内钻遇奥陶系碳酸盐岩的56口井中，有37口见油气显示，其中12井获得工业油气流，6口井获低产油气流，产层为奥陶系古岩溶型和内幕白云岩储层，明确了塔中Ⅰ号断裂带是一个大范围的奥陶系碳酸盐岩油气聚集带。勘探实践表明，塔中地区已探明的奥陶系油气田主要分布在塔中复背斜隆起北坡的Ⅰ号断褶构造带，在塔中古隆起的主垒、南坡、东西两缘及其外围地区先后钻探多口探井，虽然也见到一些良好的油气显示，却未能取得大的突破。总之，塔中地区已有钻井揭示了该区的地层层序，同时证明该区具有良好的油气显示和较好的资源潜力，具备一定的勘探前景。

参 考 文 献

彼得 A. 肖勒，达娜 S. 厄尔默·肖勒，2010. 碳酸盐岩岩石学——颗粒、结构、孔隙及成岩作用[M]. 姚根顺，沈安江，潘文庆，等，译. 北京: 石油工业出版社.

陈景山，王振宇，代宗仰，等，1999. 塔中地区中上奥陶统台地镶边体系分析[J]. 古地理学报，1(2): 8-17.

陈新军，2005. 塔里木盆地塔中地区构造-沉积特征及相互关系研究[D]. 北京: 中国地质大学.

陈旭，BERGSTRÖM S M，2008. 奥陶系研究百余年: 从英国标准到国际标准[J]. 地层学杂志，32(1): 1-14.

方少仙，候方浩，何江，等，2013. 碳酸盐岩成岩作用[M]. 北京: 地质出版社.

顾家裕，1996. 塔里木盆地沉积层序特征及其演化[M]. 北京: 石油工业出版社.

顾家裕，2000. 塔里木盆地下奥陶统白云岩特征及成因[J]. 新疆石油地质，21(2): 120-122.

顾家裕，方辉，蒋凌志，2001. 塔里木盆地奥陶系生物礁的发现及其意义[J]. 石油勘探与开发，28(4): 1-3.

顾家裕，马锋，季丽丹，2009. 碳酸盐岩台地类型、特征及主控因素[J]. 古地理学报，11(1): 21-27.

郭峰，2011. 碳酸盐岩沉积学[M]. 北京: 石油工业出版社.

郭旭升，郭彤楼，2012. 普光、元坝碳酸盐岩台地边缘大气田勘探理论与实践[M]. 北京: 科学出版社.

何碧竹，焦存礼，贾斌峰，等，2009. 塔里木盆地塔中西部地区奥陶系岩溶作用及对油气储层的制约[J]. 地球学报，30(3): 395-403.

何碧竹，焦存礼，许志琴，等，2015. 塔里木盆地显生宙古隆起的分布及迁移[J]. 地学前缘，22(3): 277-289.

何碧竹，许志琴，焦存礼，等，2011. 塔里木盆地构造不整合成因及对油气成藏的影响[J]. 岩石学报，27(1): 253-265.

胡晓兰，樊太亮，高志前，等，2014. 塔里木盆地奥陶系碳酸盐岩颗粒滩沉积组合及展布特征[J]. 沉积学报，32(3): 418-428.

黄思静，2010. 碳酸盐岩的成岩作用[M]. 北京: 地质出版社.

贾承造, 1997. 中国塔里木盆地构造特征与油气[M]. 北京: 石油工业出版社.

贾承造, 2004. 塔里木盆地及周边地层[M]. 北京: 科学出版社.

贾振远, 李之琪, 1989. 碳酸盐岩沉积相和沉积环境[M]. 武汉: 中国地质大学出版社.

焦存礼, 何治亮, 邢秀娟, 等, 2011. 塔里木盆地构造热液白云岩及其储层意义[J]. 岩石学报, 27(1): 277-284.

焦存礼, 邢秀娟, 何碧竹, 等, 2011. 塔里木盆地下古生界白云岩储层特征与成因类型[J]. 中国地质, 38(4): 1008-1015.

金振奎, 石良, 高白水, 等, 2013. 碳酸盐岩沉积相及相模式[J]. 沉积学报, 31(6): 965-979.

金之钧, 2011. 中国海相碳酸盐岩层系油气形成与富集规律[J]. 中国科学(D 辑): 地球科学, 41(7):910-926.

康玉柱, 2001. 塔里木盆地大气田形成的地质条件[J]. 石油与天然气地质, 22(1): 21-25.

孔金平, 刘效曾, 1998. 塔里木盆地塔中 5 井下奥陶统隐藻类生物礁[J]. 新疆石油地质, 19(3): 221-224.

赖才根, 汪啸风, 1982. 中国地层 5——中国的奥陶系[M]. 北京: 地质出版社.

黎平, 陈景山, 王振宇, 2003. 塔中地区奥陶系碳酸盐岩储层形成控制因素及储层类型研究[J]. 天然气勘探与开发, 26(1): 37-42.

李洪辉, 2006. 塔中地区油气成藏条件分析及有利勘探区块预测[J]. 中国西部石油地质, 2(3): 249-256.

李凌, 谭秀成, 陈景山, 等, 2007. 塔中北部中下奥陶统鹰山组白云岩特征及成因[J]. 西南石油大学学报, 29(1): 34-36, 140-141.

李宇平, 李新生, 周翼, 等, 2000. 塔中地区中、上奥陶统沉积特征及沉积演化史[J]. 新疆石油地质, 21(3): 204-207.

李忠, 陈景山, 关平, 2006. 含油气盆地成岩作用的科学问题及研究前沿[J]. 岩石学报, 22(8): 2113-2122.

林畅松, 李思田, 刘景彦, 等, 2011. 塔里木盆地古生代重要演化阶段的古构造格局与古地理演化[J]. 岩石学报, 27(1): 210-218.

刘春晓, 钱利, 邓国振, 2007. 塔中地区油气成藏主控因素及成藏规律研究[J]. 地力力学学报, 13(4): 355-367.

刘胜, 杨海军, 李新生, 等, 2000. 塔中地区早奥陶世沉积特征及沉积演化分析[J]. 新疆石油地质, 21(1): 54-57.

刘忠宝, 孙华, 于炳松, 等, 2007. 裂缝对塔中奥陶系碳酸盐岩储集层岩溶发育的控制[J]. 新疆石油地质, 28(3): 289-291.

楼雄英, 2005. T7²界面与塔中隆起上奥陶统碳酸盐岩古岩溶储层[J]. 沉积与特提斯地质, 25(3): 24-119.

吕修祥, 杨宁, 周新源, 等, 2008.塔里木盆地断裂活动对奥陶系碳酸盐岩储层的影响[J]. 中国科学(D 辑): 地球科学, 38(增刊): 48-54.

欧阳睿, 焦存礼, 白利华, 等, 2003. 塔里木盆地塔中地区生物礁特征及分布[J]. 石油勘探与开发, 30(2): 33-35.

强子同, 1998. 碳酸盐岩储层地质学[M]. 东营: 中国石油大学出版社.

强子同, 郭一华, 1982. 碳酸盐成岩环境[J]. 地质地球化学, 10(8): 14-20.

沈安江, 寿建峰, 周进高, 等, 2012. 中国含油气盆地海相碳酸盐岩储层图集[M]. 北京: 石油工业出版社. 11(4):1-12.

沈安江, 王招明, 杨海军, 等, 2006. 塔里木盆地塔中地区奥陶系碳酸盐岩储层成因类型、特征及油气勘探潜力[J]. 海相油气地质, (4): 1-12.

盛莘夫, 1973. 中国奥陶系的划分和对比概述[J]. 地质学报, (2): 207-225, 274.

汪啸风, 1980a. 中国的奥陶系(续)[J]. 地质学报, (2): 85-94, 173.

汪啸风, 1980b. 中国的奥陶系[J]. 地质学报, (1): 1-8, 89-92.

汪泽成, 赵文智, 胡素云, 等, 2013. 我国海相碳酸盐岩大油气田油气藏类型及分布特征[J]. 石油与天然气地质, 34(2): 153-160.

王英华, 1994. 碳酸盐岩的成岩作用[M]//冯增昭. 中国沉积学. 北京: 石油工业出版社.

王招明, 张丽娟, 王振宇, 等, 2008. 塔里木盆地奥陶系碳酸盐岩岩石分类图册[M]. 北京: 石油工业出版社.

邬光辉, 李建军, 卢玉红, 1999. 塔中 I 号断裂带奥陶系灰岩裂缝特征探讨[J]. 石油学报, 20(4): 19-23.

徐国强, 刘树根, 李国蓉, 等, 2005. 塔中、塔北古隆起形成演化及油气地质条件对比[J]. 石油与天然气地质, 26(1): 114-119.

杨海军, 李勇, 刘胜, 等, 2000. 塔中地区中、上奥陶统划分对比的主要认识[J]. 新疆石油地质, 21(3): 208-212.

杨丽娟, 韩琦, 2016. "奥陶纪"译名创始时间新考[J]. 化石, (4): 34-35.

张振生, 李明杰, 刘社平. 2002. 塔中低凸起的形成演化[J]. 石油勘探与开发, 29(1):28-31.

赵文智, 沈安江, 胡素云, 等, 2012a. 中国碳酸盐岩储集层大型化发育的地质条件与分布特征[J]. 石油勘探与开发, 39(1): 1-12.

赵文智, 沈安江, 胡素云, 等, 2012b. 塔里木盆地寒武-奥陶系白云岩储层类型与分布特征[J]. 岩石学报, 28(3): 758-768.

赵文智, 沈安江, 潘文庆, 等, 2013. 碳酸盐岩岩溶储层类型研究及对勘探的指导意义——以塔里木盆地岩溶储层为例[J]. 岩石学报, 29(9): 3213-3222.

赵治信, 1996. 塔中地区奥陶系生物地层划分[R]. 库尔勒: 塔里木石油勘探开发指挥部.

赵宗举, 吴兴宁, 潘文庆, 等, 2009. 塔里木盆地奥陶纪层序岩相古地理[J]. 沉积学报, 27(5): 939-955.

周志毅, 2001. 塔里木盆地各纪地层[M]. 北京: 科学出版社.

朱俊玲, 张继腾, 焦存礼, 等, 2004. 塔中地区顺西区块中、上奥陶统异常体与圈闭评价[J]. 石油勘探与开发, 31(5): 34-37, 59.

ALLAN I R, WIGGINS W D, 2013. 白云岩储层: 白云岩成因与分布地球化学分析技术[M]. 马锋, 张光亚, 李小地, 等, 译. 北京: 石油工业出版社.

FLÜGEL ERIK, 1989. 石灰岩微相分析[M]. 曾允孚, 李汉瑜, 译. 北京: 地质出版社.

WILSON J L, 1981. 地质历史中的碳酸盐相[M]. 冯增昭, 张永一, 曾允孚, 等, 译. 北京: 地质出版社.

BATHURST R G C, 1971. Carbonate sediments and their diagenesis. Developments in sedimentology 12[G]. 2rd ed. Amsterdam: Elsevier.

BLATT H, MIDDLETON G V, MURRAY R, 1972. Origin of sedimentary rocks[M]. Englewood Cliffs: Prentice-Hall Inc.

DAVIES G R, SMITH L B, 2006. Structurally controlled hydrothermal dolomite reservoir facies: An overview[J]. AAPG Bulletin, 90(11): 1641-1690.

FLÜGEL ERIK, 2010. Microfacies of Carbonate Rocks: Analysis, Interpretation and London, Application[M]. 2rd ed. New York: Springer Heidelberg Dordrecht.

FOLK R L, 1974. The natural history of crystalline calcium carbonate: Effect of magnesium content and salinity[J]. Journal of Sedimentary Petrology, 44(3): 40-53.

HILDEGARD W, BERNHARD R, GREGOR P E, 2010. Carbonate Depositional Systems: Assessing Dimensions and Controlling Parameters-The Bahamas, Belize and the Persian/Arabian Gulf[M]. Berlin: Springer Science + Business Media B V.

LONGMAN M W, 1980. Carbonate diagenetic textures from nearsurface diagenetic environments[J]. AAPG Bulletin, 64(4): 461-487.

LOUCKS R G, BEBOUT D G, GALLOWAY W E, 1977. Relationship of porosity formation and preservation to sandstone consolidation history-Gulf Coast Lower Tertiary Frio Formation: Transactions of the Gulf Coast[J]. Association of Geological Societies, 27(2): 109-120.

LUCIA F J, 2007. Carbonate Reservoir Characterization-An Integrated Approach[M]. 2rd ed. Berlin, Heidelberg: Springer-Verlag.

SCOFFIN T P, 1987. An introduction to carbonate sediments and rocks[M]. New York: Chapman and Hall.

TUCKER M E, WRIGHT V P, 1990. Carbonate sedimentology[M]. Oxford: Blackwell Scientific Publications.

第3章 鄂尔多斯盆地西部地质特征

鄂尔多斯盆地跨越陕西、甘肃、宁夏、内蒙古、山西五省(自治区)，处于东经 $106°20'\sim110°30'$ 和北纬 $35°00'\sim40°30'$，面积约 $25\times10^4km^2$，是一个近矩形构造盆地。四周以构造断裂与周边构造单元相连。盆地东部以离石断裂带与吕梁山隆起带相接，西部经掩冲构造带与六盘山、银川盆地相邻，南面与渭河地堑以其北界断裂相连，北边与河套地堑仍以断层为界。鄂尔多斯盆地地处我国东、西部构造区域的多期、反复交替拉张和挤压作用相互影响、互为补偿的结合区。鄂尔多斯盆地以不整合面为重要界限，为多构造体制、多演化阶段、多沉积体系、多原型盆地叠加的复合克拉通盆地。盆地周缘为活动的褶皱山系和地堑系，而盆地内部则结构简单、构造平缓、沉降稳定、地层"整合"、断裂较少。构成"稳定地块被活动构造带所环绕"的构造格局。盆地内部可划分出六个一级构造单元：伊盟隆起、渭北隆起、西缘冲断构造带、天环坳陷、陕北斜坡(伊陕斜坡)及晋西挠褶带(图 3.1)。鄂尔多斯盆地西部，西起同心，东至靖边，北达乌海，南抵陇县，面积约 $12\times10^4km^2$。区域构造上主要属于西缘冲断构造带和天环坳陷两大构造单元及伊盟隆起西南部、陕北斜坡西部、渭北隆起西部(图 3.1)。

3.1 古构造格局及演化特征

鄂尔多斯盆地的构造运动主要包括前寒武纪的阜平运动、吕梁运动和晋宁运动及显生宙多次重要的构造运动(加里东运动，海西运动，印支运动，燕山运动Ⅱ幕、Ⅳ幕、Ⅴ幕，喜马拉雅运动Ⅰ幕、Ⅱ幕)。受迁西运动、阜平运动、五台运动及吕梁运动四次构造运动的作用与影响，鄂尔多斯盆地的基底形成。盆地经历了中、晚元古代大陆裂谷发育阶段。盆地在中、晚元古代呈现北东高、南西低，西部高于东部的古构造格局。

3.1.1 早古生代盆地的古构造格局及演化

1. 寒武纪盆地的古构造格局

鄂尔多斯盆地西部在中元古代发育的贺兰裂谷大体呈北北东向展布，它是秦祁大洋裂谷初始发育时三叉裂谷的夭折支。该裂谷在晚元古代曾一度关闭，早寒

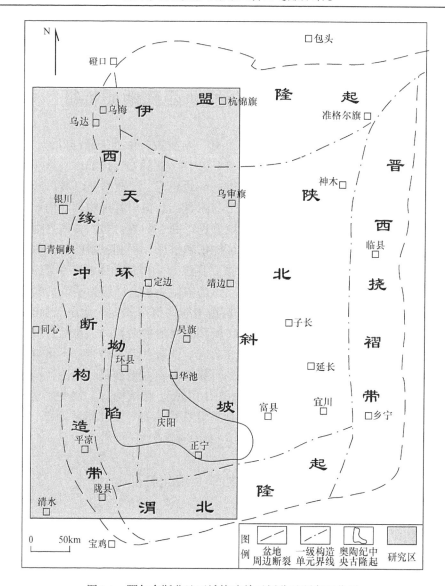

图 3.1　鄂尔多斯盆地区域构造单元划分及研究区位置

武世再次张开，受其影响，盆地在寒武纪以发育裂陷为主，仍呈现北东高、南西低，西部高于东部的古构造格局。

2. 奥陶纪中央古隆起及盆地的古构造格局

奥陶纪由于地壳隆升，在盆地中部偏西的位置形成了一个古隆起，称为中央古隆起，主要分布于盐池、定边、环县、庆阳、镇原、宁县、黄陵一带。北端走向近南北,向南变为北西-北西西走向,南端在宁县以南向东转折至黄陵,平面上呈 "L" 形(图3.1)。面积约 $5 \times 10^4 km^2$,呈西陡东缓、南陡北缓的古构造特征。鄂尔多斯盆地中央古隆起在碳酸盐岩台地发育的背景上,以兴凯运动(早加里东运动)阶段的陆缘斜坡为基础,受西部祁连海槽和南部秦岭海槽挤压应力的相互作用,先后经历了加里东运动早期的台内隆起和加里东运动晚期的台缘隆起等演化阶段;在海西运动阶段,中央古隆起仍有显示,但隆起幅度越来越低;直至印支运动晚期,因北东-南西向挤压应力的增强,在盆地东部产生断裂构造,引起盆地东北部抬升、西南部沉陷,从而导致中央古隆起消亡。中央古隆起的形成、演化控制了盆地中西部下古生界寒武系、奥陶系的沉积格局和古风化壳岩溶的发育。

奥陶纪鄂尔多斯盆地总体上呈现 "西隆东坳" 的构造格局。盆地内部可进一步大致划分出四个构造单元:伊盟隆起、绥榆坳陷、中央古隆起和南部斜坡。伊盟隆起位于盆地北部,在奥陶纪长期隆起,呈近东西向展布;绥榆坳陷位于绥德、榆林、延安地区,呈宽阔的坳陷区,长轴方向近南北向;南部斜坡位于中央古隆起带的南侧(图3.2)。

3.1.2 晚古生代盆地的古构造格局及演化

晚古生代盆地基本上继承了奥陶纪 "西隆东坳" 的古构造格局。石炭纪盆地南部和北部隆起均较高,隆起的核部、翼部宽缓,使盆地的古构造格局总体上呈现 "工" 字形;由于定边西坳陷的楔入,隆起带变得不规则,似葫芦状。二叠纪盆地已转入过渡相及陆相沉积体系,贺兰裂谷沉降速度虽然较快,但基本已进入均衡状态,裂谷肩隆起边界已不平直。

3.1.3 中、新生代盆地的构造格局及演化

早、中三叠世,碰撞裂谷阶段已结束,开始转化为大华北内陆盆地阶段,总体上以均衡沉降为主,但总的古构造格局仍是 "西隆东坳"。晚三叠世-早侏罗世延安期,盆地西部发生了强烈的由西向东的逆冲推覆,在推覆隆起带前方形成沉积厚度达 3000m 的前渊坳陷,即石沟驿凹陷和平凉凹陷,其东部呈南北向延伸的横山堡-泾川隆起则是逆冲构造带前缘调节隆起,再向东为志丹-铜川坳陷带。表明隆起带和坳陷带的位置均明显西移。中侏罗世,强烈的晚燕山运动,使东部山西地块剧烈抬升而导致盆地东部强烈抬升,掀斜形成西倾斜坡,西部则发生强烈逆冲推覆作用形成深坳陷,使盆地转而呈现 "东隆西坳" 的构造格局并一直延续至今。

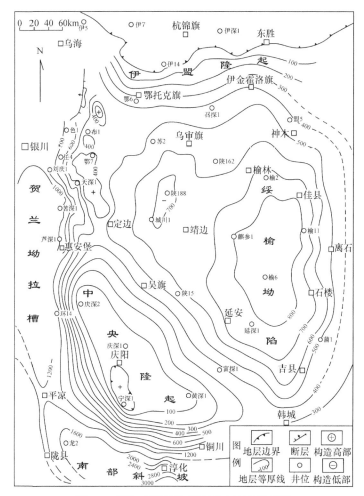

图 3.2　鄂尔多斯盆地奥陶系古构造区划图

3.2　奥陶系地层、岩石类型和沉积相

3.2.1　奥陶系地层特征

　　我国对奥陶系的划分对比，长期以来意见分歧很大，争论不休，其主要原因就是套用了英国的奥陶系划分标准。英国的奥陶系"先天不足，后天失调"，发育不全，缺少了不少段。划分对比用的标准是笔石带，而6个阶的标准剖面又多是介壳相的。我国有好几个笔石带在英国缺失，过去用英国的分层标准套我国的奥陶系，造成我国奥陶系划分的局面混乱(穆恩之，1976)。奥陶系内部划分意见不一致，这里面存在着笔石类与头足类两者发生、发展与新旧交替不完全相同的因素(盛莘夫，1975)。

奥陶系底部、近底部的下奥陶统地层在华北地区称为冶里组与亮甲山组,用法比较普遍,但其上部的地层划分争议较大(表 3.1)。王鸿祯(1953)提出将马家沟组分为上、下马家沟组后,被广大的地质工作者所接受并一直沿用,但是关于马家沟组的归属问题却长期存在着争论。中国区域地层表(1956)将马家沟组划归中奥陶统;1959 年全国地层会议将下马家沟组划归下奥陶统,上马家沟组划归中奥陶统;盛莘夫(1974)和孟祥化(1995)将马家沟组划归中奥陶统;长庆石油勘探局勘探开发研究院(1989)将马家沟组及上覆的峰峰组(马六段)划归下奥陶统,内蒙古桌子山地区克里摩里组及其以下地层划归下奥陶统;冯增昭等(1998,1991)将马家沟组提升为群,分为马一组—马六组(峰峰组),也划归下奥陶统。按照国际及国内奥陶系三分方案,马家沟组应属中奥陶统,这是全球对比总趋势。但为了资料的一致性及照顾已往的划分习惯,本书仍将马家沟组划归下奥陶统(表 3.1)。

表 3.1　鄂尔多斯盆地奥陶系地层划分方案对比表

地层		桌子山		平凉		岐山		泾阳		吕梁山			本书的划分方案		
系	统	内蒙古区调队1980	蔡友贤2000	甘肃地层表1980	长庆研究院1986	长庆研究院1989	冯增昭1991	长庆研究院1989	冯增昭1991	长庆研究院1996	冯增昭1998	蔡友贤2000	盆地西缘	盆地南缘	盆地中东部
奥陶系	上统					背锅山组	背锅山组	背锅山组	背锅山组						背锅山组
	中统	呼和查布其组	蛇山组			龙门洞组	平凉上部组	龙门洞组	白王组				蛇山组	蛇山组	平凉组
	中统	拉什仲组二段	公乌素组										公乌素组	公乌素组	平凉组
	中统	拉什仲组一段	拉什仲组	平凉组	平凉组	平凉组	平凉下部组	平凉组	西陵沟组				拉什仲组	拉什仲组	平凉组
	中统	乌拉力克组	乌拉力克组										乌拉力克组	乌拉力克组	平凉组
	下统	克里摩里组	克里摩里组	三道沟组	峰峰组	峰峰组	峰峰组	峰峰组	峰峰组	峰峰组	马六组	峰峰组	克里摩里组	峰峰组	马六段
	下统	桌子山组	桌子山组	木泉岭组	上马家沟组	上马家沟组	马家沟群中上部	上马家沟组	马家沟群中上部	上马家沟组	马五组	上马家沟组	桌子山组	上马家沟组	马五段
	下统										马四组				马四段
	下统										马三组				马三段
	下统	三道坎组	三道坎组	三道坎组	下马家沟组	下马家沟组	马家沟群下部	下马家沟组	马家沟群下部	下马家沟组	马二组	三道坎组	三道坎组	下马家沟组	马二段
	下统										马一组				马一段
	下统					亮甲山组	亮甲山组	亮甲山组	亮甲山组	亮甲山组	亮甲山组			亮甲山组	亮甲山组
	下统					冶里组	冶里组	冶里组	冶里组	冶里组	冶里组			冶里组	冶里组

研究区及邻区奥陶系各组地层分述如下。

1. 下奥陶统

1) 冶里组

冶里组(O$_1$y)在盆地南部和中东部发育。在盆地南部,岩性为黄灰、土黄、灰色、浅紫色中-薄层状泥质白云岩夹黄灰色竹叶状白云岩、灰质白云岩,厚 64~105m,冶里组与下伏的上寒武统凤山组整合接触。在盆地中东部,冶里组岩性与盆地南部相似,但厚度稍薄,有些地方含燧石条带和结核。盆地西部无分布。

2) 亮甲山组

亮甲山组(O_1l)分布范围基本与冶里组相同。岩性为浅灰、深灰色中-厚层状含燧石条带(或结核)的细-粗晶白云岩,中部发育一层不含燧石团块的中-薄层状泥质白云岩。亮甲山组与下伏的冶里组整合接触,其顶部遭受怀远运动不同程度的剥蚀。亮甲山组在盆地南缘厚 120m 左右,在盆地东缘厚 44~107m。

3) 马家沟组

完整的马家沟组(O_1m)包括六个岩性段。在盆地东部和北部,马一段岩性为灰黄色、土黄色泥质白云岩、膏质白云岩夹粉砂岩,厚 28~60m。在中央古隆起部位马一段缺失。马二段—马五段在盆地中东部分布广,其中马四段分布最广。马二段、马四段的岩性相似,以灰岩为主,夹少量白云岩,马二段厚 57~86m,马四段厚 76~410m。马三段、马五段的岩性相似,由含膏质白云岩与盐岩、硬石膏岩及少量灰岩组成,马三段厚 24~275m,马五段厚 134~270m。盆地中东部大多数井中缺失马六段,或马六段剥蚀严重,残余厚度 5~21m。马六段与上覆的石炭系地层不整合接触,马家沟组与下伏的亮甲山组角度或微角度不整合接触。

中石油长庆油田将马五段划分为 10 个亚段,在长庆中央气田范围内进行详细对比和研究。马五段 10 个亚段的特征分述如下。

马五$_1^1$:厚度 0~12.5m。深灰、褐灰色泥-细粉晶云岩、角砾状云岩夹薄层鲕粒云岩及含云泥岩。顶部发育的风化缝被黄铁矿、铝土质和泥质等充填;上部溶蚀针孔较发育,含气;下部泥质含量增高。中高电阻率,低锯齿状声波时差,自然伽马上低下高,呈台阶状差异。

马五$_1^2$:厚度 0~10m。灰色、浅灰色细粉晶云岩夹灰色砂屑云岩、纹层状云岩。上部质纯,下部夹两层深灰色云质泥岩。含条板状、针状石膏假晶,具鸟眼、干裂、纹层等蒸发潮坪沉积标志。溶蚀孔洞及针孔发育,含天然气较普遍。高电阻率,低平声波时差,自然伽马上低下高(2 个剑状高峰)。

马五$_1^3$:厚度 0~12.2m。灰色、浅灰色细粉晶云岩夹角砾状云岩及纹层状云岩;溶蚀孔洞发育,网状微裂缝发育。电阻率整体较低、呈从上到下逐渐变低的趋势,声波时差较高,自然伽马为低平箱状,密度为低值。

马五$_1^4$:厚度 1.3~6.9m。顶部为深灰色角砾状云质泥岩,中部为浅棕灰色细粉晶云岩、灰质云岩或泥晶灰岩,下部为深灰色、灰黑色凝灰岩夹云质泥岩。自然伽马呈上下特高中间很低的"燕尾状",声波时差、自然伽马和密度曲线三者十分相似,电阻率为"反燕尾状"。

马五$_2^1$：厚度 1.0~10.4m。上部为深灰色泥-细粉晶云岩、细粉晶云质角砾岩，下部为灰黑色、深灰色云质角砾岩及泥质云岩。电阻率为上高下低，自然伽马、声波时差均为上部低平下部呈剑状突起。

马五$_2^2$：厚度 2.0~8.6m。褐灰色、浅灰色细粉晶云岩夹云质角砾岩及残余鲕粒云岩，发育条板状石膏假晶和水平缝。高电阻率，低密度，低声波时差，自然伽马为低平箱状。

马五$_3^1$：厚度 3.0~11.1m。中上部为深灰色、灰黑色云质泥岩、泥云质角砾岩；下部为灰色细粉晶云岩，中高电阻率，低密度，锯齿状声波时差，自然伽马上高下低。

马五$_3^2$：厚度 3.6~13.6m。深灰色泥质云岩、云质角砾岩发育段。中高电阻率，锯齿状较高值的声波时差，自然伽马整体高、但中部较低。

马五$_3^3$：厚度 5.4~17.6m。深灰色角砾状云质泥岩夹薄层泥晶云岩，中高电阻率，锯齿状较高值的声波时差，自然伽马整体高、但中部较低。

马五$_4^1$：厚度 5~28m。上部为灰色、浅灰色细粉晶云岩、角砾状云岩，溶蚀孔洞和裂缝发育；中下部为灰色泥晶云岩与深灰色云质泥岩、泥质云岩或硬石膏岩互层。电阻率低，中低密度，自然电位显著偏负，自然伽马呈二低二高交替变化。

马五$_4^2$：厚度 5.8~23.5m。灰色含泥云岩、膏质云岩与泥晶云岩及云质泥岩薄互层。电阻率高，呈尖峰状，高密度，自然伽马为较高的锯齿状起伏。

马五$_4^3$：厚度 5.9~40.4m。与马五$_4^2$岩性相似，唯有下部纯白云岩增多，晶粒变粗。电阻率高，呈尖峰状，高密度，自然伽马为较高的锯齿状起伏。

马五$_5^1$：厚度 6.8~30.4m。灰黑色泥晶灰岩，底部为黑色泥岩，电阻率特高，中有一低阻薄层，自然伽马低平，声波时差为低的直线。

马五$_5^2$：厚度 18.8~20.8m。灰黑色泥晶灰岩，见生物钻孔。电阻率特高，中有一低阻薄层，自然伽马低平，声波时差为低的直线。

马五 $_{6-10}$：厚度 180~240m。马五 $_{10}$、马五 $_8$、马五 $_6$ 为浅灰、灰色含膏云岩夹泥晶云岩、膏质云岩及泥质云岩；向东部岩性变为块状盐岩夹硬石膏岩。马五 $_9$、马五 $_7$ 为灰色、深灰色泥晶云岩。

近年来，鄂尔多斯盆地的油气地质工作者将盆地北部的奥陶系划分为 3 个含气组合：马五 $_1$—马五 $_4$ 亚段为上部含气组合(简称上组合)；马五 $_5$—马五 $_{10}$ 亚段为中部含气组合(简称中组合)；马四段及其以下为下部含气组合(简称下组合)。

盆地南部马家沟组岩性主要为灰色、深灰色中厚层状粉晶白云岩、藻灰结核白云岩、球粒白云岩、泥晶灰岩、球粒灰岩等，岩性旋回不如盆地东部明显，通常分为上马家沟组和下马家沟组。下马家沟组包括马一、马二、马三段，上马家沟组包括马四、马五段。马家沟组与下伏的亮甲山组微角度不整合接触。

盆地西部和西南部，三道坎组和桌子山组或水泉岭组相当于马二—马五段，其岩性与东部极不相同，也没有明显的岩性旋回。盆地西部，三道坎组大致相当于当于马二、马三段，桌子山组大致相当于马四、马五段。

4) 峰峰组

峰峰组(O_1f)见于盆地南部地表和旬探 1、淳探 1、永参 1、耀参 1 等探井中，相当于盆地中东部的马六段或盆地西部的克里摩里组。岩性为深灰色中-厚层状粉晶白云岩、细晶白云岩、深灰色泥晶灰岩、含云质泥晶灰岩。峰峰组在淳化—旬邑一带厚达 550m，在淳化鱼车山剖面厚达 483m，在旬探 1 井中厚约 380m。

5) 三道坎组

三道坎组(O_1s)仅见于盆地西部的桌子山剖面及伊 27 井中。岩性为深灰色厚层状砾屑白云岩、泥晶灰岩、砂屑灰岩夹紫红色粗粒石英砂岩和白云质砂岩，灰岩厚 90m，石英砂岩厚 22m。三道坎组大致相当于马一、马二段。三道坎组与下伏的上寒武统崮山组假整合接触。

6) 桌子山组

桌子山剖面中，桌子山组(O_1z)以灰色中-厚层状灰岩为主，中部为灰色、灰褐色薄层微晶灰岩、泥质条带灰岩，上部以灰色中-厚层状颗粒灰岩为主，夹数层巨厚层状灰岩，厚 125~686m。盆地西部天深 1、李华 1、李 1、天 1、刘庆 7、任 1、布 1、任 3、任 4 等井均发育桌子山组，岩性为深灰色厚层块状泥-粉晶灰岩，厚 236~656m。桌子山组下部和上部可分别与盆地中东部的马四段和马五段对比。桌子山组与下伏的三道坎组和上覆的克里摩里组均为整合接触。

7) 克里摩里组

桌子山剖面中，克里摩里组(O_1k)下部以深灰色薄层状灰岩、瘤状灰岩为主；中部为深灰色薄层状泥质灰岩、微晶灰岩与黑色页岩互层，产笔石、三叶虫等化石；上部为深灰色薄层微晶灰岩夹极薄层钙质泥岩。盆地西部天深 1、天 1、布 1、李华 1、刘庆 7 和任 1 等井均发育克里摩里组，厚 40~160m。克里摩里组相当于峰峰组或马六段。克里摩里组与上覆的乌拉力克组间可能有一个层序间断面存在，属于假整合接触。

2. 中奥陶统

1) 乌拉力克组

桌子山剖面中，乌拉力克组(O_2w)底为一层浅灰色巨厚层状砂屑灰岩，往上为灰色粉屑、砂屑灰岩与黑色笔石页岩互层组成多个韵律层。中部夹一层厚 60~80cm 的砾屑灰岩。盆地西部见于天深 1、布 1、李华 1、天 1、任 3、任 4、刘庆 7 等井，厚度 23~92m。区域上，乌拉力克组相当于平凉银洞官庄的平凉组下部。乌拉力克组与上覆的拉什仲组可能为平行不整合接触。

2) 拉什仲组

桌子山剖面中，拉什仲组(O_2l)由黄绿色、灰绿色薄层粉砂岩、页岩、细砂岩夹少量灰岩及含砾中砂岩组成，砂岩具正粒序。盆地西部见于天深 1、布 1、天 1、刘庆 7、任 3、任 4 等井，厚 44～370m。

3) 公乌素组

公乌素组(O_2g)仅出露于内蒙古乌海市海南镇公乌素正北 6km 的青年农场南山，岩性为黄绿色粉砂岩、细砂岩、泥页岩夹薄层泥灰岩，底部为砂屑灰岩，厚81m。公乌素组与下伏拉什仲组和上覆蛇山组均为整合接触。

4) 蛇山组

蛇山组(O_2s)仅见于内蒙古乌海市海南镇公乌素正北 5km 的蛇山。岩性为灰绿色砂页岩互层夹灰色生屑灰岩，顶部为厚层块状砾屑灰岩。蛇山组与下伏的公乌素组整合接触，与上覆的上石炭统平行不整合接触。

5) 平凉组

盆地南部平凉组(O_2p)岩性为灰色、深灰色砾屑灰岩，砂、粉屑灰岩，球粒-团粒灰岩，含生屑砂屑灰岩，含介形虫生物微晶灰岩，微-粉晶灰岩，局部发育生物礁丘，厚 377～553m。盆地西部的乌拉力克组、拉什仲组、公乌素组和蛇山组与平凉组相当，厚 300～600m，贺兰山西侧胡家台平凉组的厚度大于 1000m。泾阳一带的西陵沟组大致相当于平凉组下部。环县一带的车道组与平凉组上部相当。陇县、岐山、泾阳的龙门洞组也可大致与平凉组上部对比。平凉组与下伏的峰峰组和上覆的背锅山组均为整合接触。

3. 上奥陶统

背锅山组(O_3b)见于盆地南部的陇县、岐山、泾阳和耀州区，岩性为灰色、灰白色块状泥-粉晶灰岩、藻灰岩、砾屑灰岩和砂岩，夹页岩和角砾状灰岩，厚 300～459m。背锅山组与下伏的平凉组整合接触，与上覆的中石炭统平行不整合接触。

3.2.2 奥陶系岩石类型

研究区奥陶系的岩石类型以碳酸盐岩为主，其次为蒸发盐岩，见碎屑岩及少量凝灰岩，主要包括石灰岩、白云岩和硬石膏岩等(表 3.2)。

表 3.2 鄂尔多斯盆地西部奥陶系岩石类型

岩石类型	岩石名称	
石灰岩	颗粒灰岩	亮晶颗粒灰岩、泥晶颗粒灰岩
	泥晶灰岩	(含)颗粒泥晶灰岩、泥晶灰岩
	结晶灰岩	细粉晶灰岩、粗粉晶灰岩
	礁灰岩	造礁生物骨架岩、藻叠层石黏结岩
	过渡类型灰岩	(含)膏、云、泥质灰岩

岩石类型		岩石名称
白云岩	颗粒云岩	泥晶颗粒云岩、亮晶颗粒云岩
	含颗粒云岩	泥晶含内砂屑云岩、亮晶含内砂屑云岩、泥晶含生屑云岩、亮晶含生屑云岩
	泥晶云岩	含颗粒泥晶云岩、泥晶云岩
	结晶云岩	粉、细、中晶云岩
	过渡类型云岩	(含)膏质、灰质、泥质云岩
硬石膏岩	硬石膏岩	层状、块状、结核状硬石膏岩
	过渡类型硬石膏岩	云质硬石膏岩、泥质云质硬石膏岩、含盐硬石膏岩
盐岩		层状、块状盐岩
碎屑岩		泥岩、页岩、粉砂岩、砂岩、砾岩
凝灰岩		凝灰岩、凝灰质泥岩、凝灰质粉砂岩、凝灰质砂岩

石灰岩和白云岩是研究区内奥陶系中分布最广、最主要的岩石类型。研究区奥陶系石灰岩中的颗粒类型主要有砂屑、粉屑、生物碎屑和砾屑等，其中砂屑和生物碎屑发育，鲕粒较少见。颗粒灰岩主要包括亮晶颗粒灰岩(以亮晶砂屑灰岩、亮晶含生屑砂屑灰岩为主)和泥晶颗粒灰岩及其过渡类型。在区内下奥陶统冶里组的下部，马家沟组的马二、马四段及峰峰组(马六段)、桌子山组和乌拉力克组中最发育，马家沟组的马一、马三、马五段中也常见有；(含)颗粒泥晶灰岩主要包括砂屑泥晶灰岩和生屑泥晶灰岩等，在马二段、平凉组及桌子山组和乌拉力克组中均有分布；泥晶灰岩在区内奥陶系中分布较广，各组中均有分布。结晶灰岩主要包括细晶和粉晶灰岩，其中最常见的是粉晶灰岩，细晶灰岩及其他晶粒较粗的灰岩少见，这类岩石主要分布在中央隆起周缘马家沟组上部剥蚀严重的地带；礁灰岩主要见于研究区南部平凉组和背锅山组中；云质灰岩以(含)云斑灰岩为主，大量出现于马四、马六段与桌子山组、克里摩里组和乌拉力克组；泥质灰岩在区内南部的马二、马三段和桌子山地区的桌子山组均有分布。

白云岩中的颗粒类型与石灰岩中的基本相同，只是有的仅仅保留了颗粒的幻影。泥晶云岩(图版Ⅰ-7、8，图版Ⅱ-5)常见，结晶云岩中最常见的是泥-粉晶云岩(图版Ⅱ-4，图版Ⅶ-1)和粉晶云岩(图版Ⅶ-4)，其次是细晶云岩(图版Ⅰ-5)和中晶云岩，粗晶云岩较少见。(含)颗粒云岩在研究区西缘的桌子山地区三道坎组的底部较发育；泥-粉晶云岩主要分布于研究区的中部和南部的冶里组至峰峰组；粉晶云岩主要分布于研究区南部的冶里组、亮甲山组和峰峰组；细晶云岩在中央隆起带两侧的马四、马六段和本区南部的亮甲山组较发育。

硬石膏岩和盐岩主要分布于研究区东缘的马一、马三、马五段。巨厚的块状盐岩主要见于米脂、富探 1 井、宜探 1 井、陕 15 井等处;薄层盐岩零星分布。

泥岩、页岩及粉砂岩主要见于背锅山组、平凉组(乌拉力克组、拉什仲组、公乌素组和蛇山组)和克里摩里组,研究区南部的马二、马三、马五、马六段也可见。泥岩、页岩及粉砂岩多呈灰黑色和绿色,并富含钙球、放射虫、海绵骨针、笔石和三叶虫等。砂岩主要分布于平凉组、三道坎组或马一段。平凉组的砂岩常与泥岩、粉砂岩及角砾岩呈韵律产出,可能多为重力流沉积的产物。三道坎组的砂岩以桌子山剖面较典型,为云质砂岩,胶结物为白云石,部分石英颗粒也被白云石交代。砾岩主要见于平凉组,有石英砾岩和碳酸盐砾岩两种类型,可能都是重力流沉积的产物。研究区南部铁瓦殿剖面的马一段底部也有少量碳酸盐岩角砾岩,桌子山剖面三道坎组底部也可见砾屑为白云岩的角砾岩。凝灰岩在研究区西南缘平凉组有分布。凝灰岩夹于碳酸盐角砾岩或泥岩之间,常具玻纤结构和粒状结构。

3.2.3 奥陶系沉积相

1. 基底构造控制沉积格局

早古生代,鄂尔多斯盆地西为贺兰坳拉谷,南为秦祁洋,即西、南两侧均受张性坳陷限制。从盆地内部的构造格局可以看到:寒武系和奥陶系具明显的差异,前者受贺兰裂谷早期阶段影响,盆地内以裂陷发育为特征;后者受贺兰裂谷强烈扩张的影响,均衡调整作用显著,在裂谷肩处发生均衡翘升,形成一个"L"形的大型隆起,使盆地西部、南部与其东北部的绥德—延川一带发生垂直分异,在盆地中形成西隆东坳的构造格局(张吉森等,1995)。鄂尔多斯盆地奥陶系岩性以白云岩、石灰岩为主,在沉积厚度最大的陆架内坳陷区,夹有较多硬石膏岩和盐岩,在盆地东部柳林三川河马家沟组一段见有少量薄透镜状砂岩;西部桌子山、青龙山等处奥陶系底部有薄至厚层状砂岩。

鄂尔多斯盆地奥陶系存在四个古隆起,盆地西面为中央古隆起;北面为伊盟古隆起(或称乌兰格尔古隆起);东面为吕梁山古隆起;南面为富县-黄陵古隆起和芮城-永济古隆起。这些古隆起随着海平面的周期性升降,限制了华北海与祁连海、秦岭海之间的分离和沟通。

伊 25—李 1 井一带是中央古隆起和伊盟古隆起之间的相对低洼地区,相对贺兰坳拉槽与华北海来说是海水进出的门槛。只有在海平面处于较高位置,其被海水侵漫时才发生沉积;在海平面较低位置时期,其暴露于大气之中,与庆阳古陆一起成为隔挡高地。在盆地南面富县-黄陵古隆起和芮城-永济古隆起之间也存在与其相似的华北海与秦岭海之间的海水进出门槛。

盆地东面的吕梁山古隆起属于元古宙、早古生代及早寒武世的隆起,奥陶纪该古隆起一般只为水下隆起,仅有短暂的暴露史。盆地南面的富县-黄陵古隆起在认识上尚存在一定的分歧。部分学者认为中央古隆起与富县-黄陵古隆起之间的洼槽不存在, 富县-黄陵古隆起为中央古隆起南侧向东延伸部分。张吉森等(1995)将富县-黄陵古隆起单独划出。经钻探证实, 富县-黄陵古隆起有较发育的下、中奥陶统沉积, 上寒武统有厚112m的沉积, 下奥陶统冶里、亮甲山期有厚29m的含燧石条带、团块白云岩沉积。亮甲山期后, 怀远运动期该隆起才明显上升, 马家沟期, 其构造性质才与中央古隆起相似。马一、马二、马三段在古隆起上超覆缺失, 马四段沉积了厚仅68m的白云岩和膏质白云岩, 没有马五段地层记录。据区域地质调查资料, 山西芮城一带奥陶系只百余米厚, 也属于相对隆起的地方。这些隆起之间相对低凹的地方构成了华北海和祁连海之间的进水门槛。

确定奥陶纪分隔华北海和祁连海的高地, 对于恢复研究区当时的沉积格局是相当重要的。过去认为鄂尔多斯盆地西部奥陶纪连接伊盟古陆和中央古隆起的水下隆起高地在定探1—鄂6井一带。鄂尔多斯盆地奥陶系地层厚度分布趋势表明, 连接伊盟古陆和中央古隆起的水下隆起高地在李1—鄂7—伊25井一线(图3.2)。另外, 从横穿东西的地震剖面上可以看出, 奥陶系沉积最薄处在李1—鄂7—伊25井一线, 古隆起东西两侧地层的超覆现象明显。

2. 海水补给方向和强度差异

鄂尔多斯盆地奥陶纪海域沉积的三个海侵方向或海水补给方向, 即东面的华北海方向, 西面的祁连海方向, 南面的秦岭海方向。由于盆地四周隆起古地貌差异和不同时期海平面的相对高度差异, 不同时期海水的补给方向和强度存在差异。由于"L"形中央隆起带及相关的隆起位置较高, 常处于暴露的状态, 对祁连海和秦岭海方向的海水补给起着明显的阻挡作用。东面吕梁山古隆起当时为较低的水下隆起, 对海水的补给影响相对较小。鄂尔多斯盆地奥陶纪的海侵方向或海水补给主要来自东面。在海平面处于较高位置时, 盆地的东面、西面和南面均有海水补给, 但仍以东面的海水补给为主。在海平面处于较低位置时, 除了东面有少量海水补给之外, 其他方向均受隆起带隔阻, 使内陆架盆地处于蒸发浓缩状态。盆地中东部马四段主要为含生物灰岩, 天环向斜一带马四段为白云岩, 说明天环向斜一带马四时海水流动受到限制, 存在咸化现象, 才容易引起近地表的白云岩化。另外, 马五$_5$"黑腰带"灰岩分布于盆地的中东部, 同层位西部地区仍以白云岩为主。这些区域岩性分布特征也说明当时海水的主侵入方向是东面。

3. 与海平面变化相关的沉积模式

基底构造控制沉积格局, 在一段时期内构造格局相对稳定, 控制沉积环境变化的最主要因素往往是海平面升降变化。众所周知, 经典层序地层学研究的核心内容是相对海平面升降对沉积环境的控制作用及结果。从层序地层学的观点, 认为鄂尔多斯盆地西部及邻区马家沟期可能主要有以下几种沉积模式[图3.3(a)~(d)]。

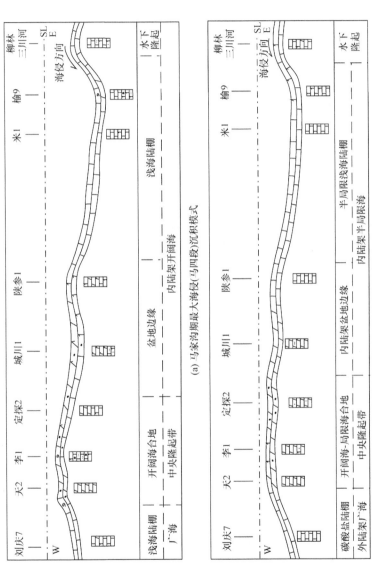

(a) 马家沟期最大海侵(马四段)沉积模式

(b) 马五₁海侵期沉积模式

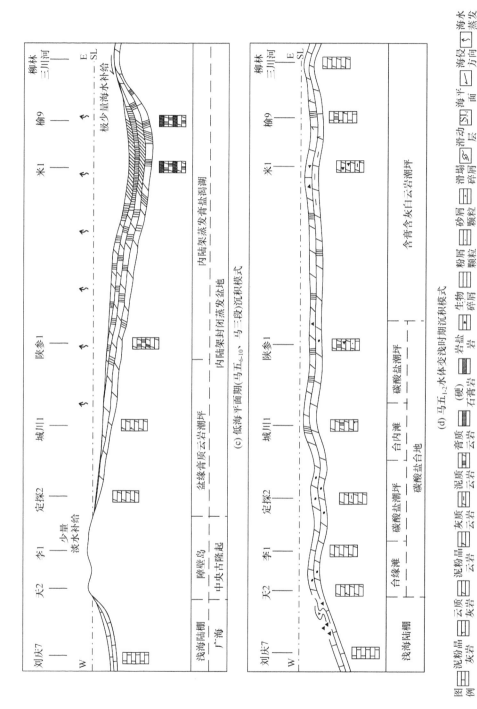

图例 泥粉晶云质 泥粉晶 灰质 泥质 膏质 岩盐 石膏岩 云岩 生物 粉屑 砂屑 颗粒 碎屑 滑动 海平 蒸发
　　 灰岩 云岩 灰岩 云岩 云岩 　　　　　　　　 碎屑 　　 颗粒 　　 层 面 方向

图3.3 鄂尔多斯盆地西部及邻区下奥陶统马家沟组东西向沉积模式示意图

1) 马四最大海侵期

高海平面时期，海水循环基本不受局限，气候潮湿，大量的海水与大气淡水均补给充足，海水盐度接近正常，各种生物较发育。马四时是鄂尔多斯地区马家沟期最大海侵期，全盆地广泛发育石灰岩沉积。由于相对海平面上升，早期已存在的中央古隆起和东部的吕梁山古隆起对海水的障壁作用大大减弱，尤其是东部吕梁山古隆起的障壁作用已减至最低，大量的补给海水由东面进入鄂尔多斯盆地；南面的富县-黄陵古隆起和芮城-永济古隆起因海平面上升沉入水下，马四段可见50～65m灰岩沉积，同样，西面的中央古隆起除了庆阳—西峰—宁县一带为孤岛外，大部分已沉入水下。盆地中为内陆架浅海陆棚沉积，盆地周围和古隆起带则发育开阔台地和潮坪沉积[图 3.3(a)]。

2) 马五 5 海侵期

马五沉积时期海平面相对较低，但在马五段沉积中期(马五 5 时期)有一次小规模的海侵事件。该期海侵规模没有马四时海侵规模大，中央古隆起除在庆阳—西峰—宁县一带为孤岛，在定边—鄂托克前旗一带也被海水淹没，成为开阔台地—局限台地，有少量碳酸盐颗粒沉积。台地西面较迅速地过渡为开阔浅海陆棚；台地东面广大地区属于受局限的浅海陆棚，水体循环不太好，生物稀少单调，沉积了黑灰色泥晶灰岩。在碳酸盐台地上，水体盐度偏高，发育一套浅色的同生白云岩或沉积期后交代白云岩[图 3.3(b)]。

3) 马五 6-10、马三低海平面期

该时期气候极干旱，蒸发量大，降水稀少，海平面下降至低于周边隆起带，甚至低于进水门槛。盆地西面和南面已不可能有海水补给。盆地东面的华北海方向有少量海水补给。由于海平面降低，浪基面的深度很小，盆地处于高度局限状态，蒸发作用使水体浓度很高。内陆架蒸发盆地中 $CaSO_4$ 和 $NaCl$ 呈过饱和状态，发育硬石膏和盐岩沉积[图 3.3(c)]。

实验研究表明：海水蒸发略为浓缩，方解石首先开始沉淀，然后是富钙的有序度低的原白云石，当海水蒸发浓缩到原体积的 19% 或海水盐度达到 15%～17% 时，石膏类矿物开始析出。海水体积为原体积的 10% 或稍低时，海水盐度为 26% 时，石盐开始结晶。盆地中马三段和马五段岩性为硬石膏岩、盐岩和白云岩。一方面，盆地边缘接受一些古隆起和古陆的大气淡水，因此咸化海水浓度相对较低，对于 $CaSO_4$ 的饱和程度相对低些；另一方面，随着蒸发作用增强，内陆架盆地浓缩海水的面积越来越小，高浓度卤水沉积局限于蒸发盆地中心地带。由于这两方面原因，内陆架盆地从其边缘向中心位置，石膏及盐岩逐渐增多，白云岩逐渐减少。蒸发浓缩盆地中常常有新鲜海水的补给，几乎未出现持续蒸发至钾镁盐岩沉积阶段。

4) 马五 1-2 水体变浅沉积期

马家沟期，鄂尔多斯盆地西部的隆起高部位随着时间推移，有逐渐向东迁移的趋势。马五$_{1-2}$沉积时,内陆架基底均衡下沉作用减弱,并受填平作用影响,水体逐渐变浅,盆地内大部分地区已演化成碳酸盐潮坪环境。研究区自东向西逐渐从台地潮坪过渡到碳酸盐台地内部,然后过渡为碳酸盐浅海陆棚环境。台地潮坪以含膏泥-细粉晶白云岩为主,并发育一些潮坪暴露沉积成岩标志,如鸟眼构造、藻纹层、干裂角砾、泥裂多边形、帐篷构造、(硬)石膏结核。由于沉积物遭受大气水的淋滤作用,形成微岩溶、膏溶角砾岩等[图3.3(d)]。

4. 沉积相类型

鄂尔多斯盆地西部前奥陶纪及奥陶纪古构造格局及其演变、海水的补给方向及强度、相对海平面的升降变化等因素共同控制、影响着区内奥陶纪的沉积格局演化及奥陶系沉积相的发育。研究区奥陶系发育5个相,10个亚相和几十个微相(表3.3)。

表3.3　鄂尔多斯盆地西部奥陶系沉积相类型划分表

相	亚相	微相
潮坪	含陆源碎屑潮坪	泥质潮坪、砂质潮坪
	碳酸盐潮坪	灰泥坪、云坪、膏云坪、膏质云坪、云膏坪、灰质云坪、云质灰坪、灰云坪、云灰坪
碳酸盐台地	开阔海台地	灰泥潮下带、台内滩
	局限海台地	灰泥潟湖、含膏云质潟湖、含云灰泥潟湖
	台地边缘	台缘滩(砂屑滩、生屑滩)
浅海陆棚	外陆架浅海陆棚	碳酸盐陆棚、混积陆棚
	内陆架盆地	蒸发(石膏-石盐)盆地
		局限盆地、内陆架浅海陆棚
		盆地边缘坪(膏云坪、灰泥坪、灰云坪)
碳酸盐缓坡	浅缓坡、深缓坡	生物礁、潟湖、近滨浅滩
斜坡-海槽	碳酸盐斜坡	碳酸盐重力流、灰质斜坡
	海槽-深水盆地	泥质海槽、灰质海槽

1) 潮坪

潮坪是位于平均低潮面和最大高潮面之间,且地形平缓宽阔,以潮汐作用为主的沉积环境(金振奎等,2013)。根据海平面位置,潮坪可进一步划分为潮上坪、潮间坪和潮下坪。碳酸盐岩台地上,绝大部分潮坪沿海岸发育,即滨岸潮坪;但台地内部隆起也可发育潮坪,即台内潮坪;有的发育在台地边缘,可称台缘潮坪。

马家沟期大部分时间内，潮坪在研究区主要发育于中央古隆起的东面、北面及南面，和伊盟古陆的南缘。马家沟晚期，即马五$_{1-2}$沉积时，鄂尔多斯盆地内大范围发育台地潮坪相。潮上坪岩石类型以泥质云岩、云质泥岩、含云泥岩和泥云岩等为主。潮间坪岩石类型主要有泥-细粉晶白云岩、球粒泥晶灰岩、云质泥晶灰岩和藻纹层灰岩等。由于气候干旱，海水盐度偏高，潮坪相岩石中均不同程度地含有板状石膏、硬石膏和 2mm 以下的膏质结核或团块。常见的沉积构造有干裂、帐篷、泥板、藻纹层等。

伊盟古陆南缘的潮坪因受古陆的影响，泥-细粉晶白云岩或灰质白云岩中普遍含陆源碎屑粉砂和泥质。这种环古陆潮坪有别于台地碳酸盐潮坪，本书称为"含陆源碎屑潮坪"。

2) 碳酸盐台地

"碳酸盐台地"这个术语最初来自对巴哈马台地现代碳酸盐沉积的研究，指地形平坦的浅水碳酸盐沉积环境。后来，该术语的含义包含范围逐渐扩大，泛指所有浅水(水深一般在风暴浪基面之上)碳酸盐沉积环境(Read，1985)。碳酸盐台地相又可进一步划分为开阔台地、局限台地、台地边缘和台地潮坪等亚相。

研究区奥陶系马家沟组碳酸盐台地主要分布于中央古隆起带，发育于马四和马五时期。碳酸盐台地沉积环境的水深通常小于 10m，主要属于浅水的潮下至潮间环境。碳酸盐岩台地上，除了可以分出开阔海台地、局限海台地、台地边缘等亚相外，还发育清水碳酸盐潮坪亚相。台地潮坪的宽度有时达数十公里，面积比环古陆潮坪小。

开阔海台地在碳酸盐台地上地形相对平坦、水体循环良好、能量中等，有时夹风暴成因的正递变粒序层，有生物发育，多见水平、倾斜的虫孔痕迹。局限海台地为碳酸盐台地上的相对局限地区，水体循环不畅，盐度经常不正常，属于低能量带，生物种类有限，沉积构造以水平层理、水平纹层理为主。台地边缘发育于碳酸盐岩台地的东西两侧。位于开阔海台地西侧的台地边缘面对开阔浅海陆棚，为正常海水的高能量带，颗粒碳酸盐岩中海底亮晶胶结物发育。位于开阔海台地东侧的台地边缘面对陆架内局限盆地或蒸发盆地，碳酸盐台地与陆架内盆地是以缓坡地形过渡，有时碳酸盐台地东侧与陆架内盆地边缘在岩相上呈过渡状态，之间没有明确的界线。

台地潮坪的地势较平坦、水体浅，岩性以泥-粉晶白云岩为主，靠近潮下带可见云化球粒灰岩。台地潮坪中常见叠层石、藻纹层、鸟眼和帐篷构造等，有时可见透镜状层理和脉状层理。面向陆架内局限-蒸发盆地的中央古隆起东侧台地潮坪中常发育含膏泥-粉晶白云岩。

3) 浅海陆棚

浅海陆棚环境包括近滨外侧至大陆坡内边缘这一宽阔的陆架或陆棚区，其上限位于浪基面附近，下限水深一般在200m左右，宽度由数公里至数百公里不等。浅海陆棚的水动力条件复杂多样，其中包括海流、正常的和风暴引起的波浪、潮汐流以及密度流等。它们对沉积作用的影响常随深度而变化。浅海陆棚区，因海流和波浪作用的影响，可见到波痕、交错层理和风暴砂层。研究区中央古隆起带西侧为外陆架浅海陆棚区。沉积过程中，这一地区马四、马五和马六时均为碳酸盐陆棚；中央古隆起带东侧为内陆架盆地区，马四时内陆架为浅海陆棚；马三、马五时内陆架为局限-蒸发盆地,研究区东面乌审旗—城川—志丹一带为内陆架局限-蒸发盆地的盆地边缘。由于内陆架盆地的海水盐度偏高，盆地边缘受回流渗透作用和海水循环作用，最易发生白云石化。

4) 碳酸盐缓坡

碳酸盐缓坡是海底向海缓倾斜的(坡度通常小于 1°)，水体逐渐变深的大型碳酸盐沉积环境，相带宽缓，上部的近滨高能波浪作用带向下逐渐过渡为深水低能环境，中间没有明显的坡折。根据缓坡剖面形态，可分为均匀倾斜的缓坡和末端变陡的缓坡。碳酸盐缓坡相可分为浅缓坡和深缓坡两个亚相。蔡忠贤等(1997)认为鄂尔多斯盆地南缘早古生代碳酸盐岩台地的演化可划分为低能和高能缓坡、具局限性内陆架盆地的镶边陆架、具蒸发性内陆架盆地的镶边陆架及断裂边缘 4 个阶段。董兆雄等(2002)和侯方浩等(2003，2002)认为鄂尔多斯盆地南部奥陶纪属于末端变陡的缓坡沉积模式。研究区南缘属于鄂尔多斯盆地南缘的西侧，因此其奥陶纪也应属于碳酸盐缓坡环境。

5) 斜坡-海槽

斜坡-海槽沉积环境不同于海底地貌的大陆坡和大洋中的深海海槽,这里所说的斜坡与海槽主要指的是陆棚碳酸盐台地边缘的斜坡及相应的深水盆地。

鄂尔多斯盆地西部奥陶系浅海陆棚之外是斜坡-海槽环境。中央古隆起带向西部外侧突然跌落为大陆坡，并较快进入深水海槽，因此盆地西部的浅海沉积相带狭窄。研究区西面碳酸盐台地边缘斜坡与深水盆地距离上靠得很近，而浅海陆棚沉积环境几乎不发育。

桌子山剖面奥陶系碳酸盐斜坡亚相中角砾屑石灰岩发育，角砾屑多为大小不等的薄板状、条状及小块状，成分与下伏层石灰岩相同，在岩层中杂乱分布；角砾屑石灰岩的围岩为黑灰色薄层状泥晶石灰岩。常见的沉积构造有滑动变形构造、冲刷-充填构造、重力流有关构造和块状构造等。

根据岩性，海槽-深水盆地亚相可细分为泥质海槽和灰质海槽两个微相。泥质海槽微相为黑色泥岩和黑色笔石泥岩，常夹粉砂质泥岩或颗粒泥-粉晶石灰岩，发育水平纹层理、轻微的冲刷-充填构造。灰质海槽微相为深灰、黑灰色薄层-极薄层状泥晶石灰岩夹粉屑石灰岩。

5. 沉积相分布及演化特征

1) 下奥陶统冶里组和亮甲山组

寒武纪末的加里东运动使鄂尔多斯地块抬升为统一的鄂尔多斯古陆。到早奥陶世冶里期，海水才又逐步侵漫该古陆，总体上海域的水体较浅，古陆的东缘和南缘发育近岸环陆泥质云坪，云坪外侧是东部开阔海台地和南部碳酸盐岩缓坡，古陆的西缘贺兰山地区为小规模的云灰坪环境。鄂尔多斯盆地西部下奥陶统冶里组在其西缘贺兰山地区为云灰坪，南缘属于白云岩缓坡，其他地区仍为陆地。亮甲山期几乎完全继承了冶里期的古地理面貌，亮甲山组沉积格局与冶里组基本相似。

2) 下奥陶统马家沟组

马一时，盆地开始奥陶纪的第二次海侵，这次海侵较前期海侵速度更快、规模更大。该时期盆地气候干热，海水含盐度高。研究区马一段仍为大面积陆地，其西缘自东向西依次为狭窄长条形的白云岩陆棚、斜坡和海槽，南部属于硬石膏白云岩缓坡。

马二时，盆地的海侵达到奥陶纪的第一个高潮，该时期古构造格局和海侵方向等与马一时相似，盆地气候较马一时潮湿，海水含盐度较马一时低。研究区马二段也为大面积陆地，其西缘自东向西依次分布狭窄长条形的石灰岩陆棚(局部为混积陆棚)、斜坡和海槽，东缘为盆缘灰云坪，南部为白云岩缓坡。

马三时，"L"形中央古隆起基本定型，该时期总体上属于海退期，气候又变得干热。研究区马三段的中部基本上属于中央陆地，西缘自东向西依次分布狭窄长条形的白云岩陆棚(西北角为混积陆棚)、斜坡和海槽，东缘为盆缘硬石膏白云岩坪、含泥云质石灰岩潮坪，南部属于硬石膏白云岩缓坡(图 3.4)。

马四时，为盆地早奥陶世的最大海侵时期，气候湿热。该时期除北部伊盟古陆的北缘和中央古隆起的镇探 1—宁探 1 井一带可能仍露出水面，其他地区均被海水淹没。研究区中，鄂托克旗—鄂托克前旗—定边—华池一带为中央古隆起的水下部分，水体较浅，发育碳酸盐台地，包括开阔海台地、局限海台地，并出现台内滩和台缘滩，台缘滩的规模很小。研究区马四段的中部为碳酸盐台地，庆阳古陆外围为环陆白云岩潮坪，北缘为白云岩潮坪，南缘为白云岩缓坡，西缘自东向西依次分布狭窄长条形的石灰岩陆棚、斜坡和海槽，东缘为盆缘云质石灰岩坪(图 3.5)。

马五时，盆地虽然基本继承了马三、马四时的古地貌和古构造格局，但气候变得干热，出现振荡性、间歇性海退，海水明显变浅，海域范围减小。中央古隆起带及伊盟古陆大部分又重新露出水面，盆地内海水补充有限，循环不畅，海水含盐度增高。中央古隆起带东侧形成内陆架蒸发盆地-含白云岩的硬石膏、石盐岩盆地及环绕该盆地的含盐岩白云岩坪、硬石膏白云岩坪；南缘为硬石膏白云岩缓

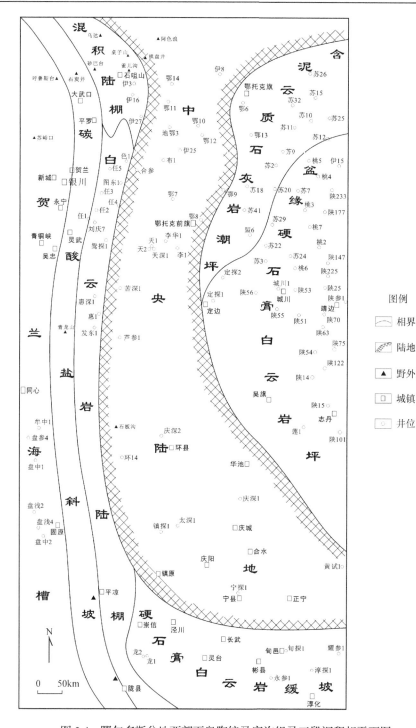

图 3.4 鄂尔多斯盆地西部下奥陶统马家沟组马三段沉积相平面图

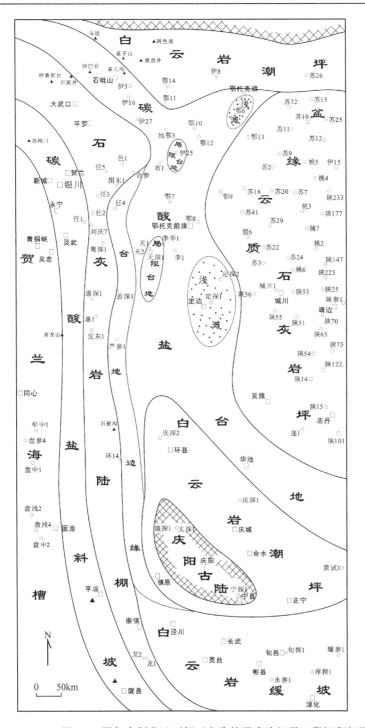

图 3.5　鄂尔多斯盆地西部下奥陶统马家沟组马四段沉积相平面图

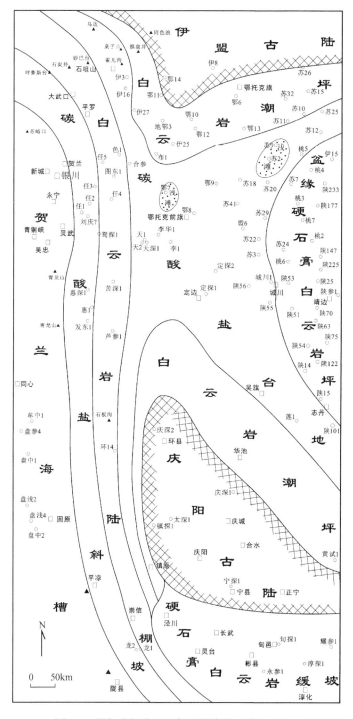

图 3.6　鄂尔多斯盆地西部下奥陶统马家沟组马五段沉积相平面图

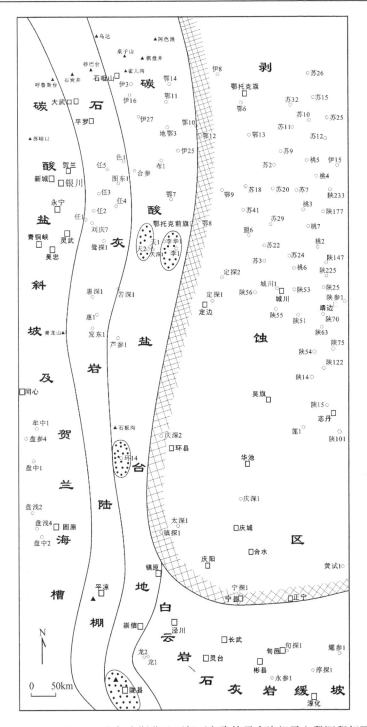

图 3.7　鄂尔多斯盆地西部下奥陶统马家沟组马六段沉积相平面图

坡。研究区马五段中，鄂托克前旗—定边一带碳酸盐台地的范围比马四时有所扩大，并有向东迁移的趋势，出现台内滩；庆阳古陆外围为环陆白云岩潮坪；西缘自东向西依次分布狭窄长条形的白云岩陆棚、斜坡和海槽；东缘发育盆缘硬石膏白云岩坪；南缘属于硬石膏白云岩缓坡(图 3.6)。马六时(峰峰期、克里摩里期)，盆地再度发生小规模海侵，气候又变得湿热。研究区马六段中，西部为碳酸盐台地、碳酸盐陆棚，陆棚的西侧为深水斜坡及海槽环境；东部主要被沉积后的剥蚀区所占据；南缘为白云岩-石灰岩缓坡环境(图 3.7)。

3) 中奥陶统平凉组和上奥陶统背锅山组

早奥陶世末期的加里东运动使鄂尔多斯盆地整体抬升为陆地。鄂尔多斯盆地平凉组基本上是一个统一的古陆，只在盆地西缘为石灰岩陆棚、深水斜坡和海槽环境；南缘为继承性的浅水碳酸盐缓坡。背锅山期，海水继续向西南退覆，背锅山组中，在研究区的南缘渭北隆起区自北向南依次为石灰岩缓坡和深水斜坡及海槽。背锅山期之后，海水退出鄂尔多斯地区，从而结束了下古生界的沉积。

3.3　奥陶系成岩环境演化及成岩作用类型

3.3.1　成岩环境演化

鄂尔多斯盆地西部奥陶系先后受到多期构造运动的影响，特别是奥陶纪末的加里东运动，使马家沟组上部地层被长期抬升至海平面之上，接受了长达 1 亿多年的风化剥蚀作用，长时间受到表生成岩环境的控制；受海西运动的影响，早石炭世后，地壳持续下降，奥陶系又长时间处于埋藏成岩环境之中。研究区奥陶系碳酸盐岩成岩环境类型多，成岩环境演化过程较复杂。可区分出近地表成岩环境(海底、大气淡水、混合水)、浅埋藏成岩环境、中-深埋藏成岩环境和表生成岩环境。成岩环境的演化途径可归纳为以下三种(图 3.8)。

第一种成岩环境演化过程是：海底成岩环境→大气淡水、混合水成岩环境→浅埋藏成岩环境→表生成岩环境→浅埋藏成岩环境→中-深埋藏成岩环境。该成岩环境演化过程主要出现于中央古隆起带和伊盟古陆上马四、马五、马六段中向上变浅的潮坪和滩相中。

第二种成岩环境演化过程是:海底成岩环境→浅埋藏成岩环境→中-深埋藏成岩环境。该成岩环境演化过程代表研究区中未受表生期大气淡水改造地层的成岩环境演化。

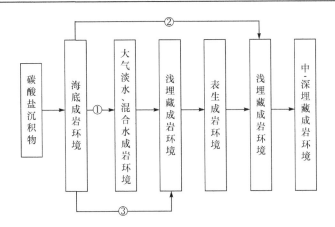

图 3.8　鄂尔多斯盆地西部奥陶系碳酸盐岩成岩环境演化示意图

第三种成岩环境演化过程是：海底成岩环境→浅埋藏成岩环境→表生成岩环境→浅埋藏成岩环境→中-深埋藏成岩环境。该成岩环境演化过程主要出现于中央古隆起带的近东侧马五段及以上地层的盆地边缘潮坪沉积中。

3.3.2　主要成岩作用类型及特征

鄂尔多斯盆地西部奥陶系碳酸盐岩成岩作用类型多，对储层发育、演化的控制和影响作用复杂而深刻。对储层具有破坏性的成岩作用主要包括胶结、充填、去白云石化和压实(压溶)作用等；对储层具建设性的成岩作用主要包括白云石化、构造破裂和岩溶作用等。

1. 胶结、充填、去白云石化和压实(压溶)作用

1) 胶结作用

胶结作用是一种发生在粒间孔隙水中的物理化学和生物化学的沉淀作用，能把碳酸盐颗粒或矿物黏结起来变成固结的岩石，同时也表现为对孔隙的充填，不利于碳酸盐岩储集空间的发育。鄂尔多斯盆地西部奥陶系虽然在深埋藏期形成的粗粒状和块状方解石比较少，但因其中常含气液两相包裹体，从而提供了关于成岩作用及成岩环境方面的重要信息。

胶结作用主要出现于中央古隆起带马四段及其以上地层的滩相颗粒岩中，共分为四期。第一期为海底胶结作用，发育于海底潜流带，纤状白云石或方解石呈近等厚环边状胶结颗粒。第二期以大气淡水胶结作用为主，主要发育于大气淡水潜流带，叶片状(也称马牙状)白云石或方解石以自形-半自形粉晶状沿第一期胶结物外缘生长，成为第二期胶结物。但也常见叶片状白云石直接围绕颗粒生长，充当第一期胶结物，可能发育于海底潜流带中。大气淡水潜流带胶结作用形成的另

一种胶结物是棘屑颗粒上共轴生长的亮晶方解石。第三期为浅埋藏胶结作用，近等轴粒状粉-细晶白云石或方解石呈镶嵌状沿早期纤状、叶片状胶结物的边缘生长。第四期为深埋藏胶结作用，粗粒它形-半自形细-中晶白云石、方解石或少量块状巨晶方解石占据粒间孔的中心部位。经过四期胶结作用的充填，颗粒岩的原生粒间孔大多消失。

2) 充填作用

本书充填作用主要是指发生于碳酸盐岩孔、洞、缝中的机械、化学充填作用，也伴有交代作用发生。更确切地说，充填作用是指发生于研究区奥陶系碳酸盐岩次生溶孔、溶洞、溶缝及裂缝中的化学、机械充填作用。①研究区泥-粉晶白云岩溶孔、溶洞中常见两期化学充填物：第一期为浅埋藏环境中沉淀出的细晶白云石或方解石；第二期为较深埋藏环境中沉淀出的中-粗晶方解石或白云石。②研究区东缘，尤其是靖边一带的马五段上部，常见泥晶白云岩、泥-粉晶白云岩中石膏结核和石膏集合体经表生期岩溶作用形成的膏模孔、洞，它们后期被多期充填，形成溶斑(或称膏斑)。这些溶斑的产状、大小以及充填物十分复杂，充填物有渗流泥、渗流粉砂、方解石、白云石、石膏、石英、高岭石和黄铁矿等。膏模孔、洞现今的未充填部分成为泥-粉晶白云岩储层的主要储集空间。③构造缝也多被埋藏期的两期方解石或少量白云石几乎全充填。溶缝既可以被细-粗晶方解石多期次半-全充填，也可被泥质、碳质和大小不等的机械碎屑全充填。在马家沟组顶部风化壳及附近的溶沟、溶缝和溶洞内除了见到泥质、碳质和细粒机械碎屑充填物外，还常见到呈团块状和侵染状分布的黄铁矿充填物。

3) 去白云石化作用

去白云石化是白云石中 Mg^{2+} 被成岩流体中 Ca^{2+} 置换后变成方解石的交代作用，它是白云石化的再生产物。目前认为，去白云石化作用形成环境广泛，有白云石存在的地方，很多有去白云石化作用。从陆相有白云石的地层到海相白云岩地层中，从接近不整合面附近的地下到浅埋藏、深埋藏广泛的环境中，甚至在表生矿床中、湖相环境中，都可以发生去白云石化作用。但是，碳酸盐岩中的去白云石化作用常发生在表生成岩环境，与近地表淡水淋滤作用相关。研究区奥陶系碳酸盐岩中，去白云石化(方解石化)主要产生泥-粉晶灰岩和灰质岩溶角砾岩，使碳酸盐岩变得致密，孔渗降低。

4) 压实(压溶)作用

压实作用在碳酸盐岩浅埋藏期最显著,泥-粉晶云岩等细粒岩性经压实作用使晶体呈镶嵌接触，导致岩石更加致密。压溶作用承袭压实作用，常发生于深埋藏期，在岩石中形成缝合线、未缝合缝。它们都是重要的破坏性成岩作用，能造成原生晶间孔的破坏与消失，对储集空间发育不利。

压实作用在研究区奥陶系浅埋藏阶段也表现最明显，对泥晶灰岩和泥微晶云岩等细粒岩性可以造成极大的破坏，但是对早期胶结作用明显的颗粒灰岩和颗粒云岩等粗粒岩性的压实效应并不明显。

研究区奥陶系压溶作用与压实作用之间具有较强的成因联系，一般发生于深埋藏成岩环境中，压溶作用常使泥、微晶白云岩中产生缝合线，泥质白云岩中出现网状未缝合缝。

2. 白云石化、构造破裂和岩溶作用

1) 白云石化作用

白云石化作用是白云石交代碳酸盐矿物(主要是方解石或文石)的成岩作用。关于白云石化作用及白云石化模式的研究由来已久，已有 200 多年的历史。目前国内外的沉积地质学家们已经提出了几十种白云石化模式并不断得到验证，但大多数学者仍然相信地层中出现的白云岩多数是由这种交代作用产生的，而不是直接化学沉淀形成的。

研究区奥陶系碳酸盐岩中的白云岩由多种类型的白云石化作用形成。①毛细管浓缩白云石化形成(不与膏盐层共生的)泥晶-粉晶白云岩，在区内靠近中央古隆起及伊盟古陆的边缘地区马家沟组各段中都有不同程度的发育，尤其以马一、马三、马五段最发育；②膏盐湖同生白云石化形成(与膏盐层共生的)泥-粉晶白云岩(细砂糖状白云岩)，常见于研究区内东部马一、马三、马五段的盆缘坪环境中，尤其以马五段最发育；③回流渗透白云石化形成粉晶-极细晶白云岩，在研究区内的马家沟组中分布很广；④混合水白云石化多形成粉晶白云岩和粉-细晶白云岩，主要分布于天环坳陷北段马四段中，马三、马五段少数层中也能见到；⑤埋藏热水白云石化常形成粉-细晶白云岩(粗砂糖状白云岩)，主要分布于天环坳陷北段的马三段上部、马四段及部分马五段；⑥深埋藏交代白云石化形成细晶-粗晶白云石和巨晶鞍状白云石(图版Ⅱ-8)，这些白云石常出现在大的孔隙、裂缝和缝合线中。

2) 构造破裂作用

本书构造破裂作用主要是指碳酸盐岩在区域构造应力作用下发生破裂，产生各种规模不等的构造缝。这类裂缝不受组构控制，一般较为平直，延伸较远，不仅对碳酸盐岩储层的储集性能有一定的改善，而且对沟通孔隙、提高储层渗透能力有显著作用，同时也有利于孔隙水和地下水的活动及溶蚀孔洞缝的发育，形成统一的孔、洞、缝系统。

主要根据裂缝的成因、类型、形成时间、切割关系、充填物特征及充填期次等，将鄂尔多斯盆地西部奥陶系碳酸盐岩中的裂缝分为构造缝和成岩收缩缝两种类型。成岩收缩缝是碳酸盐沉积物在成岩早期由于干缩、脱水而形成的裂缝。这种裂缝常被白云石或方解石、泥质、碳质、机械碎屑和黄铁矿等充填。

3) 岩溶作用

岩溶作用包括同生期岩溶作用、表生期岩溶作用和埋藏期岩溶作用,将在第5章中论述。

在分析研究区奥陶系碳酸盐岩主要成岩作用类型及特征的基础上,对各种成岩产物和成岩组构特征进行综合分析,总结出研究区奥陶系碳酸盐岩主要成岩作用类型、期次和成岩阶段及成岩环境的对应关系,如图3.9所示。

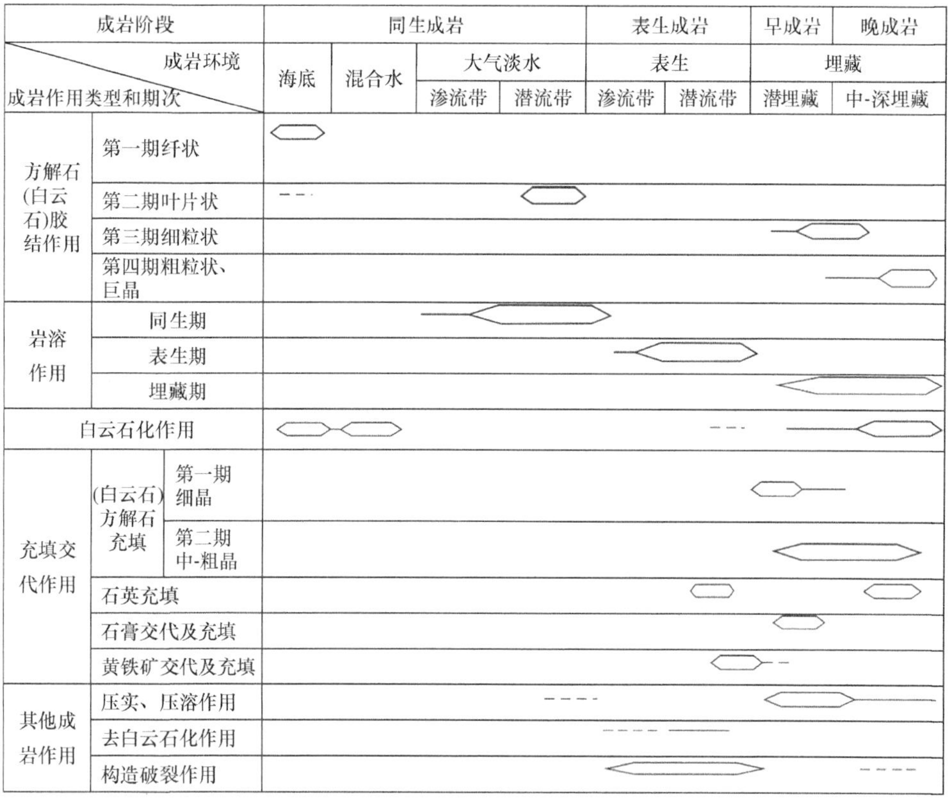

成岩阶段		同生成岩				表生成岩		早成岩	晚成岩
成岩环境	海底	混合水	大气淡水		表生		埋藏	
成岩作用类型和期次			渗流带	潜流带	渗流带	潜流带	潜埋藏	中-深埋藏
方解石(白云石)胶结作用 — 第一期纤状								
第二期叶片状								
第三期细粒状								
第四期粗粒状、巨晶								
岩溶作用 — 同生期								
表生期								
埋藏期								
白云石化作用								
充填交代作用 — (白云石)方解石充填 第一期细晶								
第二期中-粗晶								
石英充填								
石膏交代及充填								
黄铁矿交代及充填								
其他成岩作用 — 压实、压溶作用								
去白云石化作用								
构造破裂作用								

图3.9 鄂尔多斯盆地西部奥陶系碳酸盐岩主要成岩作用类型、期次和成岩阶段与成岩环境

3.4 研究区勘探状况

鄂尔多斯盆地西部古生界的油气勘探始于20世纪50年代,70年代以前以野外油气地质调查和地球物理勘探为主,并进行了少量钻探工作。1969年5月鄂尔多斯盆地西部刘家庄构造的刘庆1井于石炭-二叠系获得日产天然气5786m³,这是首次在鄂尔多斯盆地古生界发现工业气流。接着在盆地北部石股壕构造上钻探的伊深1井,在上古生界获得日产油0.84t,日产气1×10⁴m³。此外,80年代,在伊17、鄂2和鄂3等井的二叠系也获工业气流,揭示了鄂尔多斯盆地西部上古生

界良好的勘探前景。1980~1990 年, 鄂尔多斯盆地西缘复式油气田聚集带的勘探, 经历了以横山堡段为突破口, 向马家滩段扩展的阶段。1983 年以来按照上、下古生界相结合的勘探思路, 先后在该区完成地震剖面 12089km, 钻井 38 口, 探明了胜利井气田的 6 个上古生界小型气藏。该区上古生界的天然气勘探已取得了重大成果, 探明了苏里格大型气田, 并且在天环向斜北段的一些探井也获得低产气流。1986 年, 鄂尔多斯盆地西部天池构造的天 1 井在下古生界奥陶系放空段中途试气获得日产 $16.4×10^4 m^3$ 的工业气流, 之后在天环向斜北段、定探 1 井、苏 2 井等地均揭示了奥陶系白云岩储层的发育, 并见到了一定的天然气显示。1989 年发现鄂尔多斯盆地中部大气田, 并且天然气探明储量逐年增长, 证实鄂尔多斯盆地下古生界发育较好储层, 蕴藏着丰富的天然气资源。鄂尔多斯盆地西部 2009 年完成钻探的棋探 1 井证实了礁滩溶蚀型储集体的存在; 2010 年钻探的余探 1 井钻探遇到溶洞型储层, 日产气 $3.46×10^4 m^3$; 2011 年钻探的余探 2 井, 日产气 $1.1565×10^4 m^3$。除此之外, 李华 1、鄂 6、鄂 8 和鄂 19 等探井均在古岩溶储层中见到了天然气显示, 显示出较好的勘探前景。目前发现的产气层位主要为克里摩里组, 个别井在拉什仲组、乌拉力克组、桌子山组也产气。

　　与鄂尔多斯盆地中部奥陶系的天然气勘探成果相比, 西部奥陶系的勘探及研究工作需要进一步加强。

参 考 文 献

埃里克·弗吕格尔, 2006. 碳酸盐岩微相——分析、解释及应用[M]. 马永生, 译. 北京: 地质出版社.

包洪平, 杨承运, 2000. 碳酸盐岩层序分析的微相方法——以鄂尔多斯东部奥陶系马家沟组为例[J]. 海相油气地质, 5(1-2): 153-157.

包洪平, 姜红霞, 吴亚生, 等, 2016a. 鄂尔多斯盆地西南缘陕西陇县晚奥陶世背锅山组生物礁[J]. 微体古生物学报, 33(2): 152-161.

包洪平, 张云峰, 王前平, 等, 2016b. 鄂尔多斯盆地马五$_5$亚段沉积微相分布及演化[J]. 煤田地质与勘探, 44(5): 16-21.

蔡忠贤, 贾振远, 1997. 碳酸盐岩台地三级层序界面的讨论[J]. 地球科学(中国地质大学学报), 22(5): 456-459.

长庆油田石油地质志编写组, 1992. 中国石油地质志(卷十二)·长庆油田[M]. 北京: 石油工业出版社.

邸领军, 杨承运, 杨奕华, 等, 2003. 鄂尔多斯盆地奥陶系马家沟组溶斑形成机理[J]. 沉积学报, 21(2): 260-264.

董兆雄, 姚泾利, 孙六一, 等, 2010. 重新认识鄂尔多斯南部早奥陶世马家沟期碳酸盐台地沉积模式[J]. 中国地质, 37(5): 1327-1335.

董兆雄, 赵敬松, 方少仙, 等, 2002. 鄂尔多斯盆地南部奥陶纪末端变陡缓坡沉积模式[J]. 西南石油学院学报, 24(1): 50-52, 3.

方国庆, 刘德良, 冯江, 2000. 鄂尔多斯盆地早古生代波状构造及其古地理意义[J]. 沉积学报, 18(3): 445-448.

冯增昭, 1989. 碳酸盐岩相古地理学[M]. 北京: 石油工业出版社.

冯增昭, 陈继新, 张吉森, 1991. 鄂尔多斯地区早古生代岩相古地理[M]. 北京:地质出版社.

冯增昭, 王少飞, 1994. 鄂尔多斯地区奥陶系马家沟组岩相古地理及白云岩形成机理研究[R]. 庆阳: 长庆石油勘探局勘探开发研究院.

局勘探开发研究院.

冯增昭, 鲍志东, 张永生, 等, 1998. 鄂尔多斯奥陶纪地层岩石岩相古地理[M]. 北京: 地质出版社.

付金华, 郑聪斌, 2001. 鄂尔多斯盆地奥陶纪华北海和祁连海演变及岩相古地理特征[J]. 古地理学报, 3(4): 25-34.

傅锁堂, 黄建雄, 闫小雄, 等, 2002. 鄂尔多斯盆地古生界海相碳酸盐岩勘探新领域[J]. 天然气工业, 22(6): 17-21.

顾其昌, 1996. 宁夏回族自治区岩石地层[M]. 武汉: 中国地质大学出版社.

郭彦如, 赵振宇, 付金华, 等, 2012.鄂尔多斯盆地奥陶纪层序岩相古地理[J]. 石油学报, 33(S2): 95-109.

韩品龙, 张月巧, 冯乔, 等, 2009. 鄂尔多斯盆地祁连海域奥陶纪岩相古地理特征及演化[J]. 现代地质, 23(5): 822-827.

何自新, 2003. 鄂尔多斯盆地演化与油气[M]. 北京: 石油工业出版社.

侯方浩, 方少仙, 董兆雄, 等, 2003. 鄂尔多斯盆地中奥陶统马家沟组沉积环境与岩相发育特征[J]. 沉积学报, 21(1): 106-112.

侯方浩, 方少仙, 赵敬松, 等, 2002.鄂尔多斯盆地中奥陶统马家沟组沉积环境模式[J]. 海相油气地质, 7(1):38-46, 5.

黄建松, 郑聪斌, 2005. 鄂尔多斯盆地中央古隆起成因分析[J]. 天然气工业, 25(4): 23-26.

黄擎宇, 张哨楠, 丁晓琪, 等, 2010. 鄂尔多斯盆地西南缘奥陶系马家沟组白云岩成因研究[J]. 石油实验地质, 32(2): 147-153.

金振奎, 石良, 高白水, 等, 2013. 碳酸盐岩沉积相及相模式[J]. 沉积学报, 31(6): 965-979.

金之钧, 2011. 中国海相碳酸盐岩层系油气形成与富集规律[J]. 中国科学(D 辑): 地球科学, 41(7): 910-926.

雷卞军, 卢涛, 王东旭, 等, 2010. 靖边气田马五₁₋₄亚段沉积微相和成岩作用研究[J]. 沉积学报, 28(6): 1153-1164.

李世临, 雷卞军, 张文济, 等, 2009.靖边气田东北部马五₁亚段主要成岩作用研究[J]. 岩性油气藏, 21(1): 22-26.

李文国, 1996. 内蒙古自治区岩石地层[M]. 武汉:中国地质大学出版社.

李振宏, 胡健明, 2010. 鄂尔多斯盆地构造演化与古岩溶储层分布[J]. 石油与天然气地质, 31(5): 641-647.

刘宝珺, 张锦泉, 1992. 沉积成岩作用[M]. 北京: 科学出版社.

马润华, 1998. 陕西省岩石地层[M]. 武汉: 中国地质大学出版社.

孟祥化, 葛铭, 1993. 内源盆地沉积研究[M]. 北京: 石油工业出版社.

孟祥化, 葛铭, 1995. 鄂尔多斯西南缘陇县——耀县寒武-奥陶纪层序地层研究[R]. 北京: 中国地质大学.

莫杰, 1980. 地质年代简介奥陶纪、志留纪[J]. 地质与勘探, (5): 39-40.

穆恩之, 1974. 正笔石及正笔石式树形笔石的演化、分类和分布[J]. 中国科学, 2: 174-183.

彭军, 田景春, 1998. 陕甘宁盆地中部气田中区马五₄段白云岩成因类型及其地球化学特征[J]. 矿物岩石, 18(2): 35-39.

盛莘夫, 1974. 中国奥陶系划分和对比[M]. 北京: 地质出版社.

苏中堂, 陈洪德, 欧阳征健, 等, 2012. 鄂尔多斯地区马家沟组层序岩相古地理特征[J]. 中国地质, 39(3): 623-632.

孙肇才, 2000. 简论鄂尔多斯盆地地质构造风格及其油气潜力——纪念朱夏院士逝世 10 周年[J]. 石油实验地质, 22(4): 291-306.

王光旭, 2012. "奥陶纪"一词译名考[J]. 地质论评, 58(3): 451-452.

汪啸风, 陈孝红, 王传尚, 等, 2004.中国奥陶系和下志留统下部年代地层单位的划分[J]. 地层学杂志, 28(1): 1-17.

汪啸风, 陈旭, 陈孝红, 等, 1996. 中国地层典——奥陶系[M]. 北京: 地质出版社.

汪泽成, 赵文智, 胡素云, 等, 2013. 我国海相碳酸盐岩大油气田油气藏类型及分布特征[J]. 石油与天然气地质, 34(2): 153-160.

武铁山, 1997. 山西省岩石地层[M]. 武汉: 中国地质大学出版社.

席胜利, 李振宏, 宋欣, 等, 2006. 鄂尔多斯盆地奥陶系储层展布及勘探潜力[J]. 石油与天然气地质, 27(3): 405-412.

解国爱, 张庆龙, 郭令智, 2003. 鄂尔多斯盆地西缘和南缘古生代前陆盆地及中央古隆起成因与油气分布[J]. 石油学报, 24(2) : 18-23.

谢锦龙, 吴兴宁, 孙六一, 等, 2013. 鄂尔多斯盆地奥陶系马家沟组五段岩相古地理及有利区带预测[J]. 海相油气地质, 18(4): 23-32.

杨华, 包洪平, 2011. 鄂尔多斯盆地奥陶系中组合成藏特征及勘探启示[J]. 天然气工业, 31(12): 11-20,124.

杨华, 付金华, 魏新善, 等, 2011. 鄂尔多斯盆地奥陶系海相碳酸盐岩天然气勘探领域[J]. 石油学报, 32(5): 733-740.

杨华, 席胜利, 魏新善, 等, 2006. 鄂尔多斯多旋回叠合盆地演化与天然气富集[J]. 中国石油勘探, 11(1): 17-24.

杨俊杰, 2002.鄂尔多斯盆地构造演化与油气分布规律[M]. 北京: 石油工业出版社.

杨雨, 1997.甘肃省岩石地层[M]. 武汉:中国地质大学出版社.

姚泾利, 包洪平, 任军峰, 等, 2015. 鄂尔多斯盆地奥陶系盐下天然气勘探[J]. 中国石油勘探, 20(3):1-12.

姚泾利, 赵永刚, 雷卞军, 等, 2008. 鄂尔多斯盆地西部马家沟期层序岩相古地理[J]. 西南石油大学学报(自然科学版), 30(1): 33-37,16.

张二朋, 1998. 西北区区域地层[M]. 武汉: 中国地质大学出版社.

张吉森, 张军, 徐黎明, 1995. 陕甘宁盆地气区地质构造及勘探目标选择[R]. 庆阳: 长庆石油勘探局.

赵敬松, 董兆雄, 2000. 鄂尔多斯盆地奥陶系沉积相研究[R]. 南充: 西南石油学院.

赵靖舟, 王大兴, 孙六一, 等, 2015. 鄂尔多斯盆地西北部奥陶系气源及其成藏规律[J]. 石油与天然气地质, 36(5): 711-720.

赵文智, 沈安江, 胡素云, 等, 2012. 中国碳酸盐岩储集层大型化发育的地质条件与分布特征[J]. 石油勘探与开发, 39(1): 1-12.

赵振宇, 郭彦如, 王艳, 等, 2012. 鄂尔多斯盆地构造演化及古地理特征研究进展[J]. 特种油气藏, 19(5): 15-20.

ADAMS A E, MACKENZIE W S, 1998. A Colour Atlas of Carbonate Sediments and Rocks under the Microscope[M]. London: Manson Publishing Ltd.

READ J F, 1985. Carbonate platform facies models[J]. AAPG Bulletin, 69(1): 1-21.

SCHOLLE P A , ULMER-SCHOLLE D S, 2003. A Color Guide to the Petrography of Carbonate Rocks: Grains, textures, porosity, diagenesis[C]//AAPG Memoir 77. Tulsa: AAPG.

WANG B, AL-AASM I S, 2002. Karst-controlled diagenesis and reservoir development: Example from the Ordovician main-reservoir carbonate rocks on the eastern margin of the Ordos basin, China[J]. AAPG Bulletin, 86(9):1639-1658.

第4章 奥陶系古岩溶露头、岩溶岩、岩溶相及岩溶环境

4.1 古岩溶识别标志

古岩溶的识别在沉积学、地层学、油气地质勘探和矿产勘探上都具有实用价值。Esteban 等(1983)指出，古岩溶的识别标志，即古岩溶的本质特征，除了最突出的地形、洞穴和洞穴沉积外，还有一些易识别的标志(表 4.1)。

表 4.1 古岩溶的识别标志

岩溶特征		识别标志	
地层、地貌特征		(1) 岩溶地形，如石塔、落水洞、无河流沉积物的封闭洼地	
		(2) 不整合面之下的被剥蚀的地层和超覆在隆起之上的地层	
		(3) 向上变浅旋回在岩溶面上突然消失	
宏观特征	地表岩溶	(1) 地缘溶沟*	(7) 地衣构造
		(2) 其他的溶沟*	(8) 网状构造
		(3) 溶蚀坑和藻蚀岩溶	(9) 薄层的棕色或淡红色
		(4) 钙红土和其他土壤	(10) 裂隙充填物
		(5) 钙质壳*	(11) 覆盖的非沉积角砾*
		(6) 非沉积的凹槽	
	地下岩溶	(1) 洞穴和更小的非选择性溶解孔隙*	(6) 非沉积洞穴中的沉积物*
		(2) 原地角砾化和碎裂的地层*	(7) 不规则的，整合或不整合的角砾岩体*
		(3) 塌陷构造*	(8) 钻井过程中发生的放空现象▲
		(4) 溶解扩大的裂隙*	(9) 钻井液漏失▲
		(5) 碎石和裂隙组构*	
	岩溶岩、岩溶角砾岩★		
微观特征		(1) 小孔隙中的淋滤土壤*	(3) 变红色和微晶化的颗粒
		(2) 侵蚀碳酸盐胶结物*	(4) 新月形状、悬垂状和针状-纤维状渗滤胶结物

续表

岩溶特征	识别标志	
微观特征	(5) 分布广泛的、溶解或扩大的、组构选择的孔隙*	(8) 碳酸盐中 Mn、Fe 含量总体增加▲
	(6) 碳酸盐 $\delta^{13}C$ 值变小▲	(9) 碳酸盐中 Sr 含量相对降低▲
	(7) 碳酸盐 $^{87}Sr/^{86}Sr$ 比值 r 增加▲	(10) 碳酸盐阴极发光性总体增强▲

注：带*的特征尤其具有识别意义；带▲的内容是黄思静(2010)增加的；带★的内容是本书作者增加的；其余内容据 Choquette 等(1988)增加的。

古岩溶识别标志包括宏观标志和微观标志：宏观标志主要是指野外剖面宏观特征、不整合面及古岩溶地貌、岩溶岩(关键是岩溶角砾岩)和溶蚀作用产生的孔、洞、缝等；微观标志包括岩溶岩的微观特征、岩溶岩地球化学特征。

人们已经注意到：不同盆地、不同区块、不同层位的碳酸盐岩古岩溶及不同类型的古岩溶，其识别标志各具特色。古岩溶之上往往存在一个不整合面，长期的沉积间断、风化剥蚀是形成古岩溶的必要条件。长期的沉积间断必然造成地层接触关系的不整合。鄂尔多斯盆地中东部下奥陶统马家沟组地层直接下伏于中石炭统本溪组或太原组之下，为平行不整合，缺失上奥陶统、志留系、泥盆系和下石炭统地层，不整合的范围涉及整个华北地台，局部地区缺失的地层可能少一些。沉积间断时间长达 148Ma。鄂尔多斯盆地中东部奥陶系近顶部的古岩溶识别标志(王宝清等，1995)主要有以下几个方面。

(1) 不整合面上下的岩性截然不同。不整合面之下的下奥陶统马家沟组以碳酸盐沉积为主。不整合之上的中石炭统本溪组或太原组以陆源碎屑沉积为主，夹有碳酸盐岩，属海陆过渡相沉积，底部以高岭石泥岩和铝土岩为主，常有鸡窝状的赤铁矿。

(2) 不整合面之上的沉积物实际为奥陶系沉积岩经长期风化作用改造后残积下来的物质。因此，本溪组或太原组底部铁、铝矿物含量高。由于黏土的吸附作用及长期的风化作用，石炭系中 Zr、V、Ti、La、Ce、Cr、Li、Th 等元素的含量明显地高于马家沟组，石炭系中 Ni、U 等元素的含量比马家沟组的含量高。

(3) 古岩溶作用形成的风化壳中，Al、Fe、Ce、V、Li、B、Ba 等元素含量偏高，Sr、P、U、Na、Mn 等元素含量偏低。一般来说，古风化壳以低的 $\delta^{13}C$ 和 $\delta^{18}O$ 值为特征。

(4) 马家沟组发育大量的溶蚀孔洞缝，溶蚀孔洞缝常充填有黏土、方解石、白云石等矿物。大的溶洞中可充填砂、砾级的碳酸盐或陆源碎屑岩岩屑。

(5) 岩溶角砾岩是识别古岩溶不可缺少的重要岩石学鉴别标志。

(6) 由于岩溶作用的差异，造成岩溶面起伏不平，这就是岩溶地貌。

4.2　古岩溶识别方法

国内外识别碳酸盐岩古岩溶的传统方法已经很多，各有所长，定性方法多，定量方法少。古构造研究方法，沉积学分析方法，成岩作用研究方法，古水文地球化学、有机地球化学、储层地球化学分析方法，古生物学方法与同位素方法结合研究；钻井、录井方法，地球物理方法，室内溶蚀实验方法，计算机模拟方法，压汞实验方法等一系列方法经过多年发展，已经比较成熟。但是这些方法却存在着这样或那样的不足。例如，沉积学研究以建立地质概念模式见长，但分析手段却以定性为主，定量为辅；地球化学分析虽可以得到对研究岩溶成因规律有重要作用的定量数据，但其数据分析与地质模式之间的关系模型很难建立；地震资料在古岩溶储层的横向预测上具有不可替代的作用，但地震资料分辨率较低、地震解释具多解性及古岩溶储层非均质性极强的特点使地震预测研究不免有些力不从心；测井资料在研究古岩溶发育规律上有一定优势，但其研究范围仅限于井壁。因此，完善这些研究方法是当务之急。

高光谱技术(包括高光谱遥感、高光谱岩心扫描及高光谱显微图像分析)和激光雷达扫描技术一样，均是近年来地质露头研究新技术中的排头兵。使用高光谱扫描仪在地质露头采集碳酸盐岩的高光谱数据和图像，以此区分石灰岩和白云岩成为可能；通过光谱吸收特征对高光谱数据、图像分类，获得碳酸盐沉积、成岩作用过程的信息，可用以识别古岩溶、热液岩溶、溶蚀扩大缝和不同类型的白云岩。

4.3　鄂尔多斯盆地周缘古岩溶露头

广泛的资料调研及对鄂尔多斯盆地周缘多个碳酸盐岩岩溶露头的观测与描述发现，鄂尔多斯盆地周缘地区广泛出露碳酸盐岩，且均受到不同程度和不同时期的岩溶作用(图 4.1～图 4.4，表 4.2)。古岩溶露头是研究盆地井下古岩溶的"窗口"。

鄂尔多斯盆地南缘渭北岐山一带和盆地西缘宁夏的青龙山、云雾山一带见前寒武纪中新元古界蓟县系古岩溶(图 4.5)，该时期古岩溶相当于华北太行山地区的晋宁期古岩溶。这说明在华北地台区，无论是隆起或凹陷区，该时期古岩溶剥蚀面都是普遍存在的。

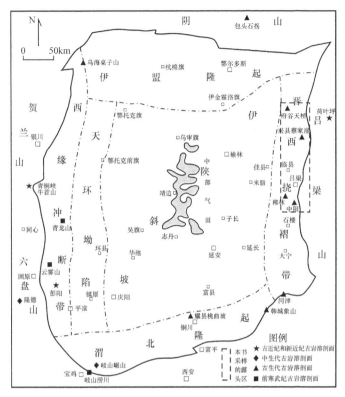

图 4.1 鄂尔多斯盆地周缘古岩溶露头分布示意图

图 4.2　晋西柳林成家庄镇李家凹奥陶系碳酸盐岩露头及岩溶洞穴

图 4.3　晋西柳林李家湾乡雅沟奥陶系碳酸盐岩露头及岩溶洞穴

图 4.4　晋西兴县关家崖乡郝家沟奥陶系碳酸盐岩露头

表 4.2　鄂尔多斯盆地周缘及腹地井下已发现的不同地史时期发育的古岩溶露头或剖面分布情况

时期 位置	前寒武纪古岩溶	古生代古岩溶	中生代古岩溶	古近纪和新近纪古岩溶
盆地南缘露头	渭北岐山涝川一带中新元古界蓟县系碳酸盐岩古岩溶	(1) 岐山、陇县一带加里东期奥陶系碳酸盐岩古岩溶 (2) 耀州区桃曲坡加里东期奥陶系碳酸盐岩古岩溶 (3) 韩城象山加里东期奥陶系碳酸盐岩古岩溶	渭河北山(如岐山崛山一带)寒武-奥陶系碳酸盐岩古岩溶	(1) 渭河北山裸露区(如岐山涝川、富平底店倾盆峪和金粟山一带)奥陶系碳酸盐岩古岩溶 (2) 部分黄土塬区及渭河北山局部断陷区奥陶系碳酸盐岩古岩溶
盆地北缘露头	?	内蒙古包头市石拐区红房子一带加里东期寒武系古岩溶	?	?
盆地东缘露头	?	府谷、兴县、临县、柳林、中阳和河津等地加里东期奥陶系碳酸盐岩古岩溶	?	吕梁山(如五寨沟荷叶坪)存在古近纪和新近纪奥陶系碳酸盐岩古岩溶
盆地西缘露头	宁夏青龙山、云雾山一带中上元古界蓟县系碳酸盐岩古岩溶	内蒙古桌子山地区加里东期奥陶系碳酸盐岩古岩溶	(1) 陇县—泾源—六盘山一带奥陶系碳酸盐岩古岩溶 (2) 泾河上游河谷奥陶系碳酸盐岩古岩溶	(1) 宁南六盘山东麓及牛首山一带寒武-奥陶系碳酸盐岩古岩溶 (2) 部分黄土塬区奥陶系碳酸盐岩古岩溶
盆地腹地井下剖面	?	(1) 加里东早期奥陶系碳酸盐岩古岩溶 (2) 加里东晚期奥陶系碳酸盐岩古岩溶 (3) 加里东晚期至海西早期奥陶系碳酸盐岩古岩溶	?	?

注：? 表示目前未调查清楚或未见古岩溶露头或剖面。

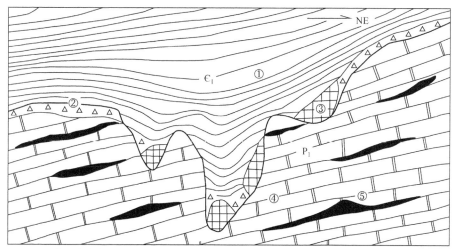

①-下寒武统页岩；②-底砾岩；③-硅质磷块岩；④-中元古界硅质白云岩；⑤-硅质条带

图 4.5 鄂尔多斯盆地南缘岐山涝川前寒武纪古岩溶剖面(韩行瑞，2001)

盆地北缘内蒙古包头市石拐区红房子一带见加里东期寒武系古岩溶(图 4.6)。盆地西缘内蒙古桌子山地区见加里东期奥陶系古岩溶(图 4.7)。盆地东缘府谷、兴县、临县、柳林、中阳和河津等地见加里东期奥陶系古岩溶(图 4.8～图 4.11)。盆地南缘岐山、陇县一带见加里东期奥陶系古岩溶，耀州区桃曲坡见加里东期奥陶系古岩溶(图 4.12)，韩城象山见加里东期奥陶系古岩溶(图 4.13)。在鄂尔多斯盆地腹地井下，石炭系与奥陶系呈不整合接触，其间的不整合面代表了长达 1.3 亿～1.5 亿年之久的溶蚀-剥蚀和沉积间断，加里东期奥陶系古岩溶在本区普遍存在(图 4.14)。

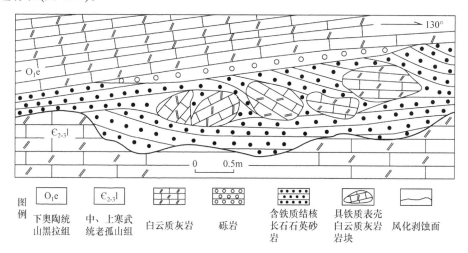

图例	O_1e	$\in_{2-3}l$					
	下奥陶统山黑拉组	中、上寒武统老孤山组	白云质灰岩	砾岩	含铁质结核长石石英砂岩	具铁质表壳白云质灰岩岩块	风化剥蚀面

图 4.6 鄂尔多斯盆地北缘内蒙古包头市石拐区红房子古生代古岩溶剖面(彭向东等，2002)

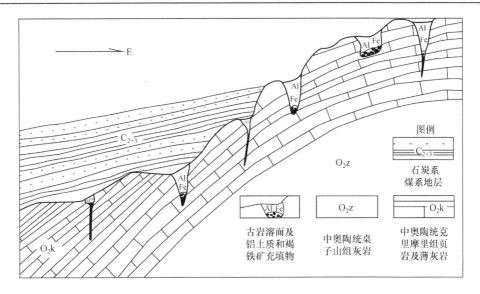

图 4.7　鄂尔多斯盆地西缘内蒙古桌子山古生代古岩溶剖面(韩行瑞，2001)

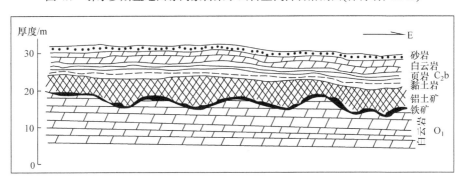

图 4.8　鄂尔多斯盆地东缘陕西府谷古生代古岩溶剖面(夏日元等，2006)

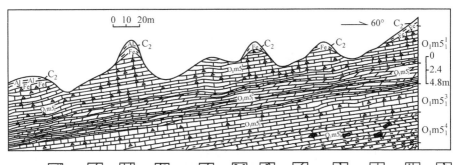

图 4.9　鄂尔多斯盆地东缘山西兴县关家崖古生代古岩溶剖面(王宝清等，1995)

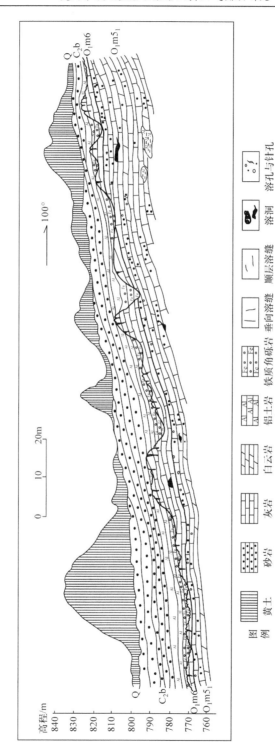

图4.10 鄂尔多斯盆地东缘山西柳林成家庄古生代古岩溶剖面(夏日元等, 2006)

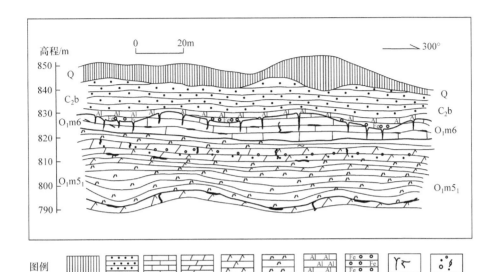

图 4.11　鄂尔多斯盆地东缘山西河津古生代古岩溶剖面(夏日元等，2006)

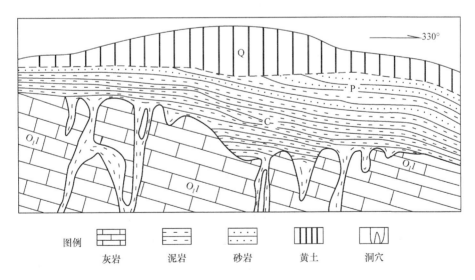

图 4.12　鄂尔多斯盆地南缘耀州区桃曲坡古生代古岩溶剖面(修改自韩行瑞，2001)

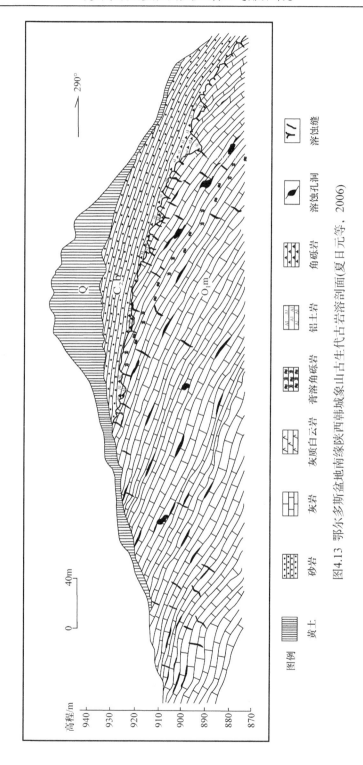

图4.13 鄂尔多斯盆地南缘陕西韩城象山古生代古岩溶剖面(夏日元等，2006)

图例

黄土　砂岩　灰岩　灰质白云岩　膏溶角砾岩　铝土岩　角砾岩　溶蚀孔洞　溶蚀缝

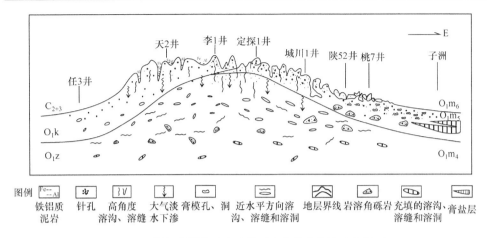

图 4.14　鄂尔多斯盆地腹地井下古生代古岩溶示意剖面

盆地南缘渭河北山(如岐山县崛山一带)见中生代寒武-奥陶系古岩溶(图 4.15),夷平面上的大型古洼地内沉积了很厚的白垩系砾岩,不整合于寒武系、奥陶系碳酸盐岩之上;盆地西缘陇县—泾源—六盘山一带见中生代奥陶系古岩溶(图 4.16),白垩系大面积超覆在奥陶系可溶岩之上;沿泾河上游河谷可以看到奥陶系顶面凸凹不平,古溶丘-洼地地貌十分典型,某些古溶丘与洼地之间的高差可达 100~200m,属于中生代奥陶系古岩溶。中生代的古岩溶面与加里东期的古岩溶面有明显的差异,前者古地形高差起伏大,古溶蚀面溶隙发育,充填程度不高,具有开敞性,可以成为岩溶地下水的富集带。

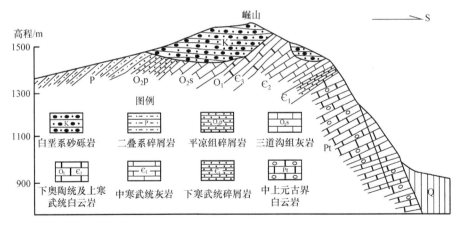

图 4.15　鄂尔多斯盆地南缘岐山崛山中生代古岩溶剖面(韩行瑞,2001)

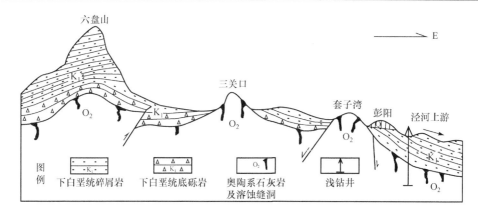

图 4.16　鄂尔多斯盆地西缘六盘山至泾河上游中生代古岩溶剖面(修改自韩行瑞，2001)

　　盆地南缘渭河北山裸露区(如岐山涝川、富平底店倾盆峪和金粟山一带)见古近纪和新近纪奥陶系古岩溶；部分黄土塬区及渭河北山局部断陷区见古近纪和新近纪奥陶系古岩溶。盆地东缘吕梁山(如五寨沟荷叶坪)存在古近纪和新近纪奥陶系古岩溶(图 4.1)。盆地西缘宁南六盘山东麓及牛首山一带见古近纪和新近纪寒武-奥陶系古岩溶；部分黄土塬区见古近纪和新近纪奥陶系古岩溶(图 4.1)。

　　由此可见，鄂尔多斯盆地周缘古岩溶形成于多个地史时期，特征鲜明。鄂尔多斯盆地腹地井下主要发育古生代奥陶系古岩溶，其西部和中、东部有较大差异。

4.4　岩溶岩和岩溶角砾岩

　　由于岩溶作用是水流与可溶岩的作用，其作用结果产生岩溶水和岩溶岩。对于地史时期发育的岩溶，岩溶水几乎早已消失，唯独岩溶岩可以保存下来，才直接地保留有岩溶环境的特征。因此，岩溶岩成为古岩溶研究的重要依据。

　　岩溶岩是指因岩溶作用，或因岩溶作用改造而形成的一类岩石，就矿物成分而言，主要属于碳酸盐岩，有陆源碎屑成分，结构复杂。岩溶岩是识别古岩溶的重要宏观标志。岩溶岩研究是分析岩溶相，揭示岩溶环境的基础性工作。

4.4.1　岩溶岩分类

1. 岩溶岩分类的基础

　　岩溶沉积-堆积建造是岩溶作用形成的产物，是认识岩溶发育史、发育规律的物质依据，是岩溶作用时间和空间的记录。张美良等(1998)根据岩溶沉积-堆积建造的成因以及赋存空间的相互关系，将我国的岩溶沉积-堆积建造划分为岩溶外

(地表)沉积和岩溶内(洞穴)沉积-堆积两大类；而依据沉积建造的成岩物质及其形成作用，又可分为不含矿的岩溶外沉积-堆积、含矿的岩溶外沉积-堆积、不含矿的岩溶内沉积-堆积和含矿的岩溶内沉积-堆积等四类和十几个亚类(表 4.3)。岩溶岩及岩溶型油气藏仅是岩溶沉积-堆积建造的一部分。

表 4.3　岩溶沉积-堆积建造类型划分表(修改自张美良等，1998)

大类	类	亚类	
岩溶外(地表)沉积-堆积建造	不含矿的岩溶外沉积-堆积	流水机械沉积	溶积钙砾(岩)或岩溶角砾(岩)沉积、碳酸盐岩钙(岩)屑沉积、钙屑黏土沉积、黏土沉积
		溶蚀残余-残坡积黏土	
		化学沉积	
	含矿的岩溶外沉积-堆积	流水机械沉积的岩溶矿床	
		重力崩塌堆积矿床	
		化学淋(淀)积矿床	
岩溶内(洞穴)沉积-堆积建造	不含矿的岩溶内沉积-堆积	流水机械沉积	砂砾石类沉积、土类沉积、钙(碎、晶)屑沉积、溶蚀残余物质堆积
		重力崩(坍)塌堆积	
		化学淀(沉)积	重力水化学沉积、非重力水沉积
		生物堆积及文化层	
	含矿的岩溶内沉积-堆积	流水机械沉积	洞穴沉积矿床、洞穴堆积矿床
		化学沉积	洞穴淋积矿床、洞穴充填-交代矿床、岩溶洞穴储集矿床

2. 岩溶岩的系统分类

岩溶岩的物质组分、结构、沉积构造及岩溶岩组合(岩溶相)在很大程度上反映了一定的岩溶作用类型和成因。按结构-成因来划分，岩溶岩可分为：由重力及机械沉积作用形成的岩溶角砾岩、溶积钙质砂岩、溶积钙质泥岩；由化学沉积作用形成的溶积灰岩和白云岩以及方解石脉、白云石脉和沉淀的其他自生矿物等。在岩溶岩中有各种沉积构造，如层理、粒序层、似鲍马层序、干裂、冲刷、堵截及包绕等变形构造(张锦泉等，1992)。

1) 岩溶(溶积)角砾岩

岩溶角砾岩是在岩溶作用过程中由溶蚀崩坍、地下和地表径流和重力流搬运堆积而成。它充填于溶隙、溶洞、洞穴及落水洞中，几乎全由碳酸盐岩角砾和少量外来成分的陆相粗碎屑堆积，其分布受溶洞、洞穴发育的限制，以分散、孤立为特点，厚度不大，从几米到几十米。按其组构特征可分为：泥质支撑、角砾支撑、网状镶嵌及粗晶方解石胶结；按其成因可分为：崩坍角砾岩、填隙角砾岩、冲积角砾岩(砾岩)、坡麓角砾岩及膏溶角砾岩等。

(1) 泥质支撑岩溶角砾岩。角砾分选差，磨圆差，呈棱角状、次棱角状，大小不一，填隙物以泥质为主，呈泥质支撑或泥质-颗粒混合支撑，角砾均一悬浮分布于泥质之中，泥质填隙物有不连续的纹层构造，纹层被角砾堵截和压弯，或者角砾间有直立的泥质纹层。这些特征表明，角砾与泥质充填有先后关系。泥质支撑角砾岩是大量的泥砂以及流水或重力搬运在原地及异地混合角砾堆积而成。有的泥质角砾岩存在粒序层而具有泥石流沉积的特征，常充填于岩溶洼地及落水洞中。这种角砾岩，一般砾间空间少而孔隙度较小。

(2) 角砾支撑岩溶角砾岩。角砾成分较均一，角砾形状及大小差别很大，有分选及磨圆性，呈叠互性排列，垂向上下部的砾石大而多，向上砾石变少变小。这种角砾岩一般孔隙度也较小，可有板状的角砾及岩块，呈角砾支撑，角砾间充填泥、岩屑、碳酸钙或白云石沉淀物。这类岩溶角砾岩主要是层内洞穴溶蚀崩坍堆积而成，有的崩坍角砾岩经洞内地下径流的搬运和堆积形成角砾支撑组构。

(3) 网状镶嵌岩溶角砾岩。角砾均为棱角状，角砾边缘相互吻合并呈镶嵌接触，由网状裂缝切割分解碳酸盐岩而成，与洞壁或洞顶基岩逐渐过渡。关于其成因，一种是洞顶或洞壁重力坍塌形成的未经搬运的坍塌角砾岩；另一种是岩溶水沿裂隙漫流或浸流扩大溶蚀形成假角砾。网缝镶嵌岩溶角砾岩，角砾成分单一，常与角砾支撑岩溶角砾岩伴生，并位于角砾支撑岩溶角砾岩之上。这种角砾岩，一般具有较高的孔隙率和渗透率，储集性能好。

(4) 粗粒方解石胶结的岩溶角砾岩。砾间被粗粒亮晶方解石充填，粒状、柱状方解石具有栉壳状组构，形成于停滞的碳酸钙过饱和的岩溶水环境中，或者碳酸钙过饱和岩溶水沿溶隙充填沉淀，形成方解石充填的假角砾岩。

2) 溶积钙质砂岩及溶积钙质泥岩

溶积钙质砂岩是岩溶水搬运泥砂沉积物堆积形成的，与岩溶角砾岩成互层或夹层，呈透镜状产出，有流水成因的沉积构造，如平行层理、交错层理、冲刷构造等。溶积钙质泥岩由泥质物和碳酸盐组成，有纹层，有的纹层环绕砾石呈包砾构造，有的泥质纹层被角砾限制，呈堵截构造。溶积钙质泥岩常位于岩溶角砾岩之上或呈砾间沉积物。

3) 碳酸盐的化学沉积-溶积灰岩

岩溶作用形成的化学沉积主要是低镁方解石沉积，其次是文石、白云石、石膏等沉积。岩溶作用生成的未成岩碳酸钙化学沉积称灰华。灰华形态千变万化，按其位置可划分为四种类型：①垂直悬挂型；②洞底型；③洞壁型；④水洼型。前三种属薄膜水或水滴环境下的沉积，第四种是在一定水体环境中的沉积。这些灰华固结成岩形成溶积灰岩。溶积灰岩中包括溶积颗粒灰岩(如溶积鲕粒灰岩、砂屑灰岩)、溶积结晶灰岩、溶积泥灰岩。发育水平纹层及条带状构造，甚至还有层纹石构造等。

3. 鄂尔多斯盆地奥陶系岩溶岩分类

郑聪斌等(1997)将鄂尔多斯盆地奥陶系岩溶岩分为岩溶改造岩和岩溶沉积岩(或称岩溶建造岩、岩溶堆积岩)，并主要参考现代岩溶研究成果，提出了适用于古岩溶研究的岩溶岩分类体系(2 大类 8 类)，见表 4.4。何江等(2013)利用岩心对鄂尔多斯盆地奥陶系岩溶岩做了岩石学方面的系统研究。

1) 岩溶改造岩

凡经岩溶作用过的岩石，统称岩溶改造岩。岩溶改造岩因岩溶作用的方式及引起物理化学变化的特征不同，可划分为溶蚀岩、交代岩和变形岩三类。

表 4.4　鄂尔多斯盆地奥陶系岩溶岩分类简表(修改自郑聪斌等，1997)

大类	类	亚类
岩溶改造岩	溶蚀岩	碳酸盐溶蚀岩、膏溶岩
	交代岩	未分出亚类
	变形岩	张裂岩、压裂岩、胀裂岩、局部变形岩
岩溶沉积岩		残积岩、塌积岩、填积岩、冲积岩、淀积岩

(1) 溶蚀岩。岩溶作用使岩石部分溶解的同时，往往还有残余的和非可溶组分在岩石中保留下来，经溶蚀的岩石称为溶蚀岩。

岩溶改造岩中，溶蚀岩最为常见，为岩溶作用使母岩部分溶解的同时，其余原岩组分保留下来形成的岩石类型，溶蚀标志主要为溶孔、溶缝和溶沟。观察岩心、薄片资料，裸露风化期，鄂尔多斯盆地马家沟组五段发育的硬石膏结核和柱状晶受大气淡水的淋滤作用大部分变成溶模孔，后期经历了细粉晶白云石、石英、方解石等矿物多期复杂的充填和交代-充填作用，溶模孔隙度剩余 0～75%。值得注意的是，在硬石膏结核和柱状晶溶解过程中，将首先水化转变为石膏，体积会增加 30%，对周围基岩产生较大的应力，而石膏将继续溶解形成溶模孔，周围基岩释放应力，如此反复，在结核间或周边基岩中会产生较为规则、网状的裂碎缝，后期多被大气淡水溶滤扩溶。而一般的溶缝、溶沟通常不规则分布，越向上越发育，溶蚀空间多被细角砾屑碳酸盐岩、泥岩充填，或被含粒间孔隙的渗流粉砂充填。硬石膏结核残余溶模孔与扩溶的网状裂碎缝一起构成风化壳储集层最重要的储渗网络。

按照岩性，溶蚀岩主要包括碳酸盐溶蚀岩[图 4.17(a)]和膏溶岩[图 4.17(b)]，前者常见于孔洞状白云岩层中。

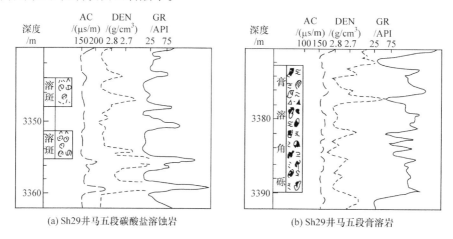

(a) Sh29井马五段碳酸盐溶蚀岩　　(b) Sh29井马五段膏溶岩

图 4.17　Sh29 井马五段溶蚀岩的岩性和电性特征

① 碳酸盐溶蚀岩：溶蚀岩岩性以碳酸盐岩发育溶洞、溶孔、溶缝充填斑(简称"溶斑")为特征。溶蚀岩电性表现为，自然伽马(natural gamma ray, GR)低平，值一般在 25API 左右变化；声波时差(acoustic, AC)平滑，反映为基岩特征；密度测井(density, DEN)值在 2.8g/cm³ 左右变化。

② 膏溶岩：膏溶岩岩性以泥质支撑的膏溶云岩角砾及残余硬石膏角砾为特征。膏溶岩电性表现为，GR 在中值背景上呈箱状或峰状起伏，变化范围多在 50～200API；AC 具有小的起伏，一般在 160～200μs/m 变化；DEN 具有峰状起伏的特征。

(2) 交代岩。岩溶水引起的交代作用所形成的一类岩石。交代作用是指原矿物边溶解，新生矿物边形成的过程。通常熟悉的交代现象有去膏化、去云化、次生灰化、硅化等。奥陶系风化壳岩溶体系中，最常见的交代作用为黄铁矿化与次生灰岩。

(3) 变形岩。因岩溶作用造成母岩原始产状发生变化的岩石称为岩溶变形岩(图 4.18)。鄂尔多斯盆地中东部普遍发育因岩溶作用使岩体张裂或假角砾化形成的张裂岩。特别是在部分含白云质硬石膏岩的层位，受沿纵向构造裂隙下渗岩溶水的作用，硬石膏层溶解由上向下沿着溶滤缝面向层内推进，即呈面式溶解。这样，首先在硬石膏层上部形成溶蚀空间，随着硬石膏的进一步溶解，上覆白云岩层发生面状卸荷失托作用，产生一系列沿层面或内部纹层理的卸荷裂隙，形成张裂岩。

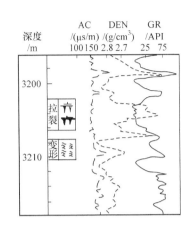

图 4.18　L2 井马五段变形岩的
岩性和电性特征

变形岩岩性特征：以裂缝角砾化为特征，有时沿裂缝填积泥质条纹；变形岩具有压断纹层、揉皱纹层的特征。

变形岩电性特征：GR 在低值背景上呈现小的起伏，值一般在 25～50API；AC 平直或略有起伏；DEN 随着裂缝发育，其值显著变低，呈峰状起伏，变化范围在 $2.8～2.5g/cm^3$。

岩溶变形岩因物理作用引起的形变特点不同，可进一步分为以下四种亚类。

① 张裂岩：在岩溶塌陷区内，未塌落的岩体普遍假角砾化或产生引张裂缝而形成的岩石。原岩岩性较致密时，经岩溶改造后主要有较发育的溶缝，从岩心观察可知，溶缝一般被方解石充填，在大、中型缝的中心有少量残留晶洞。裂隙化白云岩除含晶洞外，尚有一些弥散状晶间微孔成为有效储集空间，其孔隙度较灰岩高。灰质岩溶张裂岩的发育程度不如白云质岩溶张裂岩。

② 压裂岩：岩溶过程中，强溶蚀岩或成分比较单一的角砾岩因差异压实造成破裂的岩石。它以发育砾间微缝合线及其与缝合线垂直的楔状裂缝为特征。

③ 胀裂岩：深埋环境下，因高压流体进入孔洞后产生的胀力作用所造成的裂缝化孔洞云岩。以发育弯折延伸而两端消失或分叉的微裂缝为特征，这些微裂缝常呈不规则网状或放射状组合，并引起岩石的假角砾化或组成镶嵌状角砾岩。

④ 局部变形：岩溶作用引起岩石的原始产状发生局部变化的岩石。多见于纹层状白云岩内，以轻微的褶曲变形或断裂为特征。

2) 岩溶沉积岩

岩溶作用产生的机械沉积物、化学沉淀物及其他物质经搬运堆积在岩溶洞穴中，固化后形成的岩石均属岩溶沉积岩(或称岩溶建造岩、岩溶堆积岩)。按其产状可进一步划分为五类：残积岩、塌积岩、填积岩、冲积岩和淀积岩。

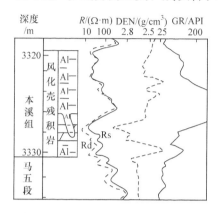

图 4.19　Sh52 井本溪组残积岩的岩性和电性特征

(1) 残积岩。岩溶作用产生的未溶组分，经就地堆积固结形成的岩石称为残积岩(图 4.19)，如风化壳顶部混杂角砾岩等。残积岩成分复杂，填隙物大多为泥质、砂质及碳酸盐岩碎屑，胶结物以灰质为主，局部见有铁质侵染。

鄂尔多斯盆地风化壳岩溶作用产生由溶解残余组分固结而成的残积岩。岩心观察见残积角砾屑碳酸盐岩，砾石为破碎的碳酸盐岩角砾，砾间常被碳酸盐岩细碎屑和铝土质泥岩填隙，常见呈团块状、结核状的黄铁矿交代现象，残余溶蚀空间多被石炭系下渗产物充填，基本不具有储集性能。在盆地内部，除了剥蚀沟槽和零星区块外，残积岩以层状、透镜状、不规则状大面积分布于风化壳顶部。

残积岩岩性特征：以层状、透镜状、不规则状分布于奥陶系上覆地层石炭系的底部，厚度小于 10m，主要由铝土质泥岩、铝土岩、褐铁矿、黄铁矿和风化残积角砾等组成。

残积岩电性特征：与相邻地层对比，风化残积层具有双侧向电阻率(resistivity, R)值低、密度曲线底部值高、自然伽马值高的特征。

(2) 塌积岩。岩溶作用引起岩层内的崩、塌、滑、陷，导致岩块位移与堆积形成岩溶塌积物，由塌积物固化或再胶结而成的岩石称为岩溶塌积岩(图 4.20)，常见的有溶坑塌积角砾岩和洞穴塌积角砾岩。需要指出的是，巨大的岩溶塌陷体往往在钻井资料上难以识别，仅见位移不明显的拉裂缝发育，如果将裂缝壁嵌合，便可恢复原岩的面貌。

岩心中见到的塌积岩，砾石成分较为单一，以白云岩、石灰岩为主，呈不规则角砾状，砾间常被不含孔隙的含泥白云质细碎屑填隙，储集性能差。此外，还可见少量砾间被含粒间孔的渗流粉砂填隙的塌积岩，此类砾屑边缘常有磨蚀、圆化现象，表明其塌积后又经历了地下径流的簸洗、溶蚀作用，具备一定的储集性能。特别是发育有硬石膏岩的鄂尔多斯盆地中部马五$_3^3$、马五$_4^1$等小层，因石膏遇水极易溶蚀成洞穴，引起顶板岩石压裂塌落，塌落角砾与残留的石膏混合胶结成塌积膏溶角砾岩。

塌积岩岩性特征：以白云岩角砾为主，泥质及云质细砾支撑或钙质胶结为特征。

塌积岩电性特征：GR 低值背景上呈现锯齿状起伏，一般在 50API 左右变化；AC 低值，略有起伏，变化范围在 160～170μs/m；DEN 在 2.8g/cm³ 左右波动。

(3) 填积岩。岩溶洞穴中由于下渗水流携带搬运而沉积的物质叫岩溶填积物，填积物既可以来自洞穴发育的同层位，也可来自地表一定分布范围的其他成岩物质。由填积物形成的岩石称为岩溶填积岩(图 4.21)。奥陶系风化壳常见的岩溶填积物有泥质、凝灰质、砂质、褐铁矿等。特殊的岩溶填积岩主要是黑色泥岩，它富含有机质及石炭系孢粉，后期黄铁矿化强烈，常与本溪组泥质岩过渡，充填于风化壳顶部的岩溶漏斗及洞穴发育带。观察岩心发现，岩溶溶洞被近垂向下渗水流携带的沉积物部分充填，沉积物粒级一般为泥-粉砂，可以来自洞穴发育的同层，也可来自地表风化壳之上再度海侵的早期沉积物(上覆上石炭统的炭质泥岩、煤屑)。

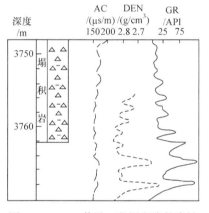 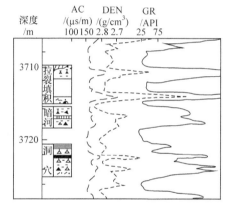

图 4.20 Sh64 井马五段塌积岩的岩性和电性特征　　图 4.21 Sh63 井马五段填积岩的岩性和电性特征

填积岩岩性特征：拉裂洞穴以填积凝灰质、泥质及细砾为特征；暗河洞穴以填积泥质、砂质及崩塌角砾为特征。

填积岩电性特征：GR 薄层呈高值，厚层呈中值，变化范围在 100～200API；AC 具中等值，多在 200～250μs/m 变化；DEN 呈尖峰状起伏，变化范围在 2.8～2.4g/cm³。

(4) 冲积岩。由地下暗河搬运、沉积的物质称为岩溶冲积物，冲积物固化而成的岩石称为岩溶冲积岩。奥陶系最常见的岩溶冲积岩主要为砂砾屑白云岩和硅质砂砾岩，其磨圆度中等，分选较好，砾石具定向排列，底部冲刷明显，并见平行层理，常与水平洞穴填积岩伴生。冲积岩的规模、组构等取决于岩性、地下暗河的规模和流速、地下径流的水化学条件等。冲积岩的碎屑颗粒具有定向性，同时，因地下径流的流速相对地上明显较缓，颗粒的分选与磨圆均较差，砾间一般被含泥质白云岩细碎屑填充，对储集层主要起破坏性作用。这些岩溶冲积岩多分布于马五$_1^2$和马五$_1^4$层的底部,剖面上与岩溶填积岩-洞穴塌积角砾岩-拉裂角砾岩组成典型的三段式岩溶岩组合。

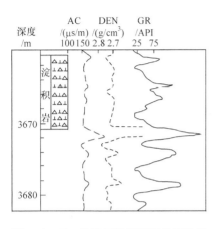

图 4.22　Ch1 井马五段塌积岩的岩性和
电性特征

(5) 淀积岩。岩溶水产生的化学沉淀物称为淀积物或淀积层,淀积物或淀积层固化形成的岩石称为淀积岩(图 4.22),如钟乳石、钙结层、洞穴钙质沉积物及次生结晶灰岩等。岩溶溶洞大多是沿裂隙系统发育起来的,当地下水输入和输出间存在水力梯度时,地下水可在仅几十个微米数量级的微型裂隙网络中下渗,并使主裂隙不断加宽。当含有过饱和碳酸钙的岩溶水下渗到溶洞成为洞穴水,随着二氧化碳分压的降低,碳酸钙将析出形成方解石质的淀积岩。

淀积岩岩性特征:以泥质及粗晶方解石为特征,有时夹杂少量泥质漂砾。

淀积岩电性特征:GR 在中值背景上呈现峰状起伏,一般在 50～100API 变化;AC 曲线平直,反映为灰岩时差特征;DEN 值在 2.8～2.7g/cm³ 变化。

本小节不同类型的岩溶岩,在地质剖面中的分布十分复杂,总体主要有以下几种表现:①不同古岩溶类型的岩溶岩相互叠生在一起,反复改造的现象明显;②同一时代,同一成因类型的岩溶岩种类繁多,岩性变化复杂,分布极不稳定,并且在同一层段内相互穿插产出;③不同时代、不同成因的岩溶岩,改造特征十分相似,仅有微弱的差异而难以相互区别。

因此,本小节岩溶岩的分类是不同岩溶产物的综合反映,既包括表生期岩溶和埋藏期岩溶的产物,同时还包括非可溶岩的组分。

4.4.2　岩溶角砾岩分类

1. 概述

岩溶角砾岩是岩溶作用发展到一定阶段的产物,岩溶作用必须有一定的强度和相当长的持续时间,由产生溶孔到产生溶洞,只有溶洞顶或壁破裂,才会形成岩溶角砾岩。岩溶角砾岩的多少在一定程度上反映了岩溶作用强度的大小。岩溶角砾岩发育的深度在某种程度上反映了岩溶作用的深度,岩溶作用的深度往往与古水文条件和古地形有关,在潜水面较深的地区和沟谷发育的地区岩溶作用较深,在潜水面较浅和地势平坦的地区岩溶作用影响较浅。一般来说,在古风化壳之下,随着深度的增加,岩溶角砾岩减少,在一定的深度下则无表生期岩溶角砾岩。由于岩溶作用和碳酸盐岩岩性的非均质性，岩溶角砾岩的分布在纵向上和横向上均有很大变化。

　　在岩溶作用过程中，不饱和碳酸盐的大气淡水和地下水对化学性质活泼的碳酸盐岩(沉积物)、易溶的膏盐岩淋滤、渗透，造成这些岩石被侵蚀、溶解，形成溶蚀孔、缝，溶蚀作用继续进行，形成溶洞。溶洞发展到一定规模，在上覆地层压力和重力的作用下，溶洞的顶板和壁将产生裂缝，随着溶蚀作用的持续，网状裂缝形成，把碳酸盐岩切割成大小不等、形状各异的角砾，这样最早的角砾岩就形成了。随着溶蚀作用进一步发展，埋藏加深，已形成的角砾岩将崩塌，形成另一类角砾岩。当岩溶地区有地面河流或地下河流流经时，将对已形成的角砾搬运、改造，沉积在另外的地方。地下河水系比较复杂，规模虽然不像地面河网长、大，但搬运的物质也会被磨蚀，砾石也会被磨圆。地下水搬运的沉积物除近源的碳酸盐砾石外，还有远源的砂、粉砂和黏土。地面河往往带入的远源沉积物较多，细粒沉积物(砂、粉砂、泥)含量较高，交错层理较地下水搬运的沉积物发育。

2. 岩溶角砾岩分类方案

　　Loucks(1999)按照成因，将岩溶角砾岩分为三大类，即裂缝角砾岩、紊乱角砾岩和洞穴沉积物充填，进一步细分为 8 类(图 4.23)。该岩溶角砾岩分类方案目前在国内广为流传，并被大家普遍接受。

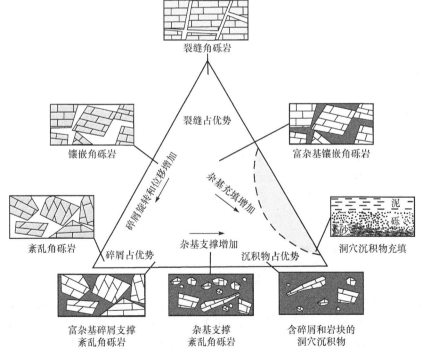

图 4.23　岩溶角砾岩分类方案(修改自 Loucks，1999)

1) 裂缝角砾岩

裂缝角砾岩(crackle breccia)是角砾化初期的产物，碳酸盐岩中高度发育的、宽度不大的裂缝把岩石切割成碎屑，碎屑没有发生位移。随着碎屑的旋转和位移增加，依次出现镶嵌角砾岩(mosac breccia)和紊乱角砾岩(chaotic breccia)。镶嵌状角砾岩与裂缝角砾岩相似，但碎屑间的位移较大，一些碎屑的旋转明显，是裂缝角砾岩和紊乱角砾岩之间的过渡类型。

2) 紊乱角砾岩

紊乱角砾岩又称坍塌角砾岩(collapse breccia)，以大量的碎屑旋转和位移为特征，碎屑可来自多个物源，可以是单成分或复成分的角砾岩。紊乱角砾岩可以由碎屑支撑的、无杂基的角砾岩过渡到杂基支撑的角砾岩。在紊乱角砾岩和洞穴沉积物充填之间，随着杂基的增加，依次出现富杂基碎屑支撑紊乱角砾岩、杂基支撑紊乱角砾岩及含碎屑和岩块的洞穴沉积物。

3) 洞穴沉积物充填

洞穴沉积物充填(cave-sediment fill)中不同类型的各种粒级(泥、粉砂、砂、砾)的沉积物均可出现。裂缝角砾岩与洞穴沉积物充填之间还可以出现富杂基镶嵌角砾岩。

Loucks 岩溶角砾岩分类方案与国内岩溶岩分类体系(郑聪斌等，1997)的对应关系如下。

(1) 裂缝角砾岩(相当于张裂岩、压裂岩)：包括镶嵌角砾岩(相当于胀裂岩)和富杂基镶嵌角砾岩(相当于胀裂岩)。

(2) 紊乱角砾岩(相当于塌积岩)：包括富杂基碎屑支撑紊乱角砾岩(相当于塌积岩)和杂基支撑紊乱角砾岩(相当于塌积岩)。

(3) 洞穴沉积物充填(相当于冲积岩、填积岩)：主要是含碎屑和岩块的洞穴沉积物(相当于冲积岩)。

通过对比可以看出，郑聪斌等(1997)的岩溶岩分类体系和国外的岩溶角砾岩分类方案(Loucks，1999)均属于成因分类，前者更具系统性，后者的现场可操作性强。这两类适用于古岩溶研究的岩溶岩分类体系中的岩溶岩类型均是鉴别岩溶环境、划分岩溶相的宏观标志。

3. 鄂尔多斯盆地奥陶系岩溶角砾岩

鄂尔多斯盆地奥陶系岩溶角砾岩多数是紊乱角砾岩(图 4.24 和图 4.25)，少数是镶嵌角砾岩(图 4.26)和裂缝角砾岩(图 4.27)。统计岩心中有代表性的岩溶角砾岩(表 4.5)，岩溶角砾岩单层厚度在 0.08~8.96m，单井累积厚度在 0.08~14.51m。观察了 37 口取心井的岩心，其中有 31 口井分布有岩溶角砾岩，即近 84% 的取心井有岩溶角砾岩分布，由于取心长度有限，实际上岩溶角砾岩分布井数要大于 84%，估计在 90%以上。多数井有两层或两层以上岩溶角砾岩，少数井仅有一层岩溶角砾岩，最多的 Mi21 井有岩溶角砾岩六层。岩溶角砾岩距奥陶系顶 0～77.22m。

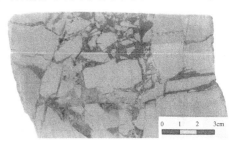

图 4.24　Mi8 井，马五$_1^4$，2700.15m，含灰云质　图 4.25　Sh9 井，马五$_1^4$，2879.17m，云质富
　　　富杂基碎屑支撑紊乱角砾岩　　　　　　　　　　杂基镶嵌-紊乱角砾岩

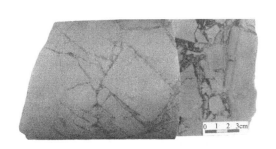

图 4.26　Y7 井，马五$_2^2$，2740.13m，云质镶嵌　图 4.27　Mi8，2698.33m，马五$_1^4$，灰云质裂
　　　　　角砾岩　　　　　　　　　　　　　　　　　缝角砾岩

　　盆地奥陶系岩溶角砾岩分布普遍，厚度变化大，分布不受距奥陶系顶距离的影响。从理论上讲，古风化壳顶部最易发生溶蚀作用而产生角砾岩，但现在见到的岩溶角砾岩多数为紊乱角砾岩，紊乱角砾岩与碳酸盐母岩往往有一定距离的位移。裂缝角砾岩和镶嵌角砾岩与碳酸盐母岩之间无位移，或基本上无位移，它们的发育与否与古水文条件和母岩的性质关系密切。角砾的直径变化大，在 0.2～12.0cm。少数角砾为棱角状，多数为次圆状。次圆状角砾为溶蚀作用形成。在沉积期后的各个阶段，由于大气淡水淋滤，碳酸盐溶解，形成溶蚀孔、缝，进一步发展为溶洞，溶洞大到一定程度在上覆沉积物的压力和重力作用下坍塌，形成岩溶角砾岩。溶洞规模大的可产生厚度大、延伸远的岩溶角砾岩。角砾产生后，还要继续接受大气淡水淋滤，变为次圆状。

4.4.3　岩溶岩的碳、氧、锶同位素特征

　　碳、氧、锶同位素特征作为岩溶岩地球化学研究的主要内容之一，是确定古

岩溶类型、鉴别岩溶环境的重要微观标志，受到国内外研究者的重视，但是国内在岩溶岩碳、氧、锶同位素特征研究方面开展的工作并不多见。

早在 20 世纪 80 年代，国外学者就开始重点研究大气水成岩体系的碳、氧同位素特征，并将成果应用于古岩溶研究中，用以识别大气水渗流和潜流环境、混合水环境和岩溶洞穴环境(Choquette et al., 1988)。郑聪斌等(1997)研究了陕甘宁盆地中部奥陶系风化壳岩溶岩的碳、氧、硫同位素特征，将其作为指示岩溶岩形成的水文地质环境的标志之一。郑荣才等(1997a,1997b)研究了川东黄龙组岩溶岩的碳、氧、锶同位素特征，认为各类岩溶岩和胶结物的碳、氧、锶同位素特征可作为判断大气水溶蚀过程中的流体性质及古水文条件变化特征的依据，从而为预测和评价古岩溶储层的发育条件和时空展布规律，提供有关稳定同位素的地球化学信息和标志。李定龙等(1999)研究了皖北两个奥陶系剖面岩溶岩的碳、氧同位素特征，认为裸露剖面的氧同位素组成比埋藏剖面轻，而碳同位素略重，为恢复古岩溶环境特征提供了部分依据。刘小平等(2004)重点研究了塔里木盆地轮古西地区中-下奥陶统鹰山组岩溶岩的碳、氧同位素特征，认为其中冲积岩样品的 $\delta^{13}C$ 值偏负程度较高，其物源可能来自石炭-二叠系地层。程昌茹等(2008)研究了大港油田千米桥地区奥陶系古潜山岩溶岩及其地球化学特征，碳、氧同位素交汇图反映出该区以裸露期风化壳岩溶与埋藏期热液岩溶及酸性压释水岩溶复合为特征。黄思静等(2010)研究指出，碳酸盐的 $\delta^{13}C$ 值、碳酸盐的 $^{87}Sr/^{86}Sr$ 比值、碳酸盐中 Mn 和 Fe 的含量、碳酸盐中 Sr 的含量、碳酸盐的阴极发光性等都是古岩溶的识别标志。

表 4.5　鄂尔多斯盆地奥陶系岩溶角砾岩统计

井号	井深/m	层位	厚度/m	单井累积厚度/m	角砾粒径/cm	角砾岩类型	距奥陶系顶距离/m
Sh10	3103.00~3105.65	马五$_1^4$	2.65	14.51	0.2~0.3	紊乱角砾岩	8.40
	3112.26~3112.46	马五$_2^2$	0.20		0.2~2.0	镶嵌角砾岩	17.66
	3139.93~3140.83	马五$_3^3$	0.90		0.5~5.0	紊乱角砾岩	45.33
	3141.83~3147.03	马五$_3^3$	5.20		0.3~5.0	紊乱角砾岩	47.23
	3151.70~3157.26	马五$_4^1$	5.56		0.3~4.0	紊乱角砾岩	57.10
Sh16	3036.09~3038.36	马五$_1^3$	2.27	11.57	0.2~2.0	紊乱角砾岩	0.09
	3043.54~3047.54	马五$_1^4$ ~ 马五$_2^1$	4.00		0.2~3.0	紊乱角砾岩	7.54
	3053.14~3055.50	马五$_3^1$	2.36		0.2~0.4	紊乱角砾岩	17.14
	3111.00~3113.94	马五$_5^1$	2.94		0.2~3.0	裂缝角砾岩	75.00

井号	井深/m	层位	厚度/m	单井累积厚度/m	角砾粒径/cm	角砾岩类型	距奥陶系顶距离/m
Sh153	2992.09~2996.19	马五$_1^4$	4.10	7.72	0.2~2.0	紊乱角砾岩	14.49
	2997.13~2999.63	马五$_2^1$	2.50		0.2~3.0	紊乱角砾岩	19.53
	3030.38~3031.50	马五$_1^4$	1.12		0.2~2.0	紊乱角砾岩	52.78
Sh171	2959.51~2960.76	马五$_1^2$	1.25	4.57	0.2~5.0	紊乱角砾岩	1.51
	2961.03~2961.59	马五$_1^2$	0.56		0.5~7.0	紊乱角砾岩	3.03
	2961.73~2961.93	马五$_1^2$~马五$_1^3$	0.20		0.5~3.0	紊乱角砾岩	3.73
	2963.53~2964.49	马五$_1^3$	0.96		0.5~2.0	紊乱角砾岩、裂缝角砾岩	5.53
	2974.53~2976.13	马五$_1^2$	1.60		0.2~4.0	紊乱角砾岩	16.53
Sh256	3463.12~3466.00	马五$_1^1$~马五$_2^2$	2.88	2.88	0.3~2.0	裂缝角砾岩	14.92
Y19	2524.42~2526.74	马五$_1^2$	2.32	10.69	0.2~4.0	镶嵌角砾岩	0.02
	2526.74~2530.59	马五$_1^2$	3.85		0.2~1.0	紊乱角砾岩	2.34
	2530.59~2531.80	马五$_1^2$~马五$_1^3$	1.21		0.2~5.0	紊乱角砾岩	6.19
	2548.02~2549.67	马五$_2^2$~马五$_1^3$	1.65		0.5~2.0	紊乱角砾岩	23.62
	2552.16~2553.82	马五$_1^3$	1.66		0.2~5.0	紊乱角砾岩	27.76
Y70	2765.06~2765.14	马五$_1^2$	0.08	0.08	0.2~0.4	紊乱角砾岩	7.06
Y71	2614.71~2623.67	马五$_1^2$~马五$_1^3$	8.96	8.96	0.2~18.0	紊乱角砾岩	4.31
Y72	2865.43~2865.84	马五$_1^1$~马五$_1^2$	0.41	0.52	0.2~8.0	紊乱角砾岩	0.03
	2866.56~2866.67	马五$_1^2$	0.11		0.2~2.0	紊乱角砾岩	1.16
Y74	2710.20~2711.40	马五$_1^1$	1.20	6.80	0.2~2.0	紊乱角砾岩	0.00
	2711.40~2717.00	马五$_1^1$~马五$_1^2$	5.60		0.2~5.0	紊乱角砾岩	1.20
Y83	2529.90~2530.82	马五$_1^1$	0.92	6.80	0.2~2.0	裂缝角砾岩、镶嵌角砾岩、紊乱角砾岩	2.60
	2531.44~2532.97	马五$_1^2$	1.53		0.2~2.0	紊乱角砾岩	4.13
	2532.97~2534.55	马五$_1^2$	1.58		0.2~2.0	紊乱角砾岩	5.67
	2536.13~2538.90	马五$_1^2$~马五$_1^3$	2.77		0.2~3.0	紊乱角砾岩	8.83

井号	井深/m	层位	厚度/m	单井累积厚度/m	角砾粒径/cm	角砾岩类型	距奥陶系顶距离/m
Y138	3147.50～3150.00	马五$_1^4$	2.50	6.53	0.2～10.0	紊乱角砾岩	15.50
	3149.76～3150.54	马五$_1^4$	0.78		0.2～1.5	紊乱角砾岩	17.76
	3150.54～3153.79	马五$_1^4$～马五$_2^1$	3.25		0.2～5.0	紊乱角砾岩	18.54
Y139	2977.22～2978.70	马五$_1^1$	1.48	4.63	0.2～5.0	紊乱角砾岩	0.22
	2978.70～2980.14	马五$_1^1$	1.44		0.2～1.0	紊乱角砾岩	1.70
	2997.50～2999.21	马五$_1^4$	1.71		0.2～5.0	紊乱角砾岩	20.50
Y140	3120.58～3124.04	马五$_1^4$～马五$_2^1$	3.46	3.46	0.2～2.0	紊乱角砾岩	8.08
Mi8	2696.22～2702.81	马五$_1^4$	6.59	6.59	0.2～10.0	裂缝角砾岩、镶嵌角砾岩、紊乱角砾岩	0.00
Mi9	2812.32～2813.63	马五$_1^1$	1.31	1.31	0.2～1.0	紊乱角砾岩	5.72
Mi11	2232.05～2235.10	马五$_1^3$	3.05	4.35	0.5～5.0	紊乱角砾岩	1.85
	2235.10～2236.40	马五$_1^3$	1.30		0.5～2.0	紊乱角砾岩、镶嵌角砾岩	4.90
Mi14	2436.08～2436.52	马五$_1^1$	0.44	0.44	0.5～1.0	紊乱角砾岩、镶嵌角砾岩	10.68
Mi15	2705.63～2708.26	马五$_1^1$～马五$_1^2$	2.63	3.19	0.2～3.0	紊乱角砾岩	0.03
	2711.44～2712.00	马五$_1^2$	0.56		0.2～2.0	紊乱角砾岩	5.84
Mi21	2410.38～2410.61	马五$_1^4$	0.23	4.56	0.2～4.0	紊乱角砾岩	5.58
	2413.57～2414.66	马五$_2^1$	1.09		0.2～3.0	紊乱角砾岩	8.77
	2416.76～2418.00	马五$_2^1$～马五$_2^2$	1.24		0.2～3.0	紊乱角砾岩	11.96
	2418.00～2418.78	马五$_2^2$	0.78		0.2～2.0	紊乱角砾岩	13.20
	2418.78～2419.04	马五$_2^2$	0.26		0.2～4.0	紊乱角砾岩	13.98
	2424.44～2425.40	马五$_3^1$	0.96		0.2～3.0	紊乱角砾岩	19.64
T11	3030.86～3034.29	马五$_1^3$～马五$_2^1$	3.43	6.33	0.2～1.0	紊乱角砾岩	11.06
	3067.10～3070.00	马五$_1^4$	2.90		0.2～7.0	紊乱角砾岩	47.30
T12	2997.73～2999.00	马五$_2^2$	1.27	1.27	0.2～1.5	裂缝角砾岩	9.73

续表

井号	井深/m	层位	厚度/m	单井累积厚度/m	角砾粒径/cm	角砾岩类型	距奥陶系顶距离/m
T15	3088.30~3089.30	马五$_3^2$	1.00	12.48	0.2~3.0	紊乱角砾岩	0.00
	3091.93~3097.38	马五$_3^2$	5.45		0.2~1.0	紊乱角砾岩	3.63
	3101.91~3103.46	马五$_3^3$	1.55		0.2~3.0	紊乱角砾岩	13.61
	3109.00~3109.90	马五$_4^1$	0.90		0.2~5.0	紊乱角砾岩	20.70
	3109.90~3113.48	马五$_4^1$	3.58		0.2~3.0	裂缝角砾岩、镶嵌角砾岩	21.60
T16	3016.27~3018.47	马五$_4^1$~马五$_2^1$	2.20	6.84	0.2~10.0	紊乱角砾岩	8.87
	3018.47~3023.11	马五$_1^4$~马五$_2^1$	4.64		0.2~9.0	紊乱角砾岩	11.07
S7	2238.81~2239.33	马五$_2^2$	0.52	0.95	0.2~3.0	紊乱角砾岩	4.61
	2247.21~2247.64	马五$_3^2$	0.43		0.2~2.0	紊乱角砾岩	13.01
S8	2214.71~2216.41	马五$_3^1$	1.70	5.26	0.2~12.0	紊乱角砾岩	4.31
	2225.11~2225.79	马五$_3^1$	0.68		0.2~3.0	紊乱角砾岩	14.71
	2287.62~2290.50	马五$_5^3$	2.88		0.2~5.0	紊乱角砾岩、镶嵌角砾岩	77.22
SH1	2825.23~2825.73	马五$_1^2$	0.50	0.50	0.2~3.0	紊乱角砾岩、镶嵌角砾岩	0.03
SH2	2851.00~2858.28	马五$_2^2$~马五$_3^1$	7.28	7.28	0.2~3.0	紊乱角砾岩、镶嵌角砾岩	0.00
SH4	2766.25~2769.75	马五$_1^1$	3.50	3.50	0.2~5.0	镶嵌角砾岩	0.65
SH5	2634.15~2638.60	马五$_2^2$	4.45	4.45	0.5~6.0	裂缝角砾岩	1.75

1. 碳、氧稳定同位素特征

1) 常规碳氧同位素分析

统计鄂尔多斯盆地奥陶系29口井深度在2042.12~3664.13m的232个岩溶岩样品中各类碳酸盐组分的碳、氧同位素值(表4.6)。$\delta^{13}C$ 值在−20.80‰~4.83‰，平均值为−1.59‰，中值为−1.16‰；$\delta^{18}O$ 值在−15.99‰~−1.90‰，平均值为−8.72‰，中值为−8.65‰。母岩基质泥晶白云石的 $\delta^{13}C$ 值在−12.42‰~4.83‰，平均值为−0.33‰，中值为−0.13‰；$\delta^{18}O$ 值在−14.23‰~−1.90‰，平均值为−7.99‰，中值为−8.26‰。母岩基质泥晶方解石的$\delta^{13}C$ 值在−20.80‰~1.24‰，平均值为−4.63‰，

中值为-3.46‰；$\delta^{18}O$ 值在-15.99‰～-5.75‰，平均值为-9.82‰，中值为-9.00‰。
总的来说，泥晶白云石较泥晶方解石有较高的 $\delta^{13}C$ 和 $\delta^{18}O$ 值。溶蚀孔、缝中充
填的白云石的 $\delta^{13}C$ 值在-2.72‰～1.46‰，平均值为-1.17‰，中值为-1.41‰；$\delta^{18}O$
值在-10.88‰～-8.08‰，平均值为-9.44‰，中值为-9.45‰。溶蚀孔、缝中充填
的方解石的 $\delta^{13}C$ 值在-16.13‰～2.38‰，平均值为-3.42‰，中值为-2.24‰；$\delta^{18}O$
值在-15.64‰～-4.10‰，平均值为-10.00‰，中值为-9.57‰。总的来说，溶蚀孔、
缝中充填的方解石的 $\delta^{13}C$ 和 $\delta^{18}O$ 值均低于孔缝充填泥晶白云石。细、粉晶白云
石的 ^{13}C 值在-4.90‰～0.87‰，平均值为-1.22‰，中值为-1.14‰；$\delta^{18}O$ 值在
-10.64‰～-6.68‰，平均值为-8.43‰，中值为-8.31‰。总的来说，细、粉晶白
云石的 $\delta^{18}O$ 和 $\delta^{13}C$ 值略低于泥晶白云石，$\delta^{13}C$ 值与孔缝充填白云石相差不大，$\delta^{18}O$
值略高于孔、缝充填白云石。

表 4.6　鄂尔多斯盆地奥陶系井下岩溶岩各种碳酸盐组分的碳、氧同位素值统计

碳酸盐组分类型	碳氧同位素类型	最小值/‰，PDB	最大值/‰，PDB	平均值/‰，PDB	中值/‰，PDB	样品数/个
泥晶白云石	$\delta^{13}C$	-12.42	4.83	-0.33	-0.13	102
	$\delta^{18}O$	-14.23	-1.90	-7.99	-8.26	102
泥晶方解石	$\delta^{13}C$	-20.80	1.24	-4.63	-3.46	15
	$\delta^{18}O$	-15.99	-5.75	-9.82	-9.00	15
次生方解石	$\delta^{13}C$	-10.36	-0.14	-4.00	-3.87	10
	$\delta^{18}O$	-11.42	-2.76	-8.38	-8.54	10
孔、缝充填白云石	$\delta^{13}C$	-2.72	1.46	-1.17	-1.41	20
	$\delta^{18}O$	-10.88	-8.08	-9.44	-9.45	20
孔、缝充填方解石	$\delta^{13}C$	-16.13	2.38	-3.42	-2.24	45
	$\delta^{18}O$	-15.64	-4.10	-10.00	-9.57	45
细、粉晶白云石	$\delta^{13}C$	-4.90	0.87	-1.22	-1.14	40
	$\delta^{18}O$	-10.64	-6.68	-8.43	-8.31	40
各种碳酸盐组分	$\delta^{13}C$	-20.80	4.83	-1.59	-1.16	232
	$\delta^{18}O$	-15.99	-1.90	-8.72	-8.65	232

注：PDB(Pee Dee Belemnite)表示美国南卡罗莱纳州白垩系-皮狄组箭石的碳氧同位素国际标准。

各类碳酸盐组分的 $\delta^{18}O$ 和 $\delta^{13}C$ 值均未表现出与埋藏深度的明显的相关
性(图 4.28)，说明埋藏作用对其影响不大。

充填于溶蚀孔、缝和砾石孔、缝中的方解石的 $\delta^{13}C$ 值在-16.13‰～2.38‰，
平均值为-3.24‰，分布范围和平均值略高于母岩基质泥晶方解石(表 4.6)。说明这
类充填方解石受有机碳的影响较小，应该形成于干酪根成熟之前。该类充填方解
石的 $\delta^{18}O$ 值在-15.64‰～-4.10‰，平均值为-10.00‰(表 4.6)，分布在母岩基质泥

晶方解石的分布范围之内，平均值与母岩基质泥晶方解石的平均值接近。说明这类方解石可能是溶解了母岩基质泥晶方解石的孔隙水溶液在 $CaCO_3$ 过饱和的状态下沉淀形成的，且受大气淡水和深部卤水的影响很小。总的来说，充填于溶蚀孔、缝和砾石孔、缝中的方解石的 $\delta^{13}C$ 和 $\delta^{18}O$ 值比母岩基质泥晶白云石低，说明其或多或少受到淡水或有机质的影响。

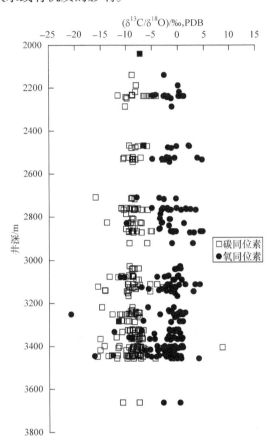

图 4.28 鄂尔多斯盆地奥陶系岩溶岩各种碳酸盐组分碳氧同位素值与深度关系图

充填于溶蚀孔、缝和砾石孔、缝中的白云石的 $\delta^{13}C$ 值在 $-2.72‰\sim1.46‰$，平均值为 $-1.17‰$（表 4.6），分布在母岩基质泥晶白云石 $\delta^{13}C$ 值的分布范围之内，说明充填白云石与母岩基质泥晶白云石受有机质的影响差别不大。这类充填白云石的 $\delta^{18}O$ 值在 $-10.88‰\sim-8.08‰$，平均值为 $-9.44‰$（表 4.6）。总的来说，这些充填白云石比母岩基质泥晶白云石的值低，比母岩基质泥晶白云石生成晚，低值主要是受淡水和埋藏作用的影响造成的。

晋西露头兴县关家崖乡郝家沟村、吕梁市离石区陶家庄、柳林县李家湾乡鸦沟村(采石场)、柳林县成家庄镇李家凹村(山路边)、柳林县成家庄镇李家凹村(小河谷两岸及河床)、柳林县城东侧杨家港和柳林县城附近寨东沟—东圪一带马家沟组(奥陶系顶部)40 个岩溶岩样品的碳、氧同位素分析表明，$\delta^{13}C$ 值在$-6.18‰\sim$0.24‰，平均值为$-1.76‰$，中值为$-1.32‰$；$\delta^{18}O$ 值在$-13.08‰\sim-6.04‰$，平均值为$-9.26‰$，中值为$-9.09‰$(表 4.7)。与井下奥陶系岩溶岩样品的 $\delta^{13}C$、$\delta^{18}O$ 值比较,露头与井下的 $\delta^{13}C$ 平均值和中值相当,井下的 $\delta^{13}C$ 值在$-20.80‰\sim4.83‰$，说明井下岩溶岩样品的 $\delta^{13}C$ 值受到有机成因 CO_2 的影响；露头的 $\delta^{18}O$ 值明显较小，说明大气水对露头碳酸盐岩的淋滤作用更明显，影响更深刻。

表 4.7　晋西露头马家沟组(奥陶系顶部)碳、氧同位素值统计

地区	样号	层位	岩性	$\delta^{13}C/‰$, PDB	$\delta^{18}O/‰$, PDB
柳林县李家湾乡鸦沟村	LLY-1	马六段	含云泥晶灰岩	−1.28	−9.45
	LLY-2	马六段	泥晶云岩	−0.98	−9.12
	LLY-3	马六段	泥晶生屑灰岩	−1.57	−8.95
	LLY-4	马六段	云质灰岩	−0.45	−6.85
兴县关家崖乡郝家沟村	XGH-1	马五段	粉晶云岩	−1.40	−8.24
	XGH-2	马五段	粉晶云岩	−2.23	−9.05
	XGH-3	马五段	泥晶云岩	−2.73	−9.54
	XGH-4	马五段	泥晶灰岩	−2.51	−8.87
	XGH-5	马五段	泥粉晶云岩	−3.33	−10.05
	XGH-6	马五段	含云泥晶灰岩	−0.60	−7.95
吕梁市离石区陶家庄	LLT-1	马五段	含云泥晶灰岩	−0.82	−7.69
	LLT-2	马五段	泥晶云岩	−1.63	−8.71
	LLT-3	马五段	泥晶云岩	−1.25	−8.21
	LLT-4	马五段	泥晶云岩	−0.64	−8.15
	LLT-5	马五段	泥粉晶灰岩	−0.11	−8.32
	LLT-6	马五段	灰岩	−1.40	−7.84
	LLT-7	马五段	泥晶云岩	−0.04	−7.07
柳林县成家庄镇李家凹村(山路边)	LCL-1	马六段	云质灰岩	−0.64	−7.29
	LCL-2	马六段	砂屑云岩	−0.93	−7.57
柳林县城东侧杨家港	LY-1	马六段	粉晶云岩	−1.96	−9.81
	LY-2	马六段	含云泥晶灰岩	−1.95	−11.45

续表

地区	样号	层位	岩性	$\delta^{13}C$/‰，PDB	$\delta^{18}O$/‰，PDB
柳林县城附近寨东沟—东圪一带	LZD-1	马六段	泥晶灰岩	−1.29	−12.32
	LZD-2	马六段	泥晶灰岩	−1.11	−12.77
	LZD-3	马六段	泥晶灰岩	−0.39	−9.06
	LZD-4	马六段	泥晶灰岩	−0.76	−10.61
	LZD-5 溶洞母岩	马六段	晶粒灰岩	−2.13	−13.08
	LZD-5 洞壁胶结物	马六段	方解石	−6.18	−10.14
柳林县成家庄镇李家凹村(小河谷两岸及河床)	LChL-1	马六段	泥晶云岩	−1.31	−9.86
	LChL-2	马六段	云质灰岩	−1.32	−9.78
	LChL-3	马六段	云质灰岩	−1.39	−10.03
	LChL-4	马六段	泥晶云岩	−1.51	−9.60
	LChL-5	马六段	泥晶云岩	−1.92	−9.71
	LChL-7	马六段	泥晶云岩	0.24	−6.04
	LChL-8	马六段	泥晶灰岩	−1.24	−9.03
	LChL-9	马六段	泥晶云岩	−1.20	−11.37
	LChL-10	马六段	泥晶灰岩	−0.97	−9.03
	LChL-12	马六段	晶粒灰岩	−3.60	−10.24
	LChL-13	马六段	云质灰岩	−4.94	−8.82
	LChL-14	马六段	泥晶云岩	−4.68	−9.12
	LChL-15	马六段	晶粒灰岩	−6.18	−9.61

由表4.6和表4.7可见，井下奥陶系的一些孔、缝充填方解石或白云石，以及露头溶洞充填的一些方解石，都表现出偏低的$\delta^{18}O$值，而且值相当，看似主要是在近地表大气水成岩环境中沉淀的充填物，实际上可能是二次埋藏过程中发生的充填作用。因为近地表温度条件下从大气水中沉淀的方解石的$\delta^{18}O$值应在−8‰以上，这还没有考虑溶解海相碳酸盐提供的氧。

现代海洋碳酸盐的$\delta^{13}C$值在−2‰～4‰，多数古代碳酸盐台地的$\delta^{13}C$值也在此范围内。在开放体系与大气CO_2进行交换的地表环境中所沉淀的碳酸盐具有统一的碳同位素值，这种共同性反映出地表水与来自大气CO_2层的碳的平衡关系。因此，同期沉淀的海相和大气淡水碳酸盐可能难以根据它们的碳同位素成分区分开。当大气水渗滤通过包含由有机质氧化形成的 CO_2 的沉积土壤带时，大气水的同位素成分会很快发生变化。有机来源的 CO_2 比大气碳成分低得多，其 $\delta^{13}C$ 值为 $-25‰\sim-16‰$。当地层中的有机质成熟时释放出的 CO_2 溶解于孔隙水时，也会使孔隙水的 $\delta^{13}C$ 值大大降低。

不同沉积环境和不同地质时代的碳酸盐同位素值有所差异，并且在成岩作用过程中会有所变化。一般来说，海相碳酸盐较淡水碳酸盐有较高的 $\delta^{18}O$ 值，随着埋藏加深，介质温度的升高，$\delta^{18}O$ 值降低，地质时代越老，$\delta^{18}O$ 值越低。淡水相方解石的 $\delta^{18}O$ 值一般比海相的值低，变化范围也较大，与地质年代之间的关系也没有明显的规律性，其原因是淡水的同位素值一般比海水轻。随着淡水淋滤作用的加强，埋藏作用的加深，碳酸盐矿物的 $\delta^{18}O$ 值降低。

鄂尔多斯盆地奥陶系 232 个样品中有 73 个样品，即约 31%样品的 $\delta^{13}C$ 小于现代海洋碳酸盐和多数古代碳酸盐台地的 $\delta^{13}C$ 值的最低值($-2‰$)，说明近三分之一的样品受到有机来源的 CO_2 的影响。大部分样品没有受到有机来源的 CO_2 的影响，因此这种影响应该与干酪根的成熟有关。溶蚀孔、缝中充填的白云石和细、粉晶白云石的 $\delta^{13}C$ 值均较泥晶白云石低，说明形成时代晚于泥晶白云石。

根据 Land(1983)所引用的实验资料，在 25℃时白云石的 $\delta^{18}O$ 值较与之共生并处于平衡状态下的方解石高出 3‰±1‰。根据 Lohmann(1987)对大量海相方解石胶结物碳和氧同位素的统计，中奥陶世方解石的 $\delta^{13}C$ 和 $\delta^{18}O$ 的平均值分别是 0.5‰ 和$-6.5‰$左右。鄂尔多斯盆地奥陶系马家沟组岩溶岩中各类白云石的 $\delta^{13}C$ 平均值为$-1.59‰$，低于 Lohmann(1987)的统计值，说明其方解石受到溶解有机来源 CO_2 及淡水的影响。

鄂尔多斯盆地奥陶系马家沟组岩溶岩中各类碳酸盐组分的 $\delta^{18}O$ 平均值为$-8.72‰$，较 Lohmann(1987)统计的中奥陶世方解石的 $\delta^{18}O$ 值明显偏低。说明该盆地的碳酸盐岩受到大气水淋滤明显，埋藏作用可能有一些影响。

2) 激光显微取样碳氧同位素分析

碳酸盐岩碳、氧同位素分析的常规方法是 McCrea(1950)提出的磷酸法，即将岩样与磷酸作用生成 CO_2 气样，送气体质谱仪分析测定其 C、O 同位素值。该方法的不足之处主要是：分析的岩矿样品须进行繁琐的岩矿分离且所需样品量较大($>10mg$)，空间分辨率低($>500\mu m$)，不能满足油气勘探及其他地质需要；反应时间长；同位素分析结果受磷酸浓度、反应温度和反应时间等因素影响。碳酸盐岩碳、氧同位素分析激光显微取样技术是利用高能聚焦激光束与碳酸盐岩样品作用，热分解产生 CO_2 气体，经真空提纯净化后送质谱仪分析测定其 C、O 同位素值。该方法实现了"微区"原位取样以达到对 C、O 同位素分析具有较高的空间分辨率和与常规分析方法相当的精度(杨华等，2012；罗平等，2006；何道清，2003；强子同等，1996)。本次研究在鄂尔多斯盆地东部探井奥陶系岩溶岩中采集 18 个样品,由中国石油西南油气田分公司勘探开发研究院原地质实验室完成 42 个激光显微取样点的碳氧同位素分析测试,实现了分析测试薄片中较小的碳酸盐组分区域。这 42 个取样点分析碳、氧同位素的结果见图 4.29 和表 4.8,这表明大多数充填碳酸盐相比石灰岩和白云岩母岩基质有较低的 $\delta^{13}C$ 和 $\delta^{18}O$ 值。

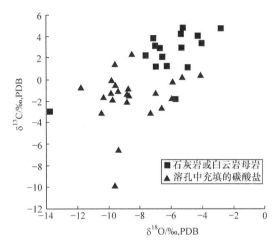

图 4.29　激光显微取样分析得到的碳酸盐组分的 $\delta^{18}O$ 与 $\delta^{13}C$ 关系图

表 4.8　激光显微取样分析得到的碳酸盐组分的 $\delta^{13}C$ 值与 $\delta^{18}O$ 值

薄片号	井号	岩石类型	取样编号	层位	井深/m	$\delta^{13}C$ /‰, PDB	$\delta^{18}O$ /‰, PDB
1	Mi7	泥晶白云石	1	马五$_1^3$	2237.97	1.14	-4.97
	Mi7	溶孔充填亮晶方解石	2	马五$_1^3$	2237.97	-2.64	-6.61
	Mi7	溶孔充填亮晶方解石	3	马五$_1^3$	2237.97	0.42	-4.10
2	Mi7	泥晶白云岩	4	马五$_1^3$	2238.25	1.27	-6.30
	Mi7	溶孔充填亮晶方解石	5	马五$_1^3$	2238.25	-1.75	-5.90
	Mi7	溶孔充填亮晶方解石	6	马五$_1^3$	2238.25	0.22	-5.28
3	Y83	泥晶白云石(裂缝发育,裂缝角砾岩)	7	马五$_1^2$	2534.08	4.77	-2.80
	Y83	溶孔充填亮晶方解石	8	马五$_1^2$	2534.08	-2.05	-8.81
4	Y72	泥晶白云岩	9	马五$_1^2$	2867.71	4.41	-5.02
	Y72	溶孔充填白云石	10	马五$_1^2$	2867.71	-0.36	-7.96
5	Y72	泥晶白云石	11	马五$_1^2$	2867.92	4.83	-5.26
	Y72	石盐铸模孔充填泥晶白云石	12	马五$_1^2$	2867.92	-1.35	-8.81
	Y72	石盐铸模孔充填泥晶白云石,少量亮晶白云石	13	马五$_1^2$	2867.92	-0.84	-8.74

续表

薄片号	井号	岩石类型	取样编号	层位	井深/m	$\delta^{13}C$ /‰，PDB	$\delta^{18}O$ /‰，PDB
6	Y72	泥晶白云石	14	$马五_1^4$	2872.40	3.15	−7.01
	Y72	溶孔充填亮晶方解石	15	$马五_1^4$	2872.40	2.38	−8.52
7	Y140	泥晶白云石(裂缝角砾岩)	16	$马五_1^3$	3112.97	3.38	−4.04
	Y140	溶孔充填亮晶方解石	17	$马五_1^3$	3112.97	−1.93	−9.74
	Y140	溶孔充填泥晶白云石	18	$马五_1^3$	3112.97	−1.49	−8.70
8	Y140	泥晶白云石	19	$马五_1^3$	3113.97	4.25	−5.38
	Y140	溶孔充填泥晶白云石	20	$马五_1^3$	3113.97	1.46	−9.59
9	Y19	泥晶白云石	21	$马五_1^2$	2524.40	3.87	−7.16
	Y19	溶孔充填泥晶白云石	22	$马五_1^2$	2524.40	−0.53	−9.55
	Y19	溶孔充填泥晶白云石，含亮晶	23	$马五_1^2$	2524.40	−1.67	−10.36
10	Mi12	泥晶白云石(裂缝角砾岩)	24	$马五_1^2$	2140.87	−2.55	−8.80
11	Mi19	泥晶白云石	25	$马五_1^2$	2469.01	2.14	−6.54
	Mi19	溶孔充填亮晶方解石	26	$马五_1^2$	2469.01	−6.59	−9.39
12	Mi19	泥晶白云石	27	$马五_1^2$	2469.44	2.25	−7.64
	Mi19	溶孔充填亮晶方解石	28	$马五_1^2$	2469.44	−0.21	−5.89
13	Sh276	泥晶白云石	29	$马五_1^2$	2922.35	2.97	−6.70
	Sh276	溶孔充填泥晶白云石	30	$马五_1^2$	2922.35	−1.09	−9.39
14	Sh269	泥晶白云石	31	$马五_1^2$	3145.67	2.99	−5.35
	Sh269	溶孔充填亮晶方解石	32	$马五_1^2$	3145.67	−1.29	−9.89
15	Sh265	泥晶白云石	33	$马五_1^3$	3457.65	4.10	−4.31
	Sh265	溶孔充填亮晶方解石	34	$马五_1^3$	3457.65	−0.77	−11.8
	Sh265	溶孔充填泥晶白云石	35	$马五_1^3$	3457.65	−0.13	−9.78
16	SH4	泥晶方解石	36	$马五_5^1$	2829.24	1.24	−7.00
	SH4	溶孔充填亮晶方解石	37	$马五_5^1$	2829.24	−9.94	−9.59
17	SH1	泥晶方解石	38	$马五_1^2$	2826.48	−2.96	−13.77
	SH1	溶孔充填亮晶方解石	39	$马五_1^2$	2826.48	−3.11	−7.29
18	SH4	泥晶方解石	40	$马五_2^2$	2766.55	−1.81	−5.75
	SH4	溶孔充填亮晶方解石	41	$马五_2^2$	2766.55	−3.09	−10.47
	SH4	溶孔充填亮晶方解石	42	$马五_2^2$	2766.55	−1.26	−6.98

前人的实践经验表明，激光显微取样碳氧同位素分析和常规碳氧同位素分析两种方法的分析结果没有大的差别，前者较后者能更准确地反映不同组分的碳氧同位素特征。表 4.8 反映出，激光显微取样碳、氧同位素分析的鄂尔多斯盆地东部探井奥陶系岩溶岩样品中的泥晶白云岩(或泥晶白云石)的 $\delta^{18}O$ 值在−9.89‰～−2.80‰，平均值为−6.24‰，中值为−6.42‰；$\delta^{13}C$ 值在−2.55‰～4.83‰，平均值为 2.27‰，中值为 2.98‰；孔、缝充填白云石的 $\delta^{18}O$ 值在−10.36‰～−7.96‰，平均值为−9.27‰，中值为−9.47‰；$\delta^{13}C$ 值在−1.67‰～1.46‰，平均值为 0.56‰，中值为−0.69‰；孔、缝充填亮晶方解石的 $\delta^{18}O$ 值在−11.80‰～−4.10‰，平均值为−8.02‰，中值为−8.52‰；$\delta^{13}C$ 值在−9.94‰～2.38‰，平均值为−2.11‰，中值为−1.75‰。与常规碳氧同位素分析结果基本相符。

激光显微取样碳氧同位素分析测得鄂尔多斯盆地奥陶系马家沟组石灰岩的 $\delta^{18}O$ 值在−13.8‰～−5.8‰，平均值为−9.35‰；原始沉积方解石的 $\delta^{18}O$ 值也在−13.8‰～−5.8‰，与石灰岩的相同，平均值为−10.07‰。成岩作用使碳酸盐岩的 $\delta^{18}O$ 值和 $\delta^{13}C$ 值减小，多数学者把最高的 $\delta^{18}O$ 值和 $\delta^{13}C$ 值作为代表变化最小的原始沉积碳酸盐岩的 $\delta^{18}O$ 值和 $\delta^{13}C$ 值。鄂尔多斯盆地马家沟组碳酸盐岩的 $\delta^{18}O$ 最大值与 Shields 等(1995)统计的 $\delta^{18}O$ 值差别不大，与全球同位素地层学观点吻合。由于马家沟组碳酸盐岩沉积后接受了大气淡水淋滤作用和埋藏作用，$\delta^{18}O$ 值的最小值和平均值均明显低于 Shields 等(1995)统计的值。充填于孔隙的方解石受淡水淋滤和高温埋藏作用影响，一般有较低的 $\delta^{18}O$ 值。原始沉积的白云石或白云岩 $\delta^{18}O$ 最大值较原始沉积方解石和石灰岩相应值明显偏高，这与白云石沉积于高盐度、局限环境条件下，白云石形成机理与微生物作用有关。由于形成较晚，充填于孔隙的白云石有较低的 $\delta^{18}O$ 值。碳酸盐岩 $\delta^{13}C$ 最大值明显偏高，与全球海水的 $\delta^{13}C$ 值在晚奥陶世升高有关，鄂尔多斯盆地海水 $\delta^{13}C$ 值在中奥陶世晚期已升高。但受有机碳影响，部分样品具有低的 $\delta^{13}C$ 值。

2. 锶同位素特征

众所周知，由于锶在海水中的残留时间(约 1Ma)远长于海水的混合时间(约 1000a)，因而任一时代全球范围内海相锶元素在同位素组成上是均一的，从而导致地质历史中海水的 $^{87}Sr/^{86}Sr$ 比值是时间的函数，即海水中 $^{87}Sr/^{86}Sr$ 比值是随时间而变化的，这是锶同位素地层学(Strontium Isotope Stratigraphy, SIS)的基本原理。锶同位素地层学的应用主要集中在以下几个方面：①海相地层的定年；②全球地质事件与全球对比；③反演成岩流体性质，实际上是反演海相与非海相流体在成岩过程中的相互作用。

除碳酸盐矿物中微量 Rb 衰变的影响以外，成岩过程的非海相影响是造成海相碳酸盐锶同位素组成偏离海水的主要原因，其主要机制包括：①埋藏成岩过程中铝硅酸盐的溶解可向海相碳酸盐矿物提供放射性成因的锶，并造成锶同位素比值的增加；②地壳抬升造成的表生成岩过程中的大气淡水作用可向海相碳酸盐矿物提供壳源锶并改变其锶同位素比值；③深部流体作用(包括同期火山物质的溶解)可向碳酸盐提供深源锶并造成锶同位素比值的降低，因而海相碳酸盐矿物的锶同位素也是研究成岩流体性质的重要手段之一。研究表明，海洋中的锶同位素比值明显上升主要是大陆河流排放的放射成因的锶通量上升引起的。另外碳酸盐岩的重溶也是来源。因此，岩溶孔缝充填方解石的锶同位素主要受流经硅质岩石的地下水和碳酸盐岩重溶这两个锶来源影响的比例所控制。

22 个岩溶岩样品的锶同位素分析表明(表 4.9)，鄂尔多斯盆地东部井下奥陶系马家沟组碳酸盐的 $^{87}Sr/^{86}Sr$ 在 0.707977～0.711791，平均值为 0.709703。泥晶白云岩和白云质岩溶角砾岩的 $^{87}Sr/^{86}Sr$ 在 0.708936～0.711271，平均值为 0.709690；泥晶灰岩的 $^{87}Sr/^{86}Sr$ 在 0.709476～0.711442，平均值为 0.710323，孔缝充填方解石的 $^{87}Sr/^{86}Sr$ 在 0.707977～0.711791，平均值为 0.709339。泥晶灰岩 $^{87}Sr/^{86}Sr$ 的平均值最高，泥晶白云岩 $^{87}Sr/^{86}Sr$ 的平均值次之，孔缝充填方解石 $^{87}Sr/^{86}Sr$ 的平均值最低。孔缝充填方解石 $^{87}Sr/^{86}Sr$ 基本上都低于其母岩的 $^{87}Sr/^{86}Sr$。仅有一个样品除外，该样品岩性为泥晶白云岩。锶同位素比值与距奥陶系顶的距离没有表现出明显的相关性(图 4.30)。

表 4.9　鄂尔多斯盆地东部井下及晋西露头马家沟组锶同位素分析结果统计

样号	井号	井深/m	层位	母岩岩性	充填物	Sr^{87}/Sr^{86}
1	Y72	2864.57	马五$_1^2$		溶孔中充填方解石	0.709230 ± 0.000226
2	Y72	2864.57	马五$_1^2$	泥晶灰岩		0.710314 ± 0.000080
3	双4	2767.72	马五$_1^2$		溶洞中充填方解石	0.711791 ± 0.000064
4	双4	2767.72	马五$_1^2$	白云质角砾岩		0.709874 ± 0.000091
5	Mi21	2412.86	马五$_1^3$	泥晶灰岩，溶孔不发育		0.711408 ± 0.000045
6	Mi19	2466.16	马五$_1^3$		溶洞充填方解石	0.708594 ± 0.000064
7	Mi19	2466.16	马五$_1^3$	泥晶白云岩		0.709170 ± 0.000110
8	Mi19	2467.56	马五$_1^3$		溶孔中充填方解石	0.707977 ± 0.000070
9	Mi19	2467.56	马五$_1^3$	泥晶灰岩		0.709476 ± 0.000132
10	Mi19	2470.87	马五$_1^4$		溶孔中充填方解石	0.708425 ± 0.000175
11	Mi19	2470.87	马五$_1^4$	泥晶白云岩		0.711271 ± 0.000095
12	Mi19	2472.47	马五$_2^1$		溶洞中充填方解石	0.709645 ± 0.000042

续表

样号	井号	井深/m	层位	母岩岩性	充填物	Sr⁸⁷/Sr⁸⁶
13	Mi19	2472.47	马五$_2^1$	泥晶灰岩		0.711442 ± 0.000109
14	Mi19	2472.89	马五$_2^1$		溶孔中充填方解石	0.709738 ± 0.000185
15	Mi19	2472.89	马五$_2^1$	泥晶白云岩		0.709334 ± 0.000078
16	Mi19	2473.69	马五$_2^1$		溶孔中充填方解石	0.709234 ± 0.000110
17	Mi19	2473.69	马五$_2^1$	泥晶白云岩		0.708936 ± 0.000128
18	SH13	2898.43	马五$_2^1$		溶洞中充填方解石	0.709372 ± 0.000304
19	SH13	2898.43	马五$_2^1$	泥晶灰岩		0.709592 ± 0.000073
20	Z6	3142.34	马五$_4^3$		垂直缝中充填方解石	0.709382 ± 0.000190
21	Z6	3142.34	马五$_4^3$	泥晶灰岩		0.709706 ± 0.000091
22	Sh265	3448.79	马五$_1^1$	泥晶白云岩	溶孔十分发育且未充填	0.709554 ± 0.000106
晋西露头样品	LLT-3		马五	泥晶白云岩		0.708964 ± 0.000016
	LChL-8		马六	泥晶灰岩		0.709374 ± 0.000013
	LY-2		马六	含云泥晶灰岩		0.709459 ± 0.000011
	XGH-5		马五	泥粉晶云岩		0.709116 ± 0.000013
	LZD-3		马六	泥晶灰岩		0.709400 ± 0.000013
	LZD-5 溶洞母岩		马六	晶粒灰岩		0.709635 ± 0.000012
	LZD-5 洞壁胶结物		马六		洞壁方解石胶结物	0.711751 ± 0.000011
	LLY-1		马六	含云泥晶灰岩		0.709173 ± 0.000009

晋西露头岩溶岩样品的锶同位素分析表明(表 4.9)，灰岩母岩样品的 ⁸⁷Sr/⁸⁶Sr 在 0.709173～0.709635，平均值为 0.709408；白云岩母岩样品的 ⁸⁷Sr/⁸⁶Sr 在 0.708964～0.709116，平均值为 0.709040。

鄂尔多斯盆地东部井下灰岩母岩和白云岩母岩的 ⁸⁷Sr/⁸⁶Sr 比值的平均值均高于孔洞缝充填方解石的值，说明这些孔洞缝充填方解石胶结物的物质可能主要来源于母岩基质碳酸盐的溶解。

晋西柳林县城附近寨东沟马六段样品 LZD-5 洞壁方解石胶结物的 ⁸⁷Sr/⁸⁶Sr 为 0.711751，高于溶洞母岩基质(⁸⁷Sr/⁸⁶Sr 为 0.709635)，说明该方解石中存在较多壳源锶的进入，富含壳源锶的大气水提供了主要的物质来源，为近地表大气水成岩环境的产物。

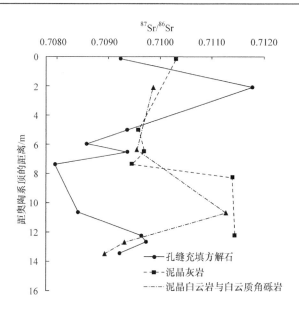

图 4.30　盆地东部井下奥陶系锶同位素与距奥陶系顶距离的关系

全球奥陶系海相碳酸盐锶同位素总体上表现为$^{87}Sr/^{86}Sr$的单调下降。按Remane等(2002)编纂的《国际地层表》，中奥陶统和下奥陶统界线为 465Ma，对应的$^{87}Sr/^{86}Sr$ 为 0.7088。鄂尔多斯盆地奥陶系泥晶灰岩、泥晶白云岩和白云质角砾岩的 $^{87}Sr/^{86}Sr$ 均大于 0.7088，有一半的孔、缝充填方解石的 $^{87}Sr/^{86}Sr$ 小于 0.7088，另一半孔、缝充填方解石的 $^{87}Sr/^{86}Sr$ 大于 0.7088。

综上所述，埋藏成岩过程中铝硅酸盐矿物的溶解可向海相碳酸盐矿物提供放射性成因的锶，并造成其锶同位素比值增加。鄂尔多斯盆地东部马家沟组上覆地层为石炭-二叠系煤系地层，孔隙水溶液为酸性，可造成硅酸盐矿物溶解，最终使得 $^{87}Sr/^{86}Sr$ 增加。再者，奥陶系沉积后的鄂尔多斯盆地整体抬升，使得大气淡水对硅酸盐的溶解向海相碳酸盐提供了壳源锶，$^{87}Sr/^{86}Sr$ 得以增加。因此，泥晶灰岩、泥晶白云岩和白云质角砾岩都以具有较高的 $^{87}Sr/^{86}Sr$ 为特征。深部流体作用(包括同期火山物质的溶解)可向碳酸盐提供深源锶，而降低 $^{87}Sr/^{86}Sr$，鄂尔多斯盆地东部马家沟组的孔缝充填方解石基本沉淀于埋藏阶段，因此具有比母岩低的 $^{87}Sr/^{86}Sr$。

锶同位素比值与井深也未表现出明显的相关性(图 4.31)，原因可能是：①样品对应的深度范围小；②尽管埋藏过程和岩溶作用过程都可能增加 $^{87}Sr/^{86}Sr$，但孔隙水的运移与岩石的孔隙发育情况和连通密切相关，后者又受沉积环境和成岩作用等多种因素控制。泥晶白云岩较泥晶灰岩的 $^{87}Sr/^{86}Sr$ 低，可能与白云石遭受大气淡水淋滤及孔隙水下渗明显有关。

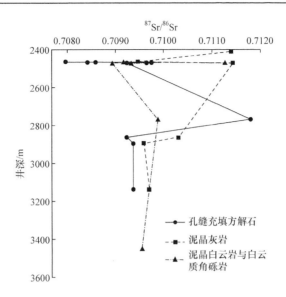

图 4.31　盆地东部井下奥陶系锶同位素与井深的关系

　　由于地质历史中的任何时间全球范围内海水的锶同位素组成都是均一的, 海水 $^{87}Sr/^{86}Sr$ 随时间变化。根据这一原理, 张涛等(2005)、刘存革等(2007)曾结合塔里木盆地塔河地区加里东期与海西早期岩溶地层水中 $^{87}Sr/^{86}Sr$ 存在差异的地质背景和实验分析数据, 对塔河古岩溶期次进行识别预测, 探讨其分布模式, 为塔河油田外扩提供地质依据。从而也为人们利用锶同位素研究古岩溶提供了成功范例。

　　奥陶系沉积后的鄂尔多斯盆地整体抬升, 井下揭示的主要是加里东期奥陶系古岩溶(表 4.2), 虽然何自新(2003)认为鄂尔多斯盆地中东部奥陶系碳酸盐岩在加里东早期、晚期和加里东晚期至海西早期至少发育了 3 期风化壳古岩溶, 但并没有充足的证据来证明。采用锶同位素分析方法研究鄂尔多斯盆地中东部奥陶系古岩溶孔洞充填物的特征, 以此揭示古岩溶期次, 如果没有盆地规模的构造运动研究成果与之对应, 风化壳古岩溶期次划分就没有落脚点。通过分析古岩溶孔洞充填物的 $^{87}Sr/^{86}Sr$, 帮助识别同生期岩溶、表生期岩溶和埋藏期岩溶是完全有必要的, 但这已属于古岩溶识别标志的范畴。

4.5　鄂尔多斯盆地奥陶系岩溶相及岩溶环境

　　把古岩溶和地层学、沉积学联系起来并侧重于对不整合面古岩溶(风化壳古岩溶)的研究, 目的是讨论古岩溶相问题及其对油气储集层或矿产形成的控制作用。将沉积学和沉积岩石学的研究思路与方法引入古岩溶研究, 提出"岩溶相"的概念。关于岩溶相, 可理解为"岩溶环境的古代产物", 限定岩溶相的关键要素是岩石学特征，包括基岩成分、充填物成分、岩石结构特征及缝洞系统等(袁志祥等，2002)。张淑品等(2007)认为，岩溶相是原岩在不整合侵蚀面控制下，受大气水改造形成的一种特殊岩相。由此可见，与岩溶相所对应的岩溶环境主要是指风化壳形成环境(表生成岩环境)。张宝民等(2009)认为，岩溶相是一种成岩相，是由暴露于大气或深埋地腹的可溶性沉积物(包括碳酸盐、蒸发盐)或岩石(包括碳酸盐岩、蒸发岩)，与富含化学活动性组分(CO_2、H_2S 和有机酸等)的流体(大气淡水、淡水-海水混合水和热流体等)发生水-岩相互作用所致。

目前古岩溶研究中关于"岩溶环境"的定义主要有两种观点。一部分学者认为古岩溶环境近似于岩溶作用发生所对应的成岩环境，如风化壳古岩溶的岩溶环境就是表生成岩环境；也有相当多的学者认为，古岩溶环境就是水文地质环境，一切影响岩溶环境的因素，都是通过对水文地质环境的影响而实现的，因此古岩溶环境恢复的核心问题是水文地质环境的恢复(李定龙，2001)。本书对古岩溶环境的理解主要持后一种观点。

岩溶岩、岩溶相和岩溶环境的关系及其由此引出的古岩溶研究的基本顺序是：岩溶岩→岩溶相→古岩溶环境→(叠加型)岩溶体系。(叠加型)岩溶体系在第 8 章有详细论述。

4.5.1　鄂尔多斯盆地东部奥陶系岩溶相

1. 岩溶相的识别

袁志祥(2002)对鄂尔多斯盆地东部塔巴庙地区探井的岩心进行观察及电测曲线分析，发现该区奥陶系风化壳有一个共同特征，即不同成因类型的岩溶角砾岩十分发育，累计厚度一般占风化壳段的 60%以上，高的甚至超过 90%。这说明该区岩溶程度很高，早已超过了以溶蚀作用为主的初期或早期岩溶阶段，处于地下水冲蚀、侵蚀作用为主导的岩溶中后期阶段，形成了一系列大大小小、重重叠叠的岩溶洞穴。从风化壳结构来看，该区奥陶系风化壳中发育 6 类岩溶相(图 4.32)。

1) 壳面堆积相

壳面堆积相是风化壳表层碳酸盐岩受风化淋滤及地表径流改造而破碎，经短距离搬运汇集于地势相对低洼处的风化壳表面的堆积物。在古地貌较高处不存在此相。典型岩性是具有混杂填隙物(如泥质、铝土、黄铁矿、陆源碎屑及碳酸盐细屑)的角砾状碳酸盐岩[图 4.33(a)]。角砾主要是灰岩及白云岩，比例配置因地而异，从其成分、结构及颜色可明显看出其来自不同原岩。砾径大小悬殊，最大的超过15cm。由于遭受过地表径流改造，砾石可出现一定的圆度。偶见玛瑙状同心方解石生长物。此岩溶相厚度在各井变化较大，厚的超过 10m(如 E2 井)，薄的不足1m(如 E10 井)或缺失(如 E5 井)。泥质、铝土及黄铁矿的加入，使自然伽马出现中高值，视电阻率呈中低值(图 4.34)。

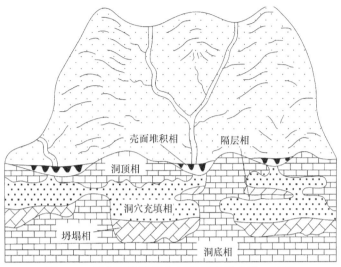

图 4.32　风化壳岩溶相分布模式图(袁志祥，2002)

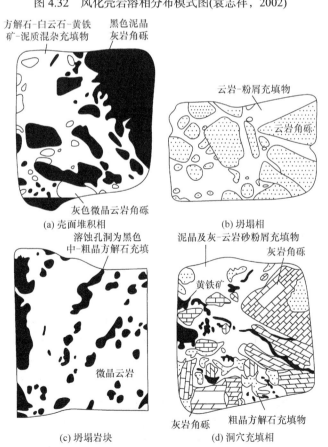

图 4.33　E10 井马家沟组岩溶相的岩心光片素描图(修改自袁志祥，2002)

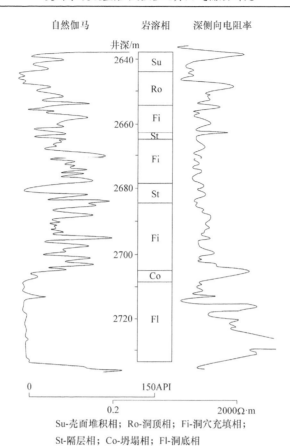

Su-壳面堆积相；Ro-洞顶相；Fi-洞穴充填相；
St-隔层相；Co-坍塌相；Fl-洞底相

图 4.34　E7 井马家沟组岩溶相电性特征示意图(修改自袁志祥，2002)

　　壳面堆积相虽然位于风化壳顶部，但是由于泥质和铝土质等的强烈充填，物性很差，岩心孔隙度值一般不超过 2%，难以成为储层或气层。

　　2) 洞顶相

　　洞顶相通常是一套洞穴的顶板(图 4.32)。由于长期处于渗流带的最上部，经历了严重的淡水淋滤作用，溶缝极为发育；有时一些构造裂缝的参与，使原岩就地裂解，形成独特的马赛克砾岩或镶嵌角砾岩。角砾的矿物成分极为一致，一般直径大于 3cm，见有大于 10cm 的角砾，棱角非常明显，角砾间镶嵌特征突出，显然未经变动。一类洞顶相的砾间缝中充填物为方解石、黏土及碳酸盐岩砂屑等，较大的水平溶缝被压实为缝合线；另一类洞顶相的溶缝不甚发育，有一些星散状分布的膏模孔及针状溶孔，基本上保持原始结构状态，岩性为粉-微晶云岩。研究区各井奥陶系风化壳顶部或近顶部均发育洞顶相，厚度为 2～25m。自然伽马显低值，视电阻率一般很高。但是由于可能含少量泥质、黄铁矿或水，也见中等视电阻率值响应(图 4.34)。

岩心观察及井周声波扫描振幅图揭示洞顶相中裂缝发育。井径明显扩大且呈椭圆形，也表明有高角度裂缝发育。加上基质孔隙和溶洞(孔)的存在，使洞顶相成为裂缝-基质孔隙型储层。岩心分析孔隙度大部分集中于 1%~4%，小于 1%的极少，最高的达 10.5%。岩石机械强度较低，易破裂，便于实施增产工艺。气测显示较好，E5 井及 E8 井在此岩溶相段经测试日产气数万立方米。

3) 洞底相

研究区奥陶系风化壳的洞底相是马五 5 亚段黑灰岩，呈现正常的泥晶结构。洞底相碳酸盐岩处于溶蚀基准面之下，受溶蚀作用的影响很小，基本上无外源泥质物渗入，因此表现为极低的自然伽马值和很高的视电阻率值(图 4.34)。

洞底相为较厚的暗色灰岩，到目前为止，人们仅将其视为一套比较重要的气源岩，而不认为是一套储集层。但种种迹象表明，应对其储产能力给予重视。例如，该相的某些层段深浅双侧向有明显幅差且呈减阻侵入状态，井周声波扫描见斜交裂缝及水平裂缝，全波列纵、横波振幅明显衰减，微球聚焦出现低尖，井眼扩径且呈椭圆形，岩石机械强度相对降低。这些现象均表明，潜流带的洞底相有发育裂缝的可能性，特别是水平或低角度裂缝多半为溶蚀缝，非均质性很强，优劣物性并存，气测异常时有发生。不排除上述物性较好的层段部分含水或为水层的可能(如 E7 井)，因此在识别洞底相的气层或储层段时应该格外谨慎。

4) 隔层相

在研究区奥陶系风化壳的复合古洞穴体系中，某一隔层既是上一洞穴的底，也是下一洞穴的顶(图 4.32)，因此其岩石学特征、电测响应及储产性能与洞顶相或洞底相相似。

井周声波扫描及深浅侧向反映为孔隙-裂缝型储层，岩石机械强度变化很大，易碎。大量岩心分析资料表明，隔层相孔隙度较大，一般大于 2%，最高达 11.5%。E8 井奥陶系风化壳上部三层云岩(包括隔层相)合试日产近十万立方米天然气中有隔层相气层的贡献。

5) 坍塌相

坍塌相是石炭纪之前洞穴顶板被溶蚀破裂、坍塌并堆积于洞底或隔层之上的一类岩溶相。岩性为角砾状云岩，最大特征是矿物成分很单一。不但角砾高度一致地为白云岩，而且角砾间充填着白云石细碎屑及白云石胶结物[图 4.33(b)]，仅偶尔见少许黏土及黄铁矿。砾石呈高度棱角状，无序分布。砾径大小悬殊，岩心中可见直径超过 15cm 的砾石，甚至几十厘米的大岩块，极有容易将其误认为正常的白云岩层。在 E6、E10、E11 井一些岩心段的白云岩内发育成排分布的较大溶蚀孔洞及微波状水平纹理，代表着原始沉积面，其倾角为 20°~80°，显然是坍塌岩块[图 4.33(c)]。在应力作用下，往往沿岩块结合面出现裂缝。这类相段主要见于各井马五₄亚段，厚度为 6~16m。由于其特殊的岩石成分和结构特征，自然伽马表现为高值或锯齿状的中、高值相间，视电阻率显示为低值或锯齿状的中、低值相间(图 4.34)。

研究区马五₄亚段基本上是渗流-潜流过渡带，岩溶作用最强；因此洞穴充填物特别发育，坍塌相也最常见，也较易鉴别。样品的岩心分析反映该相的孔隙度变化较大(2%~6.5%)，无明显过渡值。前者处于二级地貌单元的残丘或潜台部位，后者处于侵蚀沟谷或侵蚀洼地之中。E4 井坍塌相显示气测异常，全烃含量净增值为 2.983%，测井孔隙度高达 7.3%，因此坍塌相也是一种潜在的储层或气层。

6) 洞穴充填相

洞穴充填相是石炭纪期间洞穴内外碎屑物质混合充填于洞穴中的一种二次堆积(沉积)岩。基本岩性为角砾状云岩或角砾状灰岩，但角砾的矿物成分、砾间充填物成分、岩石结构构造等极为复杂。在同一岩心标本上出现矿物成分、晶粒大小和颜色迥异的角砾，它们显然不是产自同一层位[图 4.33(d)]。砾石棱角多有不同程度的磨损，砾径普遍减小，岩心中见到的最大者为 10cm 左右，有定向排列现象，表明经过洞内水流的改造。砾石含量明显减少，而细碎物特别是来自石炭系的陆源物质(如泥质、铝土质、黄铁矿、煤屑等)大量增加。部分井段泥质含量很高，几乎达泥岩程度。砾间充填物常具流动构造、塑性变形纹理及粒序结构，进一步反映了洞内水流改造的痕迹。这类岩溶相在各井中特别发育，单层厚度可达 10m 以上，累计厚度占风化壳的 60%。由于泥质的大量加入，自然伽马曲线显高值，视电阻率曲线显低值(图 4.34)。

特殊的岩石结构和成分构成决定了该类岩溶相难以成为储层或气层。据大量的岩心分析数据，绝大多数样品的孔隙度小于 2%，仅少数样品大于 2%，最大的也只有 3.4%左右。至今尚未钻遇气测异常层。充填相虽难为储层，却可以作为风化壳气藏的一个气源补充体。

2. 取心段岩溶相划分

采用袁志祥(2002)提出的关于"风化壳岩溶相"的识别方法和命名方式，主要对鄂尔多斯盆地东部的 S3、B7、B9、Y11 和 Sh230 井奥陶系马家沟组马五段的取心段在垂向上识别划分岩溶相(图 4.35~图 4.39)。

1) S3 井的岩溶相

从 S3 井马家沟组马五$_1^3$岩心中识别出溶洞坍塌相、隔层相、溶洞充填相和洞底相(图 4.35)。

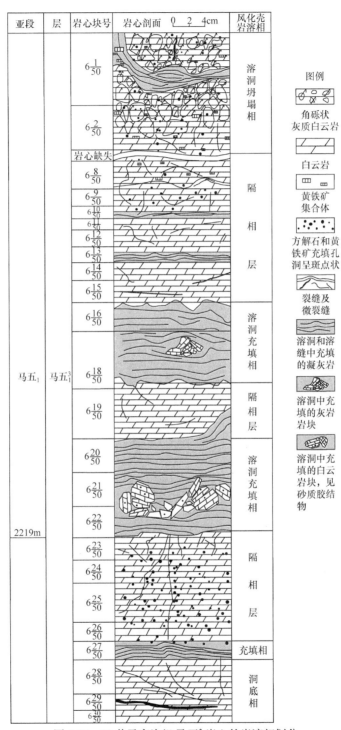

图 4.35　S3 井马家沟组 马五$_1^3$ 岩心的岩溶相划分

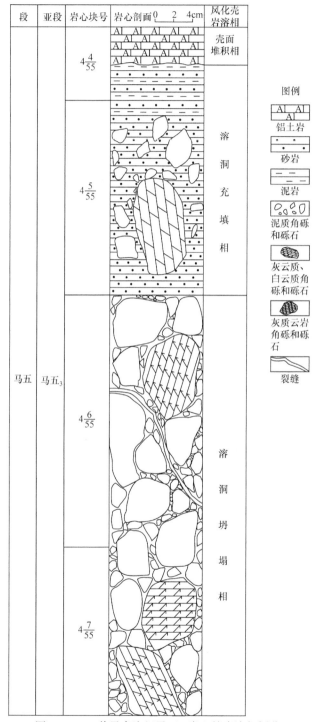

图 4.36　B7 井马家沟组马五₃岩心的岩溶相划分

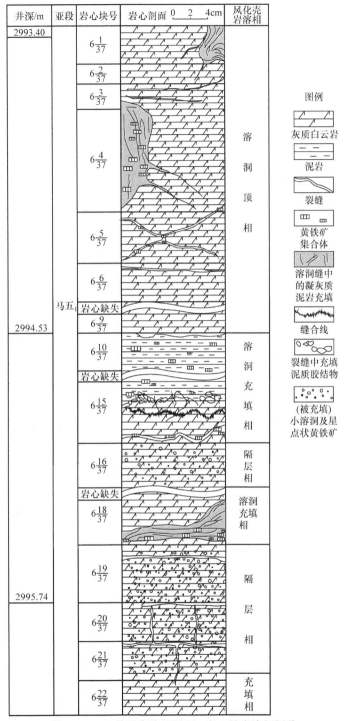

图 4.37　B9 井马家沟组马五₁岩心的岩溶相划分

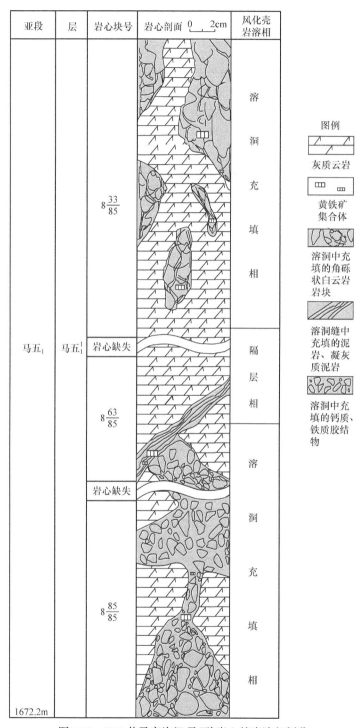

图 4.38 Y11 井马家沟组 马五¦ 岩心的岩溶相划分

岩心 $6\frac{1}{50}$—$6\frac{6}{50}$ 属于溶洞坍塌相：岩性为角砾状灰质白云岩和角砾状白云岩，均具有黄铁矿充填的针孔状溶孔，溶孔部分充填钙质胶结物，自上而下，整体上黄铁矿充填物逐渐减少；见一条垂直缝，被石英全充填，侧面为一小溶洞，被凝灰岩充填，洞壁见黄铁矿。

岩心 $6\frac{8}{50}$—$6\frac{15}{50}$ 属于隔层相：岩性主要为白云岩，局部见针孔状溶孔，为黄铁矿充填，两条垂直缝为方解石充填；中部见石英团块，底部见一溶缝，为凝灰岩充填。岩心 $6\frac{19}{50}$ 属于隔层相：岩性主要为白云岩，见微裂缝。岩心 $6\frac{23}{50}$—$6\frac{26}{50}$ 属于隔层相：岩性主要为白云岩，黄铁矿分布普遍；顶部较破碎，缝隙为泥云质充填；中下部溶孔为方解石充填，一条斜缝为泥砂质充填，一条垂直缝为泥砂质充填，充填物中发育微缝，方解石充填；底部有垂直和倾斜裂缝及裂缝，充填白云石。

岩心 $6\frac{16}{50}$—$6\frac{18}{50}$ 属于溶洞充填相：溶洞充填物主要为凝灰岩、灰质胶结物、泥质胶结物和具纹层的灰岩岩块。岩心 $6\frac{20}{50}$—$6\frac{22}{50}$ 属于溶洞充填相：溶洞充填物主要为泥质、白云质胶结物，局部有少量层纹状砂质胶结物，胶结物内部见溶孔，溶孔未充填。岩心 $6\frac{27}{50}$ 属于溶洞充填相：溶洞充填物主要为凝灰岩、深灰色泥质、硅质胶结物，充填物具纹层构造；局部见砾石，且定向排列。

岩心 $6\frac{28}{50}$—$6\frac{30}{50}$ 属于洞底相：岩性主要为白云岩，微裂缝较发育；近底部见一水平缝，为凝灰质充填。

2) B7 井的岩溶相

从 B7 井马家沟组马五₃岩心中识别出壳面堆积相、溶洞充填相和溶洞坍塌相(图 4.36)。

岩心 $4\frac{4}{55}$ 上部属于壳面堆积相：岩性主要为铝土岩。

岩心 $4\frac{4}{55}$ 下部和 $4\frac{5}{55}$ 属于溶洞充填相：岩心 $4\frac{4}{55}$ 下部为砂岩与泥岩互层，岩心 $4\frac{5}{55}$ 主要为砂岩，其间分布灰云质、白云质角砾(砾石)和泥质角砾(砾石)，前者的尺寸大于后者，后者的大小比较均匀。

岩心 $4\frac{6}{55}$ 和 $4\frac{7}{55}$ 属于溶洞坍塌相：主要为砂、泥胶结的角砾岩呈岩块状，角砾为灰岩、灰质云岩、白云岩、泥岩等，成分复杂，且大小混杂，黄铁矿浸染状或团块状分布其间，见未充填的裂缝。

3) B9 井的岩溶相

从 B9 井马家沟组马五$_1$岩心中识别出溶洞顶相、溶洞充填相和隔层相(图4.37)。

岩心 $6\frac{1}{37}$—$6\frac{9}{37}$ 属于溶洞顶相：中上部以灰质白云岩为主，缝隙发育，充填黑色泥质物，溶洞中充填纹层状凝灰质泥岩；见两条水平裂缝，方解石半充填，其他裂缝充填深色钙泥质胶结物；中部见一小洞缝，充填凝灰质泥岩，缝两侧基岩充填团块状泥质胶结物，见黄铁矿；下部溶缝发育，充填泥质、黄铁矿等胶结物；底部主要为角砾状白云岩和少量铝土质泥岩。

岩心 $6\frac{10}{37}$—$6\frac{15}{37}$ 属于溶洞充填相：溶洞充填物上部以含星点状黄铁矿颗粒的泥岩为主，下部为灰质白云岩，中部见一条缝合线。岩心 $6\frac{18}{37}$ 属于溶洞充填相：主体上是灰质白云岩，底部为一溶缝，充填纹层状凝灰质泥岩，沿缝充填黄铁矿。岩心 $6\frac{22}{37}$ 属于溶洞充填相：岩性以灰质白云岩为主。

岩心 $6\frac{16}{37}$ 属于隔层相：以灰质白云岩为主，见较多溶孔，部分为方解石充填，局部白云岩角砾化，沿缝隙一般充填灰质胶结物。岩心 $6\frac{19}{37}$—$6\frac{21}{37}$ 属于隔层相：多溶孔的灰质白云岩，两条溶缝被深色钙质胶结物充填，局部充填浅色方解石；两条垂直缝被方解石充填，分布较多溶斑，为深色钙质胶结物充填所致。

4) Y11 井的岩溶相

从 Y11 井马家沟组马五$_1^1$岩心中识别出溶洞充填相和隔层相(图4.38)。

岩心 $8\frac{33}{85}$ 属于溶洞充填相：岩性以灰质白云岩为主，其次是角砾状灰质白云岩。小溶洞中充填角砾状灰质白云岩及白云岩岩块，见黄铁矿充填。岩心 $8\frac{63}{85}$ 下部和 $8\frac{85}{85}$ 属于溶洞充填相：基岩为灰质白云岩；小溶洞中充填灰质、泥质、铁质胶结物，胶结物局部显灰红色，见黄铁矿充填。

岩心 $8\frac{63}{85}$ 上部属于隔层相：以灰质白云岩为主，见一条倾斜溶缝，溶缝中充填泥岩、凝灰质泥岩；下部的小溶洞中充填钙铁质胶结物。

5) Sh230 井的岩溶相

从 Sh230 井马家沟组马五$_1^2$岩心中识别出溶洞充填相和溶洞坍塌相(图4.39)。

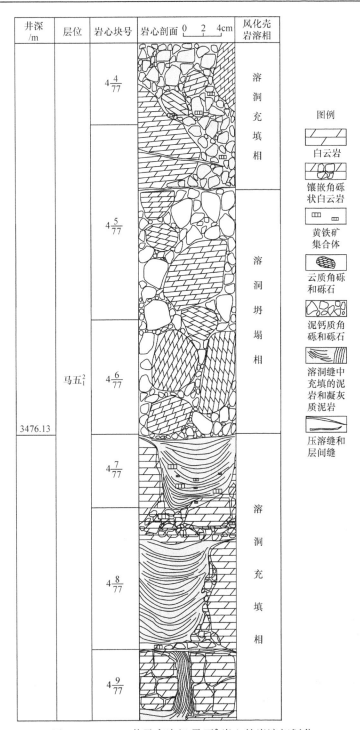

图 4.39　Sh230 井马家沟组 马五$_1^2$ 岩心的岩溶相划分

岩心 $4\frac{4}{77}$ 和 $4\frac{5}{77}$ 上部属于溶洞充填相，基岩岩性为白云岩，溶洞中充填角砾状白云岩、泥钙质角砾、砾石。角砾和砾石的粒度在中部粗，上、下部较细些；黑色凝灰质充填近水平压溶缝(层间缝)。岩心 $4\frac{7}{77}$—$4\frac{9}{77}$ 属于溶洞充填相，主要为白云岩和镶嵌角砾状白云岩，缝洞充填物以凝灰质泥岩为主，局部充填黄铁矿。

岩心 $4\frac{5}{77}$ 中下部和 $4\frac{6}{77}$ 属丁溶洞坍塌相：主要是云质角砾、砾石和泥钙质角砾、砾石，云质角砾、砾石呈岩块状，泥钙质角砾、砾石分布于其间。

岩溶相分析能够比较真实地反映鄂尔多斯盆地东部奥陶系风化壳的现今岩性-结构特征，岩性-电性差别标志明确而实用，易于现场运用(袁志祥，2002)。充分利用地震资料开展岩溶地震相分析是解决岩溶相平面分布问题的比较有效的途径。

4.5.2　鄂尔多斯盆地中东部奥陶系岩溶环境划分

岩溶相虽然与岩溶环境密不可分，但是岩溶相分析却不能代替岩溶环境划分的工作，因为分析风化壳岩溶相时通常不考虑岩溶作用的水文地质条件及岩溶作用过程等，所以它不能从根本上揭示岩溶作用的实质。

1. 国外代表性的岩溶环境划分

1) Esteban 和 Klappa 的划分

岩溶环境的划分，即划分岩溶亚环境 (岩溶分带)，或称岩溶剖面，作为一个成岩相，Esteban 等(1983)根据水文条件、岩溶作用过程及产物概括出一个综合的岩溶剖面模式(图 4.40)。该岩溶剖面中，渗流带位于潜水面之上，孔洞和裂缝空间未被地下水饱和，这些降落到地表的大气水在重力的作用下主要向下垂直渗流或流动。渗流带可进一步划分为两个次级带：渗透带和渗滤带；潜流带位于潜水面之下。该带内的地下水仍属于重力水而非承压水，但水流方向以水平方向为主，在无隔水层的情况下，该带下部通过混合带与基岩深卤水过渡。潜流带也可划分为两个次级带：透镜带和下部带(停滞潜流带)。

在研究岩溶剖面时值得注意的是，上述典型岩溶剖面层序的形成过程与沉积相序的形成过程完全不同。沉积相序是由下向上逐渐"建造"起来的，各相带之间可以有成因联系，但相互之间不会改造重叠。而岩溶剖面层序却是在由上往下加深"破坏"的过程中造成的，在各种外界条件不变的情况下，随岩溶过程的持续进行，地层的逐渐剥蚀，岩溶影响的深度逐渐下移，各岩溶带也将在此过程中下移，其岩溶特征则可能重叠在一起。因此，要鉴别出古岩溶完整的岩溶剖面层序十分困难(图 4.41)。

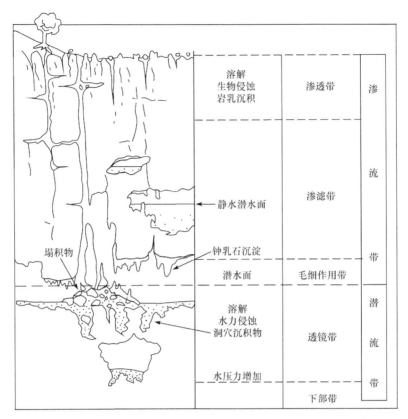

图 4.40 综合的岩溶剖面模式图(Esteban, et al., 1983)

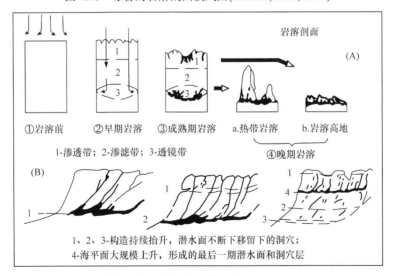

图 4.41 岩溶环境演化趋向图(修改自 Esteban, et al., 1983)

(A) 岩溶剖面的一般演化趋势; (B) 潜水面变化对岩溶面的影响

2) James 和 Choquette 的划分

由于岩溶环境位于近地表，水文地质条件是其亚环境划分的依据，同时亚环境的划分也与近地表条件下碳酸盐成岩环境类似。James 等(1988)将与岩溶作用有关的大气水成岩环境自上而下分为两个基本的组成部分：第一部分是渗流带(也称不饱和带)，距地表最近，并可以分为上部渗透带和下部重力渗滤带；第二部分是浅部潜流带(也称饱和带)，位于渗流带之下，渗流带和浅部潜流带的分界面是潜水面(图 4.42)。浅部潜流带之下则是深部潜流带(属于中-深埋藏环境)，浅部潜流带的流体主要为淡水，深部潜流带的流体主要为盐度较高的地层水，因而从流体角度来说，这二者之间也可以存在一个在流体性质上的半咸水过渡带(图 4.42)。另外，近海岸地区的半咸水环境是位于大气水和海水之间的混合带(图 4.42)。

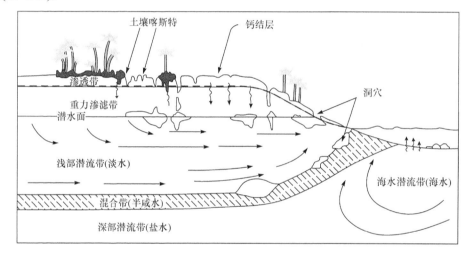

图 4.42 近海地区碳酸盐沉积体上发育的岩溶地貌的一般要素和水文条件(James et al., 1988)

2. 国内代表性的岩溶分带

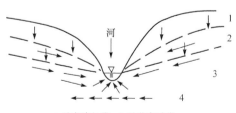

1-垂直渗入带；2-季节变动带；
3-水平流动带；4-深部缓流带

图 4.43 岩溶水动力学分带示意图
(任美锷, 1983)

任美锷(1983)以大陆环境的河流、湖泊水面为排泄基准面将岩溶地下水按动力学特征由上至下分为垂直渗流带、季节变动带、水平流动带和深部缓流带(图 4.43)。

1) 垂直渗入带

垂直渗入带也叫垂直渗流带、垂直渗透带、充气带。此带位于地表以下，丰水期最高潜水面以上的充气带。

垂直渗入带平时没有多少水，只有在降雨或融雪的时候，才有大量的水从地表渗入到岩溶地块中。水流主要是沿着岩层中的垂直裂隙和管道向下渗流。如果在向下运动过程中，遇到局部的近似水平的隔水层或水平孔道，也会局部作水平流动，在岩体中形成含水透镜体，或在谷坡上形成悬挂泉。但大部分岩溶水则一直渗流到潜水面，汇入地下水。

垂直渗入带的厚度，取决于所处的地貌部位和潜水面的高低。而潜水面的高低又受制于主河谷底的位置。在被大河深切的岩溶山地及高原峡谷区，垂直渗入带的厚度较大，在 100~500m；在河谷宽浅、地下潜水面埋藏不深的岩溶平原区，其厚度较小，只有数米到十数米。

垂直渗入带发育的岩溶，以垂直形态的为主，如石芽、溶沟、漏斗、洼地、竖井和落水洞等。

2) 季节变动带

季节变动带又叫过渡带或交替带。潜水面是随季节而升降的，特别在季风气候区，升降幅度更大，因此在垂直渗入带与水平流动带之间存在一个过渡带。在过渡带里，地下水的水平流动和垂直流动周期性交替。雨季或融雪季节，潜水面上升，地下岩溶水作水平运动；在旱季，潜水面下降，地下岩溶水则垂直向下运动。也就是说，当潜水面升高时，此带并入水平流动带；当潜水面下降时，此带并入垂直渗入带。因此，具有周期性交替性质。

不同的岩溶地区和同一岩溶地区的不同年份，季节变动带的厚度是变化不定的。降水季节和降水量分配愈不均匀，季节变动带就愈厚。季节变动带的厚度也可以反映可溶性岩体的岩溶化程度和不均一性。地块的岩溶化程度越强，地下水的运动速度和交替也就越快，季节变动带的厚度也就越小。反之，岩溶化程度越弱，地下水移动越慢，其厚度就越大。季节变动带厚度在岩溶化山区可超过百米，而在岩溶平原区一般只有数米至十数米。

季节变动带因为地下水垂直和水平流动周期性交替，因此岩溶垂直和水平形态均发育，常发育落水洞泉和间歇性泉。季节变动带下部地下水交替快，流量较大，可发育较大的通道、溶洞和间歇性暗河(枯水期断流)。

3) 水平流动带

水平流动带也叫水平潜流带，或饱水带。此带的上限是枯水期的最低潜水面，下限要比河水面或河床底部低得多。它的厚度与补给区高程以及排泄基准面的位置有关。在水平流动带中，几乎常年有水，是地下水的循环带。水主要沿水平方向流动，而且往往是成层流动的。水平流动带的水流又可分为上、下两带：上带是向河流排水带，是一种承压性质的水。由于河底是减压区，地下水在河底是从下向上流动的。河底减压区的分布深度取决于河谷两侧裂隙岩溶水的水位比降。水位比降越大，河底减压区就分布得越深。而裂隙岩溶水的水位比降又决定于岩石的透水程度。在微弱岩溶化的岩体内，河底减压区的厚度可很大，岩溶水的水位向分水岭方向急剧升高，水位比降很大。反之，在强烈岩溶化岩体内，河底减压区厚度不大，岩溶水位向分水岭升高很慢，其静水压力是很小的。下带的水不向河底流动，而流向远处，岩溶发育随深度逐渐减弱，因此它与深部缓流带是渐变的过渡关系。

水平流动带因常年有水，而且岩溶地下水流动交换快，特别是它的上层，还有河水倒灌的混合溶蚀的作用，因此在上层常发育大型水平通道、廊道、溶洞和暗河。在河床底部常发育不均一的高倾角的地下水管道和通道。

4) 深部缓流带

在水平流动带之下，岩溶化岩层仍然是饱水的，不过，深部岩层中的地下水运动受排泄基准面的影响很小，运动、交替极为缓慢，因此岩溶作用也非常微弱。深部缓流带地下水的流动方向主要受地质构造情况决定，具有承压性，不流入本地区主排水道，而是极缓慢地流向远处。岩溶发育程度微弱，以溶孔和溶蚀裂隙为主，地下水流态有层流和紊流，流量及水温比较稳定。流量动态滞后降水时间较长，由几个月到一年以上。如果岩溶化岩体靠近海边，深部缓流带的地下水，甚至可以在几百米深的海底，成为泉水出露。有时，地下深处有较大的构造裂隙、古岩溶孔洞或硫化矿床的氧化带，深层地下水也可以在这些局部地段有较大的流速和交替，发育深部岩溶。在我国南方和渤海地区，已发现地下数十米、数百米至上千米深处，有深部岩溶发育。有的深层地下水沿断裂上升，可以形成涌泉或温泉。例如，济南的涌泉和南京汤山温泉的泉水就来自深部缓流带。

总之，四个岩溶水动力带内，水的交替强度是不同的，发育的岩溶形态各有特征，表现出垂直分带现象。但地下水动力垂直分带是不断变动的，除气候变化外，地壳运动对分带也有显著影响。例如，地壳上升，原来的水平流动带就可能转变为季节变动带，甚至转变为垂直渗入带。反之，若地壳下降，原来的垂直渗入带就可能转变为季节变动带甚至水平流动带。因此，研究岩溶发育必须和古气候的变迁、气候带的移动及地貌发育史联系起来进行分析。必须指出的是，在岩溶化尚未形成统一地下水面的厚层灰岩区域内，裂隙岩溶水可能单独自成系统，导致垂直分带变复杂。由于地质构造和水文网下切深度的影响，裂隙岩溶水可分布在各个垂直带内。

在岩溶化岩体内，水中的 $CaCO_3$ 差不多都是饱和的，但由于水的流动性，才使溶蚀力未完全消失。水的流动会不断向岩体内补充不饱和的水溶液，使水的交替加快，并使不同条件、不同浓度的水溶液混合，变饱和溶液为不饱和溶液，使地下水不断产生溶蚀力，促使岩溶继续不停地发育。

各岩溶带中的水动力、水体运动方向和岩溶产物的特征各不相同，因此可根据地层剖面特征来对表生期古岩溶进行垂向分带。

目前在油气勘探开发领域将表生期岩溶环境划分为垂直渗流、水平潜流和深部缓流 3 个基本岩溶带，简单明了、易懂易记，并在多数情况下是正确的。但还是不全面，一是没有考虑与之有水力联系的垂向深潜流岩溶；二是忽视了一个事实，即古今中外与岩溶不整合面有关的地下溶洞，随着地壳间歇式抬升，均经历了由深饱水带(承压水)到浅饱水带(自由水面、溶洞悬空)乃至进入包气带(溶洞进一步悬空)的演化过程。也就是说，水平潜流带和深部缓流带之间还存在一个"深部湍流带"。该岩溶带的主要特征是承压水大型溶洞的洞顶发育涡穴。水动力特征是：呈管道状喷流、喷射的承压水，流速高(湍流)，流线呈漩涡状、螺旋式(紊流)，特别是在洞穴转弯处和高度、宽度发生变化时；承压水具有强侵蚀性和强溶蚀性。溶蚀、混合溶蚀及侵蚀、崩塌形成洞穴。通常呈半充填的各种规模的溶洞、溶蚀孔洞缝可能成为有效储集空间。深部湍流带中很可能发育储集层(张宝民等，2009)。

3. 盆地中、东部奥陶系岩溶环境划分

目前大多数沉积学家认为在地表和近地表的大气淡水成岩环境中，受重力作用控制的大气淡水和区域性地下水的运动特征及相应岩溶产物具有明显的分带性，一般将其由上至下分为地表岩溶带、垂直渗流岩溶带、水平潜流岩溶带和深部缓流岩溶带。

1) 盆地中部

在表生成岩期的岩溶阶段，受重力驱动的岩溶水具有水动力学的分带性，在垂向剖面上与各带相关联的岩溶特征明显不一致。何江等(2013)根据岩溶水动力学特征及区域地质背景，以河流为排泄基准面，将鄂尔多斯盆地中部马家沟组含水层由地表到地下深处依次划分为地表岩溶带、垂直渗流带、水平潜流带与深部缓流带(图 4.44，表 4.10)，水平潜流带进一步细分为强溶蚀亚带和中等溶蚀亚带。

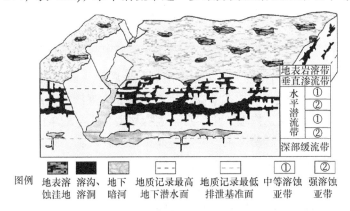

图 4.44 鄂尔多斯盆地中部马家沟组顶部风化壳古岩溶垂向分带模式图(何江等，2013)

(1) 地表岩溶带，又称表层岩溶带。该岩溶带位于风化壳表面，大气淡水沿近垂直裂隙向下渗流，岩溶特征以形成一些近纵向溶缝、溶沟、溶蚀洼地和落水洞为主，充填物主要为铝土质泥岩或残积角砾岩等地表残积物。鄂尔多斯盆地中部马家沟组常见的残积岩有两种：一种是处于古地貌较高处的赤铁矿、褐铁矿与铝土岩、白云质角砾岩等混杂堆积物；另外一种是处于古地貌较低处的黄铁矿层与铝土岩、风化白云质角砾岩等混杂堆积物，黄铁矿一般呈层状或大的团块状产出。测井曲线上具有双侧向电阻率值低、自然伽马值高的特征。

表 4.10　鄂尔多斯盆地中部马家沟组顶部风化壳古岩溶垂向分带特征(何江等，2013)

古岩溶垂向分带	地表岩溶带	垂直渗流带	水平潜流带		深部缓流带
			中等溶蚀亚带	强溶蚀亚带	
分布范围	地表	地表与地质记录最高地下潜水面之间	地质记录最高的地下潜水面与地质记录最低排泄基准面之间		地质记录最低排泄基准面以下
			地质记录最高地下潜水面与第一期稳定的排泄基准面之间或两期稳定的排泄基准面之间	在一段时间内稳定分布的排泄基准面附近	
地下水作用方式	大气淡水沿近垂直裂隙向下渗流	同"地表岩溶带"	气候、季节等因素变动，地下水流在此带中脉动式升降，在一处停滞时间相对短	有长时间稳定的水平方向地下水流	地下水流以非常缓慢的速度流动
岩溶标志	溶沟、溶缝、溶蚀洼地和落水洞发育，铝土质泥岩或残积角砾岩等地表残积物充填	近垂直溶沟、溶缝和溶孔、溶洞发育，地表残积物的下渗产物和碳酸盐岩细碎屑等充填。近横向的碳泥质充填的溶缝、溶沟发育。局部见小规模溶洞	顺层分布的硬石膏结核溶模孔发育，细粉晶白云石等半充填。近横向的碳泥质充填的溶缝、溶沟发育。局部见小规模溶洞	发育大量水平洞穴，被塌积角砾及流水作用携带的冲积物充填，其中有一定规模的冲积岩可看作此带的标志	少量的溶孔和溶蚀缝，碳泥质或碳酸盐岩细碎屑充填

(2) 垂直渗流带。垂直渗流带分布于地表与地质记录最高的地下潜水面之间，其上部含 CO_2 等的大气水沿构造裂隙下渗，下渗的大气淡水流速快、未饱和，并与所流经的碳酸盐岩发生物理、化学乃至生物和生物化学的溶解作用。该岩溶带下部的岩溶水仍以垂直运动为主，但与上部相比逐渐减弱，只在开放裂隙或落水洞中较强烈。渗流带的深度取决于气候条件，湿热气候条件下可达百米以上。鄂尔多斯盆地中部马家沟组较好的储集层段马五₁多分布在此带中，岩溶特征以近纵向的溶缝、溶沟和少量小规模溶洞、含硬石膏结核溶模孔为主，前者常被下渗

的铝土质泥岩等地表残积物和碳酸盐岩细碎屑充填，影响了储集层发育，后者以细粉晶白云石充填-半充填为主，残余一定的储渗空间。

(3) 水平潜流带。水平潜流带是含水层的主体部分，位于地质记录最高地下潜水面与地质记录最低排泄基准面之间，受构造变动、季节、气候变化情况和当地排泄基准面的控制可分为强溶蚀亚带和中等溶蚀亚带。

① 强溶蚀亚带：在一段时间内稳定分布在排泄基准面附近，岩溶水作水平流动，且流体压力增加，使溶解和侵蚀作用增强，因此为岩溶作用最活跃的一个带。鄂尔多斯盆地中部马家沟组风化壳表面出露层位以马家沟组近顶部马五$_1^1$、马五$_1^2$为主，其能够大面积较好地保存只有一种可能性，即当时这一矩形区块内的地层倾角小于 10°，几乎水平。因为如果某一层段在相对较长的时间内停滞在受当地排泄基准面控制的水平潜流带，即可产生大面积、同层位的岩溶溶洞并形成岩溶沉积岩，发育为强溶蚀亚带。但稳定是相对的，随脉动式的加里东构造抬升，当地排泄基准面位置发生变动，可使强溶蚀亚带再向下部层位移动，形成多个岩溶旋回。鄂尔多斯盆地中部马五$_1$—马五$_5$亚段可划分出 3 个水平洞穴层(图 4.45)，代表先后发育的 3 期强溶蚀亚带，大致分布在马五$_2^1$、马五$_3^1$—马五$_3^3$、马五$_4^2$—马五$_4^3$地层位置处，岩溶特征以大面积分布的近水平岩溶溶洞为主，普遍可见溶洞塌积角砾屑白云岩和冲积角砾屑白云岩，其厚度常占剖面厚度的 1/3～2/3。尤其是该区马五$_3^3$小层，大部分地层均发育岩溶沉积岩，仅底部和顶部原岩保留。例如，Sh51 井马五$_3^3$小层厚 10.2m，岩溶沉积岩达 9.2m；Sh73 井马五$_3^3$小层厚10.6m，岩溶沉积岩 9.4m；Li3 井马五$_3^3$小层厚 9.2m，岩溶沉积岩 5.6m，且均表现为若干期塌积岩和冲积岩的叠置层。

② 中等溶蚀亚带：指相邻两期强溶蚀亚带间的过渡带，此带中潜水面位置随季节性气候、降雨量等因素变化而频繁移动，地下水流随之脉动式升降，在一处停留时间较短，溶蚀作用中等，顺层分布的硬石膏结核溶模孔，近横向的碳泥质充填溶缝、溶沟发育，仅局部见小规模溶洞。与强溶蚀亚带相对应，区内可以划分出 3 个中等溶蚀亚带，自上而下分别位于马五$_1^2$—马五$_1^4$、马五$_2^2$和马五$_4^1$小层处(图 4.45)。

(4) 深部缓流带。深部缓流带位于地质记录最低排泄基准面以下，运移到深部缓流带中的大气淡水经途中地下矿物质的不断补给，已处于饱和-过饱和状态，溶蚀能力极弱，同时，水中的溶解物质在适当条件下可沉淀下来充填于早期形成的孔、洞、缝中。

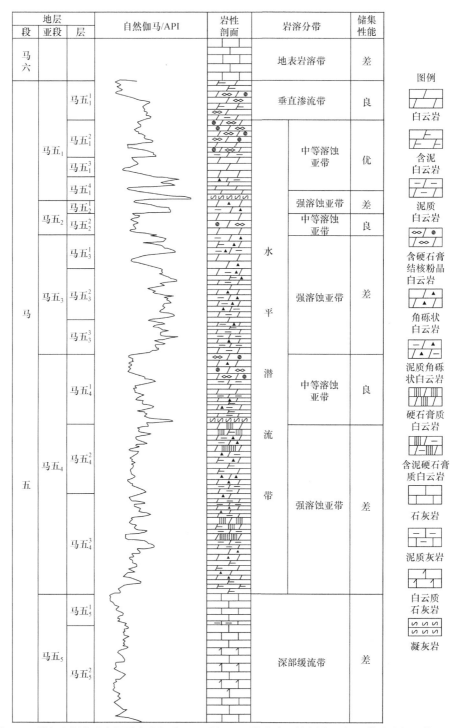

图 4.45　鄂尔多斯盆地中部马家沟组马五₅—马五₁亚段岩溶环境划分示意图(修改自何江等，2013)

盆地中部最有利于储集层发育的岩溶作用带为水平潜流带中等溶蚀亚带,此带中岩溶水的作用方式以层状溶蚀为主,顺层分布的硬石膏结核溶模孔大量发育,因长期处于非饱和水带,沉淀、充填作用较弱,溶模孔仅被细粉晶白云岩部分-半充填,使该带成为重要的风化壳天然气储集层段。然后,储集层岩溶的发育程度还受岩性控制。例如,马五$_1^2$和马五$_1^3$优质储集层段硬石膏结核发育,有利于岩溶作用进行,储集层物性好。而马五$_1^4$和马五$_2^2$、马五$_1^4$良好储集层段硬石膏结核含量相对较少,岩溶发育相对较弱,储集层物性较前者差。次有利储集层发育带为垂直渗流带。虽然近纵向溶缝、溶沟常被碳酸盐岩细碎屑和下渗的铝土质泥岩充填,影响了储集层发育,但此带中仍发育一定数量的硬石膏结核溶模孔,仅被粉晶白云石半充填-充填,有一定的储渗空间,马五$_1^1$良好储集层段多分布在此带中。

地表岩溶带和水平潜流带强溶蚀亚带、深部缓流带的储集性能差。原因是地表岩溶带储集层岩溶强度大,残积岩溶岩储渗空间被碳酸盐岩细碎屑及风化残余黏土渗流充填后,又有来自石炭系的沉积物下渗充填;水平潜流带强溶蚀亚带岩溶溶洞发育,岩性以角砾支撑结构的塌积角砾岩、冲积岩占优势,前者被不含孔隙的含泥白云质细碎屑填隙,而后者因地下径流流速相对较缓,砾间被含泥白云岩细碎屑填隙,同样以破坏性作用为主;深部缓流带中以强充填作用占优,储集层基本不发育。

2) 盆地东部

对鄂尔多斯盆地东部 M6、Sh15、Y31、T11、Mi11、Mi15、Sh245 井在马家沟组马五段岩溶环境中划分岩溶带(图 4.46～图 4.52)。

(1) 地表岩溶带。该岩溶带是指表生期岩溶作用在风化界面处形成的地表形态和相伴生的风化残积层等。风化界面处的地表形态是地表不均一岩溶的直接反映。鄂尔多斯盆地东部奥陶系顶部与上覆石炭系之间呈波状的、高低不平的接触关系,并在风化界面上分布有呈透镜状展布的铝铁质风化壳。地表岩溶带以铝土质泥岩或残积角砾岩等地表残积物发育为鉴别特征。

M6 井马五段顶部 3701～3703m 发育地表岩溶带,风化壳表面残积、溶积角砾岩,夹铝土质泥岩块,垂向缝发育(图 4.46)。

Sh15 井马五$_1^{1+2}$层顶部 3520～3527.6m 地表岩溶带中,局部见垮塌角砾,含黄铁矿晶体,发育垂向及顺层溶缝,小溶孔多被白云石和方解石全充填(图 4.47)。

Mi11 井马五$_3$亚段顶部 2230～2232m 发育地表岩溶带,岩性主要为灰质云岩,出现溶沟和溶缝,被铝土矿和机械碎屑物全充填,见少量晶间微孔(图 4.50)。

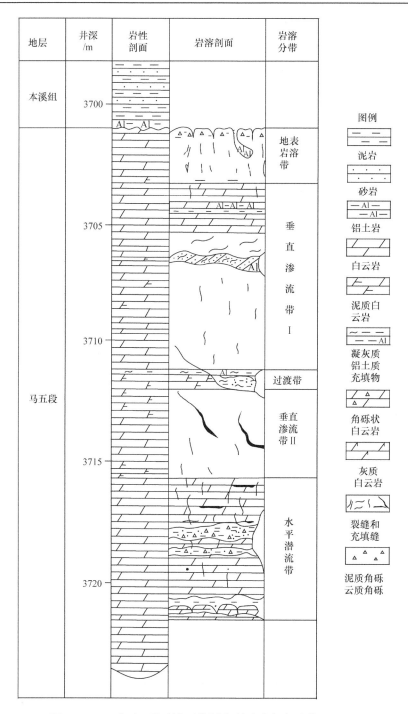

图 4.46　M6 井马五段岩溶环境划分(修改自侯方浩等，2005)

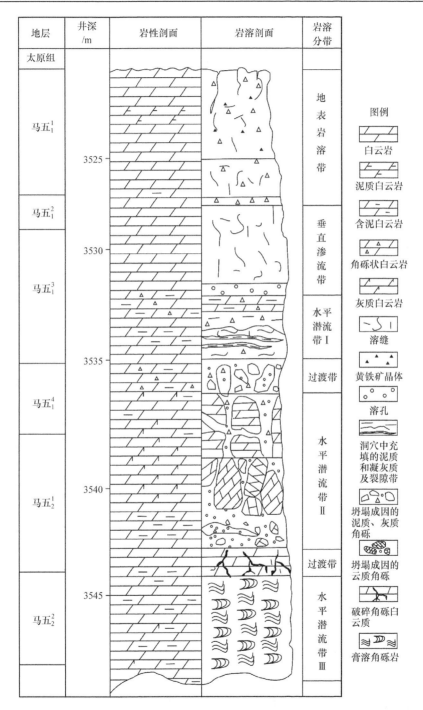

图 4.47　Sh15 井马家沟组 马五$_1^{1+2}$ 岩溶环境划分(修改自侯方浩等，2005)

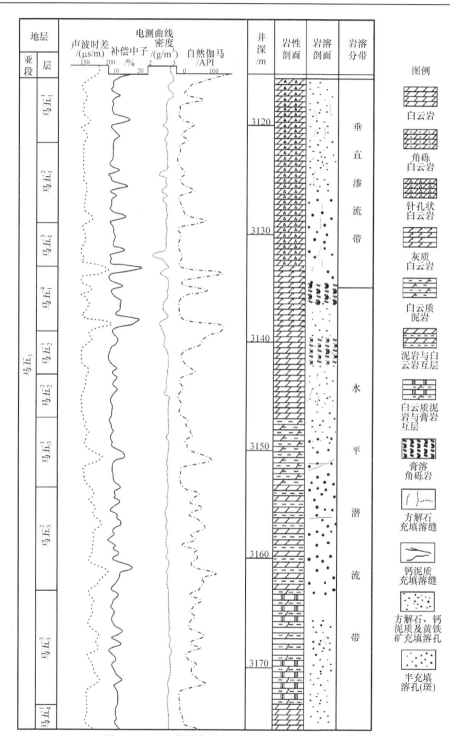

图 4.48　Y31 井马家沟组马五₁亚段岩溶环境划分

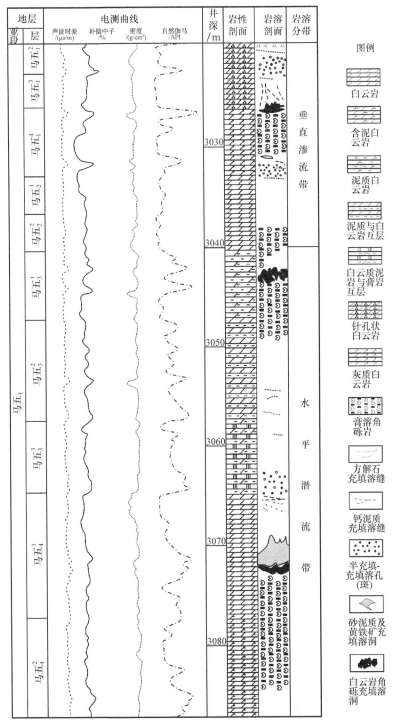

图 4.49　T11 井马家沟组马五₁亚段岩溶环境划分

(2) 垂直渗流带。该岩溶带中，大气淡水以近垂直渗流为主，渗流过程中下渗的大气淡水流速快、未饱和，形成大量高角度的溶沟、溶缝和小溶孔、溶洞。大的沟、缝多被泥质、碳质、陆源碎屑和化学沉淀物等全充填，小的孔、洞常由亮晶方解石(白云石)充填-半充填。总之，垂直渗流带中近垂直状态发育的溶沟、溶缝和溶洞占优，且多见地表残积物的下渗产物。本区马五段垂直渗流带发育的深度及规模与古地貌有着密切的关系。通常，岩溶台地上垂直渗流带相对发育且厚度大，溶沟、溶缝发育，但多被后期充填；岩溶斜坡上垂直渗流带的厚度一般小于岩溶台地；岩溶盆地中可发育厚度相对较薄的垂直渗流带或几乎不出现该岩溶带。

M6 井马五段 3703～3716m 发育两个垂直渗流带，中间夹过渡带。垂直渗流带中，垂向缝发育，为方解石全充填，部分为泥质充填；溶缝中有铝土质、凝灰质、泥质等充填物；垂直渗流带 I 顶部发育少量溶孔，白云石全充填；过渡带的水平溶缝呈“脉管”及“串珠”状，充填物为凝灰质、铝土质(图 4.46)。

Sh15 井 马五$_1^{1+2}$层 3527.6～3532m 发育垂直渗流带。顶部见被方解石全充填的溶孔及溶斑，上部含泥白云岩出现角砾化，中下部和下部见洞穴填积角砾岩、泥质和凝灰质及卸荷裂隙带，底部是坍塌角砾岩，角砾中发育溶斑、溶孔(图 4.47)。

Y31 井马五段 3115～3135m 发育垂直渗流带。上部角砾白云岩、中下部针孔状白云岩、底部灰质白云岩；垂向网状溶缝发育，为钙泥质及方解石充填(图 4.48)。

T11 井马五段 3020～3040m 发育垂直渗流带。局部见铝土岩覆盖于岩层顶面，层间缝内充填泥质及黄铁矿团粒；上部溶孔密集发育，自上而下，孔径逐渐增大，由方解石及白云石充填或半充填；其下发育少量水平溶缝，由泥质充填；中部发育膏溶角砾岩，见一溶洞，为钙泥质胶结的白云岩角砾充填；下部发育规模较小的溶洞及少量水平溶缝，为钙泥质充填，该段内发育大量溶孔，为方解石、白云石全充填(图 4.49)。

Mi11 井马五$_3$亚段 2232～2235.2m 发育垂直渗流带。整体为角砾白云岩，主要是膏溶角砾岩，少数角砾呈次圆状，见膏模孔。2234.6m 处出现倾斜和近水平层间缝，被亮晶方解石及少量黄铁矿充填(图 4.50)。

Mi15 井马五$_1^2$亚段顶部见 0.6m 的垂直渗流带(图 4.51)。

Sh245 井马五段 3244.2～3260m 发育垂直渗流带。上部白云岩：发育少量斜溶缝，为凝灰质泥岩充填，溶洞、溶缝为白云岩角砾充填，溶孔及斜交缝发育，为钙泥质充填。中部角砾白云岩：发育少量水平缝，为方解石全充填，可见一缝合线。下部针孔状白云岩：溶洞为钙泥质胶结的白云岩角砾充填，垂直缝为钙泥质充填，其间发育密集溶缝，为钙泥质全充填(图 4.52)。

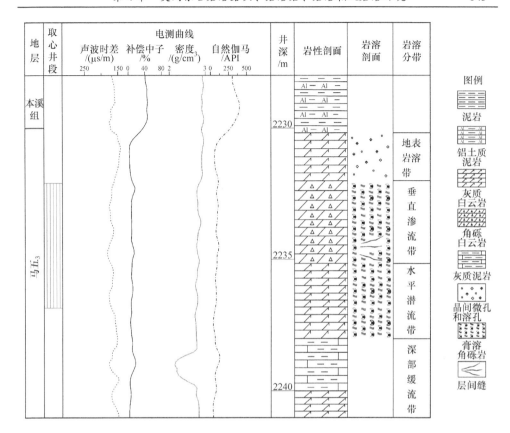

图 4.50　Mi11 井马家沟组马五 3 亚段岩溶环境划分

（3）水平潜流带。向下垂向运移的大气淡水到达该岩溶带时，由于受到潜水面的顶托作用和压力梯度的控制，其近水平方向缓慢地向岩溶盆地部位移动；此过程中，大气淡水未饱和，缓慢的移动易于形成大量的顺层溶孔、溶沟和溶洞。值得注意的是：水平潜流带中顺层分布的溶孔、缝、洞大量发育，同时，强溶蚀亚带中同层位、大面积的岩溶沉积岩可间接识别保存在地质记录中的岩溶旋回期次。

本区马五段水平潜流带发育的深度及强度同样受到古地貌的控制。岩溶斜坡上水平潜流岩溶带最发育，其次是岩溶盆地，岩溶台地或岩溶高地上水平潜流岩溶带欠发育。

M6 井马五段 3716～3722m 发育水平潜流带，该带是一个较完整的溶洞，可分出洞顶、洞体和洞底。溶洞顶部卸荷裂隙发育，致使岩石似角砾化；洞体为洞穴堆积、沉积角砾岩，角砾为白云岩、泥岩，胶结物为泥质、钙质；洞底淀积带主要是泥质灰岩淀积充填于底部岩石破裂缝中(图 4.46)。

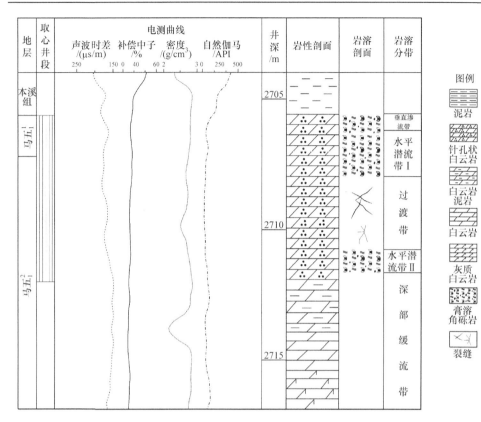

图 4.51 Mi15 井马家沟组 马五$_1^{1+2}$ 亚段岩溶环境划分

Sh15 井马五$_1^{1+2}$ 层 3532～3549m 发育两个水平潜流带，中间夹过渡带。水平潜流带 I 的上部是洞穴破碎填充带，充填物为泥质、钙质及小的白云岩角砾；中部是坍塌角砾岩，角砾大，沿长轴方向近直立；下部是洞穴淀积角砾岩，具多期溶解、充填特征。过渡带主要是破碎角砾状白云岩。水平潜流带 II 主要是膏溶角砾岩，具多期溶蚀、淀积特征(图 4.47)。

Y31 井马五段 3135～3176m 发育水平潜流带。岩性复杂，有灰质白云岩、白云岩、白云质泥岩、泥岩与白云岩互层，上部见膏溶角砾岩、下部见白云质泥岩与膏岩互层。溶孔层分布稀疏，孔径较大，方解石、钙泥质及黄铁矿充填溶孔，见溶斑。垂向溶缝发育，见少量近水平溶缝，为钙泥质及方解石充填(图 4.48)。

T11 井马五段 3040～3094m 发育水平潜流带。上部发育膏溶角砾岩，见一溶洞，为钙泥质胶结白云岩角砾充填，偶见黄铁矿团粒；中部主要是白云岩与泥岩互层、白云质泥岩与膏岩互层，水平溶缝多被方解石、钙泥质充填，局部见半充填-充填溶孔及溶斑；下部主要发育膏溶角砾岩，溶孔发育，为白云石、方解石及黄铁矿颗粒充填，其下发育少量水平及缓倾溶缝，为钙泥质充填，网状微裂缝较发育，见一溶洞，为黑色钙泥质胶结的白云岩角砾所充填(图 4.49)。

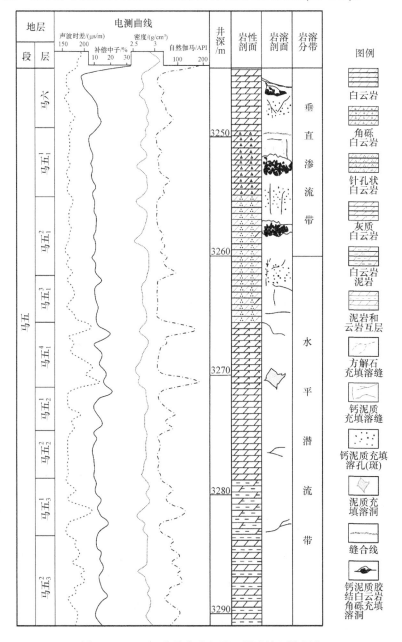

图 4.52　Sh245 井马家沟组马五段岩溶环境划分

Mi11 井马五₃亚段 2235.2~2238m 发育水平潜流带。岩性主要为灰质白云岩，膏模孔发育，膏模孔次圆状，分布不均，未充填或半充填(图 4.50)。

Mi15 井马五₁²亚段 2706.2~2711.8m 发育水平潜流带，中间夹厚 2.8m 的过渡带。水平潜流带 I 为膏溶角砾岩，针孔状，基质支撑，角砾一般为次棱角状接触或棱角状，膏模孔发育，绝大多数为白云石充填，有极少数为石膏充填。过渡带具有水平纹层，由于垮塌形成的裂缝十分发育，杂乱分布，被亮晶方解石充填。水平潜流带 II 也主要为膏溶成因的云质角砾岩，角砾多数为长条状，次棱角状，基质为白云岩、紊乱角砾岩(图 4.51)。

Sh245 井马五段 3260~3291m 发育水平潜流带。上部主要是针孔状白云岩和灰质白云岩，中部是白云岩，下部是白云质泥岩及白云岩与泥岩互层。顶部溶孔发育，充填白云石，发育垂直缝及少量水平缝，充填方解石；中下部发育溶洞，为泥质充填；底部发育溶孔，向下溶孔密度逐渐减小，发育网状溶缝，孔缝均为方解石和白云石全充填(图 4.52)。

(4) 深部缓流带。该岩溶带中，下渗并沿水平方向运移的大气淡水已处于饱和-过饱和状态，溶解能力极弱，溶解物可在早期形成的孔、洞、缝中沉淀下来，形成化学充填物。深部缓流带以大面积的弱溶蚀、强充填为标志。

Mi11 井马五₃亚段 2238~2241m 发育深部缓流带(图 4.50)。

Mi15 井马五₁²亚段 2711.8~2716.9m 为深部缓流带。岩性为白云质泥岩、白云岩和灰质白云岩等(图 4.51)。

4.6　本　章　小　结

目前对于古岩溶识别标志的认识更为全面，新的技术方法不断应用于古岩溶识别。我国鄂尔多斯盆地周缘广泛出露不同时代的碳酸盐岩，均受到不同程度和不同时期的岩溶化作用，古岩溶露头分布较为普遍，特征鲜明。这些古岩溶露头是研究盆地井下古岩溶的"窗口"。鄂尔多斯盆地奥陶系岩溶岩分类体系与国际上流行的岩溶角砾岩分类方案(Loucks，1999)有一定的对应关系，但自身特征很明显，且奥陶系的岩溶角砾岩多数是紊乱角砾岩，少数是镶嵌角砾岩和裂缝角砾岩。针对鄂尔多斯盆地奥陶系提出的岩溶岩分类方案属于系统分类，该分类全面、深入，但是在国际上推广不足。

岩溶地质学中的"岩溶相"与"岩溶环境"的关系类似于沉积学中"沉积相"与"沉积环境"的关系，既有区别，又有联系。国内外对于"岩溶相"并没有一个明确、统一的定义，多数学者将"岩溶环境"等同于水文地质环境。我国目前的一些学者，尤其是油气地质领域学者甚至将"岩溶相"与"岩溶环境"等同或混用。

　　本书区分了"岩溶相"与"岩溶环境"。本书认为，"岩溶相"是一个描述性术语，岩溶相划分能够更好地揭示风化壳岩溶的结构，易于现场操作应用，与地震资料结合，可开展岩溶储层的平面预测；"岩溶环境"划分是基于水文地质环境，考虑岩溶水动力特征的岩溶水文分带研究，能够以揭示岩溶成因为前提，评价预测岩溶型储层。

　　总之，风化壳中岩溶相的识别有助于认识、评价岩溶储层。岩溶环境划分能够揭示岩溶作用的实质，是预测岩溶储层的有效地质手段之一。

参 考 文 献

程昌茹, 郑琳, 李长洪, 等, 1997. 千米桥古潜山岩溶岩及其地球化学特征[J]. 天然气地球科学, 19(6): 816-820.

陈胜, 张哨楠, 邓礼正, 等, 2007. 鄂尔多斯盆地塔巴庙地区奥陶系古岩溶研究[J]. 物探化探计算技术, 29(3): 239-243, 180.

桂辉, 许进鹏, 2010. 山西王家岭矿区奥陶系碳酸盐岩溶蚀规律研究[J]. 中国煤炭地质, 22(1): 46-49.

韩行瑞, 2001. 鄂尔多斯盆地南、西边缘的古岩溶及地文期的划分[J]. 中国岩溶, 20 (2): 43-47.

郝蜀民, 司建平, 许万年, 1994. 鄂尔多斯盆地北部古生代岩溶及有利油气勘探区块预测[J]. 中国岩溶, 13(2): 176-188.

何道清, 2003. 碳酸盐岩碳、氧同位素分析激光微取样技术[J]. 西南石油学院学报, 25(1): 12-15.

何江, 方少仙, 侯方浩, 等, 2013. 风化壳古岩溶垂向分带与储集层评价预测——以鄂尔多斯盆地中部气田区马家沟组马五 5—马五 1 亚段为例[J]. 石油勘探与开发, 40(5): 534-542.

何自新, 2003. 鄂尔多斯盆地演化与油气[M]. 北京: 石油工业出版社.

贺秀全, 2007. 山西岩溶洞穴研究[J]. 华北国土资源, (1): 39-40.

侯方浩, 方少仙, 沈昭国, 等, 2005. 白云岩体表生成岩裸露期古风化壳岩溶的规模[J]. 海相油气地质, 10(1): 19-30.

黄俊华, 胡超涌, 周群峰, 等, 2001. 激光探针质谱分析碳酸盐碳、氧同位素技术[J]. 矿物岩石地球化学通报, 20(4): 472-474.

黄思静, 王春梅, 黄培培, 等, 2008. 碳酸盐成岩作用的研究前沿和值得思考的问题[J]. 成都理工大学学报(自然科学版), 35(1): 1-10.

黄思静, 2010. 碳酸盐岩的成岩作用[M]. 北京: 地质出版社.

金之钧, 2005. 中国海相碳酸盐岩层系油气勘探特殊性问题[J]. 地学前缘, 12(3): 15-22.

李定龙, 1999. 皖北两个奥陶系剖面岩溶岩地球化学特征对比[J]. 中国岩溶, 18(4): 319-328.

李定龙, 2001. 皖北奥陶系古岩溶及其环境地球化学特征研究[M]. 北京: 石油工业出版社.

李定龙, 杨为民, 汪才金, 等, 1999. 皖北奥陶系古岩溶分期分类及岩溶岩特征[J]. 淮南工业学院学报, 19(1): 5-11.

李振宏, 2005. 鄂尔多斯盆地奥陶系古岩溶洞穴特征[J]. 中国西部油气地质, 1(1): 37-42.

梁永平, 王维泰, 段光武, 2007. 鄂尔多斯盆地周边地区野外溶蚀试验结果讨论[J]. 中国岩溶, 26(4): 315-320.

刘存革, 李国蓉, 张一伟, 等, 2007. 锶同位素在古岩溶研究中的应用: 以塔河油田奥陶系为例[J]. 地质学报, 81(3): 1398-1406.

刘小平, 吴欣松, 张祥忠, 2004. 轮古西地区奥陶系碳酸盐岩古岩溶储层碳、氧同位素地球化学特征[J]. 西安石油大学学报(自然科学版), 19(4): 69-71, 76-77.

罗平, 苏立萍, 罗忠, 等, 2006. 激光显微取样技术在川东北飞仙关组鲕粒白云岩碳氧同位素特征研究中的应用[J].
    地球化学, 35(3): 325-330.

彭向东, 程立人, 徐仲元, 等, 2002.内蒙古大青山地区寒武系与奥陶系之间的一个重要的层序界面[J]. 地质论评,
    48(1): 54-57.

钱学溥, 1984. 太行期岩溶剥蚀面的发现及地文期的划分[J]. 中国岩溶, (2): 32-38.

强子同, 1998. 碳酸盐岩储层地质学[M]. 东营: 中国石油大学出版社.

强子同, 马德岩, 顾大铺, 等, 1996. 激光显微取样稳定同位素分析[J]. 天然气工业, 16(6): 86-89.

任美锷, 刘振中, 王飞燕, 等, 1983. 岩溶学概论[M]. 北京: 商务印书馆.

宋米明, 彭仕宓, 穆立华, 等, 2005. 油气勘探中的碳酸盐岩古岩溶研究方法综述[J]. 煤田地质与勘探, 33(3): 15-18.

苏中堂, 陈洪德, 林良彪, 等, 2010. 鄂尔多斯盆地塔巴庙地区奥陶系古岩溶发育特征及储层意义[J]. 新疆地质,
    28(2): 180-185.

佟永贺, 2000. 陕西渭北西部岩溶水系统划分及其特征[J]. 陕西地质, 18 (1): 1-8.

王宝清, 徐论勋, 李建华, 等, 1995. 古岩溶与储层研究——陕甘宁盆地东缘奥陶系顶部储层特征[M]. 北京: 石油
    工业出版社.

王宝清, 张金亮, 1996. 山西省兴县奥陶系古岩溶地球化学特征[J]. 地质论评, 增刊: 62-69.

王驰, 李红中, 高俊杰, 等, 2009. 碳酸盐岩地球化学分析方法综述[J]. 中山大学研究生学刊(自然科学、医学版),
    30(4): 28-40.

王德潜, 刘祖植, 尹立河, 2005. 鄂尔多斯盆地水文地质特征及地下水系统分析[J]. 第四纪研究, 25(1): 6-14.

王俊明, 肖建玲, 周宗良, 等, 2003. 碳酸盐岩潜山储层垂向分带及油气藏流体分布规律[J]. 新疆地质, 21(2):
    210-213.

王雷, 史基安, 王琪, 等, 2005. 鄂尔多斯盆地西南缘奥陶系碳酸盐岩储层主控因素分析[J]. 油气地质与采收率,
    12(4): 10-13, 82.

王学平, 2002. 鄂尔多斯南缘奥陶纪地层对比分析[J]. 陕西地质, 20(21): 20-25.

王学平, 李稳哲, 2010. 地质构造对鄂尔多斯盆地南缘岩溶地下水的控制作用[J]. 西北地质, 43(3): 106-112.

王英华, 1983. 氧碳同位素组成与碳酸盐成岩作用[J]. 地质论评, 29(3): 278-284.

王云, 2011. 鄂尔多斯盆地下古生界古岩溶表生期演化模拟与油气储层形成[D]. 北京: 中国地质大学.

文应初, 王一刚, 郑家凤, 等, 1995. 碳酸盐岩古风化壳储层[M]. 成都: 成都电子科技大学出版社.

翁金桃, 1991. 中国北方寒武-奥陶系岩溶层组类型及其区域变化规律[J]. 中国岩溶, 10(2): 29-38.

吴熙纯, 李培华, 金香福, 等, 1997. 鄂尔多斯南部奥陶系古岩溶带对天然气储层的控制[J]. 石油与天然气地质,
    18(4): 36-41.

夏明军, 戴金星, 邹才能, 等, 2007. 鄂尔多斯盆地南部加里东期岩溶古地貌与天然气成藏条件分析[J]. 石油勘探
    与开发, 34(3): 291-298, 315.

夏日元, 唐健生, 关碧珠, 等, 1999. 鄂尔多斯盆地奥陶系古岩溶地貌及天然气富集特征[J]. 石油与天然气地质,
    20(2): 133-136.

夏日元, 唐健生, 关碧珠, 等, 2005. 鄂尔多斯盆地下古生界奥陶系古地貌与古岩溶特征研究[R]. 桂林: 中国地质
    科学院岩溶地质研究所.

夏日元, 唐健生, 邹胜章, 等, 2006. 碳酸盐岩油气田古岩溶研究及其在油气勘探开发中的应用[J]. 地球学报,
    27(5): 503-509.

杨华, 王宝清, 孙六一, 等, 2012. 鄂尔多斯盆地中奥陶统马家沟组碳酸盐岩碳、氧稳定同位素特征[J]. 天然气地球
    科学, 23(4): 616-625.

袁志祥, 2001. 鄂尔多斯盆地塔巴庙地区奥陶系风化壳岩溶地震相特征与天然气勘探[J]. 天然气工业, 21(3): 1-5.

袁志祥, 2002. 鄂尔多斯盆地塔巴庙地区奥陶系风化壳岩溶相特征[J]. 成都理工学院学报, 29(3): 279-284.

张宝民, 刘静江, 2009. 中国岩溶储集层分类与特征及相关的理论问题[J]. 石油勘探与开发, 36(1): 12-29.

张凤娥, 卢耀如, 殷密英, 等, 2012. 埋藏环境中硫酸盐岩生物岩溶作用的硫同位素证据[J]. 地球科学(中国地质大
    学学报), 37(2): 357-364.

张锦泉, 耿爱琴, 陈洪德, 等, 1992. 鄂尔多斯盆地奥陶系马家沟组古岩溶天然气储层[J]. 成都地质学院学报, 19(4): 65-70.

张美良, 林玉石, 邓自强, 1998. 岩溶沉积堆积建造类型及其特征[J]. 中国岩溶, 17(2): 168-178.

张淑品, 陈福利, 金勇, 等, 2007.塔河油田奥陶系缝洞型碳酸盐岩储集层三维地质建模[J]. 石油勘探与开发, 34(2): 175-180.

张涛, 云露, 邬兴威, 等, 2005. 锶同位素在塔河古岩溶期次划分中的应用[J]. 石油实验地质, 27(3): 299-303.

张旭如, 2001. 山西岩溶地貌形态特征与形成过程[J]. 贵州师范大学学报(自然科学版), 19(3): 15-18.

赵文智, 沈安江, 潘文庆, 等, 2013. 碳酸盐岩岩溶储层类型研究及对勘探的指导意义——以塔里木盆地岩溶储层为例[J]. 岩石学报, 29(9): 3213-3222.

赵宗举, 范国章, 吴兴宁, 等, 2007. 中国海相碳酸盐岩的储层类型、勘探领域及勘探战略[J]. 海相油气地质, 12(1): 1-11.

郑聪斌, 王飞雁, 贾疏源, 等, 1997. 陕甘宁盆地中部奥陶系风化壳岩溶岩及岩溶相模式[J]. 中国岩溶, 16(4): 351-361.

郑聪斌, 张军, 李振宏, 2005. 鄂尔多斯盆地西缘古岩溶洞穴特征[J]. 天然气工业, 25(4): 27-30.

郑荣才, 陈洪德, 1997a. 川东黄龙组古岩溶储层微量和稀土元素地球化学特征[J]. 成都理工学院学报, 24(1): 1-7.

郑荣才, 陈洪德, 张哨楠, 等, 1997b. 川东黄龙组古岩溶储层的稳定同位系和流体性质[J]. 地球科学(中国地质大学学报), 22(4): 424-428.

周宗俊, 1987. 陕西省岩溶地区水文地质特征[J]. 陕西地质, 5(2): 90-98.

JAMES N P, CHOQUETTE P W, 1991. 古岩溶与油气储层[M]. 成都地质学院沉积地质矿产研究所, 长庆石油勘探局勘探开发研究院, 译. 成都: 成都科技大学出版社.

REMANE J, FAURE-MURET A, ODIN G S, 2003. 国际地层表[J]. 金玉玗, 王向东, 王玥, 译. 地层学杂志, 27(2): 161-162.

AMTHOR J E, FRIEDMAN G M, 1989. Petrophysical character of Ellenburger karst facies: Stateline (Ellenburger) field, Lea County, Southeastern New Mexico[C]//CUNNINGHAM B K, CROMWELL D W. The lower Paleozoic of west Texas and southern New Mexico; modern exploration concepts: Permian Basin Section. New York: SEPM Publication.

ANDERSON T F, ARTHUR M A, 1983. Stable Isotopes of oxygen and carbon and their application to sedimentologic and paleoenvironment problems[J]//ARTHUR M A. Stable Isotopes in Sedimentary Geology. SEPM Short Course, 10(1):1-151.

DEMIRALIN A S, HURLEY N F, OESLEBY, T W, 1993. Karst breccias in the Madison Limestone(Mississippian), Garland field, Wyoming[C]//FRITZ R D, WILSON J L, YUREWICZ D A. Paleokarst related hydrocarbon reservoirs. New York: SEPM Core Workshop. 18: 101-118.

ESTEBAN M, KLAPPA C F, 1983. Subarial exposure environment[C]//SCKOLLE P A, BABOUT D G, MOORE C H. Carbonate Depositional Environment. New York: AAPG Memoir.

FREEK D VAN DER MEER, HARALD M A VAN DER WERFF, FRANK J A VAN RUITENBEEK, et al., 2012. Multi and hyperspectral geologic remote sensing: A review[J]. International Journal of Applied Earth Observation and Geoinformation, 14: 112-128.

GAYANTHA R L K, TSEHAIE W, FRANK J A VAN RUITENBEEK, et al., 2012. Hyperspectral remote sensing of evaporate minerals and associated sediments in Lake Magadi area, Kenya[J]. International Journal of Applied Earth Observation and Geoinformation, 14: 22-32.

HENDRY P P, 1993.Geological controls on regional subsurface carbonate cementation: an isotopic-Paleohydrologic investigation of Middle Jurassic limestones in central England[J]//HORBURY A D, ROBINSON A G. Diagenesis and basin development. AAPG Studies in Geology, 36: 231-260.

HODGETTS D, 2013. Laser scanning and digital outcrop geology in the petroleum industry: A review[J]. Marine and Petroleum Geology, 46: 335-354.

KURZ T H, BUCKLEY S J, DEWIT J, et al., 2012. Hyperspectral image analysis of different carbonate lithologies (limestone, karst and hydrothermal dolomites): The Pozalagua Quarry case study (Cantabria, North-west Spain)[J]. Sedimentology, 59: 623-645.

LAND L S, 1983. The application of stable isotopes to studies of the origin of dolomite and to problems of digenesis of elastic sediments[C]//ARTHUR M A, ANDERSON T F, KAPLAN I R. et al. Stable Isotopes in Sedimentary Geology, SEPM Short Course l0. Tulsa: Society for Sedimentary Geology.

LOHMANN K, 1987. Geochemical patterns of meteoric diagenetic systems and their application to studies of paleokorst[C]//JAMES N P, CHOQUETTE P W. Paleontologists and Mineralogist. Tulsa: Special Publication.

LOHMANN K C, 1988. Geochemical patterns of meteoric diagenetic systems and their application to studies of Paleokarst[C]//JAMES N P, CHOQUETTE P W. Paleokarst. New York: Springer-verlag.

LOUCKS R G, HANDFORD C R, 1992. Origin and recognition of fractures, breccias, and sediment fills in Paleocave-reservoir networks[C]//CANDELARIA M P, REED C L. Paleokarst, karst related diagenesis and reservoir development: examples from Ordovician-Devonian ages strata of west Texas and the mid-continent: Permian Basin section. New York: SEPM Publication.

LOUCKS R G, 1999. Paleocave carbonate reservoir: origins, Burial-depth modifications, spatial complexity, and Implications[J]. AAPG Bulletin, 83(11): 1795-1834.

LUCIA F J LOWER, 1995. Paleozoic cavern development, collapse, and dolomitization, Franklin mountains, EI paso, Texas [C]//BUDD D A, SALLER A H, HARRIS P M. Unconformities and porosity in carbonate strata. New York: AAPG Memoir.

MAGENDRAN T, SANJEEVI S, 2014. Hyperion image analysis and liner spectral unmixing to evaluate the grades of iron ores in parts of Noamundi, Eastern India[J]. International Journal of Applied Earth Observation and Geoinformation, 26: 413-442.

MCCREA J M, 1950. On the Isotopic Chemistry of Carbonates and a Paleotemperature Scale[J]. Journal of Chemical Physics, 18(6): 849-857.

JAMES N P, CHOQUETTE P W, 1988. Paleokarst[C]. New York: Spinger-Verlag.

SMART P L, WHITAKER F F, 1991. Karst processes, hydrology and porosity evolution[C]// WRIGHT V P, ESTEBAN M, SMART P L. Paleokarst and Paleokarstic reservoirs: Postgraduate Research Institute for Sedimentology, University of Reading. Berkshire: University of Reading.

SHIELDS M J, BRADY P V, 1995. Mass balance and fluid flow constraints on regional-scale dolomitization, Late Devonian, Western Canada Sedimentary Basin[J]. Bulletin of Canadian Petroleum Geology, 43(4): 371-392.

SHIELDS G A. CARDEN G A F, VEIZER J, et al., 2005. Sr, C and O isotope geochemistry of Ordovician brachiopods: A major isotopic event around the middle-late Ordovician transition[J]. Geochimica et Cosmochimica Acta, 67(11): 2003-2025.

第5章 奥陶系古岩溶的期次、类型、特征及发育规律

5.1 古岩溶期次和类型

5.1.1 古岩溶期次

古岩溶期次包括两个方面的内容: 一是古岩溶作用的分期, 即水文地质期的划分。巴斯科夫ЕА(1976)以构造运动作为划分水文地质阶段或期的主要依据, 提出了关于水文地质期的两种划分方法, 即水文地质旋回和构造-水文地质期。我国古水文地质学家汪蕴璞(1982)在分析两种方法不足之处的基础上, 提出划分水文地质期的四种标志(构造运动、古水文地质动力条件、地球物理场和地球化学场, 其中前两者是划分期的主要标志)和水文地质期的四种基本形式(沉积作用水文地质期、淋滤作用水文地质期、埋藏封闭作用水文地质期和构造作用水文地质期), 沉积作用水文地质期、淋滤作用水文地质期、埋藏封闭作用水文地质期和构造作用水文地质期大致上分别与沉积岩溶作用期、暴露岩溶作用期、埋藏岩溶作用期和表生岩溶作用期对应。首先, 应当指出的是, 以上分期都是针对某一地区的整个地史期而言, 并非针对某一时代地层。对于同一时代地层的水文地质期划分需要深入研究该地层的地史演化过程; 对于古岩溶研究, 须特别注意它的开启和封闭程度。以上四个古岩溶作用期(水文地质期)在塔里木盆地塔中西部及邻区和鄂尔多斯盆地西部奥陶系地层均有反映。其次, 通常将一个地区古岩溶作用的叠加次序, 或同一古岩溶类型发育的先后顺序都笼统地看作古岩溶期次, 如风化壳古岩溶发育期次。风化壳古岩溶发育与区域性古构造运动有一定耦合关系。可以根据大量钻井岩心岩溶特征描述, 岩溶充填物电子探针元素分析、碳氧同位素和锶同位素测定、等离子体光谱分析、包裹体测温, 裂缝充填物之间的交切关系, 后期裂缝、岩溶改造和区域构造运动等方面的研究成果来确定风化壳古岩溶期次。

中国科学院地质研究所岩溶研究组(1979)和袁道先等(1993)根据岩溶发育的时间与构造运动期的相关关系, 将中国碳酸盐岩岩溶建造划分为五大岩溶期: 元古宙(西南满银沟、兴凯期和北方滦县、蓟县期)古岩溶期、早古生代加里东古岩溶期、晚古生代海西古岩溶期、中生代印支和燕山古岩溶期、新生代喜山岩溶期。塔里木盆地塔中西部及邻区在中奥陶世末、奥陶纪末至志留纪初、志留纪末至泥

盆纪初、晚泥盆世中期约有四期风化壳古岩溶发育,与四次明显的构造抬升相应,在本书 5.3 节有详细论述。鄂尔多斯盆地西部奥陶系在加里东早期、晚期和加里东晚期至海西早期也至少发育三期风化壳古岩溶,并与三次构造抬升、挤压有关(何自新,2003)。埋藏有机溶蚀作用的期次划分在 5.4 节有详细论述。

5.1.2　古岩溶类型

岩溶因分类依据的不同,可有多种分类方案。按形成时间分类,如早古生代岩溶、晚古生代岩溶;按发育层位分类,如奥陶系岩溶、石炭系岩溶、阳新统岩溶;按深度分类,如浅部岩溶、深部岩溶;按岩性分类,如石灰岩岩溶、白云岩岩溶、膏盐岩岩溶;按构造位置分类,如断裂带深循环型岩溶、大型凹陷边缘型岩溶、隐伏向斜翼部岩溶;按所处构造产状分类,划分为水平状岩溶、褶皱区岩溶;按形成岩溶的地质作用分类,如水蚀岩溶、生物岩溶等;按含流体的介质分类,如溶孔溶洞型、溶缝溶孔型、裂缝溶洞型、洞穴型等;按出露情况,划分为裸露型、覆盖型、埋藏型岩溶;按水文带,划分为包(充、饱)气带、浅饱水带、深饱水带、深部岩溶等;按气候带,划分为热带、亚热带、温带、寒带岩溶;按岩溶作用的水化学特征,划分为大气淡水岩溶和混合水岩溶;按岩溶相对于海岸发育位置,可以分为大陆岩溶、滨海(滨岸)岩溶及海岛岩溶;按形成时代,划分为现代岩溶和古岩溶(被年青沉积物或沉积岩所覆盖,涉及各个地质时期)。

目前古岩溶分类极不统一。Kerans 等(1988)在研究加拿大北部中元古界阴沉湖泊(Dismal Lake)群古岩溶剖面时按古岩溶的发育时期将古岩溶划分为:早期岩溶、中期岩溶(成熟期岩溶)和晚期岩溶(老年期岩溶)。Choquette 等(1988)对古岩溶进行地层学分类,将古岩溶分为沉积古岩溶、局部古岩溶和区域古岩溶三种主要类型。沉积古岩溶是指碳酸盐岩台地沉积物因高沉积速率加积出露水面遭受大气水作用发育的岩溶;局部古岩溶是由于同沉积期的构造运动(如块断运动),使碳酸盐台地的一部分暴露发育的岩溶;区域古岩溶的形成与重要的海平面升降或构造运动造成的大面积大陆暴露有关,常常是地层学中的主要不整合面,这类岩溶发育的范围和深度一般比局部岩溶大。贾疏源(1991)、李定龙(1994,1992)按成因对古岩溶进行分类,将古岩溶分为三种类型:沉积岩溶或层间岩溶、风化壳岩溶或暴露岩溶、缝洞岩溶或埋藏岩溶。沉积岩溶或层间岩溶是指同生期或成岩早期,碳酸盐沉积物(岩)短暂的暴露于地表接受大气淡水渗入淋滤所发育的岩溶,沉积学家曾经将这类岩溶称为"微岩溶",也有学者将其称为早表生期岩溶。风化壳岩溶或暴露岩溶是指碳酸盐岩因构造抬升长期暴露于地表,大气水渗入循环其中,伴随风化壳形成而发育的岩溶。有些学者将其称为晚表生期岩溶,也有人将其称为侵蚀期岩溶、侵蚀面岩溶或不整合面岩溶。缝洞岩溶或埋藏岩溶是指碳酸盐岩深埋地腹后,由于上覆地层在压实过程中不断排出的酸性压释水运移其中所产生的岩溶。有的学者将其称为深埋期岩溶，也有人将其称为压释水岩溶。兰光志等(1995)先根据古岩溶发育时岩层的产状和岩石的固结程度，将古岩溶分为水平型和褶皱型两大类，然后再根据岩溶岩类型将其细分为水平型石灰岩古岩溶、水平型白云岩古岩溶、褶皱型石灰岩古岩溶、褶皱型白云岩古岩溶等四种类型。水平型古岩溶是指岩层产状水平或近于水平，岩石半固结或基本固结时形成的古岩溶，包括层间古岩溶和侵蚀面古岩溶；褶皱型古岩溶是指在已褶皱的碳酸盐岩层内发生的古岩溶，古岩溶作用初期以溶蚀为主，后期剥蚀作用增强，在地表往往形成古岩溶地貌，在地下形成岩溶洞穴系统，洞穴的分布与古地貌关系密切，即所谓地表和地下的"双层结构"。王兴志等(2001，1996)根据岩溶作用的形成机理和先后顺序、持续时间、特征、影响因素以及与储集空间的关系，将古岩溶划分为同生-准同生期岩溶、表生期岩溶、埋藏期岩溶和褶皱期岩溶四种类型。同生-准同生期岩溶，该期岩溶的岩溶作用发生于沉积物形成之后不久，沉积物尚未完全脱离其沉积环境，成岩阶段属于同生-准同生期，由于其岩溶作用形成于沉积阶段的暴露期，岩溶在地层中以小规模层状和透镜状出现，因此也有学者称其为早表生期岩溶(马振芳等，2000；夏日元，1996)或层间岩溶(李汉瑜，1991)，还有学者将其称为同生岩溶；表生期岩溶是指由于海平面的相对下降及区域构造运动抬升，造成下伏碳酸盐岩地层隆升暴露，形成表生成岩环境，而使碳酸盐岩地层遭受长期广泛的风化剥蚀和淋滤作用形成的岩溶，该期岩溶的成岩阶段属于表生期，有学者将其称为表生岩溶(文应初等，1995)，风化壳岩溶；埋藏期岩溶是指碳酸盐岩在中-深埋藏阶段，主要与有机质成岩作用相联系的溶蚀作用现象及过程，也有学者称其为埋藏岩溶、深埋(藏)岩溶或深(部)岩溶；褶皱期岩溶是指碳酸盐岩层在褶皱过程中伴生发育的岩溶，即受构造运动影响碳酸盐岩中产生大量的断层、裂缝，致使大气淡水渗入岩层，从而引起岩溶作用发生。夏日元等(2000)把古岩溶分为表生成岩期古岩溶和埋藏成岩期古岩溶两大类，表生成岩期古岩溶进一步划分为同生期层间岩溶和裸(暴)露期风化壳岩溶两个种类；埋藏成岩期古岩溶进一步划分为中-深埋藏期压释水岩溶和深埋藏期热水岩溶两个种类。深埋藏期热水岩溶是指沉积层深埋后，在不同深度由承压的热水与易溶岩类作用形成的岩溶。李德生等(1991)按作用时间将岩溶分为现代岩溶和深埋古岩溶。又将深埋古岩溶称为深部岩溶，并认为它是深埋地下的可溶性岩石在地质历史时期中发生的岩溶。但是"深部岩溶"作为岩溶学中的术语，一般是指河面基准面以下的岩溶，按《中国岩溶研究》(中国科学院地质研究所岩溶研究组，1979)的定义，是指位于所处水文体系的排泄基准面以下所发生的岩溶作用及所形成的孔洞或洞穴。也有学者把位于地下水面以下的深处岩溶称为深部岩溶或深岩溶。郭建华(1996)所称的"深部岩溶"专指岩溶的形成是在远离不整合面以下深处(大于 200~250m)或没有不整合面的地下深处所发生的岩溶作用，并认为深部古岩溶的发育有三种成因类型：

热水岩溶、有机酸溶解岩溶和海水-淡水混合水岩溶。

　　陈学时等(2004)着重讨论了我国鄂尔多斯盆地奥陶系、塔里木盆地轮南潜山奥陶系和四川盆地震旦系等典型油气田古岩溶储层发育特征与油气关系，指出我国油气田古岩溶储层的古岩溶垂向分带明显，地表残积带、垂直渗流、水平潜流带等发育齐全；储集空间主要由岩溶作用形成的半充填或未充填残余溶蚀孔洞缝组成；储层受古岩溶地貌和断层裂缝的控制明显；埋藏有机溶蚀作用形成的次生孔隙为有效孔隙；古风化壳岩溶作用和埋藏有机溶蚀作用的多期次叠加和改造，是古岩溶储层及油气藏形成的最佳组合模式。倪新锋等(2009)将塔里木盆地塔北地区奥陶系碳酸盐岩古岩溶划分为准同生岩溶、埋藏岩溶、风化壳岩溶三大类及若干亚类。认为准同生岩溶作用控制早期碳酸盐岩储层的形成与分布，埋藏岩溶作用一般沿原有的孔缝系统进行，是碳酸盐岩储层优化改造的关键因素之一，风化壳岩溶作用是奥陶系碳酸盐岩储层形成的关键作用。塔里木叠合盆地的多旋回构造演化特点，形成了塔北奥陶纪不同阶段、不同类型碳酸盐岩 6 期古岩溶作用的叠加、改造关系。塔北地区奥陶系各类岩溶具有复杂而显著的叠合关系，准同生期岩溶为后期的埋藏岩溶提供了成岩介质通道，随后发育的埋藏岩溶及风化壳岩溶则是继承并叠加早期准同生岩溶通道的发育，最终成为潜在的优质储层。张宝民等(2009)研究我国多个含油气盆地的岩溶储集层认为，岩溶可划分为受侵蚀基准面控制和不受侵蚀基准面控制的两大类。前者为基准面(又称浅部)岩溶，包括潜山、礁滩体、内幕岩溶；后者为非基准面(又称深部)岩溶，包括顺层(承压)深潜流、垂向深潜流和热流体岩溶。这是对我国古岩溶类型比较全面的认识。赵文智等(2013)深入认识塔里木盆地岩溶储层类型，基于岩溶储层的实例研究，指出岩溶储层的储集空间以缝洞为主，缝洞可以发育于潜山区，也可以发育于内幕区，具有不同的地质背景和成因。据此，将岩溶储层细分为四个亚类：潜山(风化壳)岩溶储层、层间岩溶储层、顺层岩溶储层、受断裂控制岩溶储层。

　　综上所述，就目前对我国含油气盆地古岩溶类型的认识而言，可以看出：层间岩溶、沉积岩溶、早表生期岩溶、同生期岩溶、同生岩溶和同生期层间岩溶的含义基本上一致；风化壳岩溶、暴露岩溶、侵蚀期岩溶、侵蚀面岩溶、不整合面岩溶、(晚)表生期岩溶、表生岩溶和裸(暴)露期风化壳岩溶几乎可以看成是同一岩溶类型的不同名称；缝洞岩溶与压释水岩溶所指的是同一种岩溶类型，这里所说的埋藏期岩溶或埋藏岩溶实质上就是有机酸溶解岩溶，也有学者称其为埋藏溶解作用或埋藏溶蚀作用；深部岩溶实质上就是广义的埋藏(期)岩溶。

　　国内外有一批学者将"岩溶"理解为岩石的一切溶解作用，包括不同的溶解作用类型(同生期溶蚀作用、表生期溶蚀作用、埋藏期岩溶作用)。但也有不少学者，趋向于将早期近地表和晚期近地表阶段以大气水成岩作用为特色的岩溶作用归为"岩溶作用"。例如，王振宇(2001)认为，岩溶作用只是大陆成岩环境中的一种成岩作用类型，可以发育于早期近地表大气水成岩环境中，也可以发育于晚期近地表大气水成岩环境(表生成岩环境)中。与埋藏成岩环境的溶蚀作用相比，岩溶作用和近地表淋滤、溶蚀作用皆发育于大气圈系统中，是一个开放体系，即溶蚀作用过程中的流体迁移与物质传输与大气圈系统保持着交换。岩溶作用是地表和近地表溶蚀、淋滤作用的进一步发展，除酸性水来源于大气水及溶蚀作用过程中大气水受重力驱动，具有重力分带和与大气圈连通的共同特征之外，地下洞穴系统的流水侵蚀、机械搬运、沉积、坍塌及独特的地貌单元发育，是岩溶作用的显著特征。因此，不将埋藏期溶蚀作用看成一种岩溶作用，但是不否认它对可溶岩的重要改造作用。由此可见，前者是广义的岩溶分类，后者属于狭义的古岩溶定义和分类。本书将岩溶作用看作广义的成岩作用，即碳酸盐岩成岩环境中的一种成岩作用类型。因此按成岩阶段和成岩环境来划分古岩溶类型应该是比较恰当的。

在总结前人分类的基础上，结合塔里木盆地塔中西部、鄂尔多斯盆地西部奥陶系的实际地质背景，按成岩阶段和成岩环境拟将其碳酸盐岩古岩溶划分为三大类型：同生期岩溶、表生期岩溶和埋藏期岩溶，并分别与同生成岩阶段(大气淡水环境)、表生成岩阶段(表生环境)和早-晚成岩阶段(埋藏环境)对应。古岩溶类型划分详见表 5.1。同生期岩溶的定义与前人相同，但根据沉积相类型，将其划分成台缘滩、礁型，台内滩、潮坪型和蒸发潮坪型三种；表生期岩溶与表生岩溶、风化壳岩溶、不整合面岩溶及侵蚀面岩溶的含义相当，主要根据区域构造形态，将其分为岩块构造型和平缓褶皱型两种；由于前人研究碳酸盐岩古岩溶多是针对一个地区或一个盆地来研究，很少有对几个地区或几个盆地同时进行研究的实例，因此埋藏期岩溶的定义和分类不明确，有学者将埋藏期岩溶与压释水岩溶或热水岩溶等同，也有学者认为埋藏期岩溶就是埋藏有机酸溶解岩溶或埋藏有机溶蚀，更有学者认为埋藏期岩溶包括压释水岩溶和热水岩溶。本书根据塔里木盆地塔中西部及邻区和鄂尔多斯盆地西部奥陶系碳酸盐岩古岩溶发育的具体情况和前人的研究成果，认为"埋藏期岩溶"至少包括埋藏有机酸溶解岩溶、压释水岩溶和热水岩溶三类，但是沉积学家和碳酸盐岩成岩作用研究者约定俗成，不将"埋藏有机酸溶解岩溶"视作一种岩溶类型，因此本书也将"埋藏有机酸溶解岩溶"称为"埋藏有机溶蚀作用"。

5.2 奥陶系碳酸盐同生期岩溶

5.2.1 同生期岩溶、准同生期岩溶与早成岩岩溶间的关系

同生期岩溶，国外称为沉积(期)岩溶，它形成于沉积物增生至海平面的一种

天然层序中，且在典型碳酸盐台地中可以被预测出来，通常与向上变浅序列的米级旋回(一般厚 1～5m，横向延伸 1～10km)有关，总体上具有厘米至分米级的地形起伏。同生期岩溶形成必须具备四个基本条件：①丘状凸起古地貌(如海底火山)或脊状凸起古地貌(如同沉积断裂控制下的断块或台缘)；②沉积物具有原始的高孔隙度、高渗透率；③湿热古气候带来的丰沛大气降水；④构造运动或大陆冰盖消长控制下的高频海平面波动，并均发生于高频海平面最低时期，这可从优质孔隙型储集层发育于礁滩体中上部(即高频海平面由下降到最低开始转为上升的时期)而非顶部得到证明。同生期大气淡水溶蚀作用从本质上讲是海岛岩溶模式。在同沉积暴露过程中，受大气淡水作用的礁滩体是一个漂浮在海平面之上的大气成岩透镜体，向下及台地边缘两侧，沉积物的孔隙均被海水饱和，并过渡为海水潜流成岩作用带。而且，该类岩溶具有溶解与胶结作用相伴生的特点，孔隙发育带一般为厚几米至 20 余米的透镜体，发育位置趋向于渗流带和上部潜流带，这也是现今礁滩相孔隙型储集层的主要发育层位；下部潜流带则主要为胶结作用带，孔隙均被大量方解石胶结物充填。

表 5.1　古岩溶类型划分简表

成岩阶段	成岩环境	本书分类		相当的岩溶类型	
同生成岩	大气淡水	同生期岩溶	台缘滩、礁型	层间岩溶、沉积岩溶、早表生期岩溶、同生岩溶和同生期层间岩溶	
			台内滩、潮坪型		
			蒸发潮坪型		
早成岩至晚成岩	埋藏	埋藏期岩溶	埋藏有机溶蚀	埋藏溶蚀、埋藏溶解、埋藏有机酸溶解岩溶	深埋古岩溶　深部古岩溶
			压释水岩溶	压实水岩溶、缝洞系岩溶	
			热水岩溶	热液岩溶	
表生成岩	表生	表生期岩溶	岩块构造型	风化壳岩溶、暴露岩溶、侵蚀期岩溶、侵蚀面岩溶、不整合面岩溶、表生岩溶和裸(暴)露期风化壳岩溶	
			平缓褶皱型		

　　准同生期岩溶，国内又称为层间岩溶，国外称为局地岩溶，基本上是海岛岩溶模式，垂向上也发育渗流-上部潜流带和下部潜流带。准同生期岩溶形成受控于局地同沉积块断活动、高频海平面下降(如台地边缘暴露，而台地内部未暴露)和湿热古气候条件，也受控于暴露时间。这类岩溶的发育范围可以很小，也可以很广泛，对其进行横向追索后，可能进入没有受暴露影响的区域或连续沉积的区域。准同生期岩溶的典型实例，在国外以加拿大魁北克省明根群岛上奥陶统佩

罗凯(Perroquet)和巨尖(Grande Pointe)段为代表，这两段的每层颗粒灰岩顶面因暴露侵蚀、溶蚀而凹凸不平，并发育各式各样的溶蚀刻痕(幅度一般不超过 0.3m)，包括细溶沟、溶蚀塘和阶状溶坑等。规模可以追踪几公里，并往往终止于侧向上变为生屑泥质灰岩的地方。

准同生期岩溶与同生期岩溶的区别在于：①发生时间上，前者与剥蚀作用伴随，且经历的时间要长一些，后者与沉积作用共生；②成岩状态上，前者发生在海底胶结作用后，甚至浅埋藏早期棱柱状方解石胶结作用后，呈半固结-固结状态，而后者的作用对象是处于未固结甚至呈松散状态的沉积物；③溶蚀作用产物上，前者以在每层碳酸盐岩顶面发育不规则状溶沟以及层内溶蚀孔洞中少见浅埋藏晚期粒状方解石胶结物，浅埋藏早期棱柱状方解石和海底胶结的纤状环边方解石呈"残骸"状，甚至荡然无存为突出标志，表明浅埋藏不久即抬升而遭受大气淡水淋溶，直到深埋藏期才沉淀块状巨晶方解石。

21 世纪初，许多学者针对世界范围内类似加勒比地区岛屿、海岸环境的岩溶进行研究，并逐渐归纳总结出其发育特征和溶蚀机理。正是基于这类岩溶研究及理论的逐渐成熟，Vacher 等(2002)通过对前人研究的归纳总结，首次提出了"早成岩岩溶(eogenetic karst)"的概念，国内学者将其翻译为"早成岩期喀斯特"。这一新的岩溶概念主要是基于岩溶水输导介质以及岩溶物质基础不同而建立的，而与之对立的"晚成岩岩溶(telogenetic karst)"(也称"晚成岩期喀斯特")，则类似于经典岩溶(这是与重要的构造运动或海平面下降造成的大面积陆地长期暴露及与裂缝的沟通、扩溶有关的岩溶，已被大多数学者发现，并长期研究)。早成岩岩溶即为早成岩期岩石发育的岩溶，主要基于对现代岛屿、海岸型岩溶的发现与研究，而晚成岩岩溶即为晚成岩期岩石发育的岩溶，则主要基于过去对大陆型岩溶的研究。因此，对于两种不同成岩期的岩溶，除了考虑到岩溶的物质基础即早成岩期岩石与晚成岩期岩石对岩溶控制的差异外，还应考虑到岩溶发生的地理背景即岛屿、海岸环境与大陆环境的差异。

早成岩期岩石是指未经历过深埋藏的"未成熟或半成熟"碳酸盐岩，这类岩石往往具有较好的孔渗性，也有学者称其为软岩石(soft rock)(Grimes, 2006)。同生沉积物就是早成岩期岩石的一个特例(Jennings, 1968)。这种岩石由于自身具有高孔渗性，可为岩溶水提供流动通道，因此岩溶水早期在粒间呈漫流式流动；随着时间的积累可在局部逐渐形成管道(岩溶水以管流形式流动，随着时间的积累，部分裂缝逐渐形成管道，并进一步形成线性溶洞，而线性溶洞的相互交织则可形成所谓的树枝状溶洞系统)，由此形成管道-基质粒间孔的双孔隙介质模式(Vacher et al., 2002)，并进一步形成溶洞系统。不同的是，晚成岩期岩石中的管道发育完全受到先期裂缝空间形态的限制，而早成岩期岩石中的管道则是在基质粒间孔中"随机"、无序形成的，不受上述类似的限制。因此，有学者将晚成岩岩溶称为"受限岩溶(con-fined karst)", 早成岩岩溶称为"非受限岩溶(unconfined karst)"或"漫流岩溶(diffuse karst)"。这两种不同的双孔隙介质形成的岩溶形态特征以及水文方面均具有鲜明的差异性(Vacher et al., 2002)。

早成岩期碳酸盐岩(包含同生沉积物)往往以小型岛屿或者海岸环境形式暴露并遭受岩溶化。因此,岛屿、海岸型岩溶与早成岩期岩溶在某种程度上几乎是同义词,而大陆型岩溶与晚成岩期岩溶也同样近乎同义词。但实际上,除岩溶物质基础本身对岩溶化控制的差异外,岛屿、海岸与大陆作为两种不同的地理环境,其岩溶化的控制因素也是不同的。

严格意义上,岛屿与海岸环境是不完全相同的,最大的区别在于岛屿环境的大气淡水补给完全是原地补给,而海岸环境除了原地补给外,还有来自大陆方向的异源补给,因此海岸环境中的大气淡水补给量大,岩溶化影响的范围及规模也较岛屿环境要相对大得多。不过,岛屿、海岸环境下的岩溶化模式都可归纳为与大气淡水透镜体有关。大气淡水透镜体往往可比作一个水平潜流带,其内部水体往往类似于层流流动,其上部发育垂直渗流带以及表层岩溶带,在大气淡水透镜体的顶部和底部分别存在一个所谓的混合溶蚀区,顶部的混合溶蚀区是指上部垂直渗流大气水与下部水平潜流大气水的混合。这两种不同方向流体的混合会造成对碳酸盐不饱和并产生溶蚀作用,因而可形成层状孔洞;而底部的混合溶蚀区是指大气淡水与海水的混合,这两种不同性质的流体混合同样会造成碳酸盐岩的溶蚀作用,尤其在海岸环境,可形成似层状孔洞。海岛环境由于淡水补给量相对有限,仅在透镜体边缘的泄水区发育这类溶蚀孔洞。值得一提的是,在大气淡水透镜体的边缘由于两种混合溶蚀区的叠加效应,往往会形成所谓的边缘侧翼溶洞,这是海岸、岛屿环境中岩溶化最具识别意义的现象。但也有例外,例如,在巴哈马利萨拉加山口(Lizarraga Pass)附近,裂缝发育带截断了淡水透镜体,导致淡水无法从台地边缘泄流,从而不发育侧翼边缘溶洞。此外,在半干旱气候下的海岸环境中,由于蒸发作用较强,导致淡水透镜体上部的垂直渗流大气水补给不足,透镜体顶部无法形成混合溶蚀效应,从而不发育孔洞,仅在底部的混合溶蚀区发育孔洞系统。需要指出的是,在靠近海岸带的区域可能由于混合溶蚀效应以及潮汐泵作用更强,因此以发育大型溶洞为特征,溶洞周缘过渡为相对较小的海绵状孔洞,而向内陆方面则以海绵状溶蚀带发育为特征。这种环境下遭受暴露淋滤的时间往往为短-中长期,且已有报道的海岸型溶蚀最大可从海岸向内陆影响 7～12km。例如,尤卡坦半岛,也有学者将其视为大陆环境与岛屿、海岸环境之间的一种岩溶模式类型,总之影响范围不大,属于局部性的。

同生期岩溶与准同生期岩溶均属于早成岩岩溶(Frank et al., 1998)。同生期岩溶主要与沉积作用相伴生,发生在非常年轻的碳酸盐岩上,其研究岩溶现象主要在表层渗流带,如钙结壳、渗流砂及淡水向下渗流产生的小孔洞等。准同生期岩溶是未经历成岩的碳酸盐岩脱离沉积水体,以剥蚀作用为主,其研究范围主要还是淡水渗流带及其岩溶现象。而早成岩岩溶研究范围更广,包括在弱成岩或未成岩碳酸盐岩上发生的一切岩溶现象,除表层渗流带外,还包括潜流带岩溶及其岩溶现象。

5.2.2　研究区奥陶系碳酸盐同生期岩溶

同生期岩溶的发育与沉积环境密切相关。碳酸盐岩台地沉积物因高沉积速率加积及海平面间歇性下降,而出露水面遭受大气水作用,发育该类岩溶。由 2.2.3 小节和 3.2.3 小节可知,塔中西部及邻区晚奥陶世良里塔格组沉积时期,台地边缘相带发育。沿塔中 I 号断层西侧展布的带状台地边缘上,发育粒屑滩、生物礁、灰泥丘等镶边沉积体;早奥陶世马家沟期,鄂尔多斯盆地西部中央古隆起边缘和北部伊盟古陆边缘发育连陆浅水潮坪,附近并有台内滩分布,盆地东缘发育蒸发潮坪。当海平面间歇性下降,前者的台地边缘发育台缘滩、礁型同生期岩溶,后者中发育台内滩、潮坪型同生期岩溶和蒸发潮坪型同生期岩溶。

1. 台缘滩、礁型同生期岩溶的特征及发育规律

1) 基本特征

处于台地边缘的粒屑滩、骨架礁等浅水沉积体,常在海退沉积序列中,伴随海平面的暂时性相对下降,间歇性地出露于海面或处于淡水透镜体内,在潮湿多雨的气候下,受到富含 CO_2 的大气淡水的淋滤,发生选择性和非选择性的淋滤、溶蚀作用,形成大小不一、形态各异的各种孔隙。同生期岩溶作用既可以选择性地溶蚀由准稳定矿物(文石、高镁方解石)组成的颗粒或第一期方解石胶结物,形成粒内溶孔、铸模孔和粒间溶孔,又可以发生非选择性溶蚀作用,形成溶缝和溶洞。根据岩心观察、镜下薄片鉴定、阴极发光、碳氧同位素和微量元素分析,发现塔中西部及邻区奥陶系碳酸盐岩,尤其是塔中 I 号断裂构造带上奥陶统灰岩同生期岩溶发育,具有如下一些基本特征或识别标志。

(1) 第一期海底纤状环边方解石被溶蚀,并与其后的刃状、细晶粒状方解石呈胶结不整合接触。同生期岩溶作用发生的时间很早,大致在第一期方解石胶结物形成之后不久到第二期方解石胶结作用发生之前,即碳酸盐沉积物经历了海底成岩环境的胶结作用之后,就受到了大气淡水的溶蚀。在颗粒灰岩的原生粒间孔内,可以见到第一期纤状方解石胶结物遭到溶蚀,变得残缺不全,其后的等轴细粒状、刃状或叶片状、马牙状方解石胶结物与之呈胶结不整合接触(图版Ⅲ-3、4)。

(2) 粒间溶孔和渗流粉砂充填物。同生期岩溶作用形成的粒间溶孔常切割原生粒间孔中的第一期纤状环边方解石胶结物,溶孔下部为渗流粉砂充填,溶孔边缘及渗流粉砂之上发育刃状或细粒状方解石胶结物,呈略等厚的近环边分布,其

后为细晶或粗晶方解石充填。渗流粉砂与上覆的亮晶方解石一起构成示底构造。粒间溶孔为渗流粉砂充填，是大气淡水渗流带的典型识别标志之一，其后的略等厚的刃状或马牙状环边胶结物是大气潜流带的识别标志(Longman et al., 1980)，随后的细晶-中粗晶方解石胶结物形成于大气潜流-浅埋藏环境中。

(3) 铸模孔和粒内溶孔。这类孔隙是同生期岩溶作用发生于砂屑、藻砂屑、生屑和鲕粒等颗粒内部而形成的(图版Ⅲ-6)。铸模孔仅保留泥晶套，泥晶套外围为纤状、叶片状和细晶镶嵌状方解石和沥青充填。方解石胶结物在其后埋藏期又可被进一步溶蚀，并被油气水和埋藏环境的粗晶方解石胶结物所充填。大气淡水的选择性溶蚀是产生该类孔隙的主要原因。在礁、滩沉积之后不久的海平面相对下降阶段，礁、滩中的砂屑、鲕粒和生物碎屑主要由文石和高镁方解石组成，在海底环境中它们是稳定矿物，但在大气淡水环境中属于不稳定矿物，大气淡水极易对这些不稳定矿物发生选择性溶蚀而形成粒内溶孔和铸模孔。这类孔隙主要形成于大气潜流溶解带($CaCO_3$未饱和带)中。

(4) 不规则溶孔、小型溶洞及渗流粉砂充填物。不规则溶孔和小型溶洞是大气淡水非选择性溶蚀作用的结果。它们或是在粒间溶孔的基础上进一步发展，溶蚀颗粒、基质或胶结物形成超大溶孔，或是在溶孔或溶沟的基础上进一步溶蚀扩大为溶洞，孔洞多呈囊状或水平状，孔洞直径在1~15mm，孔洞底部常有渗流粉砂充填物，也见孔洞为泥质充填、半充填(图版Ⅲ-8)。

(5) 不规则状溶沟和溶缝的发育及泥质和渗流粉砂充填物。溶沟宽2~5mm，长几厘米到十余厘米，其边部具有不规则状的溶蚀边缘，多呈近直立状延伸，同一条溶沟宽度变化大。溶沟可进一步溶蚀扩大为溶洞，多呈囊状分布。溶缝多呈水平或倾斜状，宽窄不一，延伸较长。溶沟和溶缝主要被灰色泥质、渗流粉砂和细晶方解石充填(图版Ⅲ-5、7)。不规则状溶沟和溶缝及渗流粉砂充填物是大气渗流带的识别标志。

(6) 大气淡水胶结物的存在。大气淡水胶结物的存在是大气淡水作用的重要标志。本区奥陶系碳酸盐岩大气淡水胶结物共有两种类型：一种是颗粒灰岩原生孔隙中第一期海底纤状环边胶结物之后，在大气淡水潜流带形成的马牙状或叶片状、细柱状方解石胶结物(图版Ⅲ-2)；另一种是主要形成于大气淡水潜流带，充填溶洞的环带状方解石充填物(图版Ⅲ-1)。表5.2列出了sh2井上奥陶统良里塔格组灰岩及其溶洞内方解石充填物的微量元素和碳氧同位素分析结果，反映出溶洞内方解石充填物的微量元素含量和碳氧同位素值与基岩存在着较大差异。充填溶洞的方解石(样品2)的微量元素中，除K、Na外，其他元素的含量均明显低于对应的基岩(样品1)，碳氧同位素值也较基岩轻；充填溶洞的方解石(样品3)，其微量元素含量和碳氧同位素值均低于原岩(样品5)。针孔砂屑灰岩(样品4)的微量元素含量在样品 3 和样品 5 之间。溶洞内方解石充填物的碳氧同位素组成平行于大气水方解石线分布，比其基岩(灰岩)富集较轻的碳氧同位素，说明其形成受大气淡水影响远比受浅埋藏区域地下水影响明显。这些特征反映出溶洞内方解石充填物的形成主要受近地表氧化-弱氧化环境中大气淡水作用的控制。

表 5.2　sh2 井良里塔格组灰岩及溶洞内方解石充填物的地球化学特征

样品号	井号及井深	岩石/矿物	微量元素含量/ppm①							稳定同位素/‰，PDB	
			Fe	Mn	Sr	Ba	K	Na	Zn	$\delta^{13}C$	$\delta^{18}O$
1	sh2(6727.2m)	砂屑灰岩	1009	105	259	17	54	281	27	1.45	-6.44
2	sh2(6727.2m)	溶洞方解石充填物	444	87	150	6	233	295	14	1.33	-8.32
3	sh2(6795.2m)	溶洞黏土和方解石充填物	1021	67	97	8	488	235	12	2.27	-7.90
4	sh2(6798.6m)	针孔砂屑灰岩	904	68	157	11	783	404	15	3.00	-5.13
5	sh2(6879.5m)	亮晶鲕粒灰岩	13025	127	142	201	24947	3391	30	2.66	-6.78

注：微量元素含量由等离子体光谱分析得到。

2) 发育规律

(1) 大气成岩透镜体的发育特征。大气成岩透镜体(又称大气淡水透镜体或海岛式淡水透镜体)能够在大气水作用的碳酸盐岛屿中发育，并在后期被保存的事实已被人们接受。一般说来，当海平面下降至滩缘或稍低于这一位置时，大气成岩透镜体在台地边缘粒屑滩和骨架礁微相中发育，主要出现在粒屑滩旋回的顶部。受次级沉积旋回和海平面周期性升降变化的控制及大气水成岩作用的影响，一个地区有可能在纵向上发育多个大气成岩透镜体。

根据台缘滩、礁型同生期岩溶的识别标志，通过详细的镜下薄片分析，在本区同生期岩溶发育的 sh2 井上奥陶统良里塔格组中，从上至下共识别出 6 个大气成岩透镜体，分别分布在 6767～6775m、6783～6802m、6824.5～6829m、6838～6848.8m、6855～6860m 和 6871～6900m 6 个井段(图 5.1)，透镜体的厚度变化范围在 5～29m；在取心完整的 TZ161 井上奥陶统灰岩中，从上至下，共识别出 4 个大气成岩透镜体，它们分布于 4257～4303m、4325～4340m、4383～4407.6m 和

① 1ppm=0.001‰。

4457～4476m 4 个井段(图 5.2)，透镜体的厚度变化范围在 15～46m。

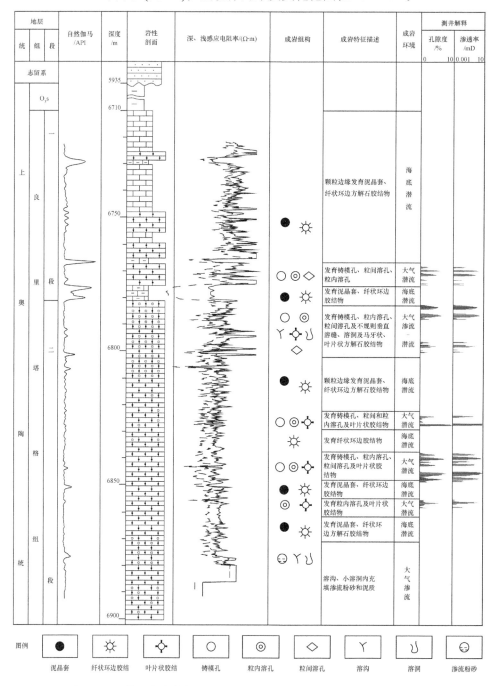

图 5.1 sh2 井上奥陶统灰岩同生期成岩组构及成岩环境划分柱状剖面图

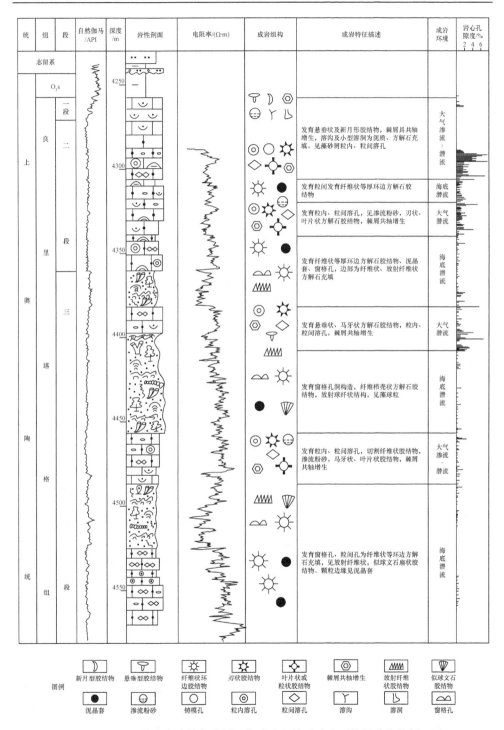

图 5.2　TZ161 井上奥陶统灰岩同生期成岩组构及成岩环境划分柱状剖面图

① 岩性及厚度: 发育大气成岩透镜体的台缘粒屑滩岩性为亮晶砂屑灰岩、亮晶含砾屑砂屑灰岩、亮晶生物砂屑灰岩、亮晶鲕粒灰岩、亮晶生屑灰岩和礁灰岩等。此外, 大气成岩透镜体也可出现于泥晶砂屑灰岩中。大气水成岩作用在这些岩石中常产生溶孔、溶洞、渗流粉砂、大气水胶结物等成岩组构(图5.1, 图5.2)。从单井剖面中识别出的大气成岩透镜体厚度一般在5~46m, 最厚可达70m。

② 孔隙类型及特征: 同生期岩溶作用在本区台缘滩、礁中产生的孔隙类型主要有粒内溶孔、铸模孔、粒间溶孔、非组构选择性溶孔、小型溶洞、溶沟等类型。同生期岩溶作用产生的孔隙度在15%左右, 由于受大气水潜流带胶结作用, 埋藏期岩溶作用和胶结、充填作用的综合影响, 其孔隙度分布在0.2%~10%, 平均孔隙度在1.57%左右。

铸模孔和粒内溶孔: 主要发育于亮晶颗粒灰岩和少量的泥晶颗粒灰岩中, 由鲕粒、砂屑等骨架颗粒发生选择性溶蚀形成。本区的铸模孔在鲕粒、砂屑中均有出现, 面孔率约为1.58%, 孔径一般为0.1~1.0mm。粒内溶孔常出现在砂屑内, 是一种常见的孔隙类型, 面孔率达51.58%, 孔径一般为0.01~0.5mm, 原始面孔率为0.2%~5%; 粒内溶孔常被细晶方解石充填或半充填, 残余面孔率为0.1%~2.0%, 平均为0.3%。

粒间溶孔: 常发育于颗粒灰岩中, 一般是在原生粒间孔和残余粒间孔的基础上遭受早期大气淡水溶蚀而成的孔隙, 孔壁上经常可见海底胶结物的溶蚀残余, 其原始面孔率为15%~25%。现今所见的多为残余粒间溶孔, 明显经历了后期埋藏期胶结、充填和溶蚀作用的再改造。但是粒间溶孔常与粒内溶孔伴生, 则指示其早期为大气淡水溶蚀成因。粒间溶孔的孔径为0.01~2mm, 面孔率一般在0.2%~7%, 平均为0.48%, 见孔率约为16.84%。

非组构选择性溶孔和溶洞: 颗粒灰岩、(含)颗粒泥晶灰岩和泥晶灰岩中皆可发育。它可以是在选择性溶蚀基础上进一步扩大溶蚀形成的超大溶孔或溶洞, 或是在溶沟基础上非选择性溶蚀形成的。可根据孔洞内的渗流粉砂、泥质充填物以及大气淡水环境的胶结物特征相区别。同生期岩溶作用形成的孔洞数量一般小于10%, 后期多为不同成因的充填物充填-半充填。

溶沟: 多见于上奥陶统灰岩顶部, 在大气成岩透镜体顶部有时见有。它们在形成期间或形成之后不久, 多为泥质、渗流粉砂所充填, 其面孔(缝)率一般小于1%。

③ 孔隙发育段和胶结致密段的分布: sh2井上奥陶统良里塔格组灰岩经历的六个大气渗流-潜流成岩环境与海底潜流环境交替出现。高孔渗段明显对应于大气成岩透镜体发育段。单个透镜体内, 高孔隙度层段集中分布于其上部和中下部, 向下至海底成岩作用带, 则孔隙度大幅度降低。大气成岩透镜体孔隙发育段与海

底成岩环境胶结致密段间互出现(图 5.1)。TZ161 井上奥陶统良里塔格组灰岩同生期成岩组构及成岩环境柱状剖面中,四个大气渗流-潜流环境与海底潜流环境交替出现。其中孔隙发育段基本与大气成岩环境的发育段重合。虽然总的孔隙度变化具有从上至下降低的趋势,但高孔隙度值的出现与大气成岩透镜体的发育是相关的(图 5.2)。

(2) 大气成岩透镜体的发育规律。本区上奥陶统良里塔格组灰岩同生期岩溶作用发育,但是所生成的各种溶蚀孔、洞、缝随后多被充填,溶蚀孔、洞、缝能够被保存下来的地区主要沿塔中 I 号构造构带的台地边缘镶边体系较集中分布。在 TZ12、TZ15、TZ61、TZ62、TZ24、TZ30、TZ42、TZ44 和 TZ45 等井中至少发育 1~4 个大气成岩透镜体(表 5.3)。

表 5.3　塔中西部及邻区上奥陶统灰岩中部分大气成岩透镜体的发育井段

岩性段	良里塔格组一、二段		良里塔格组三段	
大气成岩透镜体	I	II	III	IV
TZ12 井	4684~4708.6m	4731.4~4734m	?	?
TZ15 井	4574~4587.2m	4652~4678m		?
TZ61 井	4257~4303m	4325~4340m	4383~4407.6m	4457~4476m
TZ62 井	剥缺	4293~4305m		4506~4533.3m
TZ24 井	4453~4493m	4503~4522m	4620~4645m	4684~4691m
TZ30 井	4686~4934.4m	4965~4996m	5012~5044m	5091~5130m
TZ42 井	5371~5384m	5485~5488.6m	5547~5550m	5596~5065m
TZ44 井	4817~4887m	4903~4948m	4988~5008m	
TZ45 井		6062~6077m		

注: ? 表示不确定是否发育大气成岩透镜体,"空白"表示不发育大气成岩透镜体。

通过井间同生期岩溶发育特征的对比(图 5.3),发现沿着 sh2—TZ30—TZ44—TZ15—TZ161 井一带的良里塔格组灰岩内发育了 4~6 期同生岩溶作用及与之相应的大气成岩透镜体。其中,良一、二段中发育了 2~6 个大气成岩透镜体,上部两个透镜体的规模较大,在北西-南东方向上均可追踪对比。TZ30、TZ44、TZ161井大气成岩透镜体的规模较大,但只有两层;sh2 井虽发育 6 个透镜体,但单个透镜体的规模相对较小。良三段内也可识别出两个大气成岩透镜体,但规模较小,呈断续分布。

良里塔格组灰岩顶部的大气淡水溶蚀作用明显,相应地其大气成岩透镜体的规模也较大,在 TZ24、TZ44 等井中,明显存在同生期暴露面。向 TZ15 井方向,良三段中未发育大气成岩透镜体,良一、二段虽然发育了两个大气成岩透镜体,但厚度明显减薄,规模也变小。良三段的大气成岩透镜体主要出现在 TZ161、TZ30、TZ42、TZ54、TZ44、TZ24 等井区。由于良三段沉积期该井区处于台地边缘,随着海平面间歇性下降,滩、礁露出水面,同生期岩溶发育。

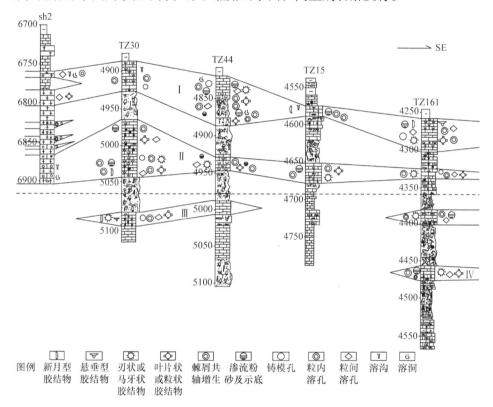

图 5.3 sh2—TZ30—TZ44—TZ15—TZ161 井上奥陶统碳酸盐岩大气成岩透镜体发育层位、成岩组构特征横向对比图(对比基线为良二段底界)

3) 发育模式

在本节研究的基础上,通过分析同生期岩溶发育的主控因素(详见 6.1 节),总结出台缘滩、礁型同生期岩溶的发育模式(图 5.4)。该模式反映了台缘滩、礁的碳酸盐沉积物在同生期暴露,受大气淡水作用的滩、礁沉积体是一个半浮露在海平面或海水之上的大气成岩透镜体,向下及向台地边缘两侧,沉积物中的孔隙被海水充填,过渡为海水潜流成岩作用带。在这种大气成岩透镜体内,根据地下水循环情况,可划分出潜水面之上的大气渗流带和之下的淡水潜流带,各带中成岩变化的差异比较明显。

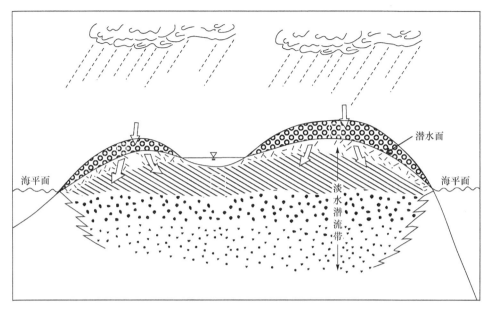

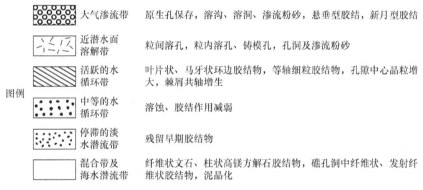

图 5.4 塔中西部及邻区晚奥陶世台缘滩、礁型同生期岩溶发育模式示意图

(1) 大气渗流带。台缘滩、礁的沉积物及海底胶结物主要由文石和高镁方解石组成，它们在海水中是稳定矿物，但在大气水环境中是不稳定的。在大气水环境中，伴随溶解作用的同时，还出现文石、镁方解石向方解石的转化作用及方解石的胶结作用。

渗流带上部：该带中 $CaCO_3$ 不饱和的大气淡水有快速向下运动的趋势，常发生溶解作用，文石质的鲕粒、生屑溶解产生粒内溶孔和铸模孔，而镁方解石质的颗粒一般不溶解，而是直接转化为方解石。在空气与沉积物接触的界面处，可显示出由淋滤、溶解作用形成的溶沟、溶蚀孔洞，常发育泥质和渗流粉砂充填物，受同生期岩溶作用和后期充填、胶结作用的影响，其孔隙度可发生变化，但在这一作用带中孔隙度趋于高值，甚至可保持原生孔隙度值。

渗流带下部：该带中水对 $CaCO_3$ 的饱和度增加，达到饱和或过饱和，因此伴随溶解作用的同时，会有方解石的胶结作用出现。受空气、水与颗粒接触关系、水的运动状态及重力作用的影响，渗流带常发育悬垂型、新月型、桥型胶结物，缩小或堵塞孔隙喉道。因此该带的孔隙度稍有降低，即使孔隙度无大的变化，但胶结作用也会造成其渗透率的下降。渗流带的厚度变化较大，受气候、地貌、海平面升降幅度及局部注地积水等各种因素的影响。干燥气候下渗流带可以很厚，甚至缺少潜水面；潮湿气候下厚度可以很薄，甚至潜水面与地面一致。一般情况下渗流带厚度趋向于从暴露的高部位向海洋方向减薄。本区的大气成岩透镜体中，渗流带厚度一般小于 20m，多为几米至十几米。同一个暴露阶段可能经历多个次一级的相对海平面升降变化，随着次一级潜水面的升降、迁移，同一位置处的沉积物可能受到了多次淡水渗流、潜流作用的叠加，因此对渗流带的确定和厚度估计只是一个经多次作用叠加后的一个综合结果。因此，精确地确定渗流带厚度是困难的。

(2) 淡水潜流带。淡水潜流带位于大气淡水渗流带之下到海水与淡水混合带之上的中间地带，这个带内的孔隙空间充满着含有不同碳酸盐溶解量的淡水，广泛而快速的胶结作用与形成大量孔隙的溶蚀作用并存，使得淡水潜流带在台地边缘亚相中成为重要的成岩环境。

潜流带的几何形态和规模同样受地形、降雨、岩石中孔隙的分布和渗流性的控制。对现代碳酸盐岛屿的研究表明，在多雨的热带气候条件下，大岛屿的淡水带可延伸较大的深度(可达几百米)(Longman, 1980)。塔中 I 号断裂构造带上奥陶统灰岩中所识别出的大气成岩透镜体的厚度在 15~70m，说明潜水面之下淡水带的厚度为十几至几十米。结合现代大气成岩透镜体的研究进展和本区的实际情况，可将淡水潜流带划分为以下几个次级带。

近潜水面的溶解带：在潜水面附近，大气水中 $CaCO_3$ 常常未饱和，因而溶解作用明显，方解石和文石被溶解形成溶蚀孔洞、粒间溶孔、粒内溶孔和铸模孔，致使孔隙度增高。该带厚度较薄，一般为几米至十几米，常受潜水面波动的控制。

活跃的饱和带：该带的水中 $CaCO_3$ 饱和，但水的循环是活跃的。它对方解石是饱和的，但对文石是不饱和的，因此该带主要是文石溶解带和方解石沉淀带。溶解作用可产生粒间溶孔、粒内溶孔和铸模孔，但叶片状、马牙状、等轴细粒状、细晶方解石胶结物、共轴增生的方解石胶结物在孔隙中大量出现，其晶粒向孔隙中心趋向于变大、变粗，形成胶结作用带，使孔隙度降低。同时在该带中文石颗粒也迅速新生变形为等粒状方解石。

中等循环-停滞带：水循环减弱或成为停滞状态，相应地溶解作用和胶结作用也减弱。中等循环带的粒间孔中可大量残留早期的胶结物，等粒方解石胶结物可在残留的早期胶结物之外生长，并与之呈胶结不整合接触。停滞带中水活动微弱，胶结作用很弱，文石颗粒可缓慢地新生变形并保留一些构造，相应地原生孔可得到保存，直到经历其他成岩环境。

综上所述，对于本区上奥陶统良里塔格组灰岩而言，有利于储集空间形成的同生期岩溶作用，主要发育于塔中Ⅰ号断层西侧的台缘滩、礁镶边体系的大气成岩透镜体内。在这种透镜体内，溶解作用和胶结作用伴随发育，孔隙发育带主要分布于渗流带上部及潜流带上部近潜水面处，孔隙带总体上呈透镜状，厚度一般为几米至二十余米。潜流带下部则主要为胶结作用带，这里的孔隙被方解石胶结物大量充填。这种大气成岩透镜体孔隙发育带现今是本区裂缝-孔隙型储层的主要发育层位。储层基质孔隙度主要是由同生期岩溶作用贡献的。

2. 台内滩、潮坪型同生期岩溶的特征及发育规律

早奥陶世马家沟期，鄂尔多斯盆地西部中央古隆起边缘或伊盟古陆边缘的浅水潮坪及其附近的台内浅滩，随着次级海平面的下降，渐露水面，受大气淡水的影响，在海平面之上及附近的滩体和潮坪内部可形成短期的小规模大气成岩透镜体，导致台内滩、潮坪型同生期岩溶发育。大气成岩透镜体中，大气淡水在下渗过程中，会对周围沉积物(岩)中不稳定的结构组分发生选择性和非选择性的淋滤、溶解作用，形成大小不一、形态各异的孔、洞、缝等岩溶产物。淋滤、溶解作用既可选择性溶解不稳定的矿物，如石膏、石盐、文石和高镁方解石，形成各种粒间溶孔、粒内溶孔、铸模孔和膏盐模孔等，又可非选择性溶解，形成少量小规模溶沟、溶缝等；局部过饱和的大气淡水会在颗粒接触部位或颗粒下方形成新月形或悬垂型胶结。这些岩溶产物既可在后期成岩过程中消失，也可部分保留至今。

1) 基本特征

鄂尔多斯盆地中央古隆起东北侧马家沟组，尤其是马四、马五段地层中台内滩、潮坪型同生期岩溶发育。台内滩、潮坪型同生期岩溶的识别标志主要有：粒间溶孔、粒内溶孔、铸模孔、膏盐模孔、部分晶间溶孔、不规则溶孔、小溶洞、小溶沟、溶缝及悬垂型和新月型胶结物等。

(1) 粒间溶孔。粒间溶孔由同生期岩溶作用在台内浅滩砂、砾屑白云岩中形成，属于原生粒间孔中第一期纤状或马牙状白云石环边胶结物部分溶蚀后的产物，局部可溶蚀部分颗粒，形成粒间溶蚀扩大孔。孔隙底部有时可见少量渗流粉砂、渗流泥充填。粒间溶孔为渗流粉砂充填，是大气淡水渗流带的典型识别标志之一。

(2) 粒内溶孔和铸模孔。同生期岩溶作用使部分颗粒内部被选择性溶解形成粒内溶孔，当颗粒内部被完全溶解，仅保留其外部形态时，形成颗粒铸模孔。铸模孔在台内浅滩中可见，但数量少。

(3) 膏盐模孔。膏盐模孔主要分布在潮坪相含膏盐质泥-粉晶白云岩中。膏盐质组分在大气淡水的作用下溶解，形成并保留其外部形态的膏盐模孔。膏盐质溶解后，不溶残余物充填于膏盐模孔、洞的底部，形成示底构造。

(4) 部分晶间溶孔。同生期岩溶伴随同生白云石化过程发生时，欠稳定的富钙白云石发生一定程度的溶解形成晶间溶孔，白云石晶体间的文石和高镁方解石(同生白云石化的残余物)发生溶解形成晶间溶孔。这类成因的晶间溶孔也是同生期岩溶的识别标志。

(5) 不规则溶孔、小溶洞、小溶沟和溶缝。局部可见不规则溶孔、小溶洞，其是大气淡水非选择性溶蚀作用的结果，一些溶孔、小溶洞中可见少量渗流粉砂充填物。小溶沟和溶缝多呈高角度仅分布于部分沉积旋回的上部，边部具有明显的溶蚀圆化特征，常被细粒机械碎屑、渗流泥、渗流粉砂和上覆沉积物全充填。

(6) 悬垂型和新月型胶结物。悬垂型和新月型胶结也是大气淡水渗流带的典型识别标志之一。少量颗粒岩中可偶见已被溶蚀改造的悬垂型和新月型亮晶白云石胶结物。

2) 发育规律

在海平面周期性升降的影响下，同生期岩溶作用在本区多发生于间歇性暴露的浅水潮坪和台内浅滩之中。在区内北部 S2 井马五$_6$亚段的取心段(井深：3576～3606m)共发育 4～5 个浅滩—潮坪沉积旋回。根据台内滩、潮坪型同生期岩溶的识别标志，结合物性特征，认为单个沉积旋回的下、中、上部分别属于不同的成岩环境。单个旋回的上部常处于大气渗流带，中部处于大气淡水潜流带(图 5.5)。

(1) 单个旋回的上部：位于潮上低能带，以藻叠层石白云岩、泥-粉晶白云岩为主，多处于大气渗流带中，可形成少量溶沟、溶缝、膏盐类矿物假晶和晶间溶孔等(图 5.5)。

(2) 单个旋回的中部：属于潮间高能带，主要由砂屑、砾屑白云岩构成，常处于大气淡水潜流带中，发育马牙状白云石胶结物，粒间溶孔、粒内溶孔和颗粒铸模孔等，小溶洞中充填渗流粉砂，显示底构造(图 5.5)。

(3) 单个旋回的下部：属于潮下低能带，多由泥晶白云岩、泥质泥晶白云岩、灰质泥晶白云岩和颗粒白云岩等组成，主要位于海底潜流带，粒间发育少量纤状环边白云石胶结物，见少量残余粒间孔，局部见粒间溶孔、粒内溶孔和颗粒铸模孔等(图 5.5)。

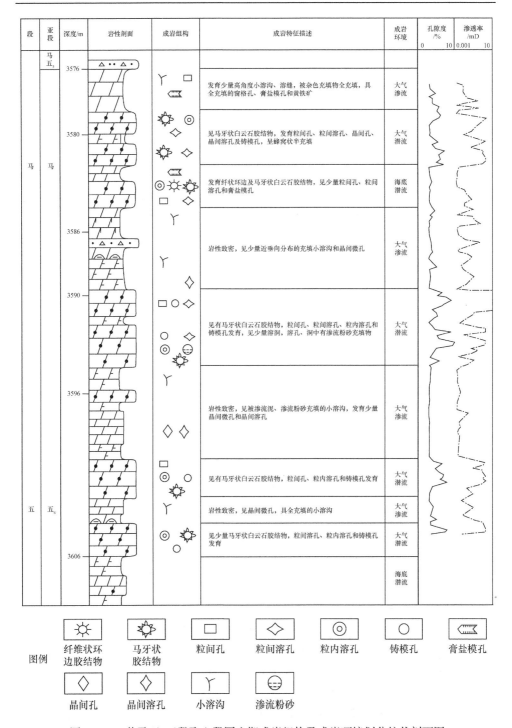

图 5.5　S2 井马五₆亚段取心段同生期成岩组构及成岩环境划分柱状剖面图

经受后期充填、压实、岩溶和多期胶结作用及白云石化的影响，单个旋回中部层段的砂屑、砾屑白云岩储集性能最好，面孔率一般在 2%～20%，由上至下，孔隙度具有增加的趋势。单个旋回下部层段的孔、洞多被亮晶方解石和白云石充填；单个旋回上部可见少量规模极小的溶沟、溶缝和少量晶间孔、晶间溶孔，多被细粒机械碎屑物全充填，物性较差。由于气候和沉积相的共同控制，S2 井及其邻区的大气成岩透镜体主要发育于大气潜流带中，与发育在塔中地区塔中Ⅰ号构造带上奥陶统灰岩中的大气成岩透镜体相比，规模很小。

3) 发育模式

本区中央古隆起东北侧边缘和北部伊盟古陆边缘的鄂 6 井、鄂 7 井、S2 井、M6 井、定探 1 井和定探 2 井一带在马二、马四、马五段沉积时，浅水潮坪和台内浅滩有不同程度的发育，在海平面周期性升降的影响下，常间歇性的暴露于水体之上，有利于同生期岩溶作用的进行。在本小节研究的基础上，通过分析同生期岩溶发育的主控因素(详见 6.1 节)，总结出台内滩、潮坪型同生期岩溶发育模式(图 5.6)。

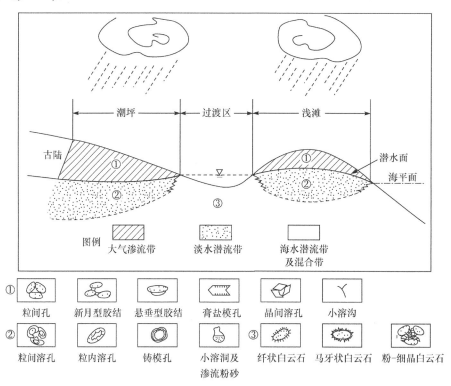

图 5.6　鄂尔多斯盆地西部早奥陶世马家沟期台内滩、潮坪型同生期岩溶发育模式示意图

3. 蒸发潮坪型同生期岩溶的发育模式

台缘滩、礁型同生期岩溶发育模式(图 5.4)和台内滩、潮坪型同生期岩溶发育模式(图 5.6)均属于大气淡水透镜体模式的范畴，大气淡水透镜体按其地下水循环情况，可划分出潜水面之上的大气渗流带和之下的淡水潜流带。在鄂尔多斯盆地西部的东缘马家沟组发育盆缘蒸发潮坪，蒸发潮坪中同样发育同生期岩溶，又称为"蒸发潮坪型同生期岩溶"。但由于蒸发潮坪岩性组成及其地下水的性质和活动情况具有特殊性，用大气淡水透镜体模式已不能合理地解释其同生期岩溶的发育机制。

大气淡水透镜体所反映的地下水活动特点是沉积层中的水体以淡水为主体，并且淡水的潜水面通常高于海平面。贾疏源等(1993)通过计算发现，蒸发潮坪中，淡水体在沉积层中的循环深度(淡水潜流带厚度)，往往是潜水面至海平面高度的数十倍。但是海水入侵沉积层，只能在海岛滨线的溢流区产生对流，说明这个淡水潜流带中的淡水应该是盐水。在蒸发潮坪环境中，由于准同生白云石化的发生，改变了地下水赋存的状态，沉积层中的水体不再是大气淡水透镜体，而是蒸发潮坪上特有的"淡水、盐水双层水透镜体"。

在蒸发潮坪环境中，由于蒸发浓缩作用，沉积层中以盐水为主体，阻碍了大气淡水的正常发育，使大气淡水只能在盐水体之上活动。盐水体之上存在淡水透镜体，为蒸发潮坪型同生期岩溶(若考虑地壳的振荡运动，可称之为层间岩溶)的发育及溶蚀孔洞的产生提供了古水文条件。

由盐水、淡水构成的双层结构的透镜体，一旦在蒸发潮坪上形成，就必然对早已沉积的易溶盐类产生溶解作用。但是这种溶解受双层水文结构的制约，只能在淡水活动的范围内进行。淡水被控制在盐水体之上的一定范围内，产生渗滤扩散运动，并且在沉积层中形成渗流带、潜流带和扩散带三个带(图 5.7)。各带的发育厚度，取决于淡水透镜体的规模。通常情况下，由于暴露周期较短，淡水的活动十分有限，沉积学家曾经将此类岩溶称为"微岩溶"(刘宝珺，1980)。在潮坪相带内由于盐水体的阻碍，使淡水所产生的溶蚀作用必然在横向上沿沉积相带的一定范围延伸；纵向上受三个带的制约呈现出上、中、下三段式发育结构。上段属于大气淡水渗入淋滤段，该段处于潮上云质膏岩及膏质云岩的顶部至淡水透镜体潜水面附近，由于石膏的溶解，及上覆沉积后的增荷失托作用，该段易发生角砾化，形成溶塌角砾岩；中段属于大气淡水潜流段，该段由孔洞状溶斑云岩组成，是大气淡水对石膏晶体、石膏结核及膏化白云质鲕粒、球粒选择性溶蚀的结果；下段属于大气淡水扩散段，由含膏藻纹层白云岩组成。因其埋藏较深，膏化阶段以蒸发浓缩孔隙水由上而下运动为条件。在此带内多见细小的石膏晶体，少见结核，显示了膏化由上而下减弱的趋势。淡水发育阶段，膏晶被淡水方解石所交代是上部淡水体向下扩散的表现。

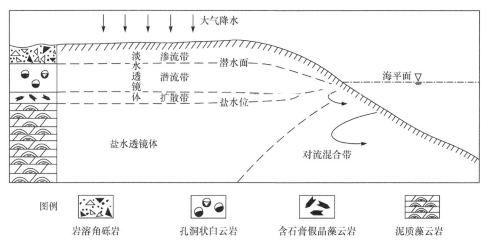

图 5.7　蒸发潮坪型同生期岩溶发育模式示意图(修改自郑聪斌，1996)

　　蒸发潮坪环境特有的双层水透镜体古水文结构孕育了层间岩溶，奠定了溶蚀孔洞的雏形。"淡水、盐水双层透镜体模式"可以较合理的解释本区东缘乌审旗—城川—志丹一带马家沟组，尤其是马五段蒸发潮坪型同生期岩溶的发育机制及膏模孔、洞形成的原因。

5.3　奥陶系碳酸盐岩表生期岩溶及其古地貌

　　表生期岩溶，也称风化壳岩溶、不整合面岩溶或侵蚀面岩溶等。它是指可溶性岩层出露地表，在表生成岩环境中，大气淡水对不整合面以下地层淋滤改造的过程中所发生的溶蚀。它的形成与重要的海平面升降或构造运动造成的大陆大面积暴露有关，常常是地层学中的主要不整合面。就碳酸盐岩岩溶而言，表生期岩溶和同生期岩溶都是受大气淡水淋滤发生的溶蚀，区别在于同生期岩溶发生的时间早，沉积物尚未完全固结成岩，碳酸盐组分的矿物成分尚未完全稳定化；而表生期岩溶发生的时间比较晚，是对已经固结成岩、完成矿物稳定化转变后的碳酸盐岩产生的岩溶作用。

　　碳酸盐岩风化壳实际上是碳酸盐岩暴露地表后的岩溶作用带，它包括从地表的钙结壳到地下洞穴系统的整个碳酸盐岩岩溶表层。碳酸盐岩古风化壳即是被沉积岩(物)所覆盖的古代地质历史时期的碳酸盐岩的风化壳，在范围上它和广义的碳酸盐岩古岩溶相当。碳酸盐岩古岩溶和碳酸盐岩古风化壳在概念上的差别在于观察研究同一对象时的角度或出发点不同。有一点是共同的，即它们都代表着地层学中的沉积间断，是一种大陆暴露面。特别是，碳酸盐岩古风化壳必须是在长期暴露的情况下岩溶充分发育时才可能有相当大的厚度，从而形成具有实际意义的油气储集层。

国内外勘探实践表明，对于中、新生代礁滩相碳酸盐岩而言，或许同生-准同生期岩溶作用就可形成油气储集层；但对于经历了多期多类成岩作用的中国叠合盆地中下组合古老碳酸盐岩而言，必须有表生期岩溶作用的叠加才能形成油气储集层。

5.3.1　表生期岩溶的期次

由 2.1 节可知，加里东中期、加里东晚期和海西早期等构造运动是对塔中地区有重大影响的构造事件。中奥陶世末至晚泥盆世，塔中西部及邻区奥陶系及上覆的志留系和泥盆系地层遭受了四次不同程度的剥蚀。奥陶系碳酸盐岩也相应经历了中奥陶世末(加里东中期早幕)、奥陶纪末-志留纪初(加里东中期)、志留纪末-泥盆纪初(加里东晚期)和晚泥盆世中期(海西早期)至少四期岩溶作用的改造。各期岩溶作用的发育程度在不同构造或地区间存在着差异(表 5.4)。

表 5.4　塔中西部及邻区奥陶系碳酸盐岩表生期岩溶的期次及特征

岩溶期次	发育时间	有关的构造运动	主要岩溶发育区	岩溶规模	代表井
第四期	晚泥盆世中期	库米什运动(海西早期)	塔中Ⅱ号构造带及TZ1-TZ8 井构造带	分布不广，但厚度大，垂向分带明显	TZ1、TZ2、TZ9、TZ19、TZ46 井
第三期	志留纪末-泥盆纪初	博罗霍洛运动(加里东晚期)	塔中Ⅱ号构造带	规模很小	
第二期	奥陶纪末-志留纪初	艾比湖运动(加里东中期)	塔中Ⅱ号构造带，Zh1 井—Zh12 井一带，塔中Ⅰ号构造带中段部分地区	规模小	Zh1、Zh12、Zh13、TZ16 井
第一期	中奥陶世末	满加尔运动(加里东中期早幕)	塔中Ⅰ号构造带以西	分布广，厚度小	Zh1、TZ162 井

(1) 中奥陶世末的加里东中期运动早幕使中下奥陶统碳酸盐岩直接暴露地表，普遍遭受剥蚀，并在其顶部形成了第一期岩溶，随后有上奥陶统上覆沉积，第一期岩溶在塔中Ⅰ号断裂带以西广泛分布，但岩溶作用影响的深度范围比较小，无论是岩溶地貌还是岩溶的垂向分带都不够典型。

(2) 奥陶纪末-志留纪初的加里东中期运动主要使上奥陶统地层遭受一定程

度的剥蚀,碳酸盐岩地层顶部形成了第二期岩溶,主要影响塔中Ⅱ号构造带,
Zh1 井—Zh12 井一带及塔中Ⅰ号构造带中段部分地区,岩溶作用影响深度的范
围在不整合面以下 200m 以内;中下奥陶统碳酸盐岩局部裸露地表,发育小规模
的岩溶。

(3) 志留纪末至泥盆纪初的加里东晚期运动使志留系地层遭受到了一定程度
的剥蚀,仅在塔中Ⅱ号构造带的一些地段顶部缺失志留系,使中下奥陶统碳酸盐
岩受到表生期岩溶作用,但规模很小。

(4) 晚泥盆世中期的海西早期运动使隆起区顶部和古构造高部位泥盆系地层
被剥缺,中下奥陶统碳酸盐岩出露地表,形成厚度较大的风化壳岩溶系统,主要
发生在塔中Ⅱ号构造带、TZ1-TZ8 井构造带。塔中Ⅰ号和Ⅱ号构造带现今的岩溶
系统实际上是多期岩溶叠加的结果。至少四期岩溶作用的发生和叠加,在本区中
下奥陶统上部出现了明显的表生期岩溶带,上奥陶统碳酸盐岩顶部也出现了较明
显的表生期岩溶带。该区奥陶系表生期岩溶主要形成于奥陶纪末-志留纪初和晚泥
盆世中期。

5.3.2　岩块构造型和平缓褶皱型表生期岩溶

由 2.1 节和 3.1 节已知,塔里木盆地塔中西部及邻区奥陶系因受加里东运动、
海西运动的深刻影响,地层强烈褶皱隆升,断垒构造发育,奥陶系碳酸盐岩呈“岩
块”形式出露于不整合面之上,发育岩块构造型岩溶;鄂尔多斯盆地西部奥陶系
地层虽受加里东运动影响,但褶皱平缓,奥陶系上部地层被大面积抬升长期暴露,
发育平缓褶皱型岩溶。

1. 岩块构造型岩溶的特征及发育规律

1) 基本特征

塔里木盆地塔中西部及邻区奥陶系碳酸盐岩顶部不整合面之下 200m 厚的地
层内,可见发育程度不等的多种岩溶现象,出现了规模不同、形态各异的岩溶缝
洞系统和特征的内部充填物。通过对井下取心段的观察、研究以及对其钻井和电
测曲线响应特征的分析,认为本区奥陶系碳酸盐岩岩块构造型岩溶主要有以下几
方面的识别标志。

(1) 与剥蚀面伴生的风化残积物。与本区奥陶系碳酸盐岩顶部剥蚀面伴生的
风化残积物(溶蚀残余物),包括覆盖角砾岩和紫红色泥岩、灰绿色铝土质泥岩、
含砾泥岩等,常堆积于岩溶沟谷和岩溶坑洼中。TZ1 井中下奥陶统白云岩顶部剥
蚀面之上的石炭系底部发育厚 9.6m 的残积角砾白云岩,碎屑支撑,砾间为泥质、
粗晶方解石和沥青充填,溶蚀孔洞发育。

(2) 高角度溶沟和溶缝。高角度溶沟和溶蚀扩大缝是本区奥陶系碳酸盐岩遭受表生期岩溶作用的一个常见识别标志。溶蚀扩大缝常被泥质、粉砂及少量的碳酸盐岩角砾、粒状方解石和白云石充填，一般分布于剥蚀面以下 100m 的深度范围内。TZ16、TZ25、TZ27 井上奥陶统灰岩顶部这种溶缝发育。岩溶环境的水循环作用期间，高角度溶沟和溶蚀扩大缝常被泥质、粉砂和角砾充填。

(3) 大型溶洞。大型溶洞是识别风化壳岩溶作用的重要标志之一。它的形成和发育是本区奥陶系碳酸盐岩水平潜流带岩溶作用的结果。溶洞的发育规模、充填物性质和充填程度受风化壳之下奥陶系的岩性控制或影响。灰岩中发育的溶洞规模较大，洞径一般在 2~5m，最大可达十几米，主要为灰岩角砾、碳酸盐矿物和砂泥质充填或半充填。部分大型灰岩溶洞中还发育特征的地下暗河沉积物，其交错层理、波状层理等沉积构造发育，总体上以粉砂和黏土为主，正粒序。这些大型溶洞及其充填物是潜水面溶洞系统和地下水流系统的重要识别标志。TZ16井上奥陶统灰岩顶部发育一个洞径约有 1.7m 的大型溶洞，TZ2 和 TZ3 井下奥陶统中均见到已被充填的大型溶洞。白云岩中发育的溶洞规模相对较小，洞径一般不超过 1m，为白云岩角砾、泥质和碳酸盐矿物充填或半充填。

(4) 中小型溶蚀孔洞。本区奥陶系碳酸盐岩风化壳岩溶带中，中小型溶蚀孔洞发育(图版Ⅵ-4)，常呈囊状或水平状，孔洞径一般在 0.2~10cm，多被泥质、粉砂等渗流沉积物及方解石、白云石和硅质矿物等化学沉淀物充填或半充填(图版Ⅴ-5)。灰岩中的溶蚀孔洞发育较为分散，多呈星散状，常为泥质和砂质及方解石充填或半充填。白云岩中的溶蚀孔洞多呈蜂窝状分布，部分呈拉长状平行层面分布，孔洞间的连通性较好。白云岩中的溶蚀孔洞充填度较低，仅部分溶蚀孔洞为少量的白云岩角砾、泥质和白云石、方解石、硅质矿物充填或半充填。TZ2 井深 3881.88~3892.66m 可见小型溶洞 124 个，4086~4095.66m 可见小型溶洞 25 个，为方解石半充填或未充填(图版Ⅳ-4)；TZ18 井深 4754~4768.2m 见小型溶洞 227 个，为方解石全充填、半充填；Zh1 井在第 18 次取心段底部可见中洞 16 个、小洞 35 个，为方解石、石英半充填。中小型溶蚀孔洞的发育说明本区奥陶系碳酸盐岩在表生环境渗流或潜流带中经受了溶解作用，它们以具特征的渗流沉积物、示底构造以及产出于不整合附近等特征与埋藏环境中形成的溶蚀孔洞相区别。

(5) 钻井过程中的钻具放空以及泥浆的大量漏失。钻井过程中钻遇本区奥陶系碳酸盐岩中的半充填或未充填溶洞时，常出现钻具放空及大量的泥浆漏失。钻具放空量一般为 0.2~2.5m，钻具放空是钻遇溶洞的最直接的标志。而泥浆漏失则可能由多种因素引起，在钻遇裂缝发育带、孔洞发育带或大型溶洞时皆可出现泥浆漏失现象，但与明显的钻具放空伴随的大量泥浆漏失现象，则是钻遇溶洞的结果。TZ16 井钻至 4259m 时曾放空 1.68m。

(6) 电测井曲线上表现出高自然伽马和低电阻。电测井曲线上表现出的高自然伽马和低电阻是对岩溶缝洞内泥质充填物的响应。通常，本区奥陶系灰岩的岩溶缝洞发育规模较大，并常常被角砾、砂质和泥质等充填物所充填，其自然伽马值一般为 50～100API，电阻率值一般为 3～70Ω·m，部分小于 2Ω·m。自然伽马值的升高多与岩溶缝洞中泥质充填物的存在有关，而电阻率值的降低除与泥质含量增加有关外，可能还要受孔缝残余空间中地层水的存在及泥浆滤液的渗入等因素影响。本区中下奥陶统碳酸盐岩总体上泥质含量较少，岩性较纯且较致密，自然伽马值主要表现为大段低值，一般为 10～15API，曲线起伏较小。由于整体上岩性较为致密，除岩溶缝洞发育带和裂缝发育带外，其电阻率值一般都在 100Ω·m以上，最高可达几万 Ω·m。

2) 岩溶的垂向分带及特征

"岩溶的垂向分带"属于岩溶环境研究的范畴，详见 4.5.2 小节。理论上一个发育完整的表生期岩溶序列从不整合面向下一般由垂直渗流带、水平潜流带和深部缓流带三个岩溶带构成。但由于多期岩溶的叠加以及地层的抬升剥蚀，往往会造成风化壳垂向分带不完整或不同期次岩溶带叠加。岩溶带的发育程度与深度随地区、岩性、构造部位、古地貌位置、古水文条件以及暴露时间长短等因素的差异而有较大的变化。现以 Zh1、TZ16 和 TZ1 井为例，说明不同地质历史时期塔中西部及邻区奥陶系碳酸盐岩岩块构造型表生期岩溶的垂向分带特征。

(1) Zh1 井中下奥陶统鹰山组表生期岩溶的垂向分带及特征。Zh1 井鹰山组上部碳酸盐岩的表生期岩溶作用发生于中奥陶世大湾期至晚奥陶世艾家山早期，与中加里东运动早幕有关。根据岩块构造型表生期岩溶的主要识别标志，结合测井资料解释成果，认为该井鹰山组上部碳酸盐岩遭受表生期岩溶作用影响的深度大致在 5350～5511m，厚 161m，从剥蚀面向下可划分出以下三个岩溶带(图 5.8)。

垂直渗流岩溶带：分布于 5350～5362m，厚 12m，岩性为褐灰色泥晶灰岩，主要以发育垂直溶缝为特征，测井解释表现为低孔高渗段。

水平潜流岩溶带：分布于 5362～5384m 和 5432～5484m，厚度分别为 22m和 52m，其间为一个岩溶缝洞不发育的过渡带分隔，厚 48m。岩性为灰色细晶云岩、云质灰岩和泥晶灰岩，岩溶孔洞发育良好，洞径 1～40mm，多呈水平拉长形，为方解石、白云石或沥青等半充填，面孔洞率 3%～9%(图版Ⅳ-3，图版Ⅵ-5)。测井响应表现为高孔高渗段。岩溶孔洞充填物的碳氧同位素值均比相应的原岩偏负(表 5.5)，充填岩溶孔洞的中晶白云石还发生了明显的去白云石化作用(表 5.6)。这些特征说明，Zh1 井鹰山组上部发育的孔洞及其充填物与近地表成岩环境中大气淡水的作用有关。

　　深部缓流岩溶带：分布于5484～5511m，厚27m。地下水循环差，岩溶作用微弱，岩溶缝洞不发育，测井响应表现出低孔低渗的特征。

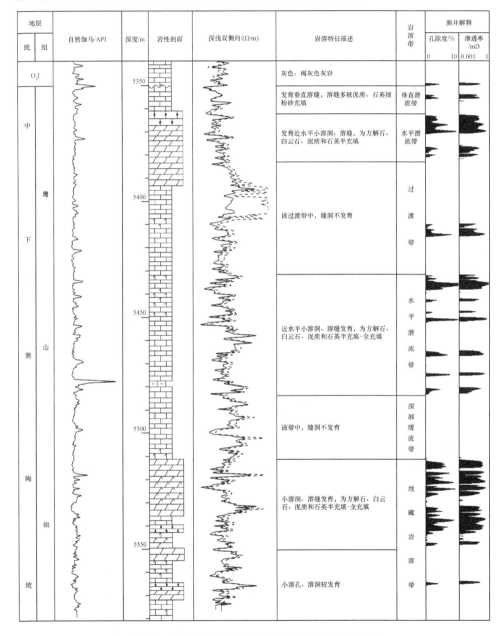

图5.8　Zh1井鹰山组碳酸盐岩岩性剖面及岩溶带

表 5.5　Zh1 井鹰山组白云岩及充填物稳定同位素分析结果

样号	井深/m	岩石/充填物	稳定同位素/‰，PDB	
			$\delta^{13}C$	$\delta^{18}O$
Zh1-1	5367	缝洞方解石	−1.86	−8.35
Zh1-2	5367	细晶云岩	−1.17	−4.98
Zh1-3	5367.6	溶洞内白云石	−1.40	−9.01
Zh1-4	5371	细晶云岩	−1.28	−5.83

表 5.6　Zh1 井溶洞中白云石及去云化白云石的电子探针分析及阴极发光

井号	井深/m	矿物	氧化物含量/%								阴极发光
			CaO	MgO	FeO	MnO	K_2O	Na_2O	SrO	BaO	
Zh1	5367.6	溶洞内中晶白云石	30.62	21.65	0.097	0.070	0.47	0.089	0.010	0.542	暗红光
		溶洞内去云化中晶白云石	53.83	0.34	0.127	0.136	0.440	0.116	0.269	0.532	不发光

(2) TZ16 井上奥陶统灰岩表生期岩溶的垂向分带及特征。TZ16 井上奥陶统良里塔格组灰岩的表生期岩溶形成于奥陶纪末至志留纪初的中加里东运动期间，上奥陶统桑塔木组和良里塔格组一段已被剥蚀殆尽，灰岩曾直接出露地表。其遭受表生期岩溶作用影响的深度大致在 4241～4304.6m，厚 63.6m，从剥蚀面向下，可划分出以下三个岩溶带(图 5.9)。

垂直渗流岩溶带：分布于 4241～4259m 井段，厚 18m，以发育大型垂直溶缝和囊状孔洞为特征。根据缝洞发育情况可细分为两个小段：①4241～4252m 井段为浅灰色中厚层泥-亮晶含砾屑的藻砂屑灰岩、隐藻凝块石灰岩，以发育垂直溶缝和高角度溶缝为主，另见少量的囊状孔洞，被红色泥质和方解石充填；②4252～4259m 井段为灰色中厚层隐藻凝块石灰岩中发育 8 条 0.5～2cm 的张性溶缝，有些发展为溶洞，为泥质和自形方解石半充填。另外见到 169 个半自形-自形方解石半充填的小型溶蚀孔洞，孔洞直径为 0.2～0.5cm，含油。

水平潜流岩溶带：分布于 4259～4272m 井段，厚 13m，以发育大型水平溶洞为特征。分为两个小段：①4259～4260.68m 井段中放空 1.68m，发育大型溶洞，录井过程中见到自形、半自形方解石，含油；②4260.68～4272m 井段为灰色中厚层-块状隐藻凝块石灰岩、生物泥晶灰岩。有 6 条宽度为 0.2～1.5cm 的垂直溶缝、高角度溶缝和 24 条网状溶缝，为泥质和方解石半充填。发育 7 个洞径为 0.4～0.5cm 的小型溶洞，为自形细晶方解石充填。见原油外渗。原始缝洞率为 3%，充填率为 75%。

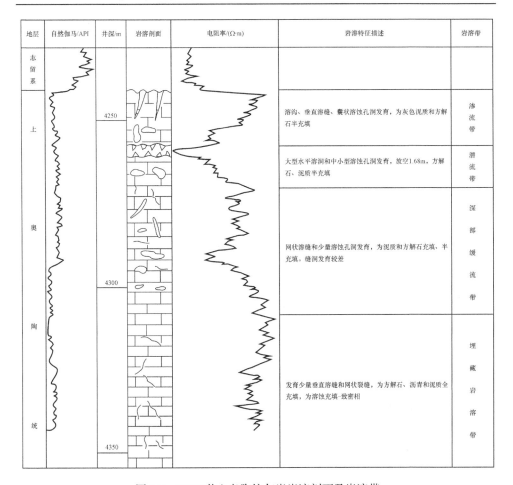

地层	自然伽马/API	井深/m	岩溶剖面	电阻率/(Ω·m)	岩溶特征描述	岩溶带
志留系						
上奥陶统		4250			溶沟、垂直溶缝、囊状溶蚀孔洞发育，为灰色泥质和方解石半充填	渗流带
					大型水平溶洞和中小型溶蚀孔洞发育，放空1.68m，方解石、泥质半充填	潜流带
		4300			网状溶缝和少量溶蚀孔洞发育，为泥质和方解石充填、半充填。缝洞发育较差	深部缓流带
		4350			发育少量垂直溶缝和网状裂缝，为方解石、沥青和泥质全充填，为溶蚀充填-致密相	埋藏岩溶带

图 5.9　TZ16 井上奥陶统灰岩岩溶剖面及岩溶带

深部缓流岩溶带：分布于 4272～4304.6m，厚 32.6m，该带岩溶水循环差，岩溶作用弱。发育少量高角度微细溶缝和网状溶缝，为泥质和细晶方解石充填，溶蚀孔洞少见，发育较差，原始缝洞率仅为 0.8%。

从以上的岩溶分带特征可以看出，TZ16 井一带在剥蚀面之下 0～31m 的范围内表生期岩溶较发育，该范围是岩溶型储层的主要发育层段。

(3) TZ1 井中下奥陶统白云岩表生期岩溶的垂向分带。TZ1 井中下奥陶统白云岩表生期岩溶作用的发生与早海西运动有关。其遭受表生期岩溶作用影响的深度大致在 3585～4336m，厚 751m，岩溶孔缝洞非常发育。从剥蚀面向下，可划分出三个岩溶带(图 5.10)。

地层		井深/m	自然伽马/API	岩性剖面	深侧向电阻率/(Ω·m)	岩溶特征	岩溶带	
石炭系	下统					石炭系底部见6.5m厚的原地残积白云岩角砾岩，孔洞发育，见方解石半充填	地表岩溶带	
奥陶系	中奥陶统	3600				井段3585~3727m，厚约142m。该带高角度溶缝、溶蚀加宽解理、溶蚀孔洞发育，部分溶缝具泥质或白云岩碎屑充填物	垂直渗流岩溶带	
	下奥陶统	3800 4000				该带发育四个次一级的水平潜流岩溶亚带，井段分别为： 3727~3807m，厚80m； 3835~3885m，厚50m； 3925~3985m，厚60m； 4035~4135m，厚100m； 其间为过渡亚带 该带岩溶特征为：每一个水平岩溶亚带中，孔洞相对发育，孔洞多呈水平拉长状延伸。多发育中、小型溶洞，部分见特征的溶洞充填物。第Ⅰ亚带和第Ⅳ亚带中分别见高90cm及32cm的溶洞，洞中见溶塌角砾岩、灰绿色的泥、粉砂及方解石晶簇、皮壳状方解石充填物	水平潜流岩溶带	第Ⅰ水平潜流岩溶亚带
								过渡亚带
								第Ⅱ水平潜流岩溶亚带
								过渡亚带
								第Ⅲ水平潜流岩溶亚带
								过渡亚带
								第Ⅳ水平潜流岩溶亚带
	下奥陶统	4200 4336				发育井段4135~4336m，厚201m，发育底界距侵蚀面达751m。该段孔洞发育程度变差，孔洞直径变小，表现为针孔及方解石半充填的小型孔洞零散发育。至4336m以下，孔隙度趋于平稳，为1%左右	深部缓流岩溶带	

图 5.10　TZ1井中下奥陶统白云岩岩溶剖面及岩溶带

垂直渗流岩溶带：分布于 3585~3727m 井段，厚 142m。该带中岩溶水主要沿着岩层中的垂直缝隙向下渗流，以垂向岩溶作用为主，发育高角度溶缝和溶蚀加宽缝，常被白云岩角砾、粉砂等碎屑物质充填。此外，呈垂直延伸的小型溶蚀孔洞也比较发育，常被碳酸盐岩矿物以及少量硅质半充填。

水平潜流岩溶带：分布于 3727~4135m，厚 408m。该带中岩溶水受压力梯度控制并沿水平方向流动，主要特征表现为中小型溶蚀孔洞相对发育和孔隙度的大幅提高，大型水平溶洞较少见，仅在3803.98~3804.88m处发现一个洞径为90cm的溶洞。部分孔洞呈水平拉长状，孔洞多数未充填或半充填，充填物主要是白云石、方解石和硅质，泥砂质充填物较少。TZ1 井下奥陶统白云岩中的水平潜流带可细分为 4 个次一级的水平潜流亚带。水平潜流亚带的厚度从 50~100m 不等，以发育大型水平溶洞和孔洞层为特征。水平潜流亚带之间为过渡亚带，岩溶发育相对较差，仅发育少量的溶缝和小型溶蚀孔洞(图版Ⅳ-1、2，图版Ⅵ-4)。

深部缓流岩溶带：分布于 4135~4336m，厚 201m，其最大底界深度是岩溶作用的下限，TZ1 井的岩溶底界距剥蚀面约 751m。该岩溶带内的地下水运动与交替极为缓慢，因此岩溶作用比较微弱，主要以溶孔、溶缝的零散发育为特征，且多为粒状方解石、白云石、黏土矿物、粉砂等充填或半充填。

3) 岩溶的分布及发育模式

(1) 加里东中期岩溶。奥陶纪末期的艾比湖运动，使塔中低隆起进一步抬升，在隆起的顶部开始出现断垒或单断式背斜，上奥陶统地层遭受一定程度的剥蚀，仅在部分构造的顶部剥缺了上奥陶统上部的砂泥岩地层，奥陶系碳酸盐岩裸露地表，受到表生期岩溶作用，主要发育灰岩型岩溶。该期岩溶作用主要影响塔中Ⅱ号构造带，Zh1 井—Zh12 井一带及塔中Ⅰ号构造带中段部分地区，其中 TZ16 井区比较发育。

塔中西部及邻区，上奥陶统灰岩以"岩块"区的形式出露于奥陶系与志留系不整合面上。例如，塔中 16 号构造和 TZ50 井构造附近以及紧邻塔中 10 号断层的东侧，多呈孤立的岩块出露于上奥陶统泥岩中。碳酸盐岩"岩块"是指在不整合面上出露于非碳酸盐地层中的孤立碳酸盐岩区块。它们多受构造作用和剥蚀作用控制，周围被砂、泥岩地层所覆盖、环绕。TZ16 井—TZ50 井一线，不整合面上的上奥陶统灰岩"岩块"表生期岩溶作用发育。TZ16 井区上奥陶统灰岩在不整合面上的出露面积较大，约 18km²，有 TZ16 井和 TZ162 井钻遇。该"岩块"区内，TZ16 井位于"岩块"的高地边缘部位，岩溶带发育完整，垂直渗流岩溶带和水平潜流岩溶带厚度较大，分别为 18m 和 13m，在不整合面之下的岩溶作用最大深度约为 63m。TZ162 井发育的岩溶带厚度较薄，仅十几米，且岩溶作用发育较差，岩溶带分异不明显，仅发育少量的高角度溶缝和网状溶缝并为泥质所充填，储集条件较差。TZ50 井构造，上奥陶统灰岩的出露面积较小，约 5km²，又因不整合面之下的岩性主要是泥质灰岩，可溶性差，因此其岩溶作用不发育。仅在泥质条带灰岩上部见少量高角度溶缝为泥质充填，偶见溶洞。总体上岩溶作用发育阶段不完善，岩溶的垂向分带性不明显，储集条件差。

由于这些受构造抬升控制的碳酸盐岩"岩块"或溶丘在地貌上的位置较高，加之它的四周常常有低渗透的泥岩地层围绕、覆盖，岩溶水来源主要依靠自身汇集的大气降水，这种岩溶作用类型称为"A 型自生岩溶"(Jakucs, 1977)。在"岩块"内，潜水面的形状是向边缘非碳酸盐岩层位下降的，总体上呈上凸的拱形。在水压等因素的作用下，水平潜流岩溶带中的岩溶通道和孔洞呈透镜体状。透镜体以下为深部缓流岩溶带，岩溶发育较差。随着岩溶作用和剥蚀作用的持续进行，"岩块"的垂直渗流岩溶带顶部可逐渐被剥蚀，成为地貌上的丘陵。在以上岩溶垂向分带及平面分布特征研究的基础上，分析表生期岩溶发育的主控因素(详见 6.2节)，确定出塔中西部及邻区加里东中期上奥陶统灰岩"岩块"出露区的岩溶发育模式(图 5.11)。

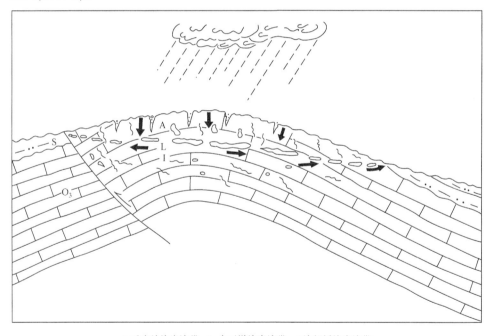

A-垂直渗流岩溶带；L-水平潜流岩溶带；I-溶部缓流岩溶带

图 5.11　塔中西部及邻区加里东中期上奥陶统灰岩"岩块"出露区的岩溶发育模式示意图

(2) 海西早期岩溶。根据现有资料的分析及前人研究成果，塔中西部及邻区石炭系沉积前,奥陶系碳酸盐岩"岩块"区主要分布于塔中东部断裂构造带和塔中Ⅱ断裂构造带上,主要出现 4 个碳酸盐岩"岩块"区,分别是 TZ1-TZ5-TZ7 井区、TZ2-TZ9-TZ19 井区、TZ4-TZ403 井区和 TZ3 井区,估计单个碳酸盐岩"岩块"面积为几十到几百平方公里。本区早海西期岩溶可能就主要发育并出露于不整合面之上的碳酸盐岩"岩块"区中,因为"岩块"区之间,中下奥陶统碳酸盐岩地层被上奥陶统及志留系和泥盆系的砂、泥岩地层所覆盖。与塔北地区、和田地区相比,该期岩溶作用强度不大,但是在塔中西部及邻区是岩溶强度比较大的一期岩溶。

TZ1-TZ5-TZ7 井区在几个"岩块"区中面积最大,在 450km² 以上,其不整合面附近出露的中下奥陶统岩性以白云岩为主。该区中,TZ8 井处于背斜鞍部,仅发育 28m 厚的垂直渗流岩溶带。TZ5 井的垂直渗流岩溶带发育且厚度较大,厚约 190m,发育高角度溶缝及小型溶蚀孔洞,常为方解石或灰绿色泥质充填或半充填,其他的岩溶带欠发育,常难以识别。TZ1 井和 TZ7 井均处于背斜核部,垂向岩溶序列发育较完整,TZ1 井的垂向岩溶分带特征 5.3.2 小节已述及,TZ7 井的垂直渗流岩溶带厚度较薄,厚度为 47m;水平潜流岩溶带厚 327.5m,共发育四个厚度分别为 55.5m、53.5m、56.0m 和 44.5m 的水平潜流岩溶亚带(孔洞发育带);深部缓流岩溶带的厚度大于 93.5m。TZ7 井岩溶不如 TZ1 井的发育,但其四个孔洞发育带仍可与 TZ1 的岩溶带对比。TZ1 井和 TZ7 井的中下奥陶统地层皆由白云岩组成,发育白云岩型岩溶。垂直渗流岩溶带发育高角度溶缝和近垂向延伸的溶蚀孔洞,由白云石碎屑、云质泥岩和白云石、方解石充填或半充填。水平潜流岩溶带中皆发育四个厚度在 44.5~100m 的孔洞发育带,平均厚度 62.8m。每个孔洞发育带多由呈水平拉伸状的中、小型溶蚀孔洞、水平溶缝及针孔状的溶孔组成,大型水平溶洞比较少见。仅在 TZ1 井的第一和第四孔洞发育带中发现两个较大的水平溶洞,洞中见特征充填物。从 TZ1 井和 TZ7 井的岩溶剖面分析,该"岩块"区的岩溶作用最大深度在 468~751m。

TZ2-TZ9-TZ19 井"岩块"处于塔中Ⅱ号构造带中段,面积约 150km²,中下奥陶统地层岩性以白云岩为主,夹云质灰岩。对比 TZ2、TZ9 和 TZ19 三口井,其中 TZ2 井中下奥陶统岩溶作用较为发育且垂向岩溶序列发育完整。TZ2 井垂直渗流岩溶带厚度为 49.0~118.5m,发育高角度溶缝、垂直溶洞及蜂窝状溶蚀孔洞,常为白云岩角砾、陆源碎屑砂砾岩和泥岩、沥青及方解石充填或半充填。水平潜流岩溶带厚度约为 244m,发育四个厚度分别为 40.0m、49.5m、30.0m、27.0m 的孔洞发育带。上部三个孔洞发育带分布于白云岩段,表现为中、小型溶蚀孔洞发育,孔隙度可达 12%左右;下部的第四孔洞发育带的基岩岩性由白云岩夹灰岩组成,在白云岩中发育中、小型溶蚀孔洞,而在灰岩夹层中发育大型水平溶洞。例如,TZ2 井 4176.00~4181.13m 井段的上、下部的灰岩夹层中,发育两个洞径分别 2m 和 4m 的水平溶洞，皆为中粗晶方解石充填。深部缓流岩溶带分布于距不整合面 307.0～387.0m 范围内，厚约 80m，表现为水平溶缝及针状溶孔的断续分布。TZ9 井仅钻揭垂直渗流岩溶带，厚度较大，约 118.5m，岩心剖面上高角度溶缝和沿溶缝扩大溶蚀的孔溶洞发育，多为陆源碎屑泥砂和中粗晶方解石充填，残余孔洞表现为晶洞构造。TZ19 井垂直渗流岩溶带厚度小，厚约 49.0m；水平潜流岩溶带钻揭厚度为 244m，发育三个厚度分别为 21.5m、34.0m 和 17.0m 的孔洞发育带，以发育小型的针孔状溶孔为主，面孔率较低，岩溶作用相对较弱。从 TZ2 井的岩溶剖面分析，"岩块"区的岩溶作用的最大深度距不整合面约 387m。

TZ4-TZ403 井"岩块"区面积约 60km^2。该"岩块"区位于 TZ2-TZ9-TZ19 井"岩块"区的东部，也处于塔中 II 号构造带上。不整合面附近出露的中下奥陶统岩性以白云岩为主。TZ403 井钻揭中下奥陶统地层厚度为 131.0m，垂直渗流岩溶带厚度为 95.8m，发育高角度溶缝及扩大溶蚀的竖直溶洞，主要为白云岩角砾、粉砂岩、泥岩及方解石充填；水平潜流岩溶带仅钻揭一个厚度为 35.2m 的孔洞发育带，发育溶孔、小型溶洞及溶缝，多为灰绿色泥质和方解石充填。未钻揭深部缓流岩溶带。

TZ3 井"岩块"区面积在 30km^2 以上，四周为断层所切割，东、南、西三面为上奥陶统和志留系砂、泥岩所围绕，北面直接与 TZ1-TZ5-TZ7 井"岩块"区相连。不整合面之下约 300m 厚的中下奥陶统地层，主要由砂屑灰岩组成，向下逐渐过渡为云质灰岩和灰质云岩地层。TZ3 井中下奥陶统碳酸盐岩中的岩溶类型以灰岩型岩溶为主，其垂向岩溶序列发育完整，垂直渗流岩溶带分布于不整合面之下 40m 以内，发育高角度溶缝和近直立的溶洞和落水洞，大部分为灰岩角砾、灰绿色泥质粉砂和方解石充填。水平潜流岩溶带发育厚度 329m，以发育大型水平溶洞和特征的地下暗河砂、泥质充填物为特征。该岩溶带中发育四个厚度分别为 63.5m、32.0m、28.0m 和 37.5m 的孔洞发育带。上部的三个孔洞发育带出现于灰岩地层中，主要由多个大型水平溶洞组成，溶洞直径一般在 3～12m，多为坍塌角砾岩、地下暗河沉积的砂、泥岩和后期的粗晶方解石充填。下部的第四个孔洞发育带出现于云质灰岩和灰质云岩地层中，以发育水平溶缝、小型溶孔洞为特征，其中发育灰绿色泥岩和方解石充填物，孔洞面孔率为 3%～5%。深部缓流岩溶带发育厚度约 109.5m，说明 TZ3 井"岩块"区的岩溶作用最大深度在 480m 左右。

综上所述，塔中西部及邻区早海西期的表生期岩溶作用发育于中下奥陶统碳酸盐岩直接出露于不整合面上的几个"岩块"区内。较完整的垂向岩溶序列中，水平潜流岩溶带均发育四个孔洞发育带，区域上具有可对比性。岩溶作用的最大深度距不整合面一般为 350～500m，最大作用深度可达 751m。由于受到奥陶系岩性横向变化及垂向组合的控制，塔中西部及邻区岩溶类型较多，特征复杂，发育有白云岩型岩溶、灰岩型岩溶及二者之间的过渡类型。本区白云岩型岩溶和过渡类型岩溶的岩溶发育模式与灰岩型岩溶类似。表生期岩溶发育的"岩块"区在构造部位上多属于由断裂和背斜控制的古构造高点和裂缝发育区。岩溶作用在纵向剖面中具强烈的非均质性。

　　本区上奥陶统良里塔格组与中下奥陶统鹰山组之间存在地层缺失和不整合面。根据地层分布情况，可以推测塔中Ⅰ号断层以西的鹰山组碳酸盐岩在中奥陶世大湾晚期到晚奥陶世艾家山早期曾大面积地暴露于陆上。鹰山组碳酸盐岩在这一暴露时期虽然可能以遭受剥蚀为主，但也必然受到大气淡水的改造，发育加里东中期早幕岩溶作用。例如，Zh1 井中下奥陶统鹰山组上部碳酸盐岩的表生期岩溶，5.3.2 小节已有论述。仅就岩溶发育层位而言，在塔中西部及邻区，中下奥陶统鹰山组的表生期岩溶作用比上奥陶统良里塔格组发育。

　　2. 平缓褶皱型岩溶的特征及发育规律

　　受加里东运动影响，鄂尔多斯盆地西部奥陶系上部地层被抬升，接受了长期的风化剥蚀和大气淡水的影响和改造。该期岩溶作用使区内东部马家沟组马六段和西部中上奥陶统及上覆的志留系、泥盆系和下石炭统地层基本缺失，在奥陶系顶部与上覆上古生界之间形成了区域性不整合面，发育厚度在 10～120m，局部可达 140m 以上的碳酸盐岩风化壳(何自新，2003)。该风化壳属于平缓褶皱型岩溶类型，具有以下一些基本特征或识别标志。

　　1) 基本特征

　　(1) 风化残积层。风化残积层以层状、透镜状、不规则状分布于奥陶系上覆地层石炭系的底部，厚度小于 10m，主要由铝土质泥岩、铝土岩、褐铁矿、黄铁矿和风化残积角砾等组成。在电测曲线上与相邻地层对比，风化残积层具有双侧向电阻率值低、密度曲线底部值高、自然伽马值高的特征，如图 5.12 所示。

　　(2) 溶沟、溶缝和溶洞。溶沟、溶缝分布在奥陶系顶部风化界面以下 0.2～5m 范围内，局部可延伸至 50m 以下，常以管状、漏斗状和不规则状与地层垂直和高角度斜交，向下产状逐渐变缓，主要被黑灰、灰黑色的铝土矿、泥屑、粉屑、砾屑、碳屑、灰质和石英等陆源碎屑物充填。靠近风化界面近直立的溶沟、溶缝中可含较多的黄铁矿。溶沟、溶缝中还有来自上覆石炭系中的孢粉化石。例如，鄂 6 井 3630.67～3635.0m，B1 井 3999.0～4003.40m 和 M6 井 3698.67～3710.25m 中可见大量溶沟、溶缝。溶洞分布的深度大于溶沟和溶缝，常呈不规则状，洞径相差悬殊(图版Ⅶ-5)，溶洞的空间比较大时，可使钻具放空。例如，Y8 井 3868.2～3880.4m，放空 0.6m；鄂 6 井 3830.5～3853.0m，放空 0.6m；鄂 7 井 4019～4026.5m，泥浆漏失严重与溶洞发育有关。

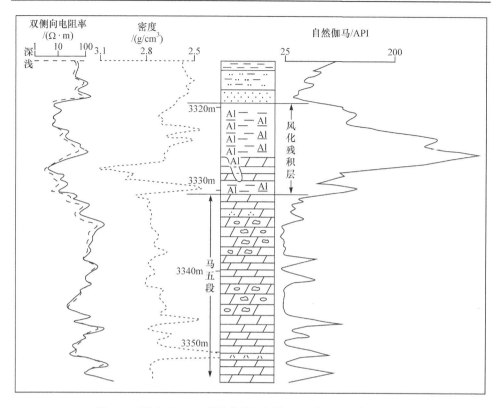

图 5.12　研究区 Sh52 井马家沟组风化界面附近电测曲线特征

(3) 岩溶角砾岩。岩溶角砾岩主要位于风化界面以下 5～80m 范围内，与周围地层呈不规则状突变接触，单层厚一般在 0.2～10m，最厚可达 15m，岩溶角砾岩多呈灰黑色和杂色，结构组分复杂，主要有云质和灰质角砾岩两类。角砾的岩性成分多样，常与相邻地层的岩性一致，有泥晶白云岩、粉晶白云岩、泥-粉晶白云石岩和颗粒白云岩等类型，角砾含量在 30%～75%，分选和磨圆极差，角砾和杂基支撑者均有；角砾间主要由细粒碳酸盐机械碎屑和泥质充填(图版Ⅳ-5)。绝大多数岩溶角砾岩中未见孔、洞、缝存在，仅在膏质角砾中有被半充填的膏模孔，充填物多为方解石或白云石。

研究区东部马家沟组上部膏质泥-粉晶白云岩中常见针状、似圆状、椭圆状膏模孔、洞呈孤立状(图版Ⅵ-8)或蜂窝状分布，几乎未充填，可能也受到过表生期岩溶作用的影响。

2) 岩溶的垂向分带及发育模式

(1) 概述。李汉瑜(1991)根据岩溶水动力学特征建立了一个理想的岩溶剖面，并总结出了碳酸盐岩岩溶发育的综合模式(图 5.13)。该综合模式中，垂向上，潜水面以上为垂直渗流带，以下为水平潜流带；混合水带以上为水平潜流带，以下为深部缓流带。横向上，按照地势由高到低依次是岩溶高地(主要为大气水补给区)、岩溶斜坡(主要为地下径流区)和岩溶斜坡(主要为地下水排泄区)。该模式作为一个经典的碳酸盐岩岩溶发育综合模式被人们所引用，适合用于解释平缓褶皱型岩溶的发育机制。

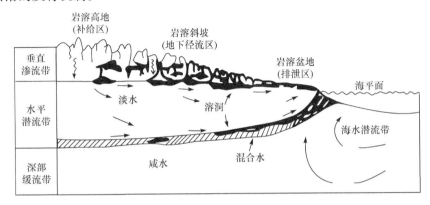

图 5.13　岩溶水动力学特征分带(李汉瑜，1991)

(2) 岩溶的垂向分带。地表岩溶带：该溶带是指表生期岩溶作用在风化界面处形成的地表形态和相伴生的风化残积层等。风化界面处的地表形态是地表不均一岩溶的直接反映，其地貌形态(岩溶古地貌)可通过多种地质、地震的方法和技术加以恢复。研究区奥陶系地表岩溶带中可区分出岩溶高地(或岩溶台地)、岩溶斜坡和岩溶盆地 3 个二级古地貌单元，并可进一步区分出残丘、残台、沟谷、阶地、洼地和盆地等三级古地貌单元(郑聪斌等，2000，1998；马振芳等，1998a，1998b，1997；张锦泉，1992)。研究区东部，奥陶系顶部与上覆石炭系之间呈波状、高低不平的接触关系，并在风化界面上分布有呈透镜状展布的铁质风化壳；研究区西部，地表岩溶带不发育，多为风化残积层直接上覆于垂直渗流带上，如 T2 井奥陶系顶部。

垂直渗流带：该岩溶带中，大气淡水以近垂直渗流为主，该过程中下渗的大气淡水流速快、未饱和，形成大量高角度的溶沟、溶缝和小溶孔、溶洞。大的沟、缝多被泥质、碳质、陆源碎屑和化学沉淀物等全充填，小的孔、洞常由亮晶方解石(白云石)充填或半充填。垂直渗流带发育的深度及规模与古地貌和岩性有着密切的关系。区内中央古隆起及周围虽缺失富含膏质的马五段或马五段上部地层，但因其处于岩溶高地上，导致垂直渗流带相对发育，向下延伸较深，溶沟、溶缝发育，但多被后期充填。例如，M6 井马五段的取心段(3702.5～3721.4m)岩性致密，见大量的溶沟、溶缝(图版Ⅳ-6)，并由碳质、石英细砂、黄铁矿和渗流鲕等全充填，孔、洞不发育，主要属于表生期岩溶的垂直渗流带(图 5.14)。发育在岩溶高地之上的垂直渗流带的发育厚度在 10～50m。而分布在岩溶斜坡部位的井区，富含膏质结核的马五段上部地层保存较好，垂直渗流带的发育厚度一般在 0～

20m，如 Sh52 井垂直渗流带的发育厚度仅为 4～6m(图 5.15)。区内西部天池西—任家庄一带，由于中、上奥陶统碎屑岩大量出现，碳酸盐岩减少，岩性致密，致使下奥陶统垂直渗流带的溶蚀作用不强烈，但是沿断层和裂隙带同样可以形成一些溶缝和溶洞，如克里摩里组。

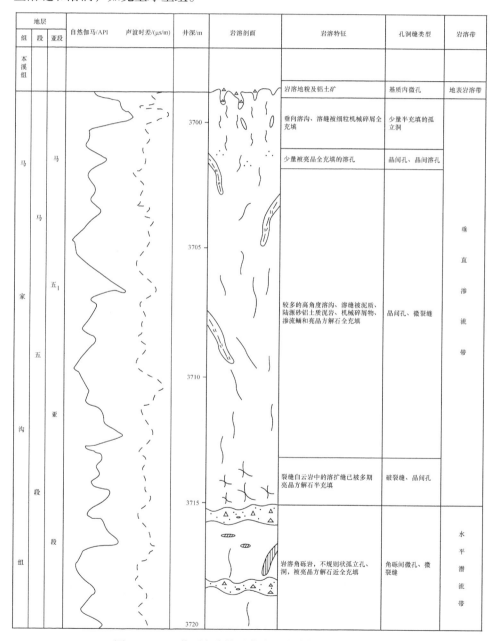

图 5.14　M6 井下奥陶统马家沟组岩溶剖面及岩溶带

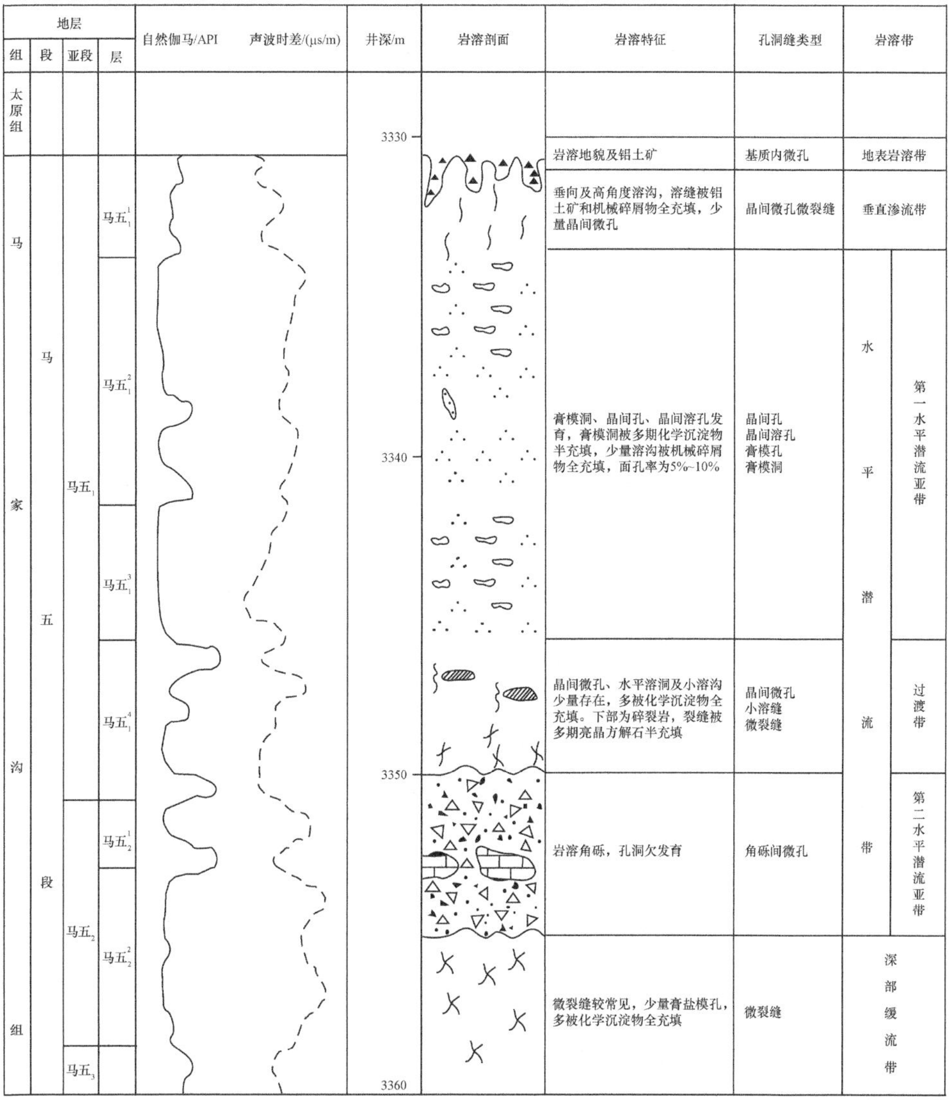

地层				自然伽马/API	声波时差/(μs/m)	井深/m	岩溶剖面	岩溶特征	孔洞缝类型	岩溶带
组	段	亚段	层							
太原组						3330		岩溶地貌及铝土矿	基质内微孔	地表岩溶带
马家沟组	马五	马五₁	马五₁¹					垂向及高角度溶沟,溶缝被铝土矿和机械碎屑物全充填,少量晶间微孔	晶间微孔微裂缝	垂直渗流带
			马五₁²			3340		膏模洞、晶间孔、晶间溶孔发育,膏模洞被多期化学沉淀物半充填,少量溶沟被机械碎屑物全充填,面孔率为5%~10%	晶间孔晶间溶孔膏模孔膏模洞	第一水平潜流亚带
			马五₁³							水平潜流带
			马五₁⁴					晶间微孔、水平溶洞及小溶沟少量存在,多被化学沉淀物全充填。下部为碎屑岩,裂缝被多期亮晶方解石半充填	晶间微孔小溶缝微裂缝	过渡带
		马五₂	马五₂¹			3350		岩溶角砾,孔洞欠发育	角砾间微孔	第二水平潜流亚带
			马五₂²					微裂缝较常见,少量膏盐模孔,多被化学沉淀物全充填	微裂缝	深部缓流带
		马五₃				3360				

图 5.15　Sh52 井下奥陶统马家沟组岩溶剖面及岩溶带

　　水平潜流带：向下垂向运移的大气淡水到达该带时,受到潜水面的顶托作用和压力梯度的控制,使其近水平方向缓慢地向岩溶盆地部位移动。此过程中,大气淡水未饱和,缓慢的移动易于形成大量的顺层溶孔、溶沟和溶洞。区内水平潜流带发育的深度及强度同样受到古地貌和岩性的控制。区内中央古隆起及周围分布的马家沟组上部地层中缺少膏盐类矿物,其基岩的孔、渗也较低,使得其水平潜流带中近水平方向上分布的溶孔、溶洞欠发育,在取心段中不易识别。而在中央古隆起带的东侧,即岩溶斜坡上富含膏质结核的马家沟组五段上部地层分布广泛，导致水平潜流带发育的深度浅，强度大，形成大量膏模孔洞和较多溶洞，后期被岩溶机械碎屑物充填。

研究区东部岩溶斜坡部位发育的水平潜流带在纵向上可进一步分出两个水平潜流亚带，反映了区域上潜水面和岩溶作用强弱的变化情况。例如，Sh52 井 (3330.2~3360.0m)中出现两个次一级的水平潜流带(图 5.15)，第一水平潜流亚带出现在 3333.15~3348.00m 井段中，厚 14.85m，发育大量近顺层分布的膏模孔、洞，在岩溶期及后期成岩过程中被渗流粉砂、渗流泥和亮晶方解石半充填-全充填(图版IV-7)；第二水平潜流亚带出现在 3350.29~3355.4m 井段中，厚 5.11m，发育洞径为 1.5~3m 的几个大溶洞，均被岩溶角砾全充填，岩性较致密，溶洞之上的地层中伴随有裂缝白云岩的形成，中具少量半充填的孔、洞、缝。这两个水平潜流亚带之间属于过渡带，其岩性致密，仅见少量近全充填的低角度溶缝和溶洞。研究区东部水平潜流带发育的深度范围一般位于风化界面之下 5~70m 范围内。研究区西部岩溶斜坡部位由于岩性和古地貌的影响水平潜流带不如东部发育，在纵向上不易细分出水平潜流亚带，水平潜流带主要发育在克里摩里组和桌子山组。

深部缓流带：该岩溶带中，下渗并沿水平方向运移的大气淡水已处于饱和-过饱和状态，其溶解能力极弱，溶解物可在早期形成的孔、洞、缝中沉淀下来，形成化学充填物。例如，Sh52 井 3355.4m 以下的井段中的微裂缝和零星分布的近水平向展部的溶孔、溶洞均被亮晶方解石全充填，储集性能差(图 5.15)。深部缓流带的底界常与未接受表生期岩溶作用改造的基岩过渡，其发育深度很难确定，但可以根据地层中未发生溶蚀改造的、在沉积时形成的易溶矿物出现的大致深度加以确定，如层状分布的膏、盐类矿物分布的最浅井深等。

(3) 岩溶的发育模式。通过上述对本区奥陶系顶部表生期岩溶的特征及岩溶分带特征的研究，分析表生期岩溶发育的主控因素(详见 6.2 节)及岩溶水动力学特征，总结出本区奥陶系碳酸盐岩表生期岩溶的发育模式如图 5.16 所示。

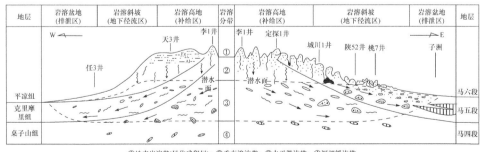

图 5.16　鄂尔多斯盆地西部奥陶系表生期岩溶发育模式示意图

5.3.3　表生期岩溶古地貌及岩溶发育综合模式

1. 碳酸盐岩古地貌恢复的研究历程及进展

古地貌是地史时期的地表形态，绝大多数目前已经消失，少部分残缺不全，埋藏于地下或出露于地表，因此古地貌恢复难度大，研究进展缓慢。近年来，随着油气工业的快速发展，带动了石油地质理论与技术方法的创新，油气田古地貌恢复的研究也取得了较大的进展。

1) 研究历程

国外古地貌研究起步于 20 世纪 50 年代，将古地貌与油气勘探直接联系起来的论述首次见于 Thornpury 1954 年发表的《石油勘探中地貌学的运用》一书。该书着重从潜伏喀斯特地形、带状砂和交角不整合等方面，探讨了油气聚集中不整合侵蚀面的重要作用。目前已在较广的学科范围及领域内应用到古地貌研究成果。我国重视油气田古地貌开始于 20 世纪 70 年代中后期，主要是将古地貌研究与油气田勘探开发紧密联系起来，近些年发展迅速，涌现出一批代表性成果。例如，鄂尔多斯盆地前侏罗纪古地貌的研究、石炭纪古地理格局及古地貌单元研究、奥陶系碳酸盐岩气田的发现及古地貌研究，渤海湾盆地碳酸盐岩古潜山地貌的研究、古近纪沉积期古地貌研究，塔里木盆地塔河油田奥陶系古地貌的研究、塔河油田石炭系古地貌分析、塔中地区奥陶系古地貌的研究、塔北地区奥陶纪岩溶古地貌的刻画，四川盆地内与区域不整合有关的古地貌恢复研究、沉积期微古地貌恢复研究等。从碳酸盐岩油气田实例看我国油气田的古地貌恢复工作，重要的进展是确定了研究工作的核心内容是恢复古地貌形态和划分古地貌单元，然后是分析古地貌与沉积体系、层序地层、储层及油气藏分布的关系，已经能够将油气富集区的有效预测与特定的古地貌单元联系起来，从而丰富了中国的油气成藏模式。

目前流行于国内外的古地貌恢复方法概括起来主要有：印模法、残余厚度法、填平补齐法、层拉平法、沉积学分析法、误差模拟法、层序地层学恢复方法(包括高分辨率层序地层学恢复法)、回剥法、井震联合恢复法和碳酸盐岩沉积期微地貌恢复法等，通常是几种方法组合来恢复古地貌。早期广泛应用的古地貌恢复方法都比较传统、经典，如残余厚度法、印模法和填平补齐法等。古地貌恢复实践中，人们往往重视残余厚度和印模厚度，机械地遵循“填平补齐”原则，使古地貌恢复变得简单，且便于操作，但也带来了明显的问题，即图叠图误差大致使古地貌恢复的精度低，如果遇到地层剥蚀严重的情况，基本上束手无策。沉积学古地貌恢复法、高分辨率层序地层学恢复法、井区尺度岩溶微地貌恢复法及碳酸盐岩沉积期微地貌恢复法是近些年兴起的古地貌恢复方法。

2) 研究进展

沉积学古地貌恢复法、高分辨率层序地层学恢复法、井区尺度岩溶微地貌恢复法及碳酸盐岩沉积期微地貌恢复法由于基于沉积学的综合性研究、具有等时意义的基准面旋回对比、建立三级地貌概念模式及碳酸盐岩台地滩体的迁移变化，使其在古地貌恢复中表现出自己的特色，并具有明显的技术优势，从而受到人们的广泛关注。通过分析这些主要古地貌恢复方法的理论基础、应用实例和存在的问题等，可以得出中国碳酸盐岩油气田古地貌恢复方法研究的一些具体进展。

(1) 沉积学古地貌恢复法。Friedman 等(1978)将沉积学定义为研究沉积物、沉积过程、沉积岩和沉积环境的科学。实践证明，沉积环境的分析基本上就是古地貌学研究的核心内容之一，但事实上，在传统的古地貌恢复中，人们往往忽略沉积学的综合性研究。目前人们已经意识到从沉积学入手是恢复古地貌的一个重要途径。

沉积学古地貌恢复法就是利用各种基本的地质图件(主要包括沉积前的古地质图、地层厚度等值线图、砂岩厚度等值线图、岩相古地理图等，这些图件是互相补充、相互修正完善的)，通过开展古构造、古水系、古流向和沉积相等的综合性研究工作，从而达到认识沉积前古地貌形态的目的。

该方法恢复古地貌的主要工作内容包括：利用古地质图件，从区域上了解研究区的古地形，明确各地区的剥蚀程度，并确定其古构造格局；在认识该地区古构造格局及发育特点的基础上，判断构造沉降区和抬升区的分布位置；认识这个地区地层发育和分布的特点及沉积体系在时空的配置演化规律；根据该地区沉积相的研究成果恢复古环境，分析古地貌；该地区古地形特征的研究主要借助于古流向的研究及物源的综合分析；最终确定出剥蚀区和沉积区在当时的分布位置及大致范围，并通过对沉积体系背景及发育状况的了解，判别当时这个地区沉积体系的具体类型、特点与水动力特征，同时对该地区地层的时空配置关系和地形总体的式样也会有比较清楚的认识。

由于沉积学古地貌恢复法的定量化手段需要进一步加强，从而影响了古地貌的恢复精度；该方法能够实现相对古地貌恢复，但还做不到恢复绝对古地貌。恢复绝对古地貌时，恢复剥蚀厚度、脱压实校正及校正古水深等问题都属于需要解决的难题，虽然可以利用指示古水深的生物或岩矿进行古水深校正，但是沉积学古地貌恢复法由于定量研究的手段不足等原因，剥蚀厚度恢复和脱压实校正等问题仍不能很好解决。

该方法虽然存在着上述的不足与缺陷，但是它仍然是目前在碳酸盐岩油气田应用比较成熟的古地貌恢复方法之一。

(2) 高分辨率层序地层学古地貌恢复法。高分辨率层序地层学(high resolution sequence stratigraphy)分为传统高分辨率层序地层学和现代高分辨率层序地层学。Posamantier(1993)、van Wangoner(1990)和 Jervey(1988)等的研究提出"可容纳空间""相对海平面变化""强制性海退"等概念，标志着传统高分辨率层序地层学的形成，层序和体系域的划分精度的提高也缘于他们的研究成果。但是传统高分辨率层序地层学未能构成独立的理论体系，只是补充和完善了层序地层学理论体系。Cross(1994)提出了现代高分辨率层序地层学，吸收并发展完善了 Wheeler(1964)提出的基准面的概念，将"基准面"视作高分辨率层序地层学的核心，地层基准面原理、体积分配原理、相分异原理和旋回等时对比法则共同构成了现代高分辨率层序地层学完整的理论体系。"现代"高分辨率层序地层学问世后立即受到油气地质工作者的广泛关注，以其理论和方法为指导，在油气勘探开发领域开展了多方面的研究工作，但总的来看其应用大多局限于储层的精细对比方面。高分辨率层序地层学古地貌恢复法就是将基准面和最大洪泛面结合进行基准面旋回对比来反映沉积前古地貌形态。利用高分辨率层序地层学恢复古地貌的研究工作处于起步阶段，在一些地方进行了应用研究。

赵俊兴等(2003)从理论基础、技术方法(分单一沉积体系和多种沉积体系组合两种情况)及基准面旋回级次的选择几个方面论证认为，高分辨率层序地层学方法能够得到某一基准面旋回沉积前的原始古地貌形态，因此高分辨率层序地层学恢复古地貌是可行的。

通常认为，盆地内沉积相的发育及分布常常受控于沉积前古地貌。对沉积地层进行高分辨率的等时地层对比可以通过由基准面旋回变化所控制的地层单元结构类型、叠加式样及其在基准面旋回中所处的位置与沉积动力学关系等方面进行。因此，利用高分辨率层序地层学进行沉积前古地貌恢复是建立在确定等时基准面的基础上的。利用高分辨率层序地层学方法恢复沉积前古地貌时需要注意，虽然基准面作为其参考界面，但是对比时所使用的基准面旋回级次应针对研究需要来具体选择。

恢复古地貌的高分辨率层序地层学方法的首要工作就是对比参照面的选择。沉积盆地中的等时基准面一般都是连续光滑曲面，不同地方的曲率大小不同，这是因为它们处不同的沉积体系中。可以以基准面作为对比参照面恢复下伏地层沉积前的原始古地貌形态；在实际的地层等时对比中，具有更好实际操作性的参照面通常是最大洪泛面，因此该方法的技术关键是等时性基准面与最大洪泛面结合进行地层对比来反映沉积前古地貌形态；应用高分辨率层序地层学恢复古地貌过程中，还应考虑压实作用影响，主要是为了提高恢复精度，目前多使用压实率系数进行原始沉积厚度的校正。

"基准面与最大洪泛面结合进行基准面旋回对比来反映沉积前古地貌形态"是一个理想的研究思路，在恢复古地貌的实际工作中，面临着可操作性不尽人意，开展工作难度相对较大的诸多问题。

将沉积学方法与高分辨率层序地层学方法组合恢复碳酸盐岩油气田古地貌让

人们看到了新的希望。

(3) 井区尺度岩溶微地貌恢复法。应用现代岩溶理论，在恢复二级地貌的基础上，对三级地貌进行精细刻画，是恢复研究碳酸盐岩岩溶微地貌的主要方法。含油气盆地碳酸盐岩岩溶古地貌恢复就规模而言，有盆地、油气田和井区三个尺度。国内盆地尺度岩溶古地貌恢复以鄂尔多斯盆地和四川盆地已有成果具有代表性，油气田尺度岩溶古地貌恢复也不乏实例，而井区尺度岩溶微地貌恢复正处于探索之中。虽然"应用现代岩溶理论，在恢复二级地貌的基础上，根据地貌组合形态，对三级地貌进行精细刻画"这一思路仍然适用于井区尺度岩溶微地貌的恢复，但是井区尺度岩溶微地貌恢复由于"工区面积小，以开发井为主，探井少及要求恢复的精度高等"诸多因素的影响，使其古地貌恢复工作不能完全按照盆地或油气田尺度古地貌恢复的思路和研究流程进行。在恢复井区尺度岩溶微地貌的实践中发现，"根据地貌组合形态，对三级地貌进行精细刻画"实际上恢复微地貌的精度很低，原因是所参考的地貌组合形态属于"现代岩溶地貌"的范畴，与所要恢复井区实际的微地貌组合形态有着较大差异。曾针对鄂尔多斯盆地北部苏里格气田桃 2 井区马家沟组马五段，利用"比较岩溶地质学"观点，"古今结合"建立三级地貌概念模式，指导岩溶微地貌的精细刻画，从而以较高的精度恢复了井区尺度岩溶微地貌。

井区尺度岩溶微地貌恢复法虽然适合于潮坪发育、相对平坦的碳酸盐岩台地井区微地貌恢复，但是它首先要采用"残厚法"+"印模法"恢复古地貌基本形态，因此编制"残余厚度图"和"印模厚度图"所选标志层是否为等时面及对两图叠合后的判识程度都直接影响到古地貌恢复的精度。

(4) 碳酸盐岩沉积期微地貌恢复法。碳酸盐岩台地上相对较高地区，由于海水能量相对较高，就比较易于淘洗冲走灰泥，结果使得测井的自然伽马值相对较低；碳酸盐岩台地上相对较低地区，海水相对比较安静，就容易沉淀灰泥，使得自然伽马值相对较高；碳酸盐岩斜坡-盆地相区由于海水深而且安静，灰泥就更易于沉淀，使得自然伽马值相对碳酸盐岩台地相区要高得多。主要据此原理，利用测井曲线上的自然伽马平均值近似反映沉积期地貌差异，由此可以大致得到碳酸盐岩沉积微古地貌的地形起伏状况。位于台地内部的微古地貌高地处的储层质量要好于相对低洼的区域，原因是海退期其暴露的概率往往比较高。因此，通过储层研究来反推沉积期的微古地貌形态就有很大的可能性。这是目前研究碳酸盐岩沉积期微地貌的一种比较系统、实用的方法。

陆表海碳酸盐岩台地以地形起伏较小为特征。虽然今天没有该类型碳酸盐台地发育，但在地质历史时期在克拉通盆地中该类型台地却特别发育。中国华北地台奥陶纪马家沟期、扬子地台震旦纪灯影期，北美地台的寒武-奥陶纪，欧洲西部晚二叠世和三叠-侏罗纪、中东地区古近-新近纪都曾发育典型的陆表海碳酸盐岩台地。

陆表海碳酸盐岩台地内浪基面通常为几米，且台内水体扰动的深度也较浅，相对的海退期，碳酸盐岩微古地貌高地处多发育浅滩(台内滩)，原因就是台内滩通常处于浪基面之上。台内滩的沉积速率一般高于台内其他微相，从而使地貌差异变的较明显。因为明显的加积作用，台内滩沉积之后，在压实作用的影响下，碳酸盐颗粒容易形成明显的颗粒格架，滩体的压实率会低于细粒沉积体，导致不同微相的沉积厚度差异比较明显，从而造成地貌差异，这也说明台地内部沉积期微古地貌的有效恢复几乎可以不考虑压实校正。据此推断，陆表海碳酸盐岩台地内部某一时期由于滩体的迁移变化所影响的颗粒岩厚度可用于比较有效的恢复其形成时的微古地貌。

碳酸盐岩台地内部微地貌高地的浅滩(台内滩)通常属于未暴露的浅滩，较其他区域，该类浅滩区的沉积速率一般要大些，台内滩颗粒岩的厚度可以用来近似地反映微古地貌的高低起伏。就同生期暴露的浅滩而言，主要包括中短期暴露的浅滩和长期暴露的浅滩。中短期暴露的浅滩由于无明显的岩溶标志，主要以选择性的颗粒内溶解孔隙和早期成岩形成的淡水胶结物为其主要的识别标志，相对海退期，该类浅滩虽然向低地迁移运动，但其厚度一般小于微古地貌高地，该类浅滩中因短期暴露而形成的大气淡水透镜体的厚度与浅滩厚度呈正相关关系；长期暴露浅滩以发育古土壤和不规则溶沟、溶缝为典型特征，碳酸盐岩浅滩在相对海退期也向低地迁移，微地貌高地处的颗粒岩厚度一般都小于低洼处，而大气淡水透镜体的厚度与该类浅滩的厚度不呈现正相关关系。因此，确定台内滩的暴露时间就成为利用浅滩厚度恢复陆表海碳酸盐岩台地内部微古地貌的关键。

应该看到，碳酸盐岩沉积期微地貌恢复法虽然有它的实用性，但是适用于滩体发育的碳酸盐岩台地就暴露出了它的局限性。因此，它不能取代基于"残厚法"+"印模法"及"比较岩溶地质学"的井区尺度岩溶微地貌恢复法。

井区尺度岩溶微地貌恢复法与碳酸盐岩沉积期微地貌恢复法结合研究是系统恢复碳酸盐岩台地微地貌的重要手段。

目前，古地貌研究成果已在较广的学科范围及其领域内得到应用，古地貌恢复更是与油气田勘探开发关系密切。油气田碳酸盐岩古地貌恢复方法的研究随着石油工业的快速发展，有了比较明显的进展。油气田碳酸盐岩古地貌恢复方法研究进展主要表现在三个方面：古地貌恢复方法的理论基础多元化、古地貌恢复方法的实用性越来越强、古地貌恢复方法间优势互补，趋于综合研究。

2. 表生期岩溶古地貌

1) 塔中西部奥陶系岩溶古地貌特征

表生期岩溶作用可产生多种地貌形态。而了解地表岩溶复杂的地貌形态，又是辨识表生期岩溶的另一关键。对古岩溶地貌和古水文体系恢复及制图，通常是先选定不整合面上、下的一个基准面，用不整合面上、下沉积层段厚度变化的地层学方法作出。而作图中最关键的是基准面的选定，作图的基准面应该是一个近似的时间界面，理想的应该是过去某一时期沉积时的水平面(古海平面)。然后通过基准面与不整合面的相对高差求取不整合面上的地形相对高低来确定高地、斜坡、盆地、沟谷、残丘、残台、洼地等岩溶地貌单元。当古基准面不可确定时，较粗略的古岩溶地貌恢复可用不整合面之上充填于古地貌低洼处的残积物或充填物的厚度作出，也可以通过选择一个不整合面之下受岩溶作用层系的底部沉积界面或地形界面作为近似的基准面，用其残余厚度作出。因为从地质学的角度恢复深埋地下的古岩溶地貌和古水文体系非常困难，所以据此预测表生期岩溶的区域分布难度较大。

发生于晚泥盆世的早海西运动(或称库米什运动)使本区乃至整个塔中地区被大面积抬升，遭受风化剥蚀和夷平作用，在塔中地区奥陶系顶部碳酸盐岩中形成表生期岩溶。通过恢复本区上泥盆统东河砂岩段沉积前的古地貌和古水文体系来大致反映奥陶系碳酸盐岩表生期岩溶的区域分布情况。选取石炭系标准灰岩段顶面到早海西不整合面的地层厚度来恢复本区东河砂岩段沉积前的古地貌和古水文体系。由于标准灰岩段及以下层段沿早海西不整合面呈超覆沉积，对古地形具有填平补齐作用；标准灰岩的顶面为一近似的时间界面和水平面；标准灰岩段是区域上稳定的标志层，选择其顶面作为基准面便于区域追踪及制图，因此基于综合考虑，把标准灰岩段顶面作为恢复古地貌及制图的基准面，编绘塔中西部东河砂岩段沉积前古地貌及古水文体系恢复图(图 5.17)。

如图 5.17 所示，东河砂岩段沉积前塔中西部的古地貌起伏不大，高差多在 80~100m，属于低山丘陵区，总体上具有东高西低的特点。高地分布于 MX1—sh2—TZ45—TZ35 井一带以及 TZ66—TZ11 井以东；高地的边缘为斜坡包围；残台主要分布 MX2 井以北及中南部地区；残丘主要分布于东南部的 TZ2—TZ9—TZ19 井一带；西部以发育谷地和洼坑为特征；东部洼坑有零星分布，如 Zh11—Zh12 井以东和 sh2 井以北等局部地区。但从东河砂岩段沉积前的古地质图来看，早海西不整合面上广泛出露的是泥盆系和志留系的碎屑岩地层，奥陶系碳酸盐岩仍深埋于地腹，不可能大规模发生风化壳岩溶作用。仅在东南部的 TZ2—TZ9—TZ19 井一带，即塔中 Ⅱ 号构造带中段，奥陶系碳酸盐岩才裸露在早海西不整合面上，受到风化壳岩溶作用的改造，形成发育良好的表生期岩溶型储层。

2) 鄂尔多斯盆地西部奥陶系岩溶古地貌特征

经过加里东期表生期岩溶作用的改造，本区形成的区域古地貌特征总体上具有东高西低的基本特征(图 5.18)，其基本特征及发育规律受到地层分布、岩性、构造和古水文等条件的控制，是岩溶及其他地质作用的综合产物。鄂尔多斯盆地西部奥陶系区域岩溶古地貌特征概述如下。

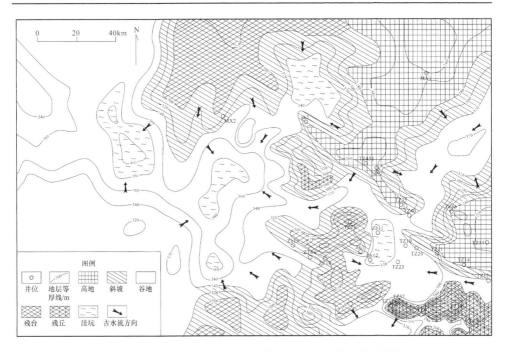

图 5.17　塔中西部东河砂岩段沉积前古地貌及古水文体系恢复图
地层厚度为标准灰岩顶面到早海西期不整合面的厚度值

（1）岩溶台地。岩溶台地是岩溶地表整体地势相对最高、平坦的高地，其上以剥蚀作用为主，在表生期属于地下岩溶水的补给区。岩溶作用导致岩溶台地的剥蚀强度大，地下岩溶作用以垂直渗流为主，向下延伸深度大，主要形成较多高角度的溶沟、溶缝，但多被机械碎屑全充填。岩溶台地主要分布于本区的西北部、近中部和南部，由北向南分别发育有：分布在伊 8—苏 5—苏 15 井一带的新召苏木岩溶台地，分布在苏 7—桃 6—苏 3—M6—布 1 井一带的哈汗兔庙岩溶台地，分布在定边以南、华池—环县以北、芦参 1 井以东和志丹以西一带的吴旗岩溶台地，分布在龙 2—旬探 1—淳探 1 井一带的彬县岩溶台地。岩溶台地之间形成近东西向展布的岩溶鞍地，例如，分布在鄂 11—S2—苏 6—乌审旗一带的苏里格庙岩溶鞍地，分布在鄂 7—定探 2—陕 55 井一带的鄂托克前旗岩溶鞍地和分布在庆城—正宁—宁县—镇原一带的正宁岩溶鞍地(图 5.18)。

（2）岩溶斜坡(阶地)。岩溶斜坡(阶地)是岩溶台地与岩溶盆地之间的过渡地带，广泛发育在岩溶台地四周，呈环带状分布。该范围所处的地下以发育水平潜流带为特色，垂直渗流带分布范围不大。岩溶斜坡(阶地)主要分布在本区的南部和东缘。分布在芦参 1—庆深 2—庆深 1 一带的惠安堡岩溶斜坡处于吴旗岩溶台地和正宁岩溶鞍地之间，分布在崇信—泾川及其以东地区的泾川岩溶阶地处于正宁岩溶鞍地和彬县岩溶台地之间，靖边岩溶阶地处于研究区的东缘，分别与苏里格岩溶鞍地、哈汗兔庙岩溶台地、鄂托克前旗岩溶鞍地和吴旗岩溶台地相接(图 5.18)。

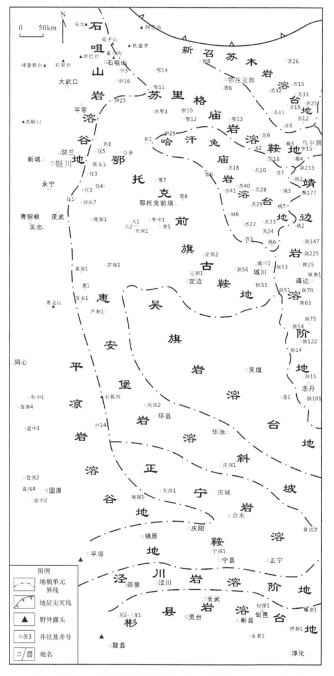

图 5.18 鄂尔多斯盆地西部奥陶系岩溶古地貌图(修改自何自新，2003)

(3) 岩溶盆地。岩溶盆地是岩溶古地貌地势低平的地区，为岩溶台地和岩溶斜坡下渗大气淡水的主要排泄区，水体的溶解能力差，而沉淀和充填作用较强，不利于储集空间的形成、保存与改造。岩溶盆地位于榆 16—米脂—榆 6—蒲 1 井一带，已出研究区的东界。

3. 表生期岩溶发育综合模式

在本节研究的基础上，综合塔中西部及邻区奥陶系碳酸盐岩表生期岩溶的垂向分带特征及其孔洞缝充填物特征，岩溶古地貌特征，岩溶在区域上的发育分布特征和表生期岩溶发育的主要控制因素，建立了塔中西部及邻区奥陶系碳酸盐岩表生期岩溶发育的综合模式(图 5.19)。

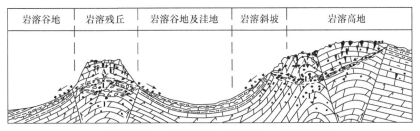

| 岩溶谷地 | 岩溶残丘 | 岩溶谷地及洼地 | 岩溶斜坡 | 岩溶高地 |

A-垂直渗流带；L-水平潜流带或透镜体带；I-深部缓流带

图 5.19 塔中西部及邻区奥陶系表生期岩溶发育的综合模式示意图

5.4 奥陶系碳酸盐岩埋藏期岩溶

正如 5.1.2 小节所述，由于人们对埋藏期岩溶的认识存在着较大分歧，目前埋藏期岩溶无统一的定义。总结前人的认识可知，大部分学者趋向于埋藏期岩溶基本上就是埋藏有机溶蚀，以塔里木盆地塔中地区奥陶系和四川盆地川东石炭系为代表；另有一些学者认为埋藏期岩溶就是深部溶蚀作用(叶德胜，1994)、热水岩溶(Esteban，1997)或深部岩溶(李德生，1991)等。本节从成岩阶段和成岩环境的角度出发，认为埋藏期岩溶即是在碳酸盐岩早-晚成岩阶段，埋藏成岩环境中发生的一切岩溶作用，出现的一切岩溶现象。就塔里木盆地塔中地区和鄂尔多斯盆地西部奥陶系碳酸盐岩古岩溶发育的具体情况而论，埋藏期岩溶至少包括埋藏有机溶蚀、压释水岩溶和热水岩溶三类。当然，这几类埋藏期岩溶除了有各自的特点之外，在发育机理等方面也存在着一些相同之处，在发育过程中，可能具有同时性或叠加性，有时甚至很难严格区分。埋藏期岩溶作为叠加在同生期岩溶或表生期岩溶之上的一期岩溶，很可能是一个地区或盆地的最后一期岩溶。它在改造和修饰前期岩溶产物的同时，也使自身的岩溶现象复杂化，而不易被识别。

5.4.1 埋藏有机溶蚀的期次、特征及发育规律

埋藏有机溶蚀是指碳酸盐岩在中-深埋藏阶段,主要与有机质成岩作用相联系的溶蚀作用现象及过程。埋藏环境中,碳酸盐岩深部溶蚀孔隙的发现,是 20 世纪 80 年代以来碳酸盐岩成岩作用研究的突出进展之一,为碳酸盐岩盆地深部的油气勘探开拓了前景。Mazzullo(1992)对世界上公开报道的 16 个具埋藏溶蚀孔隙的碳酸盐岩储层列表作了统计,表明埋藏溶蚀孔隙在碳酸盐岩储层中的存在并非个别现象,并且在一些储层中它们是主要的储集空间。这里主要以塔中西部及邻区上奥陶统灰岩为例,研究埋藏有机溶蚀的期次、特征及发育规律。

1. 埋藏有机溶蚀作用的期次

由于埋藏有机溶蚀作用与有机质的热演化过程密切相关,有机质热演化过程中排出的含有大量有机酸及 CO_2 的成岩流体作为一种热流体在浮力和压力作用沿断裂和其他通道向压力较低的古隆起方向流动。借助各种被充填孔、洞、缝的残余通道对孔隙充填物及周边颗粒、晶粒、角砾等进行溶蚀改造,形成次生孔隙。有机质生烃、排烃时期往往是埋藏有机溶蚀作用的最佳时期。研究表明,埋藏期溶蚀孔隙的发育往往与烃类运移相伴随(Mazzullo,1992)。

研究区中上奥陶统灰岩(即本书中的上奥陶统灰岩)中的油气主要受寒武系-下奥陶统(即本书中的中下奥陶统)和中上奥陶统两个含油气系统的控制。这两个含油气系统共经历了晚加里东-早海西期、晚海西期、印支-燕山期和喜山期等四个成藏期(梁狄刚等,1998a)。中加里东早期满加尔凹陷和塘古凹陷寒武系-下奥陶统烃源岩开始生烃,研究区就有油气运聚事件发生,这期油气聚集的主要层位是下奥陶统灰岩顶部风化壳及缝洞系统,在中上奥陶统中可能也有少量分布。但中加里东运动使塔中隆起高部位的中上奥陶统被剥蚀殆尽,古油藏遭到严重破坏,仅在 TZ1、TZ3 和 TZ5 井下奥陶统灰岩中见到一些该期古油藏被破坏后留下的干沥青。总的看来,这期油气聚集事件表现不很强烈,较难识别;晚加里东-早海西期是研究区严格意义上的第一次油气运移。上古生界沉积前的晚加里东运动使得该期形成得油藏在表生-浅层条件下发生氧化、水洗和生物降解等作用而变成干沥青。晚海西期,在研究区中,油气先自北向南运移到北斜坡,然后沿塔中 10-塔中 16 号构造带自北西向南东较高部位运移,在石炭系及奥陶系潜山中聚集成藏。此期间,本区基本未受到改造;印支-燕山期,中上奥陶统下部泥灰岩烃源岩开始生油,寒武系-下奥陶统开始二次生烃。其中,寒武系-下奥陶统烃源岩,以形成凝析气藏或气藏为主;中上奥陶统烃源岩,以形成油气藏为主。印支运动期间,研究区油气藏未遭到破坏或仅发生调整。侏罗纪末的燕山运动,在形成一系列背斜圈闭的同时,强烈的剥蚀作用对深部稍早形成的油气藏具有一定的降解作用。

奥陶系潜山油气藏中的稠油及志留系大面积分布的沥青或稠油可能与这次剥蚀作用有关。白垩纪继续沉降埋藏，下古生界烃源岩进一步生烃。新生成的烃类一方面向早期形成的油气藏中再注入；另一方面在侏罗纪末形成的背斜圈闭中形成新的油气藏。喜山期，塔里木台盆地继续快速沉降和沉积，使台盆区的下古生界烃源岩进一步成熟生烃，且以生气为主。这些气态烃对储层条件要求较低，在深部一些灰岩圈闭中可以形成气藏。由此可见，研究区上奥陶统灰岩中主要发生了三次油气运聚事件(图 5.20)。

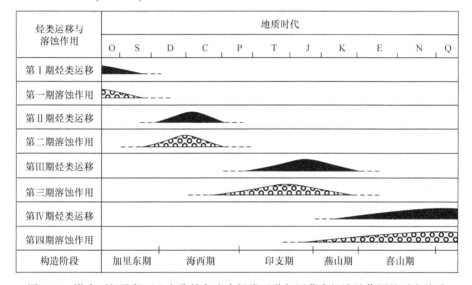

图 5.20　塔中西部及邻区上奥陶统灰岩中烃类运移与埋藏有机溶蚀作用的对应关系

表 5.7　塔中西部及邻区上奥陶统灰岩中的三期埋藏有机溶蚀作用

溶蚀期次	第一期	第二期	第三期
发育时间	晚加里东期-早海西期	晚海西期-印支期	燕山期-喜山期
储集空间类型	晶间溶孔、粒间溶孔、溶扩缝、溶洞	晶间溶孔、非组构溶孔、小型溶孔洞、溶缝和溶洞	溶扩缝、串珠状溶孔和小型溶洞、晶间溶孔
充填情况	黑色沥青	原油、萤石、方解石、石英、石膏、天青石	轻质原油、天然气、地层水、方解石
主要分布区	塔中Ⅰ号和Ⅱ号构造带	塔中Ⅰ号构造带东侧	TZ54、TZ42、TZ44 井区，TZ24-TZ26 井区，Zh1、Zh11、Zh13 井区
有效性评价	差	中等～好	好

本书在分析塔中西部及邻区上奥陶统灰岩中油气运聚期次的基础上，通过岩心系统观察，薄片分析鉴定及包裹体测温，认为该区上奥陶统灰岩中也主要发育三期埋藏有机溶蚀作用，即晚加里东期-早海西期、晚海西期-印支期、燕山

期-喜山期。这三期埋藏有机溶蚀作用的特征见表 5.7。

2. 埋藏有机溶蚀作用的特征

1) 概述

埋藏有机溶蚀作用的特征即识别标志。埋藏有机溶蚀作用主要是通过碳酸盐岩孔隙及孔隙中充填物的特征来识别的。埋藏有机溶蚀成因的孔隙多数是不规则的、非组构选择性的，但也常表现出一些选择性溶蚀的趋势，这种选择性主要表现为埋藏有机溶蚀作用多沿先期孔隙系统发生、优先溶蚀充填在这些孔隙中的各种自生矿物和渗流充填物等，表现为一种对前期孔隙系统的部分恢复甚至是扩大作用。总的来讲，埋藏有机溶蚀作用有以下几方面的识别标志。

(1) 埋藏胶结物被溶蚀形成孔隙。埋藏胶结物主要包括粗粒镶嵌状方解石、嵌晶方解石、粗粒白云石(包括鞍状白云石、白色白云石和它形白云石等)及粗粒硬石膏等。这些胶结物除岩石组构具有特征外，其微量元素组成、稳定同位素组成、阴极发光及包裹体等地球化学特征也可以表明埋藏成因。例如，这些胶结物所含的微量元素 Fe、Mn 都以低价形式存在，且 Fe 的含量高；$\delta^{18}O$ 值明显偏负；阴极射线下，这些胶结物常具有特殊的环带结构。

(2) 遭受晚期压实、压溶改造的颗粒部分或全部溶解形成孔隙。

(3) 细晶、粉晶白云岩中白云石晶粒不规则溶解或沿白云石晶粒环带、核心发生溶蚀形成晶内溶孔、晶间溶孔。

(4) 沿缝合线和构造裂缝发生溶蚀形成的溶孔、溶缝和溶洞。

(5) 沿嵌晶方解石应力双晶纹发生溶蚀形成的溶孔、溶缝和溶沟。

(6) 晚于储层沥青侵位的溶蚀孔隙。由于储层沥青侵位是发生在烃类生成、运移之后的一期事件，晚于储层沥青侵位的溶蚀孔隙必然是埋藏环境下，与有机质热演化有关的埋藏溶蚀孔隙。

(7) 晚于黄铁矿、萤石等自生矿物的溶蚀孔隙。

(8) 先期岩溶作用形成的溶孔、溶洞和溶沟等中的充填物、渗流物又被溶蚀形成的蜂巢状溶孔。

(9) 根据孔隙胶结物中包裹体的均一温度、含盐度以及所含的物质类别判别埋藏成因的孔隙。

(10) 根据孔隙流体性质，结合区内烃类的演化史，可大致判断埋藏成因的溶蚀孔隙。

2) 三期埋藏有机溶蚀作用的主要特征

本区上奥陶统灰岩中，埋藏有机溶蚀作用期次多，现象明显，规模较大，所形成的各种溶蚀孔、洞、缝成为本区有效的油气储集空间，通过岩心观察描述，薄片分析和鉴定总结出三期埋藏有机溶蚀作用的识别标志。

(1) 晚加里东期-早海西期埋藏有机溶蚀作用的主要特征：①原生粒间孔中的第三期方解石胶结物被溶蚀，形成晶间溶孔和粒间溶孔，并被沥青充填(图版Ⅷ-1)。②沿早期缝合线、压溶缝扩溶，形成溶扩缝合线、溶扩压溶缝及其周围的溶蚀微孔，并被沥青充填(图版Ⅷ-2)。③礁灰岩骨架孔洞和窗格孔洞中的第三期细晶-中晶方解石被溶蚀，形成晶间溶孔及扩溶孔洞，并被沥青充填(图版Ⅷ-3)。④早期成岩缝中的细晶方解石充填物被溶蚀，形成晶间溶孔并为沥青所充填(图版Ⅷ-4)。⑤晚加里东期的高角度微细裂缝中的细晶、粉晶方解石充填物被溶蚀形成晶间溶孔及不规则溶洞，为沥青所充填。

(2) 晚海西期-印支期埋藏有机溶蚀作用的主要特征：①海西期的高角度裂缝被扩溶，形成宽大的溶蚀缝及溶洞，为中粗-巨晶方解石和萤石、石英、原油等充填(图版Ⅵ-3)。②裂缝中的中粗晶方解石被溶蚀，形成晶间溶孔及小型溶蚀孔洞，为原油充填(图版Ⅷ-5)。③经热液重结晶作用之后的细-中粗晶灰岩中的结晶方解石被溶蚀，形成晶间溶孔和不规则溶孔，并为原油所充填(图版Ⅷ-6)。

(3) 燕山期-喜山期埋藏有机溶蚀作用的主要特征：①晚期的开启斜交缝，高角度缝、水平缝和网状缝的溶蚀扩大，为轻质原油、天然气和地层水所充填(图版Ⅷ-7)。②沿晚期裂缝分布的串珠状溶孔和小型溶洞，为自形晶方解石、天然气、水、轻质原油所充填。③晚期缝洞中的细-中粗晶方解石充填物被溶蚀，或被扩大溶蚀，形成晶间溶孔和小型溶蚀孔洞，缺少方解石充填物，表现为未充填，孔洞中较干净，或有轻质原油浸染的痕迹(图版Ⅷ-8)。

3. 埋藏有机溶蚀作用的发育规律

1) 概述

腐蚀性酸性流体是地下深部埋藏有机溶蚀作用的基本动力，这些酸性成岩流体同大气圈中的化学活性流体停止交换，温度和压力进一步增加，岩石与流体的相互作用将在一个封闭体系中进行。在中-深埋藏环境中，碳酸盐岩地层经过胶结、压实、压溶作用之后，岩石骨架变得稳定而又坚固，岩石孔隙度基本上降低到最低限度。在埋藏环境的这种封闭体系中，碳酸盐岩地层的总孔隙度基本上保持不变，溶蚀作用和胶结作用处在一个物质-空间相平衡的状态中，即溶蚀量近似等于胶结充填量。虽然地层的总孔隙度基本保持不变，但是通过溶蚀-充填作用，地层的孔隙组构却发生了变化，造成孔隙度的转换，使局部的孔隙度升高或降低，导致储层发育位置的变化，储层质量从而向好、坏两个方向转化。在纵向上，出现新的储层段和致密段；在横向上，可使储层发育区的位置产生迁移。在埋藏成岩封闭体系中，溶蚀作用与充填作用呈孪生关系，溶蚀孔洞缝发育带和充填带将会出现在储层的不同部位。一般，在充填带的下方或下倾方向，即流体来源方向，可能是溶蚀孔洞缝的发育带。

2) 埋藏期酸性流体来源

酸性流体主要来源于有机质成熟过程中产生的有机酸、CO_2 及 H_2S，其次来源于泥页岩的酸性压释水及其他地下酸性水。泥页岩的酸性压释水将在 5.4.2 小节中详细论述。矿物反应产生的 CO_2 及深部来源 CO_2 都可能作为其他地下酸性水的来源。

有机质成岩过程中生成的流体，主要为盆地演化的后期，由有机质的成熟作用及续发的烃类降解作用中产生的有机酸及各类气体所致(Surdam et al., 1984, 1982)。这些有机酸和气体对地下流体系统的侵入，改变了地层水的化学性质，使之具有溶蚀碳酸盐岩的能力。许多学者认为，有机酸和 CO_2 是造成埋藏溶蚀作用的重要因素，H_2S、CH_4 在埋藏溶蚀作用中也起一定作用。但究竟是有机酸起主要作用，还是 CO_2 起主要作用，尚有争论。支持前一种观点的证据是在许多盆地的油田水中，具有高含量的短链脂肪酸，在温度为 80℃~120℃ 的 1~3km 深处，存在着有机酸含量最高的流体(Carothers et al., 1978; Tissot et al., 1978)。与前者不同的是，地下水中 CO_2 的含量在许多盆地中随埋深的增加而升高，CO_2 可在油母质成熟时以及烃类发生降解的过程中作为副产物出现。这一过程可以持续到较高的温度和较大的埋深(Heydar et al., 1989; Lundegard et al., 1986; Druckman et al., 1981)(图 5.21)。另外，CO_2 还可以由有机酸脱羧反应产生。有机质热演化过程中产生的甲烷在有硫酸根存在的条件下会被分解产生 CO_2 (Mazzullo，1992)。

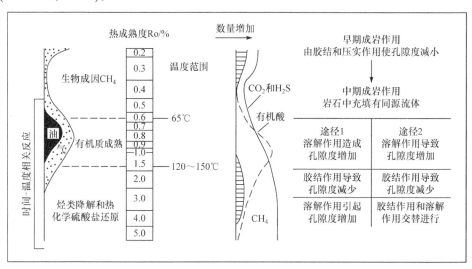

图 5.21 碳酸盐岩中有机质成岩作用与埋藏成岩作用途径的关系

(Mazzullo, 1992; Moore et al., 1989)

塔中地区存在寒武系、下奥陶统和中上奥陶统两套烃源岩(梁狄刚等，1998a)。

这些烃源岩在有机质成岩过程中可能都提供了一定数量的有机酸和 CO_2，增加了地层水对上奥陶统碳酸盐岩溶蚀作用的能力，但是不同区块的地层序列、埋藏史和有机质演化史存在着明显的差异，即使是同一套烃源岩在不同地区的有机质热演化史也有差别。根据"八五""九五"攻关成果(贾承造等，2001；梁狄刚等，1998a，1998b；杨海军等，1998)，塔中地区中-下寒武统烃源岩在志留纪达到生油高峰，在石炭纪-二叠纪 Ro 已达 1.3%～1.6%，说明已进入高成熟阶段，中、新生代主要处于干气阶段。塔中地区的中上奥陶统烃源岩虽然在二叠纪进入生油门槛，但仅达到临界成熟或低成熟阶段，白垩纪之后才大量生油，目前其 Ro 约为 1.0%，说明仍处于生油窗中、晚期。

塔中西部及邻区奥陶系碳酸盐岩中地层水的有机酸浓度检测结果表明(表 5.8，表 5.9)，其地层水中仍含有一定数量的短链有机酸和长链有机酸，说明有机酸现今仍具有弱的溶蚀碳酸盐岩能力。本区上奥陶统地层水中 HCO_3^- 浓度为 244～3607mg/L，SO_4^{2-} 浓度为 215～6045mg/L。pH 在 5.64～9.02，表明其酸碱性变化较大，目前大多处于弱酸-弱碱性的环境中(表 5.10)。根据对塔中地区下古生界油田水中溶解的 CO_2 和 H_2S 气体浓度的检测结果表明(表 5.11)，油田水中溶解的 CO_2 和 H_2S 的浓度较高。在高含 H_2S 的水样所在的层段，其 CO_2 组分摩尔体积高于 0.1%，可能说明 H_2S 的生成与 CO_2 具有伴生关系。总体上，由下奥陶统→志留系→石炭系 C_{III} 油组，油田水中溶解的 CO_2 和 H_2S 具有浓度梯度降低的趋势。

表 5.8　塔中西部及邻区奥陶系油田水 C_1～C_5 短链有机酸毛细管电泳法测定结果

井号	井深/m	层位	甲酸含量/(mg/L)	乙酸含量/(mg/L)	丙酸含量/(mg/L)	丁酸含量/(mg/L)
TZ1	3853.30～3970.40	O_1	24.54	63.02	—	—
TZ54	3792.50～3795.50	C	—	4.8	6.34	—
TZ54	5745.00～5764.00	O_{2+3}	—	21.55	7.41	—
TZ54	5828.52～5895.00	O_{2+3}	—	26.52	3.88	—
TZ54	5832.00～5858.00	O_{2+3}	—	9.93	—	—
TZ54	6090.50～6297.62	O_{2+3}	—	16.93	—	—

表 5.9　塔中西部及邻区奥陶系油田水 C_6～C_{18} 长链有机酸 GC/MS 测定结果

井号	井深/m	层位	总酸(C_6～C_{18})含量/(mg/L)
TZ161	4289.00～4306.00	O_{2+3}	1617.54
TZ162	3840.00～3842.50	C	16.13
TZ168	4374.00～4399.00	O_{2+3}	6.53

井号	井深/m	层位	总酸(C_6～C_{18})含量/(mg/L)
TZ168	4460.00～4552.00	O_{2+3}	19.90
TZ168	4670.00～4686.00	O_{2+3}	17.00
TZ24	4620.00～4636.00	O_{2+3}	3307.46
TZ35	4311.00～4313.00	C	80.15

GC/MS: Gas Chromatography-Mass Spectrometer，气相色谱–质谱联用。

表 5.10　塔中西部及邻区上奥陶统地层水离子浓度分析　（单位：mg/L）

井号	TZ15	TZ15	TZ162	TZ162	TZ24	TZ26	TZ26	TZ44	TZ44	TZ44	TZ44	TZ44
井深	4619～4673m	4656～4673m	4290.5～4330m	4324～4336m	3810～3812m	4392～4402m	4374～4402m	4822～4832m	4854～4877m	4857～4888m	4955～4994m	4988～4994m
Ca^{2+}	15817	36478	0	6749	5355	239	209	4575	478	17103	897	1226
Mg^{2+}	363	1632	147.7	415	1299	272	453	74	181	345	145	163
K^++Na^+	11807	22026	4017.1	31652	33758	1805	1992	19116	23254	33890	20279	22948
B^{3+}	—	79.57	—	41.44	67.9	73.45	87.8	103.3	—	65.2	107.2	89.6
Fe^{2+}	—	—	—	—	78.2							
F^-	—	—	1.36	1.34	0.29	0.01	0.74	1.88	2.71	0.27	1.74	1.75
I^-	—	—	0.65	11.76	6.88	1.04	0.42	0.14	2.71	7.71	24.73	28.8
HCO_3^-	941	1825	489	244	189	581	1744	771	3607	878	1046	1086
Cl^-	46327	96621	1876	60549	64655	2815	3327	36692	34873	82160	32250	37241
SO_4^{2-}	502	3368	6045	1714	745	1147	573	871	358	1147	573	215
矿化度	75285	159037	1239	101201	105907	6568	7427	61714	60949	135082	54667	62336
pH	7.24	5.64	9.02	6.19	6.11	8.08	6.8	7.76	8.46	6.35	8.39	7.66
水型	$CaCO_3$	$CaCl_2$	Na_2SO_4	$CaCl_2$	$CaCl_2$	$MgCl_2$	$MgCl_2$	$CaCl_2$	$NaHCO_3$	$CaCl_2$	$CaCl_2$	$CaCl_2$

　　综上所述，塔中西部及邻区上奥陶统碳酸盐岩埋藏有机溶蚀作用的酸性流体来源和组成是非常复杂的。总体上看，该区上奥陶统碳酸盐岩埋藏期酸性水可能来源于有机酸、CO_2 和 H_2S，但最主要的来源则可能与 CO_2 有关。

表 5.11　塔中西部及邻区奥陶系油田水中 CO_2 和 H_2S 气体浓度检测结果

井号	井深/m	层位	CO_2 摩尔分数/%	H_2S 含量/ppm
TZ103	3718～3723	C_{III}	0.0275	37
TZ103	3743～3746	C_{III}	0.0303	—
TZ103	3652～3656	C_{III}	0.0294	420
TZ103	3755～3756.5	C_{III}	0.0375	223

续表

井号	井深/m	层位	CO_2 摩尔分数/%	H_2S 含量/ppm
TZ12	4374.5~4391.5	S	0.1564	600
TZ12	4410~4415	O_{2+3}	0.1934	具强烈 H_2S 味
TZ12	4696~4718	O_1	—	780
TZ43	5394~5425	O_1	—	1175
TZ43	5694~5700	O_1	—	具强烈 H_2S 味
TZ44	4822~4832	O_{2+3}	0.1124	1150
TZ44	4822~4888	O_{2+3}	0.2445	376
TZ49	6193~6199	O_1	—	H_2S 味
TZ162	5048~5070	O_1	0.2416	950~986
TZ162	5931.12~6050	O_1	0.4171	11500~37500
TZ162	5983.93~5985.04	O_1	—	684

3) 埋藏期成岩流体运移通道

能够发生埋藏有机溶蚀作用的碳酸盐岩一般都具有相对开放的孔隙系统,这既是保证大量对碳酸盐矿物欠饱和的、具腐蚀性的活性流体运移的需要,也是保证已被溶解进入溶液的 Ca^{2+}、Mg^{2+} 等离子不断迁离溶解场所的需要。一般而言,埋藏有机溶蚀次生孔隙总是在具有先期孔洞的储层中发育,尽管这些先期孔洞已不同程度地被充填,但其充填残余部分仍然是地下流体渗流的通道。塔中西部及邻区奥陶系碳酸盐岩地层由于埋藏时间长,经历了多期构造运动的影响,产生了多种埋藏期成岩流体运移通道。大致有如下几种。

(1) 先期存在的孔隙层或孔洞层。由上奥陶统碳酸盐岩大气成岩透镜体中的孔隙层和生物礁中的残余孔洞层等提供的运移通道。这类孔隙(洞)主要是在第一期埋藏有机溶蚀流体的运移中起通道作用,并在其中发生了溶蚀扩大,同时也为第一期油气运移提供了通道。在薄片中可见这些孔隙为沥青充填,证明这类孔隙曾经作为酸性流体和油气的运移通道。

(2) 断层及裂缝系统。断层及裂缝系统是上奥陶统碳酸盐岩埋藏期成岩流体垂向运移的最主要通道。以塔中 1 号断层为例,塔中 1 号断层是发育于晚加里东期的深大断裂,塔中 I 号断裂构造带中众多的断层皆为其所派生,在后期的构造活动强烈时期,这些断层皆可成为流体垂向运移的高导性通道。而断层和褶皱所派生的裂缝系统则组成了流体横向运移的通道网络。在薄片中可见构造缝中为方解石、沥青和原油充填，且在裂缝充填方解石中有大量有机包裹体。

(3) 不整合面。不整合面是埋藏期酸性流体和油气横向运移的最主要通道。流体在不整合面中的运移具有横向、量大、距离远的特点，又因为不整合面是地层早期暴露于大气环境中所导致的，所以沿不整合面发育了大量的次生孔洞，这些孔洞也可能为流体的运聚提供空间。

塔中西部及邻区从中奥陶世早期开始隆升并遭受剥蚀，一直持续到晚奥陶世初期，导致中下奥陶统与上奥陶统地层之间出现一个不整合面。沿不整合面的流体运移在 TZ451 井表现较为明显，不整合面与表生期岩溶(不整合面岩溶)孔洞系统及海西期裂缝系统一起，构成了海西期埋藏成岩流体的运移通道，使 TZ451、TZ45 井区形成发育萤石充填物的缝洞系统。

(4) 缝合线构造。塔中西部及邻区上奥陶统碳酸盐岩中缝合线大致平行于地层分布，缝合线以圆形峰为主，峰谷的幅度小，常切割早期方解石充填的成岩缝，缝合线溶蚀作用明显，为粉晶方解石和沥青充填，证明缝合线也参与了埋藏期成岩流体和油气的运移。

总的看来，塔中西部及邻区埋藏期酸性流体垂向运移的主要通道是断层及高角度裂缝，横向运移的主要通道是中下奥陶统与上奥陶统之间的不整合面。

塔中西部及邻区，尤其是靠近塔中Ⅰ号断裂构造带一侧，其上奥陶统海西期酸性流体有五个方向的来源，即 TZ451 井区、TZ10-TZ35 井区、TZ42 井区、TZ16 井区和 TZ26 井区。大体上与塔中 1 号断层和塔中 10 号断层有关。酸性流体主要来源于寒武系、下奥陶统地层。平面上流体从塔中 1 号断层下盘向上盘由北东至南西方向运移，其通道主要是不整合面及与其伴生的岩溶缝洞系统、早期大气成岩透镜体中的孔隙层、礁灰岩中的孔洞层等。垂向上，流体则主要是经断层及其伴生裂缝由寒武系、下奥陶统地层向上奥陶统地层中运移。

4) 埋藏成岩期的地球化学特征和流体性质

埋藏期方解石胶结物、充填物的微量元素的含量变化可反映成岩流体的性质(Heydari et al., 1997)。对塔中Ⅰ号断裂构造带上奥陶统晚海西期缝洞方解石充填物的地球化学特征分析表明(表 5.12)，K 含量较高，且变化不大，多数样品在 1800～1900ppm，最高可达 3100ppm。Na 含量变化也较小，为 250～480ppm，平均为 333.7ppm。多数样品反映出低的 Sr 含量特征，变化在 66～532ppm，平均为 192 ppm。Fe 含量较高且变化大，为 440～6120ppm，平均为 1387.9ppm。Ba 含量的变化也较大，变化在 10～1864ppm，平均为 377.8m。Mn 含量总体较低，变化在 40～200ppm。$\delta^{13}C$ 值在–3.14‰～1.99‰，平均值为 0.013‰；$\delta^{18}O$ 值在 –16.05‰～–6.75‰，平均值–9.439‰。包裹体的均一温度在 90～120℃，平均值 102.3℃。

表 5.12　塔中西部及邻区上奥陶统晚海西期缝洞方解石充填物的地球化学特征

井号	深度/m	微量元素/ppm						碳氧同位素/‰, PDB		包裹体测温/℃	含盐度/%
		K	Na	Sr	Ba	Fe	Mn	$\delta^{13}C$	$\delta^{18}O$		
TZ12	4654	1800	320	1720	488	620	80	−1.13	−8.38	100	—
TZ12	5236.8	1800	340	254	824	620	60	0.03	−8.60	110	27
TZ15	4599	1800	480	193	162	1060	60	0.85	−7.56	90	
TZ16	4248.2	3100	320	143	70	2710	130	−3.14	−10.42	80~90	
TZ24	4494.5	1800	340	155	215	610	40	0.72	−10.57	100	
TZ24	4685.5	1800	250	259	1103	770	120	1.35	−16.05	100	
TZ26	4284.21	2400	430	194	1864	1540	120	1.39	−8.60	—	
TZ161	4458.38	1800	360	532	12	440	160	−0.30	−7.69	100	
TZ161	4431.5	1800	290	174	71	340	40	1.55	−7.89	95	27
TZ30	5064.9	1900	280	176	37	1440	80	0.52	−9.76	100	
TZ30	5067.2	1900	290	198	148	2180	110	0.20	−10.61	100	
TZ35	5775.5	1900	260	166	931	6120	200	1.36	−8.70	—	
TZ42	4378	1800	330	314	245	2200	200	1.00	−11.00	—	
TZ43	5240.8	1800	310	178	10	550	60	−2.97	−7.78	105	27
TZ44	5016	1800	410	121	574	880	70	1.78	−9.34		
TZ45	6054.7	1900	310	115	269	550	40	−1.88	−9.62		
TZ45	6059.8	2200	330	70	57	1580	60	−1.83	−9.94		
TZ451	6023.2	1900	360	66	92	1590	70	−1.25	−10.09	120	27
TZ451	6111.1	2200	330	155	226	1570	40	1.99	−6.75	115	

Sr/Ba 可用于判断矿物沉淀溶液的性质。在大陆淡水中，Sr/Ba<1；在海水中，Sr/Ba>1。本区上奥陶统晚海西期缝洞方解石充填物平均 Sr 含量与平均 Ba 含量比值为 0.508，属于 "大陆淡水" 相。Na 含量常作为流体盐度的指示参数。正常海相与超盐度环境之间的界限为 Na 含量≈230ppm(Veizer et al., 1983)。本区上奥陶统晚海西期缝洞方解石充填物中 Na 含量为 250~480ppm，平均为 333.7ppm，为超盐度的成岩流体。而 Fe 和 Mn 的相对高含量，Sr 含量低，$\delta^{18}O$ 值明显偏负，包裹体的均一温度超过 80℃，则指示了它们形成于中-深埋藏成岩阶段的封闭还原环境中。据这些指标判别上奥陶统碳酸盐岩晚海西期埋藏成岩流体性质属于陆相高盐度的溶液，即属于地层水或油田水。胶结物、充填物方解石中的石盐子晶包裹体的 NaCl 含量测定也可指示成岩流体的盐度，据对上奥陶统晚海西期埋藏期缝洞方解石包裹体的盐度测定，其 NaCl 含量为 27%~33%，因此成岩流体属于高盐度的流体。王振宇(2001)研究认为，塔中 I 号断裂构造带附近上奥陶统晚海西期缝洞方解石形成于超盐度的卤水环境。

5) 埋藏有机溶蚀的发育模式

塔中西部及邻区埋藏期溶蚀缝洞的发育模式即是埋藏有机溶蚀的发育模式。埋藏期溶蚀缝洞的发育是多种地质作用相互影响，综合作用的结果。不同区块，甚至同一区块的不同期次的埋藏有机溶蚀作用模式都不尽相同。

(1) 晚加里东期-早海西期。根据上述研究，并分析埋藏期岩溶的控制因素(详见 6.3 节)，总结出本期埋藏有机溶蚀作用的发育模式，如图 5.22 所示。该期埋藏有机溶蚀作用强度的分异性不明显，在全区都有发育。在纵向剖面上，主要发育于先期的大气成岩透镜体孔隙层、台地边缘骨架礁残余原生孔洞层、志留系沉积前的风化壳岩溶缝洞系统以及晚加里东期-早海西期的裂缝发育区，表现为粒间孔、礁孔洞中第三期或二世代的埋藏胶结物被扩溶，晚加里东期-早海西期裂缝充填物被溶蚀。总体上有机溶蚀作用的分异性不强，大型溶蚀缝洞发育相对少见。这可能与该时期上奥陶统碳酸盐岩中早期的孔隙层和孔洞层的孔渗条件较好有关，其酸性流体从塔中 1 号断层下盘方向朝向西侧的上盘方向运移，在侧向上主要沿孔隙层、孔洞层流动，因此溶蚀作用较均匀，即在早期残余孔、洞的基础上扩大溶蚀。而晚加里东期-早海西期的细小、平直裂缝的充填程度较高，与孔隙层、孔洞层相比其对流体运移的导流性不强，仅表现为裂缝充填物的溶蚀，形成晶间溶孔和少量串珠状溶孔，而大型的溶蚀缝洞不发育。

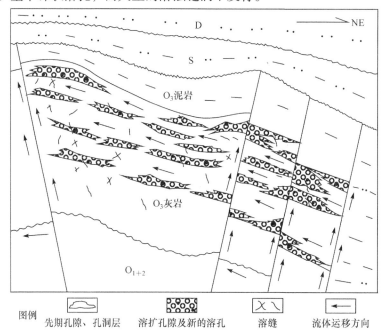

图例　　⌒〇 先期孔隙、孔洞层　　⬚ 溶扩孔隙及新的溶孔　　✕ 溶缝　　→ 流体运移方向

图 5.22　塔中西部及邻区晚加里东期-早海西期上奥陶统碳酸盐岩埋藏有机溶蚀发育模式

该时期有机溶蚀作用的主要动力为来自盆地方向的含有机酸、CO_2 的酸性地

层水，使孔隙度的增减幅度在 1%～3%，溶蚀作用主要发育在先期的孔隙层、孔洞层内。经受该期溶蚀作用改造后，储层发育位置并未产生明显的位移，仍受早期大气成岩透镜体和礁孔洞层发育段所控制。但随着溶蚀-胶结作用在孔隙层、孔洞层中的变化，孔隙层、孔洞层内的局部储渗性能会发生改变。随后，伴随着第一期油气充注事件，这些经晚加里东期-早海西期埋藏有机溶蚀作用改造之后的孔隙层、孔洞层捕聚油气，导致胶结作用基本中断，孔隙得以保存。

(2) 晚海西期-印支期。本期埋藏有机溶蚀的强烈作用区主要发育于塔中 45 号构造、塔中 12 号—塔中 16 号构造一线，以发育大型岩溶缝洞为特征，受构造部位和裂缝发育区的明显控制。岩溶缝洞中见有方解石、萤石、石膏等充填物，反映了本期有机溶蚀作用与地下深部的热液有关。早二叠世晚期，塔中地区的构造应力场已由挤压性转化为拉张性，塔中-巴楚地区发生玄武岩-中酸性凝灰岩喷发和大规模岩墙群侵入，火山岩具大陆裂谷特征(贾承造等，1995)。伴随这次构造热力事件，塔中 I 号断裂构造带上奥陶统灰岩普遍经历了热力重结晶作用、富含 CO_2 的热卤水溶蚀作用及萤石、天青石和硬石膏的交代、充填作用。

这种由地下深处的高温、高压并含有多种侵蚀成分的热水由地下深部向浅部上升过程中形成的岩溶作用现象及过程称为热水岩溶(hydrothermal karst)(Esteban et al., 1997)，它在水动力性质上以高温、高压上升水流为主，在水化学性质上以高矿度的卤水为主，侵蚀性的流体成分主要来源于有机或无机成因的 CO_2、H_2S 气体等，推测形成温度在 100～400℃。热水岩溶作用过程可伴随侵蚀、溶解、交代和热液爆发，其发育受断裂、岩浆侵入活动等因素的控制，洞穴充填物以热液交代沉淀为主，形成以硫化物和氧化物为主的多种类型的化学沉淀物。热水岩溶在垂向剖面上一般可分为三个带。下部带以垂直管道洞穴为主，粗大集中，截面呈圆形或椭圆形。过渡带具有水平、垂直、弯曲不定的多个构造方向发散的管道洞穴形态。上部带温度、压力降低，管道方向更加发散，受先期孔隙层、孔洞层等导流层的控制，甚至出现水平形态的溶蚀孔洞。这三个带总体上呈现下直、中粗、上部弯曲发散、顶部近水平的树状洞穴系统。热水岩溶将在 5.4.3 小节中详细论述。

本区晚海西期-印支期上奥陶统灰岩中腐蚀性的酸性水主要来源于下奥陶统、寒武系地层中温度较高、盐度较高、富含 CO_2 的卤水，并受到下部地区中岩浆侵入后期中低温含氟的残余热液的混入，溶蚀作用之后，岩溶缝洞被方解石、萤石、天青石、石膏依次充填。晚海西期埋藏溶蚀缝洞的发育模式如图 5.23～图 5.26 所示，大致经历了以下四个连续的发育过程。①晚海西期，在拉张背景下，早期的逆断层重新活动，并伴随产生构造裂缝、热液活动及重结晶作用。下部的寒武系、下奥陶统地层中的温度、盐度较高的、富含 CO_2 的卤水及岩浆期后的低温含氟残余热液沿断层面、裂缝等高导性流体通道向上运移(图 5.23)。②高盐度、富含 CO_2

的热卤水在沿高导性通道向上运移的过程中，随着温度降低，流体由 $CaCO_3$ 饱和变得不饱和，并对断裂、裂缝壁的碳酸盐岩进行扩大溶蚀。下部来源的温度较高的高盐度卤水进入上奥陶统储集层或裂缝发育带中，与上奥陶统储集层中温度、盐度相对较低的卤水或地层水混合，增加对碳酸盐岩的溶解能力，使溶蚀缝洞进一步发展，形成"树状"的缝洞系统(图 5.24)。③伴随热卤水的运移、对流循环和溶蚀作用的发展，溶解的 $CaCO_3$ 被搬运到滞流区或下游区沉淀。随流体循环变弱，$CaCO_3$ 逐渐过饱和，在远端或上部滞流区、弱循环区出现方解石胶结带，并向流体来源区方向扩展。在溶蚀带中下部的孔洞中开始出现方解石胶结物(图 5.25)。④随着流体循环的进一步减弱，在溶蚀作用晚期，出现滞流状态，继方解石充填缝洞之后，萤石对方解石进行交代，并开始晶出半自形-自形粗晶、粒状的萤石晶体。最后，随着流体活动减弱，温度快速降低，硬石膏、萤石、方解石在缝洞中部快速结晶、充填，形成"斑晶状结构"。伴随这些矿物的沉淀作用，胶结区的范围扩大，在上方和远端侧向上形成胶结物封堵带，其残余的缝洞在空间上构成形态复杂的储渗体系(图 5.26)。

(3) 燕山期-喜山期。本区喜山期埋藏有机溶蚀作用主要发育于靠近塔中Ⅰ号断层的台地边缘外带，在台地边缘内带发育较弱。多表现为晚期未充填的溶缝和沿裂缝分布的串珠状溶孔，其孔隙度增减幅度在 1%～3%。从溶蚀区的发育情况推测，酸性流体可能有两个方向的来源，其中一个主要来源是塔中Ⅰ号断层下盘方向，在喜山期随构造活动增强，早期的断层重新活动，并产生新的裂缝系统，来自下盘的酸性流体沿断层和裂缝进入先期孔隙层或油层中，并沿裂缝扩溶，形成复合的孔洞缝系统。由于油气的进入，孔洞中发育沥青质沉淀。酸性流体的另一个主要来源是来自塔中Ⅰ号断层上盘的上奥陶统台内洼地方向，上奥陶统烃源岩在喜山期大量生油，相伴生的有机酸沿喜山期裂缝运移、溶蚀，形成少量溶蚀孔缝。

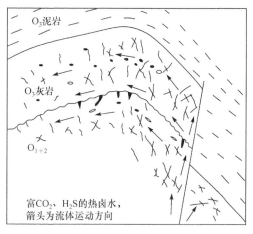

图 5.23　塔中西部及邻区晚海西期上奥陶统灰岩埋藏溶蚀大型缝洞发育模式示意图(模式 1)

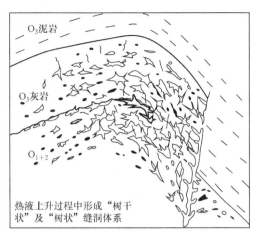

图 5.24　塔中西部及邻区晚海西期上奥陶统灰岩埋藏溶蚀大型缝洞发育模式示意图(模式 2)

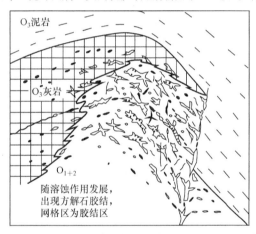

图 5.25　塔中西部及邻区晚海西期上奥陶统灰岩埋藏溶蚀大型缝洞发育模式示意图(模式 3)

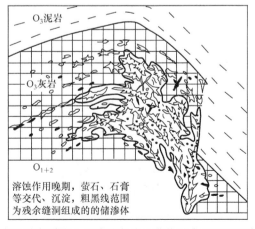

图 5.26　塔中西部及邻区晚海西期上奥陶统灰岩埋藏溶蚀大型缝洞发育模式示意图(模式 4)

总体上，本区及邻区埋藏有机溶蚀作用的发育区位于靠近塔中 I 号断裂构造带和塔中 II 号断裂构造带的地区及塔中 10 号构造附近，在远离两个大断裂构造带和塔中 10 号构造的区域埋藏有机溶蚀作用并不太发育，这主要与断裂的发育程度密切相关。

5.4.2 压释水岩溶的特征及发育模式

压释水岩溶作为埋藏期岩溶的一种，它在中 深埋藏期对鄂尔多斯盆地的奥陶系古风化壳具有改造作用。压释水岩溶是由于有机质成熟产生的富含有机酸、CO_2 和 H_2S 的酸性压释水进入古风化壳形成的，从沉积学的角度讲，它应属于埋藏期有机溶蚀作用或埋藏溶解作用，但是这种腐蚀性酸性流体具压释水的性质，并强调来自于古风化壳的上覆地层。有学者将其称为缝洞系岩溶(贾疏源，1989)、中成岩期溶蚀作用(Mazzullo，1992)、构造期岩溶(刘效曾，1997)、深岩溶(夏日元，1992)等，压释水岩溶目前已被人们所认识，并深入研究。

1. 压释水岩溶的特征

1) 岩石矿物学标志

压释水对鄂尔多斯盆地奥陶系古风化壳溶蚀并形成充填、交代岩，但因其叠加在早期岩溶的基础上，使得岩溶特征变得十分复杂而难以区别。压释水岩溶产生的溶蚀岩，其发育的孔、洞、缝中或多或少地充填有地开石、自生石英、黄铁矿、萤石、沥青及铁白云石、铁方解石等，这是它的一个最大特征。

2) 压释水岩溶的形态组合

压释水岩溶形态组合主要表现为溶缝-溶孔组合、溶孔-裂缝组合和斑状-聚合溶孔组合等，形成以层状、条块状为主的平面分布特征。溶缝一般呈网状、枝状或顺层状分布；溶孔呈不规则状，大小悬殊，但以中、小孔为主。图 5.27 为鄂尔多斯盆地奥陶系压释水岩溶形态组合岩心素描图。

3) 地球化学特征

压释水岩溶所产生的岩溶岩及充填物，其地球化学及气液包裹体特征与表生期岩溶产生的岩溶岩及充填物具有明显的不同。

(1) 压释水岩溶产生的岩溶岩碳同位素 $\delta^{13}C$ 值分布范围在 $-5‰\sim-15‰$，而表生期岩溶岩碳同位素 $\delta^{13}C$ 值分布范围为 $2‰\sim-3‰$，显然 $\delta^{13}C$ 值在较大范围内变化。

(2) 压释水岩溶产生的次生方解石，该类次生方解石在深部是由白云石、石膏、硬石膏的方解石化形成，具有高 Sr(平均为 675ppm)、低 Mn(平均为 90.5ppm)及碳、氧同位素明显偏负的特点。其 $\delta^{13}C$ 值平均为 $-5.8‰$，$\delta^{18}O$ 值平均为 $-14.24‰$。包裹体测温结果表明，均一温度为 $86\sim150℃$。包裹体以气液相为主，包裹体气

相成分中 CO_2 占 50.9%，H_2S 占 31.5%，CH_4 占 17.4%；包裹体液相成分中 CO_2 占 53%，H_2S 占 26.0%，CH_4 占 21.0%。两相包裹体成分的含量较为接近。

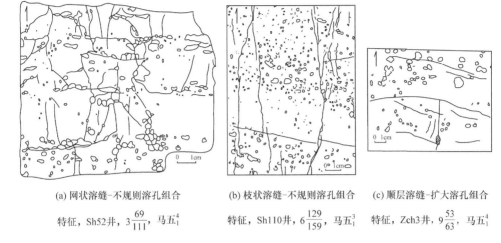

(a) 网状溶缝-不规则溶孔组合　　　(b) 枝状溶缝-不规则溶孔组合　　　(c) 顺层溶缝-扩大溶孔组合

特征，Sh52井，$3\frac{69}{111}$，马五$_1^4$　　　特征，Sh110井，$6\frac{129}{159}$，马五$_1^3$　　　特征，Zch3井，$9\frac{53}{63}$，马五$_1^4$

图 5.27　鄂尔多斯盆地奥陶系压释水岩溶形态组合岩心素描图

(3) 压释水岩溶产生的交代白云岩(主要是铁白云石和马鞍状白云石)在古风化壳深部较为发育，其 $\delta^{13}C$ 值为 $-0.56‰\sim3.76‰$，$\delta^{18}O$ 值为 $-8.46‰\sim-9.97‰$，Sr 含量为 $154\sim486ppm$，表明形成于还原环境。而马鞍状白云石，充填于裂缝中，富 Ca，有序度为 0.64，$\delta^{13}C$ 值为 1.3‰，$\delta^{18}O$ 值为 $-9.93‰$，并且具有较高的 Fe(1700ppm)、Mn(158ppm)、Sr(1264ppm)含量。反映其沉淀过程中有深部卤水的介入。

(4) 压释水岩溶形成的黄铁矿具有特征性。$\delta^{34}S$ 值的变化范围较大，并且在古风化壳内由上至下，该值由负转变为正，并逐渐升高。古风化壳顶部黄铁矿及充填方解石、白云石同位素的这种变化特征，便是压释水岩溶发育的直接证据。

(5) 高岭石、地开石等黏土矿物与压释水岩溶的形成密切相关。高岭石在古风化壳溶蚀孔洞中的充填分布是随风化壳的形成而进入的(黄思静等，1994)，后经成岩蚀变转化为地开石。其形成温度为 $110\sim160℃$，与次生方解石、次生石英形成的温度大体一致(黄思静等，1994；方邺森等，1987)。

2. 压释水的来源

沉积层中的压释水可以作为埋藏期岩溶作用形成的基本动力，而压释水的来源，主要与烃源岩的分布有关。鄂尔多斯盆地奥陶系古风化壳与其上部的石炭系、二叠系陆相烃源岩，二者上下配置，构成了压释水岩溶产生的重要背景。石炭系、二叠系碎屑岩，在埋藏和压实过程中，达到一定深度时，随着有机质的成熟而开始生烃，同时也产生大量压释水。据研究，当原始沉积物中泥质岩孔隙度为70%～90%、砂质岩为40%～50%时，其孔隙基本全为水所充满。在成岩作用的早、中期阶段，其孔隙度约为30%；在成岩作用的晚期阶段，其孔隙度约为10%，此阶段相当于结晶水的压出阶段(即蒙脱石向伊利石转化阶段)。这种水几乎是不含盐的，但由于烃类降解作用而富含有机酸及 CO_2 和 H_2S 气体。当其活化后与周围岩石就处丁极不平衡的状态，对围岩具有极强的侵蚀性。这种水的活化程度一直保持到成岩和变质作用的晚期。研究表明，泥质岩孔隙度在50%～2%的成岩阶段即是压释水形成的阶段(孙世雄，1991)。压释水岩溶作用，往往与烃类的侵位同时出现(Mazzullo et al.，1992)。

3. 压释水岩溶的发育模式

在中-深埋藏环境中,地下流体的运动机理主要有压实平流、对流、扩散流等,而压释水岩溶的水动力主要以对流循环为特征。石炭系、二叠系压释水进入鄂尔多斯盆地奥陶系古风化壳引起古风化壳内相对静止的储水单元失去平衡而产生对流,压释水通过古风化壳上的天窗或裂缝发育的部位向下渗流辐射,然后向远离入侵部位流去,而深部流体向侵入部位流来,如此往复形成压释水特有的对流模式(图 5.28)。由于入侵水流携带大量有机酸、CO_2 和 H_2S,不断对围岩产生溶蚀,使岩溶水中的 Ca^{2+} 含量不断提高,循环至深部则引起白云石与硬石膏的方解石化(贾疏源等，1993)。其反应式如下：

$$CaSO_4 + CO_3^{2-} \longrightarrow CaCO_3 \downarrow + SO_4^{2-}$$

$$CaMg(CO_3)_2 + Ca^{2+} \longrightarrow 2CaCO_3 \downarrow + Mg^{2+}$$

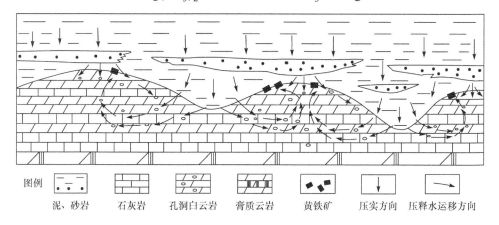

图例　⊡ 泥、砂岩　▦ 石灰岩　▧ 孔洞白云岩　▩ 膏质云岩　◆ 黄铁矿　↓ 压实方向　→ 压释水运移方向

图 5.28　鄂尔多斯盆地奥陶系中-深埋藏期压释水岩溶发育模式示意图
(修改自拜文华，2002；夏日元等，1999；贾疏源等，1993)

由反应式可知，深部返回的水流携带大量的 SO_4^{2-} 和 Mg^{2+} 向古风化壳顶部运移，造成古风化壳顶部的黄铁矿化和白云石化。岩溶水对流循环的结果，不仅在古风化壳各储水单元产生溶蚀中心形成溶蚀岩，而且在溶蚀中心的外围产生化学屏障，形成充填-交代岩。

由于压释水富含有机质及酸性气体，矿化度较低，与古风化壳内流体相遇，必然发生反应，并且与围岩相互作用。如果原地层流体量大，而补给压释水量小，压释水对围岩的改造就显得微弱，反之则反应异常强烈。因此，压释水入侵奥陶系古风化壳的多少，直接决定着岩溶作用的强度与溶蚀空隙的规模。

本区东缘的吴旗—乌审召一带及其以北地区为压释水集中的主要区域，也是压释水岩溶分布的主要区域。压释水岩溶在奥陶系古风化壳内的进一步发育改变了前期岩溶残余空间的分布特征，并且使岩溶空间向好、差两个方面发展。

5.4.3　热水岩溶的特征、形成及分布

热水岩溶是指沉积岩层深埋藏后，在不同深度由承压的热水与易溶岩类作用形成的岩溶。热水岩溶是捷克学者 Ozech(1957) 在研究由上升的热水溶液形成的洞穴及有关溶蚀构造时提出的。热水岩溶也属于埋藏期岩溶的一种，鄂尔多斯盆地奥陶系内幕白云岩储层的储集空间主要以溶蚀孔洞为主，而溶蚀孔洞的形成则与深埋藏期热水岩溶作用有关(郑聪斌，1995)。

1. 热水岩溶的特征

受热水岩溶作用改造的粗粉晶-细晶白云岩，在定边至鄂托克旗一带奥陶系马四-马五段均有分布。主要为灰色、褐灰色及深灰色，常见雾心亮边"斑"状结构，"斑"由颜色及晶粒差异显示。在靖边至横山一带见于古风化壳马五$_4^1$、马五$_1^4$、马五$_1^3$层段，旬探 1 井见于马六段。

1) 岩溶形态及充填物类型

热水岩溶形态与热水溶蚀能力及运动特征有关。在构造破裂欠发育的情况下，溶蚀作用首先从晶间、粒间易溶物溶解开始，形成溶孔。溶孔呈层状分布，疏密相间，其间可见溶缝发育。例如，定探 1 井深 4283m 处，溶孔呈球粒状，直径为 2~5mm，溶通后呈平行或垂直层面的上拱状和不规则状，长度可达 3cm，其内充填有石英和白云石等；李华 1 井位于天环坳陷并接近西缘逆冲构造带，因有断裂、裂隙与基底相通，有来自深部热液(源)补充的可能。围岩中有多期次、多成分的脉状体发育，如畸形白云石脉、铅锌矿脉、白云石、萤石-方解石脉等典型热液脉体。

李华 1、定探 1、陕 12 井的钻孔中，偶见溶孔内有闪锌矿晶粒，并在盆地西缘北端的海渤湾代兰塔拉发育铅锌矿床。矿体产于奥陶系三道坎组和桌子山组碳

酸盐岩层中，呈似层状。主要工业矿物为闪锌矿、方铅矿、黄铁矿，伴有黄铜矿、磁黄铁矿、白铅矿、菱锌矿和重晶石等。由于周围无岩浆活动，其成矿过程可能与深部基底古断裂有关。深部岩溶热水温度较高，pH 较低，溶液趋于酸性，有利于碳酸盐岩中的铅、锌等矿物析出，形成稳定的络合物被迁移。而当热水溶液自下而上运移时，因温度、压力下降。致使溶解的气体逸出，H^+浓度减小，pH 升高，溶液向碱性过渡，在还原环境中络合物分解，导致矿质沉淀或交代，并与溶于水中的硫生成溶度极低的金属硫化物，如 PbS、ZnS、FeS_2、CuS_2 等。它们多数不能被热水带走而沉淀于溶孔、溶隙中，或呈侵染状、似层状产出。

2) 充填矿物的地球化学特征

(1) 热水岩溶形成的粗晶方解石充填于孔洞及裂缝中，两相包裹体中含 CH_4。CO_2、H_2S 和少量 C_2H_4。包裹体均一温度测定结果表明，方解石均一温度的变化范围在 124~195℃，白云石均一温度的变化范围在 184~349℃(表 5.13)。旬探 1 井虽然埋深较定探 2 井浅 1635m，但温度却高出 30℃。

表 5.13 鄂尔多斯盆地西部奥陶系白云石、方解石包裹体均一温度测定结果
(郑聪斌等，2001；张锦泉，1993)

井号	井深/m(或样品号)	主矿物	气液比	均一温度/℃
李华 1	4212.73	白云石	8	220
李华 1	4214	白云石	10	196
定探 1	3930.1	细晶白云石		349
定探 2	3775	方解石		165
鄂 6	3859.3	中晶白云石		184
旬探 1	2140	方解石		195
耀参 1	1320	方解石		124~182
城川 1	81 号	方解石	5~15	149

(2) 热水岩溶形成的白云石多为细-中晶马鞍状、歪曲晶格的异种，含大量微包裹体而呈现雾状。从异形白云石包裹石英及黄铁矿表明，岩溶孔洞在偏酸性介质改造的基础上，又经受了的热水作用。定探 1 井马四段热水岩溶孔洞中充填的白云石，在阴极射线下，残余雾心发昏暗褐红色光，宽大亮边不发光，反映了热水溶蚀并交代早期的细晶白云石的结果。碳、氧同位素值与其他岩溶作用形成的碳氧同位素值有明显的差异。碳同位素值略为偏正，与混合水白云岩值接近，而氧同位素偏负(图 5.29)。

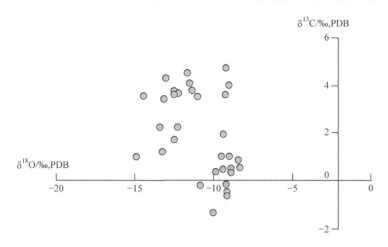

图 5.29 鄂尔多斯盆地西部奥陶系热水岩溶碳、氧同位素分布散点图(修改自郑聪斌等，2001)

(3) 气液相包裹体中水-岩-气处于化学平衡状态下，气相组成富含 CO_2，CO_2 的摩尔浓度占气体组成的 44.3%～56.9%，表明岩溶充填矿物形成环境具有丰富的 CO_2 来源(表 5.14)。

(4) 石英形成于马鞍状白云石之前，或与晚期方解石共生，充填于孔洞和构造裂缝中。晶形从简单柱状晶体到复杂锥面柱状体均有，其内包裹体主要为气液两相包裹体，其次为气相包裹体。其包裹体均一温度测定结果显示，定探 1 井 4287.38m 处，均一温度在 120～145℃，定探 2 井 3781m 处，均一温度在 135～165℃，鄂 7 井 4133m 处，均一温度在 145～185℃。

表 5.14 鄂尔多斯盆地西部奥陶系热水岩溶溶蚀孔洞中充填白云石包裹体成分分析
(修改自郑聪斌等，2001)

井号	样品号	气相摩尔分数/%								液相摩尔分数/%			
		CO_2	N_2	H_2S	CH_4	CO	H_2O	O_2	H_2	H_2O	CO_2	H_2S	CH_4
李华 1 井	24	56.9	16.6	10.2	—	—	12.9	—	3.4	79	16	5	—
	31	52.0	14.0	7.0	—	16.0		11.0	—	91		9	—
	32	48.3	—	5.4	34.5	—	11.8	—	—	24	69	7	—
	07	44.3	—	7.0	6.5	—	20.9	15.1	6.2	46	24	17	13

(5) 铅灰色、褐灰色铅锌矿，分别呈立方体(方铅矿)、四面体(闪锌矿)，分布于溶孔或溶缝中。闪锌矿中包裹体较发育，有单相、两相包裹体，均一温度变化在 135～349℃。

(6) 据热水岩溶充填物测试结果表明，不同地区不同样品 Fe、Mn、Sr 微量元素含量变化较大，富晶间孔的粉细晶白云岩及其充填物，Fe、Mn 含量高于其他碳酸盐矿物数倍，而 Sr 含量平均值低于其他碳酸盐矿物(图 5.30、图 5.31)。

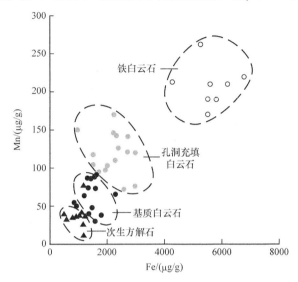

图 5.30　鄂尔多斯盆地西部奥陶系热水岩溶 Fe-Mn 微量元素含量投点图(修改自郑聪斌等,2001)

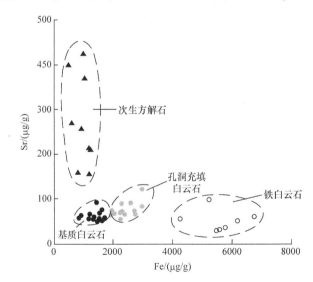

图 5.31　鄂尔多斯盆地西部奥陶系热水岩溶 Fe-Sr 微量元素含量投点图(修改自陈安宁等,2000)

　　定探 1、李华 1、鄂 6 井的马四段粉-细晶白云岩，除有高的 Fe、Mn 含量，低的 Sr 含量外，K、Na 含量也相对较高，反映出本区的孔隙水盐度较高，属较封闭的还原环境。Fe 和 Mn 含量高具一致性。盆地中东部的粉-细晶白云岩富 Fe、

Mn，同时又常与形成温度高于 160℃的地开石共生，仅用埋藏环境难以解释其形成，又因埋藏环境下的其重结晶作用也难以形成较高的晶间孔、晶间溶孔，因此这些粉-细晶白云岩 Fe、Mn 含量高，显然是经历了深埋藏环境下热水岩溶作用的结果。

2. 热水岩溶的形成

1) 热水的来源

热水的来源是热水岩溶发育的基础。热水来源具多样性：既有岩浆或变质作用释放出的水蒸气，又有埋藏加热的封存水；既有构造运动加热的深循环水，又有深部原生水和回注的海水等。只要这些水的温度高于地热梯度增温率所影响的温度值，均可成为热水岩溶的水源。据鄂尔多斯盆地基底构造特征分析，鄂尔多斯盆地热水的来源主要为深循环的热水，由地热梯度加热、构造运动加热及深部热源影响获得热能。

2) 热水的侵蚀性

形成热水岩溶的必要条件除要有充足的热水来源外，还要求热水具有侵蚀性能。由于热水岩溶处于深部环境(埋深>3000m)，热水中最初来自大气的 CO_2 和土壤空气中的 CO_2，在自上而下渗流溶蚀碳酸盐岩的过程中大部分已经消耗。本区深部热水岩溶系统中 CO_2 的来源主要有：有机质脱羧降解作用产生的大量 CO_2 和 H_2S；在脱硫细菌作用下，油田水中硫酸盐与烃类反应产生 CO_2 和 H_2S；深部如有两种以上浓度不同或温度不同的碳酸钙饱和溶液混合释出 CO_2；深部碳酸盐岩受高温、高压分解产生 CO_2 气体。

3) 热水岩溶的形成

热水岩溶是在不同深度由承压热水形成的，其运动方式主要以上升为主。当然大气降水在向下潜流过程中，在地热增温率的影响下，也会不同程度变为热水，但此类热水岩溶与一般大气淡水岩溶难以区别。区内中低温热水在深埋藏环境下，沿裂缝由下而上运动。热水运动除与压力有关外，与水的温度、水中气体含量多少和矿化度的高低等密切相关。由于燕山构造热事件在封闭环境下的积压、积温而导致岩溶水物理化学性质改变，从而促进热水运动和岩溶作用的发生。

3. 热水岩溶的分布

根据对鄂尔多斯盆地奥陶系，尤其是鄂尔多斯盆地西部下奥陶统热水岩溶的特征、形成条件及热水运动机制的分析，结合该区下奥陶统的钻井显示和录井资料，概括出热水岩溶在本区下奥陶统横向上的发育及分布横剖面图(图 5.32)。区内中央古隆起北端马四段中下部和盆地南缘旬探 1 井一带的峰峰组或马六段与成

岩白云石化共生的溶蚀孔洞属于热水岩溶成因,特征明显。李 1 井深 3906.4~
3911.6m、3934~3940m,天深 1 井深:4069~4175m、4198~4397.36m,鄂 6 井
3848~3851.5m,鄂 8 井深 3921~3922m,伊 8 井深 3856~3867m 等井段均有泥
浆漏失段或放空井段。录井显示,这些井段的表生期岩溶洞穴堆积物大都受热水
岩溶作用的改造,有热液矿物产出。

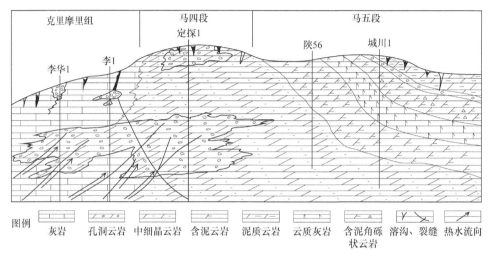

图 5.32　鄂尔多斯盆地西部奥陶系热水岩溶分布横剖面示意图

　　鄂尔多斯盆地西部深埋藏期热水岩溶发育的控制因素,主要是深部热源与热
水运移循环的途径。根据已识别出的热水岩溶标志井分析,本区在鄂 6 井、芦参
1 井和旬探 1 井存在着热水的来源。这些热水来源区不是处在周边断裂附近,就
是位于基底古断裂之上(图 5.33)。周边断裂或基底古断裂,在印支运动、燕山运
动阶段,对构造热事件在区内的形成具有重要的影响。但由于不同热源区的热流
体运移循环通道和途径不同,发育的层段也有差异。其中本区在马四段白云岩中
发育的热水岩溶带,主要有两个发育区(图 5.30):一是伊 8 井、鄂 6 井区,该区
热水来源主要与桌子山古断裂和偏关-石嘴山古断裂有关。热水岩溶形迹向东延伸
到苏 2 井风化壳带;二是定探 1 井、鄂 7 井、天深 1 井、芦参 1 井区,该区热水
来源可能与西部桌子山至平凉古断裂有关,向东可延伸至城川 1 井一带,但在马
四段呈透镜体分布,且有明显的非均质性;本区南部在马六段(峰峰组)发育热水
岩溶带,主要分布在永参 1 井、旬探 1 井至正宁、黄陵一带,热水来源可能与该
区的东西向古断裂有关。本区东缘靖边一带,热水岩溶发育带主要叠加在风化壳
岩溶段,热水来源主要与深部大同-定边古断裂上升的热液有关。

　　热水岩溶可能是鄂尔多斯盆地西部奥陶系最后一期岩溶,主要在区内西部马
四段和克里摩里组及南部马六段发育。

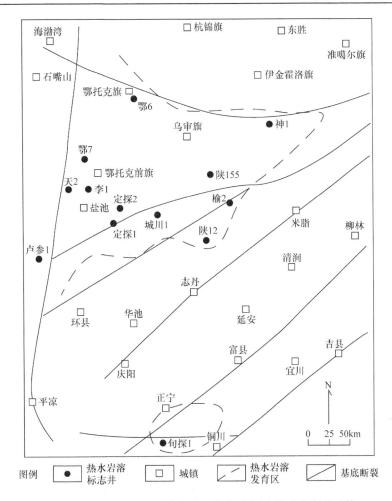

图 5.33 鄂尔多斯盆地奥陶系热水岩溶区分布示意图(修改自郑聪斌等，2001)

5.5 奥陶系碳酸盐岩叠加型古岩溶类型

在碳酸盐成岩历史中，岩溶作用可以在 3 个主要的成岩阶段发生。①同生、准同生到早成岩阶段，高级别的海平面变化导致没有固结的碳酸盐沉积物遭受大气水(次要流体还有大气水和海水混合水，甚至海水)的岩溶作用，虽然有岩溶作用的影响，但地层仍然是连续的，这被称为沉积岩溶或同生期岩溶；另一部分发生在台地边缘的岩溶作用与同沉积断层造成的台地边缘碳酸盐沉积物的早期暴露有关，也属于沉积岩溶或同生期岩溶范畴，虽然分布局限，但强度较典型的沉积岩溶或同生期岩溶大，在地层上的连续性也较差，横向延伸距离有限，可以在较短距离内在横向上追索到连续地层。②埋藏成岩阶段，深部热流体对已进入埋藏成岩阶段的碳酸盐岩发生岩溶作用，这被称为埋藏期岩溶或深部岩溶，一些文献中的热水岩溶主要属于该范畴。③表生成岩阶段，构造抬升使已固结的高度胶结的碳酸盐岩进入近地表环境并遭受大气水的溶解作用，在地质历史中，这些岩溶作用分布在重要的区域不整合面之下，这被称为表生期岩溶，表生期岩溶不但总体上具有较大的岩溶强度，而且分布广泛，与区域性地层缺失和不整合有关，因而也称为区域岩溶，同时也是最经典的岩溶作用(图 5.34)。

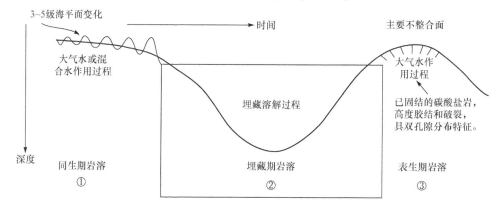

图 5.34　碳酸盐岩成岩历史示意图(修改自黄思静，2010，黄思静根据 Naulilus Ltd.的图件重绘)

沉积地质学和石油地质学工作者面对更多的不是发生在今天的岩溶作用，而是古岩溶作用。遭受岩溶的地层已被较年轻地层覆盖，不同程度的地层的不连续是判断这种古岩溶的重要依据。在碳酸盐岩的油气藏类型中，古岩溶(古喀斯特)油气藏是最为重要的油气藏类型之一，我国塔里木盆地奥陶系油气藏、鄂尔多斯盆地奥陶系气藏都与古喀斯特作用密切相关，有些则完全就是古喀斯特油气藏。因此，碳酸盐岩的表生成岩作用(岩溶作用或古喀斯特作用)研究在油气勘探中具有非常重要的意义。

可以发现，在地质历史时期，多期同类型岩溶的叠加，或者是同生期岩溶、表生期岩溶和埋藏期岩溶三类岩溶的叠加或继承性发育，都会使岩溶类型变得复杂，而难以辨识。一般说来，埋藏期岩溶通常是最后一期岩溶，以同生期岩溶+埋藏期岩溶或表生期岩溶+埋藏期岩溶的叠加顺序最常见。但由于成岩环境演化的特殊性，也会以同生期岩溶+(浅)埋藏期岩溶+表生期岩溶+(中-深)埋藏期岩溶的顺序叠加。

塔中西部上奥陶统良里塔格组灰岩中的岩溶作用以同生期岩溶和埋藏期岩溶这两种类型为主，它们是控制良里塔格组储层发育的关键因素之一，局部发育有表生期岩溶作用。例如，Zh1—Zh12 井一带以及塔中 Ⅱ 号构造带周边地区，但发育程度较低，对储层形成的贡献并不大。总体上属于同生期岩溶+埋藏期岩溶的叠加型古岩溶；塔中西部中下奥陶统鹰山组碳酸盐岩中同生期、表生期、埋藏期三种岩溶类型均有发育，但对储层发育贡献显著的则以表生期岩溶和埋藏期岩溶这两种类型为主，总体上属于表生期岩溶+埋藏期岩溶的叠加型古岩溶。

鄂尔多斯盆地西部面积大，奥陶系岩溶古地貌类型多，并且规模大。本区下奥陶统除了东缘盆缘坪中主要发育同生期岩溶+表生期岩溶+压释水岩溶、热水岩溶的叠加型古岩溶，其余区块，有些也出现几种岩溶类型，但分属不同地区，基本上无叠加关系。

5.6 本 章 小 结

本章以塔里木盆地塔中西部和鄂尔多斯盆地西部奥陶系碳酸盐岩为例，将奥陶系碳酸盐岩古岩溶划分为同生期、表生期和埋藏期岩溶三大类。根据沉积相类型，首次将同生期岩溶划分为台缘滩、礁型，台内滩、潮坪型和蒸发潮坪型三种，研究它们的特征或识别标志及发育规律，并提出发育模式。前两种类型的同生期岩溶发育模式均属于大气成岩透镜体模式，后一种属于淡水、盐水双层透镜体模式。两个地区奥陶系碳酸盐岩中至少发育 3～4 期表生期岩溶。按照岩溶层位的区域构造形态，将表生期岩溶分为岩块构造型和平缓褶皱型，并分别研究了它们的特征或识别标志及发育规律。塔中西部奥陶系碳酸盐岩岩块构造型表生期岩溶发育模式属于"A 型自生岩溶模式"的范畴。本书认为埋藏期岩溶至少包括三类，即埋藏有机溶蚀、压释水岩溶和热水岩溶，分别研究了它们的特征和发育规律。最后，进行叠加型古岩溶类型的划分。

参 考 文 献

巴斯科夫 E A, 1976. 成矿规律研究中的古水文地质分析[M]. 沈照理, 译. 北京: 地质出版社.

拜文华, 吕锡敏, 李小军, 等, 2002. 古岩溶盆地岩溶作用模式及古地貌精细刻画——以鄂尔多斯盆地东部奥陶系风化壳为例[J]. 现代地质, 16(3): 292-298.

陈安宁, 陈孟晋, 郑聪斌, 2000. 鄂尔多斯盆地奥陶系古岩溶特征与圈闭条件研究[R]. 西安: 中国石油天然气股份有限公司长庆油田分公司.

陈安泽, 钱方, 李兴中, 等, 2011. 中国喀斯特石林景观研究[M]. 北京: 科学出版社.

陈洪德, 张锦泉, 1995. 新疆塔里木盆地北部古风化壳(古岩溶)储集体特征及控油作用[M]. 成都: 成都科技大学出版社.

陈鸿汉, 邹胜章, 刘明柱, 等, 2001. 滨海岩溶地区海咸水入侵动力学系统研究[J]. 水文地质工程地质, 35(3): 4-8.

陈景山, 李忠, 王振宇, 等, 2007. 塔里木盆地奥陶系碳酸盐岩古岩溶作用与储层分布[J]. 沉积学报, 25(6): 858-868.

陈清华, 刘池阳, 王书香, 等, 2002. 碳酸盐岩缝洞系统研究现状与展望[J]. 石油与天然气地质, 23(2): 196-202.

陈新军, 蔡希源, 纪友亮, 等, 2007. 塔中奥陶系大型不整合面与风化壳岩溶发育[J]. 同济大学学报(自然科学版), 35(8): 1122-1127.

陈学时, 易万霞, 卢文忠, 等, 2004. 中国油气田古岩溶与油气储层[J]. 沉积学报, 22(2): 244-253.

陈贞万, 王振宇, 张云峰, 等, 2012. 塔中地区下奥陶统层间不整合岩溶发育特征及其控制因素[J]. 重庆科技学院学报: 自然科学版, 14(2): 28-31.

代金友, 史若珩, 何顺利, 等, 2006. 鄂尔多斯盆地中部气田沟槽识别新方法[J]. 天然气工业, 26(4): 26-28.

淡永, 梁彬, 曹建文, 等, 2015. 碳酸盐岩早成岩岩溶作用及油气地质意义[J]. 中国岩溶, 34(2): 126-135, 158.

邓自强, 1988. 桂林岩溶与地质构造(桂林岩溶地质之三)[M]. 重庆: 重庆出版社.

郭建华, 1996. 塔北、塔中地区下古生界深埋藏古岩溶[J]. 中国岩溶, 15(3): 207-216.

韩宝平, 1991. 冀中坳陷油田热水喀斯特研究[J]. 石油勘探与开发, 18(5): 32-37.

韩宝平, 1993. 喀斯特微观溶蚀机理研究[J]. 中国岩溶, 12(2): 97-102.

韩宝平, 1998. 微观喀斯特作用机理研究[M]. 北京: 地质出版社.

何江, 沈昭国, 方少仙, 等, 鄂尔多斯盆地中部前石炭纪岩溶古地貌恢复[J]. 海相油气地质. 2007, 12(2): 8-16.

何宇彬, 1991. 试论均匀状厚层灰岩动力剖面及实际意义[J]. 中国岩溶, 10(3): 1-11.

何自新, 2003. 鄂尔多斯盆地演化与油气[M]. 北京: 石油工业出版社.

何自新, 郑聪斌, 陈安宁, 2001. 长庆气田奥陶系古沟槽展布及其对气藏的控制[J]. 石油学报, 22(4): 35-38.

侯方浩, 方少仙, 沈昭国, 等, 2005. 白云岩体表生成岩裸露期古风化壳岩溶的规模[J]. 海相油气地质, 10(1): 19-30.

黄尚瑜, 1987. 碳酸盐岩的溶蚀与环境温度[J]. 中国岩溶, 6(4): 287-296.

黄思静, 2010. 碳酸盐岩的成岩作用[M]. 北京: 地质出版社.

黄思静, 裴锡古, 谢庆邦, 1994. 陕甘宁盆地奥陶系储层中的地开石及其意义[J]. 天然气工业, 14(6): 80-81.

黄思静, 杨俊杰, 张文正, 等, 1993. 去白云化作用机理的实验模拟探讨[J]. 成都地质学院学报, 20(4): 81-86.

黄思静, 杨俊杰, 张文正, 等, 1996. 石膏对白云岩溶解影响的实验模拟研究[J]. 沉积学报, 14(1): 103-109.

黄锡荃, 李惠明, 金伯欣, 1993. 水文学[M]. 北京: 高等教育出版社.

贾承造, 魏国齐, 姚慧君, 等, 1995. 盆地构造演化与区域构造地质[M]. 北京: 石油工业出版社.

贾疏源, 冯先智, 易运昭, 等, 1988. 川南阳新统灰岩(古)岩溶发育特征及其与天然气勘探的关系[J]. 四川智力开发, 3(1): 33-52.

贾疏源, 郑聪斌, 谢庆邦, 等, 1993. 陕甘宁盆地中部奥陶系风化壳古水文、古岩溶演化特征及主要产层孔洞形成机制[R]. 成都: 成都理工学院.

贾振远, 蔡忠贤, 肖玉茹, 等, 1995. 古风化壳是碳酸盐岩一个重要的储集层(体)类型[J]. 地球科学(中国地质大学学报), 20(3): 283-289.

焦伟侠, 张建平, 武法东, 等, 2004. 中国喀斯特的故——四川兴文[M]. 北京: 科学普及出版社.

兰光志, 江同文, 陈晓慧, 等, 1995. 古岩溶与油气储层[M]. 北京: 石油工业出版社.

李道燧, 张宗林, 徐晓蓉, 等, 1994. 鄂尔多斯盆地中部古地貌构造对气藏的控制作用[J]. 石油勘探与开发, 21(3): 9-14.

李德生, 刘友元, 1991. 中国深埋古岩溶[J]. 地理科学, 11(3): 234-243.

李定龙, 陈兆炎, 1993. 四川南部二叠系阳新灰岩岩溶发育演化特征探讨[J]. 淮南矿业学院学报, 13(1): 1-10, 52.

李定龙, 贾疏源, 1994. 威远构造阳新灰岩岩溶隙洞系统发育演化特征[J]. 石油与天然气地质, 15(2): 151-157.

梁狄刚, 1998a. 塔里木盆地生油岩与油源研究[R]. 库尔勒: 塔里木石油勘探开发指挥部.

梁狄刚, 1998b. 塔里木盆地油气系统与分布规律[R]. 库尔勒: 塔里木石油勘探开发指挥部.

林畅松, 杨海军, 刘景彦, 等, 2008. 塔里木早古生代原盆地古隆起地貌和古地理格局与地层圈闭发育分布[J]. 石油与天然气地质, 29(2): 189-197.

刘宝珺, 张锦泉, 1992. 沉积成岩作用[M]. 北京: 科学出版社.

刘功余, 邓自强, 张美良, 1988. 岩溶矿床的研究现状及展望[J]. 中国岩溶, 7(S1): 4-16.

刘明光, 2010. 中国自然地理图集[M]. 3版. 北京: 中国地图出版社.

刘效曾, 1997. 塔中地区奥陶系碳酸盐岩储层研究[R]. 库尔勒: 塔里木石油勘探开发指挥部.

卢耀如, 1986a. 中国喀斯特地貌的演化模式[J]. 地理研究, 5(4): 25-35.

卢耀如, 1986b. 中国岩溶——景观·类型·规律[M]. 北京: 地质出版社.

马永生, 梅冥相, 陈小兵, 等, 1999. 碳酸盐岩储层沉积学[M]. 北京: 地质出版社.

马振芳, 陈安宁, 王景, 等, 1998a. 鄂尔多斯盆地中部古风化壳气藏成藏条件研究[J]. 天然气工业, 18(1): 9-13.

马振芳, 周树勋, 于忠平, 等, 1998b. 鄂尔多斯盆地中东部奥陶系古风化壳气藏勘探目标评价[R]. 庆阳: 长庆石油勘探局.

倪新锋, 张丽娟, 沈安江, 等, 2009. 塔北地区奥陶系碳酸盐岩古岩溶类型、期次及叠合关系[J]. 中国地质, 36(6): 1312-1321.

钱会, 胡建刚, 1996. Bögli 混合溶蚀理论及其在实际应用中所存在的问题[J]. 中国岩溶, 15(4): 367-375.

钱一雄, 蔡立国, 李国蓉, 等, 2002. 碳酸盐岩岩溶作用的元素地球化学表征——以塔河 1 号的 S60 井为例[J]. 沉积学报, 20(1): 70-74.

钱铮, 黄先雄, 李淳, 等, 2000. 碳酸盐岩成岩作用及储层——以中国四川东部石炭系为例[M]. 北京: 石油工业出版社.

任美锷, 刘振中, 王飞燕, 等, 1983. 岩溶学概论[M]. 北京: 商务印书馆.

司马立强, 疏壮志, 2009. 碳酸盐岩储层测井评价方法及应用[M]. 北京: 石油工业出版社.

宋焕荣, 黄尚瑜, 1988. 碳酸盐岩与岩溶[J]. 矿物岩石, 8(1): 9-17.

宋焕荣, 黄尚瑜, 1993. 碳酸盐岩化学溶蚀效应[J]. 现代地质, 7(3): 363-371.

孙世雄, 1991. 地下水成矿[M]. 成都: 成都科技大学出版社.

覃建雄, 徐国盛, 吴勇, 等, 1995. 鄂尔多斯盆地下奥陶统碳酸盐岩储层深埋次生孔隙研究[J]. 西安石油学院学报, 10(4): 9-14.

谭秀成, 肖笛, 陈景山, 等, 2015. 早成岩期喀斯特化研究新进展及意义[J]. 古地理学报, 17(4): 441-456.

唐正松, 1995. 试论缝洞系岩溶及其地质意义[J]. 西南石油学院学报, 17(2): 15-20.

陶士振, 2004. 包裹体应用于油气地质研究的前提条件和关键问题[J]. 地质科学, 39(1): 77-91.

汪蕴璞, 1989. 古水文地质学中的一个核心命题——水文地质期研究的新进展[J]. 中国地质, 16(2): 26-28.

汪蕴璞, 王焕夫, 1982. 古水文地质研究内容及方法[J]. 水文地质工程地质, 9(1): 45-49.

王宝清, 徐论勋, 李建华, 等, 1995. 古岩溶与储层研究——陕甘宁盆地东缘奥陶系顶部[M]. 北京: 石油工业出版社.

王大纯, 1980. 水文地质学[M]. 北京: 地质出版社.

王嗣敏, 金之钧, 2004. 塔里木盆地塔中 45 井区碳酸盐岩储层的深部流体改造作用[J]. 地质论评, 50(5): 543-547.

王兴志, 黄继祥, 侯方浩, 等, 1996. 四川资阳及邻区灯影组古岩溶特征与储集空间[J]. 矿物岩石, 16(2): 51-54.

王兴志, 曾伟, 董兆雄, 2001. 鄂尔多斯盆地中央古隆起东北侧奥陶系碳酸盐岩储层研究[R]. 南充: 西南石油学院.

王振宇, 2001. 塔里木盆地奥陶系不整合面岩溶作用特征与油气储层研究[D]. 北京: 中国科学院地质与地球物理研究所.

王振宇, 陈景山, 1999. 塔里木盆地塔中 Ⅰ 号断裂构造带中上奥陶统岩溶系统研究[R]. 南充: 西南石油学院.

王振宇, 李凌, 谭秀成, 等, 2008. 塔里木盆地奥陶系碳酸盐岩古岩溶类型识别[J]. 西南石油大学学报(自然科学版), 30(5): 11-16.

王振宇, 李宇平, 陈景山, 等, 2002. 塔中地区中-晚奥陶世碳酸盐陆棚边缘大气成岩透镜体的发育特征[J]. 地质科学, 37(增刊): 152-160.

文应初, 王一刚, 郑家凤, 等, 1995. 碳酸盐岩古风化壳储层[M]. 成都: 电子科技大学出版社.

翁金桃, 1984. 方解石和白云石的差异性溶蚀作用[J]. 中国岩溶, (1): 29-37.

翁金桃, 1987. 桂林岩溶与碳酸盐岩[M]. 重庆: 重庆出版社.

翁金桃, 罗责荣, 1990. 喀斯特地貌与洞穴研究: 碳酸盐岩的物理力学性质对喀斯特地貌和洞穴形成的影响[M]. 北京: 科学出版社.

席胜利, 郑聪斌, 夏日元, 等, 2005. 鄂尔多斯盆地奥陶系压释水岩溶地球化学模拟[J]. 沉积学报, 23(2): 354-360.

夏明军, 戴金星, 2007. 鄂尔多斯盆地南部加里东期岩溶古地貌与天然气成藏条件分析[J]. 石油勘探与开发. 34(3): 291-298.

夏日元, 唐健生, 2004. 黄骅坳陷奥陶系古岩溶发育演化模式[J]. 石油勘探与开发, 31(1): 51-53.

夏日元, 唐健生, 关碧珠, 等, 1999. 鄂尔多斯盆地奥陶系古岩溶地貌及天然气富集特征[J]. 石油与天然气地质, 20(2), 133-136.

夏日元, 唐健生, 罗伟权, 等, 2001. 油气田古岩溶与深岩溶研究新进展[J]. 中国岩溶, 20(1): 79.

夏日元, 唐健生, 邹胜章, 等, 2006. 碳酸盐岩油气田古岩溶研究及其在油气勘探开发中的应用[J]. 地球学报, 27(5): 503-509.

肖林萍, 黄思静, 2003. 方解石和白云石溶蚀实验热力学模型及地质意义[J]. 矿物岩石, 23(1): 113-116.

肖荣阁, 张汉城, 2001. 热水沉积岩及矿物岩石标志[J]. 地学前缘, 8(4): 379-385.

许效松, 杜佰伟, 2005. 碳酸盐岩地区古风化壳岩溶储层[J]. 沉积与特提斯地质, 25(3): 1-7.

薛学亚, 林畅松, 韩剑发, 等, 2017. 塔中隆起北斜坡鹰山组碳酸盐岩古岩溶结构特征[J]. 东北石油大学学报, 41(5): 25-35.

杨海军, 刘胜, 1998. 塔中地区勘探目标与评价[R]. 库尔勒: 塔里木石油勘探开发指挥部.

杨俊杰, 黄思静, 张文正, 等, 1995. 表生和埋藏成岩作用的温压条件下不同组成碳酸盐岩溶蚀成岩过程的实验模拟[J]. 沉积学报, 13(4): 49-54.

杨俊杰, 谢庆邦, 宋国初, 等, 1992. 鄂尔多斯盆地奥陶系风化壳古地貌成藏模式及气藏序列[J]. 天然气工业, 12(4): 8-13.

叶德胜, 1994. 塔里木盆地北部寒武-奥陶系碳酸盐岩的深部溶蚀作用[J]. 沉积学报, 12(1): 66-71.

袁道先, 蔡桂鸿, 1988. 岩溶环境学[M]. 重庆: 重庆出版社.

袁道先, 刘再华, 2002. 中国岩溶动力系统[M]. 北京: 地质出版社.

袁道先, 朱德浩, 翁金桃, 等, 1994. 中国岩溶学[M]. 北京: 地质出版社.

张宝民, 刘静江, 2009. 中国岩溶储集层分类与特征及相关的理论问题[J]. 石油勘探与开发. 36(3): 12-29.

张海祖, 张好勇, 刘鑫, 等, 2011. 塔中地区奥陶系鹰山组古地貌精细研究[J]. 新疆石油地质, 32(3): 250-252.

张杰, 寿建峰, 文应初, 等, 2012. 去白云石化作用机理及其对储集层的改造[J]. 古地理学报, 14(1): 69-84.

张锦泉, 1992. 鄂尔多斯盆地奥陶系沉积、古岩溶及储集特征[M]. 成都: 成都科技大学出版社.

张美良, 林玉石, 邓自强, 1998. 岩溶沉积-堆积建造类型及其特征[J]. 中国岩溶, 17(2): 79-89.

张英骏, 缪钟灵, 毛健全, 等, 1983. 应用岩溶学与洞穴学[M]. 贵阳: 贵州人民出版社.

章贵松, 郑聪斌, 2000. 压释水岩溶与天然气的运聚成藏[J]. 中国岩溶, 19(3): 199-205.

赵俊兴, 陈洪德, 向芳, 2003. 高分辨率层序地层学方法在沉积前古地貌恢复中的应用[J]. 成都理工大学学报(自然科学版), 30(1): 76-81.

赵文智, 沈安江, 潘文庆, 等, 2013. 碳酸盐岩岩溶储层类型研究及对勘探的指导意义——以塔里木盆地岩溶储层为例[J]. 岩石学报, 29(9): 3213-3222.

赵永刚, 2014. 鄂尔多斯盆地东缘奥陶系碳酸盐岩白云石化与古岩溶的耦合关系研究[R]. 西安: 西安石油大学.

赵永刚, 王东旭, 冯强汉, 等, 2017. 油气田古地貌恢复方法研究进展[J]. 地球科学与环境学报, 39(4): 516-529.

郑聪斌, 冀小林, 贾疏源, 1995. 陕甘宁盆地中部奥陶系风化壳古岩溶发育特征[J]. 中国岩溶, 14(3): 280-288.

郑聪斌, 王飞燕, 贾疏源, 1997. 陕甘宁盆地中部奥陶系风化壳岩溶及岩溶模式[J]. 中国岩溶, 16(4): 351-361.

郑聪斌, 王世录, 贾疏源, 1996. 陕甘宁盆地中部气田主要产层孔洞的形成及演化[J]. 华北地质矿产杂志, 11(1): 73-79.

郑聪斌, 章贵松, 王飞雁, 等, 2001. 鄂尔多斯盆地奥陶系热水岩溶特征[J]. 沉积学报, 19(4): 524-529.

中国地理学会地貌专业委员会, 1985. 喀斯特地貌与洞穴[M]. 北京: 科学出版社.

中国科学院地质研究所岩溶研究组, 1979. 中国岩溶研究[M]. 北京: 科学出版社.

邹胜章, 陈鸿汉, 朱远峰, 等, 2001. 滨海岩溶区过渡带碳酸盐岩溶浊作用的试验研究[J]. 水文地质工程地质, 35(5): 17-20.

JAMES N P, CHOQUETTE P W, 1991. 古岩溶与油气储层[M]. 成都地质学院沉积地质矿产研究所, 长庆石油勘探局勘探开发研究院, 译. 成都: 成都科技大学出版社.

ALLAN J R, MATTHEWS R K, 1982. Isotope signatures associated with early meteoric diagenesis[J]. Sedimentology,

29(5): 797-817.

AL-SHAIEB Z, LYNCH M, 1993. Paleokarstic features and thermal overprints observed in some of the Arbuckle cores in Oklahoma[C]//FRITZ R D, LWILSON J, YUREWICS D A. Paleokarst related hydrocarbon reservoirs: SPEM Core Workshop, 18: 11-59.

BACETA J I, WRIGHT V P, 2001. Palaeo-mixing zone karst feature from palaeocene carbonate of north Spain: criteria for recognizing a potentially widespread but rarely documented diagenetic system[J]. Sedimentary Geology, 139: 205-216.

BATHURST R G C, 1975. Carbonate sediments and their diagenesis. Developments in Sedimentology 12[M]. 2rd ed. Amsterdam: Elsevier.

BATHURST R G C, 1987. Diagenetic paleotemperatures from aqueous fluid inclusions: re-equilibration of inclusions in carbonate cements by burial heating[J]. Mineralogical Magazine, 51: 477-481.

BÖGLI A, 1980. Karst hydrology and physical speleology[M]. Berlin, Heidelberg, New York: Spring-Verlag.

CANDELARIA M P, REED C L, et al., 1992. Paleokarst, karst related Diagenesis and reservoir development: examples from Ordovician-Devonian age strata of west Texas and the Mid-continent: Permian Basin Section[C]. SEPM publication, 92-33: 202.

CAROTHERS W W, KHARAKA Y K, 1978. Aliphatic acid anions in oil-field water-implications for the origin of natural gas[J]. AAPG Bulletion, 62(12): 2441-2453.

CHOQUETTE P W, JAMES N P, 1988. Introduction[C]//JAMES N P, CHOQUETTE P W. Paleokarst. NewYork: Springer-Verlag.

CHOQUETTE, P W, 1988. Introduction[M]//Paleokarst. NewYork: Springer-Verlag.

CROSS T A, 1994. Applications of high-resolution sequence stratigraphy to reservoir analysis[C]//The interstate Oil and Gas Compact Commission 1993, Annual Buttetin, 24-39.

DRUCKMAN Y, MOORE C H, 1985. Late subsurface secondary porosity in a Jurassic grainstone reservoir, Smackover Formation, Mt. Vernon Field, southern Arkansas[C]//ROEHL P O, CHOQUETTE P W. Carbonate Petroleum Reservoirs. New York: Spinger-Verlag.

DZULYNSKI S, MARIA S G, 1986. Hydrothermal karst phenomena as a factor in the formation of Mississippi valley-type deposits[G]//Wolf K H. Handbook of strata-bound and stratiform ore deposits 13: 391-439.

ESTEBAN M, 1991. Paleokarst: practical applications[G]//WRIGHT V P, ESTEBAN M, SMART P L. Paleokarst and Paleokarstic reservoirs: University of Reading Postgraduate Research Institute for Sedimentology Short Course: 89-119.

ESTEBAN M, KLAPPA. 1983. Suburial exposure environment[C]//SCHOLLE P A, BEBOUT D G, MOORE C H. Carbonate Depositional Environment. AAPG Memoir 33. New York: Wiley.

FORD D C, EWERS R O, 1978. The development of limestone cave systems in the dimensions of length depth: Canadian[J]. Journal of Earth Sciences, 15: 1978-1998.

FRANK E F, MYLROIE J E, TROESTER J, 1998. Karst Developoment and speleogenesis, Isla de Mona, Puerto Rico[J]. Journal of Caves and Karst Studies, 60(2): 73-83.

FRIEDMAN G M, SANDERS J E, 1978. Principles of sedimentology[M]. New York: John Wiley and Sons.

GRIMES K G, 2006. Syngenetic karst in Australia: A review[J]. Helictite, 39(2): 27-38.

HEYDARI E, 1997. The role of burial diagenesis in hydrocarbon destruction and H_2S accumulation, Upper Jurassic Smackcover Formation, Black Creek Field, Mississippi[J]. AAPG Bulletin, 81(1): 26-45.

HEYDARI E, MOORE C H, 1989. Burial diagenesis and thermo-chemical sulfate reduction, Smackover Formation, Southeastern Mississippi salt basin[J]. Geology, 17: 1080-1084.

HRYNIV S P, PERYT T M, 2003. Sulfate cavity filling in the lower werra(Zechstein Permian), Zdrada area northern Poland: evidence for early diagenetic evaporite Paleokarst formed under sedimentary cover[J]. Journal of Sedimentary Research, 73(3): 451-461.

JAKUCS L, 1977. Morphogenetics of Karst Regions[M]. Budapest: Budapest press.

JAMES N P, CHOQUETTE P W, 1984. Limestone-the Meteoric diagenetic environment[J]. Geoscience Canada, 11: 161-194.

JENNINGS J N, 1968. Syngenetic karst in Australia: Contributions to the study of karst[J]. Department of Geography Publication, Australian National University, 5: 41-110.

JERVEY M, 1988. Quantitative geological modeling of siliciclastic rock sequences and their seismic expression[C]//Wilgus C, Hastings B S, Kendall C G, et al. Sea level changes: An integrated approach. Society for Sedimentary Geology Special Publication, 42: 47-69.

KERANS C, 1988. Karst controlled reservoir heterogeneity in Ellenburger Group[J]. AAPG Bulletin, 72(10): 1160-1183.

LACE M J, MYLROIE J E, 2013. Coastal Karst Landforms[M]. New York: Springer.

LONGMAN M W, 1980. Carbonate diagenetic textures from nearsurface diagenetic environments[J]. AAPG Bulletin, 64(4): 461-487.

LUNDEGARD P D, LAND L S, 1986. Carbon dioxide and inorganic acids: Their role in porosity enhancement and cementation, paleogene of the Texas Gulf Coast[C]//GAUTIER D L. Roles of organic matter in sediment diagenesis. SEPM special publication 38: 129-146.

MAZZULLO S J, MAZZULLO L J, 1992. Paleokarst and karst-associated hydrocarbon reservoir in the Fusselman Formation, west Texas, Permian basin[C]//CANDELARIA M P , REED C L. Paleokarst, karst related diagenesis and reservoir development: examples from Ordovician-Devonian ages strata of west Texas and the mid-continent: Permian Basin section, SEPM Publication 92-33: 110-120.

MOORE C H, 1989. Carbonate diagenesis and porosity[M]. New York: Elsevier.

MOORE C H, DRUCKMAN Y, 1981. Burial diagenesis and porosity evolution Upper Jurassic Smackover, Arkansas and Louisisana[J]. AAPG Bulletion, 65(4): 597-628.

MYLROIE J E, CAREW J L, 1995. Karst development on carbonate island[C]//BUDD D A, SALLER A H, HARRIS P M. Unconformities and porosity in carbonate strata: AAPG, Memoir 63. Tulsa: AAPG.

MYLROIE J R, Mylroie J E, 2007. Development of the carbonate island karst model[J]. Journal of Cave and Karst Studies, 69(1): 59-75.

PALMER A N, 1991. Origin and morphology of limestone cave[J]. Geological society of American Bulletin, 103: 1-21.

PALMER A N, 1995. Geochemical models for the origin of macroscopic solution porosity in carbonate rocks[C]//BUDD D A, SALLER A H, HARRIS P M. Unconformities and porosity in carbonate strata: AAPG Memoir 63. Tulsa: AAPG.

POSAMENTIER H, ALLEN G, 1993. Variability of the sequence stratigraphic model: effects of local basin factors[J]. Sedimentary Geology, 86(2): 91-109.

PURDY E G, WALTHAM D. 1999. Reservoir Implication of modern karst topography[J]. AAPG Bulletin, 83(11): 1774-1794.

SMART P L, WHITAKER F F. 1991. Karst processes, hydrology and porosity evolution[G] // WRIGHT V P, ESTEBAN M, SMART P L. Paleokarst and Paleokarstic reservoirs: Postgraduate Research Institute for Sedimentology, University of Reading. Berkshire: University of Reading.

SURDAM R C, BOESE S W, CROSSEY L J, 1984. The chemistry of secondary porosity[C]//MCDONALD D A, SURDAM R C. Clastic diagenesis. AAPG Memoir 37: 127-150.

SURDAM R C, BOESE S W, CROSSEY L T, 1982. Role of organic reactions in development of secondary porosity in sandstones (abs.)[J]. AAPG Bulletin, 66(5): 635.

SURDAM R C, CROSSEY L J, HAGEN E S, et al., 1989. Organic-inorganic interactions and sandstone diagenesis[J]. AAPG Bulletin, 73(1): 1-23.

TISSOT B P, WELTE D H, 1978. Petroleum formation and occurrence: A new approach to oil and gas exploration[M]. New York: Springer-Verlag.

TROSCHINETZ J, 1992. Paleokarst interpretation for Critendon(Silurian)field, Winkler Country, Texas[C]//CANDELARIA

M P, REED C L. Paleokarst, karst related diagenesis and reservoir development: examples from Ordovician-Devonian ages strata of west Texas and the mid-continent: Permian Basin section, SEPM Publication 92-33: 134-136.

VACHER H L, MYLROIE J E, 2002. Eogenetic karst from the perspective of an equivalent porous medium[J]. Carbonates and Evaporites, 17(2): 182-196.

VAN WAGONER J C, MITCHUM R M, CAMPION K M, et al., 1990. Siliciclastic sequence stratigraphy in well logs, cores, and outcrop: Concepts for high-resolution correlation of time and faces[J]. AAPG Methods in Exploration, 7: 55.

VANSTONE S D, 1998. Late Dinantian paleokarst of England and Wales: implications for exposure surface development[J]. Sedimentary, 45: 19-37.

VEIZER J, 1983. Chemical diagenesis of carbonates: Theory and application of trace element technique[G]//ARTHUR M A. Stable isotopes in sedimentary geology. SEPM Short Course Notes, 10(3): 1-100.

WHEELER H E, 1964. Base level, lithosphere surface and time stratigraphy[J]. Geological Society of America Bulletin, 75(2): 599-610.

WHITE W B, 1988. Geomorphology and hydrology of karst terrains[M]. New York: Oxford University press.

WHITE W B, CULVER, D C, HERMAN, J S, et al., 1995. Karst lands[J]. American Scientist, 83: 450-459.

WHITE W B, WHITE E L, 1989. Karst hydrology: concepts from the Mammoth Cave area[M]. New York: van Nostrand Reinhold.

第 6 章　奥陶系古岩溶发育的控制因素

事物在变化过程中，"外因是变化的条件，内因是变化的根据，外因通过内因起作用"。但是由于整个物质世界范围无限大，联系极其复杂，内因与外因的区分也是相对的，在一定场合和一定条件下是内因，在另一场合和另一条件下则为外因，反之亦然。这与现代系统论所反映的"外因与内因的相对性和不可分割性"是一致的。因此，在分析古岩溶发育的控制因素时，应该注意将影响古岩溶发育的内因与外因综合起来考虑，而不是截然分开。

岩溶发育程度受多种内外因素及其相互作用的控制，内部因素包括岩石学、沉积相、地层特征和构造条件等因素，其中最主要的是岩石类型、矿物成分、结构组分、地层的渗透率及提供地下水流动的裂隙和其他通道的连通情况。外部因素包括气候、海平面变化、植被、基准面、暴露时间、出露区的规模和地形等，其中气候是关键，其他因素如海平面、植被、地形起伏、岩溶基准面、暴露时间、出露区的规模和地形等因素也很重要。关于影响和控制岩溶发育的内外因素，国内外许多学者对此都做过比较深入的探讨和研究(苏中堂等，2016；曹建文等，2012a；姚泾利等，2011；焦存礼等，2010；范明等，2009，2007；王黎栋等，2008；盛贤才等，2007；侯方浩等，2005；张凤娥等，2003；黄思静等，1996，1995；杨俊杰等，1995；韩宝平，1993；宋焕荣等，1990；邓自强等，1988；黄尚瑜等，1987；翁金桃，1987；James, et al., 1984；Esteban, et al., 1983；任美锷等，1982；中科院地质所岩溶组，1979)。过去，人们在研究与油气储层有关的碳酸盐岩古岩溶时，更多地关注影响或控制风化壳岩溶(又称表生期岩溶)发育的诸多因素。这里主要针对塔里木盆地塔中西部及邻区和鄂尔多斯盆地西部奥陶系碳酸盐岩，分别讨论同生期岩溶、表生期岩溶和埋藏期岩溶发育的控制因素。

6.1　同生期岩溶发育的控制因素

塔里木盆地塔中西部及邻区晚奥陶世碳酸盐沉积物形成的碳酸盐层系及潮湿的气候条件为该区同生期岩溶的发育提供了基本条件。该区上奥陶统灰岩处于台地边缘相带的礁滩镶边体系中，发育多个礁(丘)、滩的沉积旋回组合，通过礁(丘)、滩向上的垂向营建，导致滩体出露于海平面之上，接受了大气水成岩作用的改造。大气成岩透镜体主要出现于粒屑滩的顶部和粒屑滩内部。

因为进入海洋中的锶主要来自壳源物质化学风化作用、海洋碳酸盐的重溶及海底扩张作用等，所以在海平面下降期间，暴露于洋面之上的大陆面积增加，导致由大陆壳风化而进入海洋的壳源锶增加,从而引起海洋碳酸盐的 $^{87}Sr/^{86}Sr$ 升高；相反，在海平面上升期间，由于暴露于洋面之上的陆地面积减少，由风化作用进入海洋的壳源锶减少，导致海洋碳酸盐的 $^{87}Sr/^{86}Sr$ 降低。因此，海洋中锶同位素组成基本上是大陆表面和海洋盆地中暴露于化学风化作用之下的各种岩石及其表面积的综合反映，$^{87}Sr/^{86}Sr$ 的高低变化与海平面升降呈负相关。

根据本区 50 个奥陶系碳酸盐岩样品的锶同位素测定结果,显示所有岩心碳酸盐岩的 $^{87}Sr/^{86}Sr$ 均在 0.706~0.710，属于正常范围，平均值为 0.708195。由此将该地区奥陶系碳酸盐岩的 $^{87}Sr/^{86}Sr$ 平均值定为 0.7082 左右。并且暂以 $^{87}Sr/^{86}Sr$=0.7082 作为本区奥陶纪平均海平面的 $^{87}Sr/^{86}Sr$，以此确定相对海平面的升降变化。样品的 $^{87}Sr/^{86}Sr$ 高于此值时，认为海平面低于平均海平面；反之，则高于平均海平面。现以 TZ12 井为例，如图 6.1 所示，中下奥陶统 5245~5300m 井段的 $^{87}Sr/^{86}Sr$ 小于 0.7082，说明该段沉积时海平面较高，5170~5245m 井段的 $^{87}Sr/^{86}Sr$ 为 0.708782，大于界限值 0.7082，说明该段沉积时海平面较低。至上奥陶统灰岩的 4644~5075m 井段，$^{87}Sr/^{86}Sr$ 变化范围很大，最低值为 0.706694，而最高值达 0.709375，24 个样品的平均值为 0.708094，一方面说明晚奥陶世灰岩沉积时期的海平面比早中奥陶世晚期有明显上升；另一方面说明该时期的海平面波动幅度较大。全井段共主要出现 4 个 $^{87}Sr/^{86}Sr$ 升高的井段，分别为 4966.1~5068.5m、4815~4880m、4744~4803m、4688~4730m 井段，这四个层段沉积时，海平面明显降低，并低于平均海平面。研究发现，该区晚奥陶世良里塔格期的四次海平面降低时期与礁、滩发育旋回及四个大气成岩透镜体的位置一致。说明该区同生期岩溶主要受礁、滩沉积旋回和海平面升降变化的控制。

鄂尔多斯盆地西部早奥陶世马家沟期，尤其是马五时的同生期岩溶伴随同生白云石化过程而发生。潮坪和浅滩发生白云石化的同时，地层中出现一定数量的针状、板条状石膏及石膏结核和石膏集合体；同生白云石化过程并未彻底改变原灰质沉积物的矿物成分，地层中仍含有一定数量的文石和高镁方解石。文石和高镁方解石这些不稳定矿物和石膏，一旦进入同生成岩阶段，因受到大气淡水或较低盐度混合水的影响，就会发生溶解及矿物的稳定化；同样，欠稳定的富钙白云石也会发生一定程度的溶解。因此石膏、文石和高镁方解石及欠稳定的富钙白云石构成的沉积物为该区同生期岩溶的发育提供了基本的物质基础。高频海平面升降旋回(五级)的下降过程中，靠近古隆起或古陆边缘一侧浅水区的潮坪和浅滩沉积物会间歇性地暴露于海平面之上，接受大气淡水和较低盐度混合水的溶蚀改造作用。因此，该区同生期岩溶主要受潮坪、浅滩沉积旋回及高频海平面升降变化的控制。

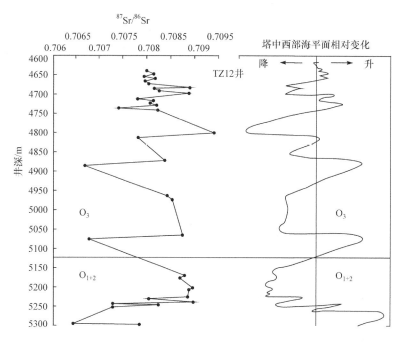

图 6.1　塔中西部奥陶纪碳酸盐岩锶同位素特征与海平面变化的关系

6.2　表生期岩溶发育的控制因素

控制和影响海相碳酸盐岩表生期岩溶发育的因素很多，本节主要探讨岩性、古构造、古地形和古水文体系、古气候及海平面变化等几个关键性因素对研究区奥陶系碳酸盐岩表生期岩溶发育的影响与控制。

6.2.1　岩性

塔中西部及邻区奥陶系碳酸盐岩由质纯、层厚的灰岩和白云岩组成。灰岩主要包括泥晶灰岩、颗粒灰岩、颗粒泥晶灰岩、含颗粒泥晶灰岩和生物灰岩等；白云岩主要有结晶云岩、残余颗粒白云岩、残余灰质云岩和隐藻云岩等类型。石炭系沉积前的地质历史时期中，奥陶系碳酸盐岩经受了多种成岩作用的影响和改造，其矿物变得稳定，岩石固结程度较高。鄂尔多斯盆地西部奥陶系岩石类型以碳酸盐岩为主，次为蒸发盐岩，主要包括石灰岩、白云岩和硬石膏岩等。因方解石和白云石在大气淡水中的溶解度和溶解速率的差异，灰岩和白云岩中的基质孔隙度、渗透率和裂缝的发育程度，可能是影响岩溶作用类型和特征的主要内在因素。

古岩溶的发育与碳酸盐岩的性质和结构密切相关，因为不同碳酸盐岩的类型决定其溶蚀作用的能力。研究表明，在埋深不大的条件下碳酸盐岩的溶解性为石灰岩>白云质灰岩>灰质白云岩>白云岩。在岩石致密程度相同或相近的情况下，岩石中方解石含量越高，溶解的程度越高，遭受溶蚀的程度越高，反之岩石的溶蚀程度不明显。但是，当埋深较大，埋深环境的温度大于 70℃以后，白云岩的溶解度大于石灰岩溶解度；同时在白云岩化过程中，白云岩晶间缝、晶间孔发育，增加了岩石表面与流体的接触面积，从而有利于溶蚀的发育。塔中西部及邻区鹰山组上部为颗粒灰岩段和纯灰岩段，发育鲕粒灰岩、生物介壳灰岩、生物屑亮晶灰岩、潮上白云岩、砂砾屑灰岩等，在 T_7^4 界面(中下奥陶统鹰山组顶面)以下均不同程度地遭受溶蚀，下部为含白云质灰岩段和白云岩段，溶蚀强度相对较小。

1. 灰岩和白云岩溶解度和溶蚀速率的差异

碳酸盐矿物和岩石的溶蚀作用模拟实验，从 20 世纪初就已开始，目前仍不够完善。近年来，虽然国内外学者对灰岩和白云岩溶蚀作用进行了大量实验研究，但是关于方解石和白云石的溶解度和溶解速率的问题，在认识上仍存在争论。根据理论化学计算，在常温下不含 CO_2 的纯水中，白云石的溶解度大于方解石。但在自然界中，灰岩在大气淡水(一般都含 CO_2)中的溶解度比白云岩大(何宇彬等，1991；龚自珍等，1987；翁金桃，1984；聂跃平等，1984；中国科学院地质所岩溶组，1979)，甚至要大几个数量级(James et al.，1988)。随着水中 CO_2 分压的升高，在方解石和白云石共存的岩石中，两者之间的差异溶蚀作用明显，即在相同的条件下方解石的溶解速率大于白云石(翁金桃，1987，1984)。

灰岩和白云岩的溶解度和溶蚀速率受岩石成分、结构、晶粒大小、有序度、水型、湿度、CO_2 分压、杂质离子的加入等多种因素的控制。在一个开放的、与大气自由接触条件下进行的岩溶过程中，空气、水、碳酸盐之间保持着动态平衡(翁金桃，1987；BögLi，1980)，其水型以碳酸水为主。人们注意到，水溶液中少量的杂质离子的加入，将加快碳酸盐的溶解。溶解过程中少量的 Mg^{2+} 存在将会增加 $CaCO_3$ 的溶解度。因此，在方解石和白云石溶解的过程中，由于水溶液中存在 Mg^{2+}，将促使方解石的溶解度提高，从而引起方解石和白云石的差异溶蚀(翁金桃，1987)。含少量 MgO 的含云质灰岩的比溶解度和比溶蚀度常较纯灰岩大。此外，在富含 CO_2 的近地表条件下，石灰岩的溶解作用与温度有关，40~60℃的中等温度，最有利于碳酸盐岩的溶解。同时，在 60℃以下的温度条件下，石灰岩的溶蚀速率远大于白云岩(黄尚瑜，1987)。

碳酸盐岩类因矿物成分不同，其溶蚀作用有很大差异。通常认为碳酸盐岩中泥质含量与其溶蚀速率成反比。在近地表环境中，碳酸盐岩中方解石的溶蚀速率大于白云石，这已被实验所证实(表 6.1)。实验计算可知：灰岩的溶蚀速率为 100cm/ka，而白云岩的溶蚀速率为 20cm/ka。在水流速增大的情况下，其差异更趋明显。岩溶作用环境中，外来物质的加入对碳酸盐岩的溶解度会产生质的影响。在不含 CO_2 的纯水中，白云石的溶解度要明显高于方解石，前者为 320mg/L(18℃)、后者为 14mg/L(25℃)。然而在自然界，特别是在地质历史中，不含 CO_2 的纯水是几乎没有的。在常温下，当 CO_2 的分压为 1 个大气压时，方解石的溶解度为 800mg/L，而白云石的溶解度为 599mg/L。可见随着水溶液中 CO_2 的分压升高，方解石溶解度的增大速率比白云石要快得多。

表 6.1　鄂尔多斯盆地奥陶系不同类型碳酸盐岩溶蚀能力试验结果对比(修改自姚泾利等，2011)

岩石名称	层位	化学成分含量/%				矿物成分含量/%		孔隙率/%	相对溶蚀速率(平均)/(cm/ka)
		CaO	MgO	CaO/MgO	酸不溶物	方解石	白云石		
泥晶灰岩	奥陶系	53.18	0.87	61.12	2.99	93.0	4.0	1.9	1.03
斑状灰岩	奥陶系	49.49	4.52	10.94	2.08	77.2	20.7	0.5	1.03
生屑灰岩	奥陶系	54.10	0.54	100.2	2.03	95.5	2.5	0.4	1.03
云泥质灰岩	奥陶系	50.17	2.36	21.26	5.19	84.1	10.7	—	1.09
灰质云岩	奥陶系	36.92	15.12	2.44	3.48	27.4	69.1	4.6	0.82
泥晶云岩	奥陶系	3.07	18.18	1.66	5.36	10.1	84.5	7.9	0.80
细晶云岩	奥陶系	28.83	19.36	1.48	7.33	4.2	88.5	3.1	0.77
膏溶灰质白云岩	奥陶系	34.63	15.41	2.24	6.06	75.0	68.0	—	0.93
泥晶灰质白云岩	奥陶系	41.00	10.93	3.74	3.09	38.0	60.0	—	0.93

在较纯的白云岩发育区，其岩溶特征有别于膏云岩和灰岩分布区。表现为白云石主要沿晶间孔或晶体接触面渗透溶蚀，使晶粒间的镶嵌结构逐渐破坏，使晶间联结力减弱，从而产生整体岩溶化作用。这种作用虽难形成大的洞穴系统，但其作用较普遍和均一，常见十分发育的蜂窝状晶间溶孔和小的孔洞。鄂尔多斯盆地西部旬探 1 井区马六段中细晶白云岩是这一特征的典型代表。

2. 灰岩和白云岩中的基质孔渗性能及裂缝发育程度

塔中西部及邻区奥陶系碳酸盐沉积之后，灰岩地层经过新生变形作用、压实作用、方解石胶结作用、充填作用等成岩作用改造后，原生的和同生期的孔隙已大部分被充填，其基质孔隙度和渗透率大大降低，而有效的孔隙主要为残余粒间孔隙、埋藏期岩溶作用形成的溶孔、溶缝及构造作用所产生的高角度构造裂缝。虽然其基质孔、渗性能较差,但构造裂缝发育。而白云岩地层虽然经受同灰岩一样的成岩作用改造,其基质孔渗性能大为降低,但由于表生期岩溶作用,之前发生的广泛而强烈的白云石化作用使其基质孔渗性能又得到了提高。除了灰岩中发育一些孔隙外,在白云岩中还有大量白云石晶间孔和晶间溶孔发育。相比之下,白云岩基质的孔渗性能比灰岩好,且发育微裂缝,但灰岩中构造裂缝粗而大,有效性较好,更利于较大规模表生期岩溶的发育。

白云岩具有形成和保存孔隙的良好潜力,常具良好的孔渗性能,这一点已为国内外的很多实例和油气勘探的实践所证实(Scholle et al., 1985)。对于白云岩具有良好孔渗性的原因,有多种解释和假说,但带有倾向性的看法。①白云石化作用引起的体积增减,其中以减体积白云石化最有意义。塔中地区奥陶系的白云石化作用的类型较多,多数属等体积白云石化,部分属减体积白云石化(陈景山等,1994),但总体上引起岩石孔隙度的增加。②白云岩具较强的抗压实和抗压溶能力。③白云岩中白云石和方解石的差异溶解作用,方解石更易于溶解。④白云岩的去白云石化作用及选择性溶蚀。在近地表酸性条件下,有溶解 $CaSO_4$ 参与下,去白云石化过程类似于从有序白云石到富钙白云石的转变过程,最后转化成方解石(黄思静等,1993)。⑤在没有外源 Mg^{2+} 离子的情况下,富钙的白云石转变为更为稳定的化学计量白云石时,其中过量的 $CaCO_3$ 将被带走,在此过程中可以产生相当数量的晶间孔隙(Land, 1986)。

使白云岩具有良好孔渗性能的其他潜在因素也很重要。由于白云石是比较坚硬的碳酸盐矿物,与方解石相比,它能更好地抵抗化学压实,随埋藏深度的增加,白云岩孔隙度的降低速率远比灰岩小(Scholle et al., 1985)。白云岩中常含有一定数量的方解石,在埋藏成岩作用阶段和表生成岩作用阶段,易产生差异溶解作用,方解石常被选择性溶蚀,形成白云石晶间溶孔和方解石的晶模孔隙(翁金桃,1990,1987)。另外,白云岩在发生去白云石化作用后,易发生选择性溶蚀作用,多沿原有的晶间孔隙溶蚀扩大成晶间溶孔。

3. 膏盐质对白云岩岩溶发育的影响

鄂尔多斯盆地西部奥陶系碳酸盐岩以灰岩和白云岩为主,含膏盐质白云岩,以及夹膏岩或盐岩的白云岩较发育。石膏岩、硬石膏岩及盐岩本身可以作为可溶岩而发育岩溶。但是纯石膏岩、硬石膏岩及盐岩与碳酸盐岩相比分布不广,规模小,而且岩溶遗迹不易保存。鄂尔多斯盆地西部的东缘下奥陶统马家沟组马五段属于内陆棚盆缘坪沉积环境,形成了一套富含膏盐质的白云岩,白云岩层中间夹膏岩或盐岩。

硫酸盐岩(石膏岩、硬石膏岩)和碳酸盐岩的岩溶作用在水溶蚀机理上,最主要的区别在于水对碳酸盐岩的岩溶作用,需要借助于 CO_2 的作用,而水可直接对硫酸盐岩产生溶蚀作用(卢耀如等，2002)；盐岩在水中的溶解度和溶解速率比硫酸盐岩更大。膏盐质对碳酸盐岩岩溶发育的影响主要表现在两个方面。①在大气水作用下，含膏盐质白云岩中的石盐和(硬)石膏先于方解石和白云石溶解，为白云岩岩溶作用的发生提供流水通道和持续溶蚀的空间。②大气水进入有膏岩夹层的白云岩中，如果先与碳酸盐岩接触，然后再与硫酸盐岩反应，就发生了两种可溶岩的溶蚀作用；如果先与硫酸盐岩接触，然后再与碳酸盐岩反应，就会出现除硫酸盐岩(石膏和硬水石膏)溶蚀外，白云岩要发生去白云化作用，这两类岩溶作用被称为碳酸盐岩-硫酸盐岩复合岩溶作用(张凤娥等，2003)。

4. 灰岩和白云岩岩溶作用的差异

灰岩和白云岩的岩石矿物学特征、基质的孔渗性能、裂缝发育情况及方解石和白云石溶蚀作用的差异等，将进一步影响灰岩和白云岩岩溶作用的差异性。

在质纯、层厚的均匀状灰岩中，岩溶作用主要集中发育在裂隙中，多表现为沿裂隙的溶蚀扩大的分异作用(中国科学院地质所岩溶组，1987；何宇彬等，1984)。岩溶水的运动以沿裂隙和溶洞的管道流为主(Ford et al.，1988，1984，1978)[图 6.2(a)]，导致灰岩体中发育规模不等的溶隙和溶洞，形成不均一的裂缝-溶洞水含水层，呈管状流动的岩溶水携带的大量砾石和泥砂在溶洞中运动时，又不断地对洞壁进行机械侵蚀作用，进而由于溶洞的扩大和重力坍塌作用，将导致溶洞的进一步发育。

在质纯、层厚的均匀状白云岩中，由于白云岩的基质孔渗性能较好，溶蚀作用主要表现为沿骨架间孔隙或晶间孔隙的扩散流溶蚀作用，从而产生整体的岩溶化作用(翁金桃，1987；中国科学院地质所岩溶组，1987；何宇彬等，1984)。在多孔的白云岩中，岩溶水的运动以沿孔隙的散流、漫流为主(Mussman et al.，1988)[图 6.2(b)]，多形成蜂窝状的小型溶孔及小型溶洞，很少发育成大型溶洞。与灰岩相比，分异作用减弱，常形成裂缝-溶孔水含水层。

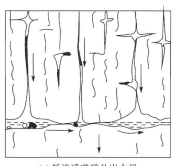 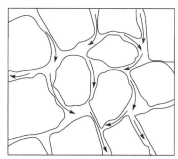

(a) 低渗透碳酸盐岩中沿
裂缝溶洞的导管流动

(b) 裂缝稀少的高渗透碳酸盐岩中
沿粒间溶孔、晶间溶孔的漫流

图 6.2　岩溶水流动状态示意图(James et al., 1988；Mussman et al. , 1988)

在白云岩的岩溶作用过程中，除了化学溶解作用之外，其物理破坏作用也很重要。一些学者在白云岩的溶蚀实验中发现，在沿白云石晶间或晶体接合面渗透溶蚀的过程中，常有晶体脱落现象，使白云石晶体间的联结力减弱，结构变得愈来愈疏松。通过渗透-溶蚀-分解-淋滤-崩解的连锁循环，物理破坏作用逐渐加剧，使整个岩体被均匀地溶蚀分解和机械分解，发生整体化的岩溶作用(宋焕荣，1988；翁金桃，1987，1984)。在白云岩整体化的岩溶作用过程中，物理破坏作用大于化学溶解作用，尤其在后期这一现象更加明显。整体化岩溶作用的结果，使白云岩中的溶蚀孔洞发育相对均一，很难形成大型的管道和溶洞；在岩溶地貌上，不易形成悬崖峭壁，多形成缓丘状的"馒头山"。

另外，白云岩所具有的良好的孔渗性能在岩溶作用过程中，可能会对岩溶带的宽度产生重要的影响。当胶结不好或孔渗性能较好的碳酸盐岩暴露于大气淡水作用环境中时，地层的高渗透率会造成地下水向多方向流动，穿过颗粒结构，绕过已有裂隙或仅利用部分已有裂缝(James et al.，1988)。结果可能会导致白云岩中岩溶带相对较宽缓，而使潜水面以上的溶洞发育受到限制。

5. 白云岩岩溶规模小于石灰岩的原因

1) 白云石和方解石稳定性的差异

白云石中，Ca^{2+}的离子半径为 $1.01 \times 10^{-10}m$，而 Mg^{2+} 的离子半径较小，为 $0.75 \times 10^{-10}m$，仅为 Ca^{2+} 半径的 74.26%，因此 Mg^{2+} 与 O^{2-} 间的间距($2.08 \times 10^{-10}m$)小，链强度大，晶格能就大，也就是结晶力强，离子间链就不易破坏，晶体的稳定性就大。相反，Ca^{2+} 与 O^{2-} 离子间的间距($2.36 \times 10^{-10}m$)大，在相同的因素作用下，离子链容易被破坏。此外，白云石的晶胞体积($323.580 \times 10^{-30}m^3$)小于方解石($367.884 \times 10^{-30}m^3$)，那么单位体积内白云石的晶胞数比方解石要多，这就导致白云石的密度(2.8～2.9)比方解石(2.6～2.8)的大；白云石的硬度(3.5～4.0)也比方解石(3.0)的高。

矿物的链强度大，则晶格能大，结晶力强，硬度高，密度大，在相同的外在因素作用下，其稳定性就高。在标准式的白云石中，MgO 含量为 21.7%，CaO 含量为 30.4%；而方解石中无 MgO，CaO 含量为 52.1%。相比之下，方解石的稳定性比白云石低，即在相同的外界因素的作用下，方解石的可溶性较白云石的要大。这就是为何方解石在浓度 5%的稀盐酸中强烈起泡，而白云石则不起泡，白云石总是以菱面体自形交代石灰岩内的方解石，晶粒白云岩总是成自形、半自形镶嵌结构，甚至组成"糖粒状"白云岩，而结晶石灰岩，包括变质的大理岩仅成它形镶嵌结构。

2) 云岩和灰岩比溶解度及比溶蚀度的差异

自然界中存在 100%由方解石组成的石灰岩，也存在由 100%白云石组成的白云岩，当然也存在着各种过渡类型，如灰质白云岩、白云质灰岩等。比溶解度的实验结果表明，方解石远比白云石的溶解度大。即随着 CaO 含量的增加，方解石的溶解度也增大。矿物成分 100%为方解石的石灰岩的比溶解度为 0.89%，而 100%为白云石的白云岩，其比溶解度仅为 0.53%。

矿物的溶解度最根本的是取决于晶体的晶格能。晶格能是指把 1g 分子的离子晶体分解成为相互远离的气体所需之能量(或从气态正负离子结合成 1g 分子离子晶体时放出的能量)。本节已讨论白云石的晶格能大于方解石，因而其溶解度小，在浓度 5%的稀盐酸中不起泡。

溶蚀作用除溶解外，尚有外在因素对被溶物质动态的侵蚀作用。比溶蚀度的实验显现了与比溶解度实验基本一致的结果。矿物成分 100%为方解石的石灰岩的比溶蚀度为 1.02，而 100%为白云石的白云岩的比溶蚀度仅为 0.56。因而证明白云岩较石灰岩不易溶蚀。

3) 白云岩和石灰岩的力学性质差异

碳酸盐岩的力学性质决定表生期岩溶的难易程度和规模大小。通过列举桂林岩溶地质研究所对不同结构白云岩和石灰岩的抗拉、抗压和抗剪的部分测试资料(翁金桃，1987)(表 6.2)，以说明不同类型白云岩和石灰岩的力学性质差异。

表 6.2 不同类型白云岩和石灰岩的主要力学强度参数(修改自翁金桃，1987)

岩性	抗拉强度平均值 /(kg/cm²)	抗压强度平均值 /(kg/cm²)	抗剪强度平均值 /(kg/cm²)
泥晶石灰岩、白云岩	16.8	766	85
糖粒状中晶白云岩	32.7	1139	210
泥晶颗粒石灰岩	14.0	1331	210
结晶石灰岩	31.8	1052	125
亮晶颗粒石灰岩	36.8	1127	336

抗拉强度的大小决定了岩溶溶洞顶板崩塌的难易程度。当岩溶溶洞形成规模较小时，抗拉强度小的石灰岩或白云岩即可崩塌，充填小溶洞；相反，抗拉强度大的岩石，只有当溶洞形成较大空间后才会崩塌。抗压强度对石灰岩或白云岩地层在溶洞形成过程中，对周边岩石，特别是顶板岩石的破裂起作用。抗压强度小的岩石易于破裂。抗剪强度同样影响岩石的易于破碎程度，抗剪切力小，溶洞规模较小时即可剪切破裂。

碳酸盐岩力学性质对不同岩性和结构岩石的破碎、破裂和崩塌难易程度，最明显的例子是在野外，当用地质锤打击泥晶石灰岩或泥晶白云岩时，岩石极易破裂(碎)成碎片状，其断口平直或呈半贝壳状；而打击亮晶颗粒石灰岩或亮晶颗粒白云岩时则比较困难。其中，最主要的原因是，泥晶石灰岩或白云岩系由泥晶级的晶粒(直径<0.0625mm)组成，比表面积大，黏聚力小。而亮晶颗粒石灰岩或白云岩的颗粒间亮晶胶结物的晶粒大，比表面积小，晶体的结晶力远大于泥晶颗粒间的黏聚力。

表 6.2 反映出，亮晶颗粒石灰岩最不易破裂、破碎和崩塌，因而在地表下可以保存较大的溶洞，顶板崩塌后可形成巨型的溶洞充填塌积角砾岩。而泥晶石灰岩或泥晶白云岩则易于破裂、破碎和崩塌，在溶洞规模较小时即可形成塌积角砾岩而充填溶洞。

对糖粒状中晶白云岩来讲，虽然白云石的溶解度较方解石小，但是岩石由近于等粒的自形、半自形白云石组成，晶面平直、晶体间互相镶嵌性差，而且往往存在晶间孔隙，因此这类白云石之间黏结力较差，而亮晶颗粒石灰岩中的亮晶方解石间或亮晶方解石与颗粒之间互相镶嵌，各种力学强度较中晶白云岩高。

6. 奥陶系灰岩型岩溶和白云岩型岩溶特征对比

塔中西部及邻区奥陶系的灰岩型岩溶与白云岩型岩溶的特征表现出较大的差异性(表 6.3)。

表 6.3　塔中西部及邻区奥陶系灰岩型和白云岩型岩溶特征对比

特征	灰岩型岩溶	白云岩型岩溶
岩溶层岩性	致密灰岩	多孔白云岩
岩溶地貌	各种岩溶地形	溶丘、"馒头"山
地下水运动状态	沿裂缝、溶洞的管状流为主	沿多孔层的散流、漫流为主
地下岩溶形态	落水洞、溶缝和大型水平溶洞，溶洞直径一般在 2～5m，最大达十余米	中、小型溶蚀孔洞大量发育，呈蜂窝状，孔洞直径一般小于 1cm，最大不超过 1m
充填物特征	多为坍塌角砾岩、地下暗河砂泥岩及方解石充填-半充填。发育砂泥质充填物	为方解石、白云石等半充填，充填程度较低，砂、泥质充填物较少
岩溶带厚度	单个岩溶带厚度较小	单个岩溶带厚度大，宽缓
储集性能	好～中	好

在以开阔海台地相为主的灰岩分布区，岩溶赖以发育的岩性主要由质纯、层厚、致密及成分、结构单一的灰岩组成。岩溶作用主要沿断层、裂缝发育带和层面进行。岩溶地下水的流动状态以管状流为主，多呈纵横向分布不均的岩溶特征，常表现为落水洞及大型的水平溶洞，多为垮塌角砾岩及地下暗河的砂泥岩沉积物充填，在地表可形成各种岩溶地貌。

在以局限海台地相为主的白云岩分布区，由于白云岩本身的孔渗性较好，岩溶地下水主要沿多孔层顺骨架孔扩散流动，以散流或漫流为主。这种地区的岩溶作用相对均一，主要表现为整体化岩溶作用，岩溶带发育宽缓，常表现为中小型溶蚀孔洞层的发育，其充填程度较低，白云岩分布区的岩溶地貌形态多表现为溶丘或"馒头山"。

在白云岩与灰岩互层的地区，可发育一些灰岩型岩溶与白云岩型岩溶的过渡类型。白云岩中发育中、小型溶蚀孔洞，而在灰岩中则可发育大型的水平溶洞。

6.2.2 构造作用

构造作用是决定塔中西部及邻区奥陶系碳酸盐岩地层抬升、剥蚀并使其遭受岩溶作用的主导因素。构造作用控制了本区岩溶发育区的分布和岩溶古地貌的总体格局。本区属于古生代的继承性古隆起发育区，岩溶作用主要发育在出露于不整合面之上的几个碳酸盐岩"岩块区"内，而"岩块区"的分布主要受构造控制，它们主要分布于塔中Ⅱ号构造带及东部构造带的高部位上。构造作用作为鄂尔多斯盆地西部地区古岩溶作用发育的内营力，它不仅对其古岩溶水动力单元的样式有控制作用，而且对古岩溶的发育与分布规律具有区域性影响。

构造作用可使碳酸盐岩地层产生大量的断层和裂缝，从而改善了岩石的渗透性，使古岩溶作用向着更有利的方向进行。例如，塔中Ⅰ号断裂构造带是断层和裂缝发育地区，岩溶作用强烈。另外，裂缝和断裂的发育还直接影响着岩溶作用的深度。例如，TZ1井位于古背斜顶部，裂缝发育，其渗流带、潜流带与深部缓流带厚度之和达751m。

在岩溶发育过程中，断裂是形成大型岩溶发育带的关键因素。塔中西部及邻区区域构造演化史研究表明，本区在早奥陶世末期冲断隆升，塔中低凸起雏形成，在加里东中期北西-北西西向的塔中Ⅰ号和塔中Ⅱ号断层已经存在，与北东东向断裂叠加，形成了塔中地区网状断裂构造系统，同期形成的断裂和裂缝是岩溶作用向深部拓展的基础。此后晚加里东运动、海西运动和燕山运动等多期区域构造运动使断层继承性活动，后期形成的断裂和裂缝进一步改善了岩溶。

地质构造可控制岩溶发育的强度，所处部位和发育方向。构造运动对该区岩溶形成的控制作用体现在：构造运动的发生使该区隆起遭受风化剥蚀，使得岩溶的发育有了最初始的形成环境，同时形成的大量裂缝为后期岩溶的发育提供了极为有利的发展空间。塔中西部及邻区岩溶区裂缝的发育对岩溶作用的积极作用主要体现在五个方面：①岩溶裂缝形成了岩溶作用的先期通道；②岩溶裂缝增加了水与碳酸盐岩的接触面积；③岩溶、裂缝增大了地表水及地下水的溶蚀范围；④岩溶、裂缝改善了碳酸盐岩的渗流作用，使溶蚀作用增强，溶蚀速度加快；⑤岩溶、裂缝的存在在碳酸盐岩内部形成一个可代谢的淡水溶蚀系统，从根本上为空间范围内大规模的碳酸盐岩溶蚀作用提供了条件。研究区内 TZ1 井凝析气藏的发现充分表明了大型断裂对岩溶发育的控制作用(王黎栋等，2008)。

古岩溶的发育与区域地质构造关系密切。通过分析鄂尔多斯盆地区域构造发展史，认为对鄂尔多斯盆地西部古岩溶具有控制作用的构造运动有三期：①第一期是怀远构造运动，发生在上寒武统沉积末至奥陶系下马家沟组沉积前，导致研究区内的部分地区缺失冶里组-亮甲山组，形成小规模的风化壳储层；②第二期是加里东构造运动，发生在奥陶系马家沟组沉积末期至石炭系本溪组沉积前，这次构造运动规模大、范围广、持续时间长。该区东部此时处于中央古隆起的核心或鞍部，古岩溶发育；③第三期是印支-燕山构造运动，发生在三叠系沉积末期至侏罗纪，表现为区域性挤压，盆地隆起，缺失上白垩统，且造成研究区西部发育深大断裂，奥陶系产生大量裂缝，为古岩溶水的流动提供通道，在该区西部排出地表形成承压泉，加剧了先期古岩溶作用。

在不同地形、地貌条件下，岩溶发育过程是不同的。因为岩溶发育在很大程度上受地表水和渗透条件的影响，而这两者又常受地貌条件的影响，如地面坡度、切割密度和深度、水系分布等。地面坡度的大小直接影响渗透量的大小，在比较平缓的地方，地面径流流动缓慢，渗透量就较大，岩溶较发育；反之，地面坡度越大，径流速度越快，渗透量就越小，岩溶发育就较差。因此，地貌对岩溶洞穴的形成具有一定的控制作用，岩溶高地向岩溶谷地过渡地带往往成为利于岩溶洞穴发育的区带。

古构造运动的幅度与速度对岩溶的发育也起着一定的控制作用。快速的构造上升或下降，都不利于岩溶的发育。缓慢的阶段性构造升降运动，有利于岩溶作用的进行，并可导致岩溶作用具有多期性。例如，塔里木盆地塔中西部及邻区中下奥陶统碳酸盐岩的早海西期岩溶发育三个期次，与早海西期缓慢的阶段性构造升降运动有关。

6.2.3 古地形与古水文体系

塔里木盆地塔中西部和鄂尔多斯盆地西部奥陶系的地层构造样式、古地形和碳酸盐岩在不整合面上的出露分布规模等方面存在着较大的差别。这些特征的差别进而会影响到岩溶水文地质结构类型和岩溶水动力单元的划分。结合前人对岩溶水文地质结构类型和岩溶水动力单元划分的研究(中国科学院地质所岩溶组，1979)。根据岩溶层组类型、褶皱变形和断裂作用、碳酸盐岩地层在不整合面上的分布范围及岩溶水动力单元的空间组合等情况，认为塔中地区奥陶系碳酸盐岩的岩溶水文地质结构属于岩块构造型，而鄂尔多斯盆地西部地区奥陶系碳酸盐岩属于平缓褶皱型岩溶水文地质结构。

1. 岩块构造型

　　塔西部及邻区奥陶系碳酸盐岩的岩溶水文地质结构属于岩块构造型。碳酸盐岩在不整合面上的出露受断裂作用引起的垒式块断构造或褶皱作用引起的小型褶皱以及两者的复合作用形成的断垒式背斜的控制，其碳酸盐岩在不整合面上出露的范围较小，多呈孤立的碳酸盐岩"岩块"或溶丘。这种岩溶水文地质结构的主要特点表现为其四周常常有低渗透砂、泥岩地层环绕、覆盖，岩溶作用主要发育于"岩块"区内(图 6.3)。

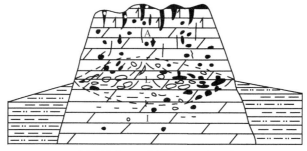

A-垂直渗流带；L-透镜体带；I-深部缓流带

图 6.3　岩块构造型岩溶的水动力学体系及岩溶发育模式示意图(修改自 Jakucs，1977)

　　在碳酸盐岩"岩块"的发育区内，由于"岩块"四周常常有低渗透的砂、泥岩地层围绕、覆盖，且其地形较周围高，除区域地下水的作用外，岩溶水来源主要靠其自身汇集的大气降水。在溶丘或"岩块"内，潜水面的形状是向边缘非碳酸盐岩层位下降的。潜水面总体上呈上凸的面。岩溶通道和孔洞在水压和混合作用下形成透镜体，透镜体中孔洞广泛发育，成为水平潜流岩溶带。透镜体以下为深部缓流岩溶带，其岩溶发育相对较差。随着岩溶作用的发展、演化，"岩块"的垂直渗流岩溶带顶部可逐渐被削蚀，在地貌上形成溶丘。如果发育大型的水平溶洞，在晚期可被淤积。这种出露于砂、泥岩地层中，受构造抬升控制的碳酸盐岩"岩块"或溶丘内发育的岩溶类型，被称为 A 型自生岩溶(Jakucs，1977)。

　　岩溶发育最大的外界控制因素是水流条件，运动的水流是岩溶发育变化的最主要的外营力，不同地形条件控制的不同的水流运动状态在研究区奥陶系形成了复杂多变的岩溶地貌。该区 T_7^4 界面风化壳地貌总体上呈中间高四周低、西部高东部低、南北两侧地形陡峻、东西两侧地形坡度较缓的地形地貌特征(图 5.17，图 5.19)。天然的地形组合与炎热多雨的气候条件十分有利于较强水动力条件的形成和地下水的局部富集。

　　在 T_7^4 界面时期，研究区总体上古水流从岩溶高地形顺地形的斜坡向岩溶谷地(或盆地)流动。在岩溶高地，垂直渗流岩溶带发育且厚度大，深部缓流带可达相当大的深度。在岩溶斜坡区，坡度对渗流和潜流的作用方式也有较大的影响，坡度陡，渗流作用发育，水流对碳酸盐岩地层的向下切蚀作用显著。在坡度平缓地区，侧向的溶蚀作用明显，使得水平潜流岩溶带面积大，分布广。在斜坡带上的钻井，极易遇到水平溶洞层及孔洞发育带。在岩溶谷地上游区，地表岩溶带的岩溶残积物较发育，由于谷地狭窄，水流量大，岩溶作用较谷地下游区(盆地区)强烈，还可发育厚度相对较薄的垂直渗流岩溶带及水平潜流岩溶带。在岩溶谷地下游区或岩溶盆地区，地形开阔，地势较低，接近区域水平面，常可形成积水区，岩溶发育较差。

　　位于岩溶斜坡的 TZ1 井在钻井过程中常出现钻时加快、泥浆漏失、钻具放空、岩心破碎、取心收获率低等现象，表明其下发育大量的裂缝、溶孔及溶洞。TZ1井已成为塔中地区在风化壳中获得油气开采储量最为丰富的钻井。而位于岩溶高地边缘的 TZ24 井仅见针孔、溶孔、孔洞局部密集分布，裂缝不发育，缝洞连通性差，到目前为止仅综合解释油层 2 层，厚 20m，油、气层 2 层，厚 18.5m，差油层 4 层，厚 23m。充分说明古地形及古水动力条件对岩溶发育的控制作用。由于塔中凸起向南北两侧具备较大的水力梯度，可以推断塔中凸起南北两侧的缓坡地带应是岩溶地貌发育的最有利部位(王黎栋等，2008)。

　　2. 平缓褶皱型

　　鄂尔多斯盆地奥陶系古构造区划图(图 3.2)反映出该盆地构造平缓，盆地西部奥陶系碳酸盐岩的岩溶水文地质结构属于平缓褶皱型，其褶皱平缓，均匀状的碳酸盐岩地层大范围暴露。岩溶水的补给面积广泛，区域性的地表和地下岩溶形态均较为发育(图 6.4)。

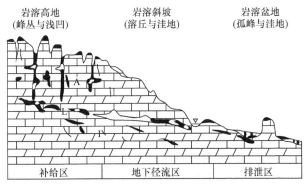

A-垂直渗流带；L-水平潜流带；I-深部缓流带

图 6.4　平缓褶皱型岩溶的水动力学体系及岩溶发育模式示意图(修改自张锦泉，1992)

　　岩溶高地是岩溶水的主要供给区，总体上古水流从岩溶高地顺古地形的斜坡倾向向岩溶谷地或盆地流动。古地势由高到低的格局，不但可控制古水文单元的区域分布(即补给区、地下径流区、排泄区和汇集区)，而且还可以进一步影响到岩溶地下水的水动力学特征(任美锷等，1983)。

在岩溶高地区，大气降水通过垂直渗入的方式补给地下水，地下水以垂向运动为主并受重力梯度控制。岩溶斜坡区和岩溶谷地上游区均是地下水的径流区，地下水除了垂向渗入外，主要受重力梯度控制并沿水平方向流动。在岩溶谷地下游区及其外围地形较低的地区，是地下水的排泄区或积水区，地下水以自下而上的方式通过泉水排泄至地表。一般从补给区至排泄区的地下水运动的轨迹是一条向下凹的弧线，从补给区至排泄区的距离越大，弧线就越长，下凹就越深，岩溶的发育程度就越高(李汉瑜，1991)。

古水文单元的区域分带和岩溶地下水的水动力学特征与该区区域上的岩溶发育特征基本吻合。岩溶高地区，垂直渗流岩溶带发育且厚度大，深部缓流岩溶带可达比较大的深度。岩溶斜坡区，坡度对渗流和潜流的作用方式也有较大影响，坡度陡，导致渗流作用发育，水流对碳酸盐岩地层的向下切蚀作用显著。坡度平缓的区域，侧向的溶蚀作用明显，使得水平潜流岩溶带面积大，分布广。在斜坡上钻井，极易遇到水平溶洞层及孔洞发育带。在岩溶谷地上游区，由于谷地狭窄，地表的水流量大，斜坡的坡脚附近，岩溶作用较谷地下游区强烈，可发育厚度相对较薄的垂直渗流岩溶带及水平潜流岩溶带。另外，地表岩溶带的岩溶沉积物也比较发育。岩溶盆地区，因开阔的地形，地势也较低，甚至接近区域水平面，积水多，一般岩溶发育都较差。

6.2.4　古地质条件

古地质条件也是控制表生期岩溶发育的重要控制因素之一。鄂尔多斯盆地西部奥陶系古岩溶发育的古地质条件是指石炭系沉积之前的地质面貌。古地质条件对于岩溶洞穴的发育和保存表现在断裂发育程度和地层出露情况两个方面。例如，天环地区在拉什仲组沉积后，加里东运动使盆地逐渐抬升，在构造演化过程中风化壳顶部形成了众多小型断裂，这些断裂为表生期大气淡水提供了渗滤通道，利于古岩溶作用的发生。

古地质条件还体现在可溶性岩石发育层位是被覆盖还是出露。若可溶性岩石在岩溶作用发生时出露，岩溶流体直接作用于可溶性岩石，它必然遭受更长时间的风化剥蚀，且上覆沉积物逐渐沿暴露不整合面充填，直接暴露地表的溶蚀洞穴易于被充填，从而使岩溶洞穴不易保存。覆盖区岩溶洞穴未直接暴露地表，上覆泥岩仅受流水搬运与垮塌沉积共同充填，上覆沉积供给不充分，洞穴主要被同地层坍塌角砾充填，岩溶洞穴易于保存。

6.2.5　古气候

在控制岩溶发育的各种外部因素中，气候是最为重要的，气候堪称是影响岩溶发育的外部关键因素。在降雨量丰富和气候温暖的地区，碳酸盐岩的化学溶解作用尤为发育。气候条件与降雨量、蒸发量、气温和 CO_2 含量等有关。炎热多雨的气候条件，有利于岩溶的发育；反之，在气候干燥、降雨量少的条件下，岩溶发育较差(苟光汉等，1997)。在雨量充沛和气候温暖的地区，岩溶作用过程迅速，形成良好的土壤和红土、大量的落水洞以及坍塌角砾岩；在温暖的半干燥气候条件下，常发育钙结层；而在干旱的条件下则岩溶发育较差(James et al.，1988，1984；Esteban et al.，1983)(图 6.5)。在我国，主要的现代岩溶景观都分布在气温较高、降雨量丰富的南方地区，常显示出强烈的溶蚀地貌，尤以广西、广东、云南、贵州、四川、湖南、湖北等省(自治区)出露分布的最为集中。

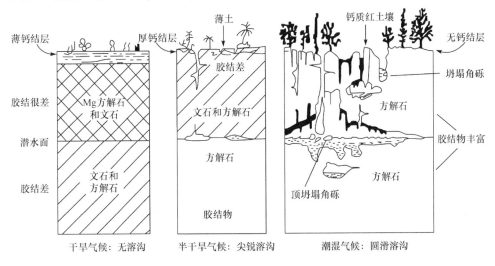

图 6.5　不同气候条件下岩溶特征的差别示意图(James et al.，1988)

Choquette 等(1987)研究表明：在温和的地中海型气候地区，岩溶和钙结层普遍发育，它们的形成和发展通常受季节性的成长时期的循环所控制。在由新生代砂屑灰岩组成的加勒比海群岛上，浅的落水洞和其他溶解洞穴非常普遍，其上覆盖着钙结层或被溶解破坏的钙层壳；大多数沙漠地区的岩溶作用都不发育，只是出现局部的地表溶蚀；而在半干旱的温带气候区，钙结层十分普遍，原因是这些地方偶尔下雨和随后产生强烈蒸发作用。

另外，气候还控制着地表植被发育状况，并通过植被发育影响岩溶的强度和深度。潮湿地带的地下水和土壤气体中所含的 CO_2 比降水和大气多数倍甚至数十倍，这些 CO_2 更多的是来自地表和土壤中的植物碎屑和有机物质的腐烂分解。在这种条件下，碳酸盐岩的溶解速度将显著加快，岩溶作用的深度也会不同程度的增加。

古地磁资料表明，塔里木板块在奥陶纪处于南纬 18.4° 与南纬 19.8°，在志留纪处于南纬 13.2° 与北纬 11.9°。在泥盆纪至石炭纪处于北纬 8° 与北纬 24°，二叠纪至三叠纪处于北纬 28.3° 与北纬 34.6°，总体上该板块由南半球向北半球漂移，其古气候以热带和亚热带气候为主(贾承造，1997)。奥陶纪沉积之后的古生代中、晚期，古气候具有较大变化。早志留纪早期，属于潮湿与干旱交替变化的业热带气候，早志留纪中晚期则处于炎热的强氧化环境中。泥盆纪总体上处于陆上环境中，气候炎热、干旱、降雨量少(顾家裕，1996)。而石炭纪气候温暖潮湿(顾家裕，1996)。从早二叠世至早三叠世总体上仍属于温暖潮湿气候。就古气候条件而言，总体上对塔中西部及邻区奥陶系碳酸盐岩古岩溶发育有利。

古气候决定大气降水和地下水量，所以在地质历史中，降雨丰富时古岩溶发育，气候干旱时以洞穴充填为主。因此，古气候决定古岩溶的总体发育程度。大型洞穴层的形成通常需要具备两个外在的基本条件：一是长期稳定的潜水面；二是活跃的地下水流动。塔里木盆地在奥陶纪时处于近南纬赤道附近，气候湿热，塔中地区加里东中期 I 幕经历较长期的淋滤和溶蚀过程，在 T_7^4 界面附近就形成风化壳及多层溶孔、溶洞发育带(焦存礼等，2010)。

古地磁研究表明(图 6.6)，华北板块在早寒武世位于南半球中低纬度带南纬 30° 与南纬 40°，此后向北漂移，中奥陶世处于赤道附近，尔后继续向北运动并伴以顺时针旋转，石炭纪-晚二叠世初，位于赤道与北纬 20° 之间。到晚二叠世-早三叠世地体运动逐渐减慢，晚三叠世-早侏罗世北移终止，并变为逆时针旋转，约在早白垩世就位于现今北纬 30° 与北纬 45°(马杏垣，1989)。说明在奥陶纪-

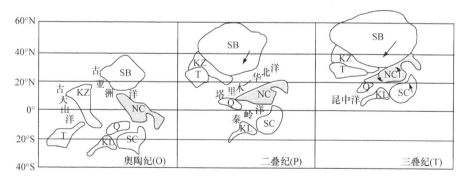

SB-西伯利亚板块；KZ-哈萨克斯坦板块；T-塔里木板块；Q-柴达木板块；

KL-中昆板块；NC-华北板块；SC-扬子板块；➚-板块旋转方向

图 6.6　中国及邻区奥陶纪-三叠纪板块构造迹向示意图(修改自马杏垣，1989)

晚二叠世,位于华北地台西部的鄂尔多斯盆地的古气候以热带和亚热带气候为主,在奥陶纪可能属于赤道热带气候,炎热多雨。奥陶纪全球大气圈中 CO_2 的平均含量约为 15%,是现今含量的 500 倍(Berner et al., 2001)。始终处于温暖潮湿的气候条件下及大气中 CO_2 富集是鄂尔多斯盆地西部奥陶系表生期岩溶发育的重要保障。因此,该区奥陶系顶部的表生期岩溶非常发育。此外,古岩溶作用的发生、发展是一个缓慢的地质过程,时间越久,古岩溶越强烈。加里东时期,该区奥陶系经历了近 1 亿年的风化淋滤,古岩溶作用非常强烈。

6.2.6　海平面变化

岩溶作用与海平面变化的关系非常密切,它多发育在海平面相对下降的低位期和晚高位期。我国区域上广泛分布的古岩溶是早古生代的碳酸盐岩(寒武至奥陶纪)在中、晚奥陶世的一级海平面变化旋回的晚高位期和石炭纪的一级海平面变化旋回的低位期发育的,形成了我国扬子地区,如贵州中北部以及华北地台的大型石炭系铝土矿及奥陶系古风化壳岩溶油气储集层。鄂尔多斯盆地西部奥陶系顶部的风化壳岩溶储集层的出现可能也与之有关。几乎每一岩溶面都与海平面或相对海平面下降事件有关。海平面下降事件隶属于不同的周期和旋回级次,因此在碳酸盐岩地层记录中常发育不同时空规模的古岩溶间断面。弄清不同时空规模的古岩溶间断面及其对应的海平面变化旋回的关系,是研究与岩溶作用有关的油气储集层及古岩溶矿床的时空分布规律的关键。

由一次较大幅度的侵蚀基准面下降所发育的溶蚀作用,称为一个岩溶旋回(郑荣才,2003)。洞穴层是识别多期次岩溶旋回的标志,是岩溶旋回连接沉积旋回及周期性海平面变化的纽带。徐国强等(2005)研究表明,早海西期,塔里木盆地塔北、塔中、和田古隆起中-下奥陶统碳酸盐岩陆块内部发育了三个期次的风化壳岩溶洞穴层,其序次为下老上新,它们是在早石炭世间歇性海平面上升过程中形成的,其同时期形成的沉积地层分别为下石炭统东河砂岩段、生屑灰岩段、下泥岩段中上部。

近年来,在对塔里木盆地塔中北部鹰山组顶部岩溶研究中,利用早成岩岩溶理论进行孔洞储层分布研究,发现鹰山组碳酸盐岩早成岩时期三次稳定的海平面控制了孔洞储层发育。

6.2.7　岩溶基准面

袁道先(1991)将岩溶基准面定义为"岩溶作用向下发展所能达到的下限"。岩溶基准面可能类似于层序地层学中的地层基准面。可以将岩溶基准面理解为海平面或局部区域水系的高度。地形的高度强烈受岩溶基准面控制,碳酸盐岩基岩暴露于地面时与基准面(局部水体或海平面原始高程)之间的相对高程控制地表岩溶侵蚀作用的深度，当然相应的岩溶强度和洞穴体系的发育深度也会有所变化。构造抬升和海平面变化都会以不同的方式改变侵蚀基准面与暴露于地表碳酸盐岩之间的相对高度，并进一步控制岩溶作用的强度与深度，因而构造运动和海平面变化的周期性和旋回性会造就碳酸盐岩溶剖面的旋回性。然而，也可以认为，在一次构造运动或一次海平面变化周期内，对于与陆内高地相邻的缓慢上升的碳酸盐大陆架来说，从岩溶前，到早期岩溶，再一直到最后成熟岩溶作用的结果是形成广阔的海岸平原，即不同地貌高程的碳酸盐岩都趋向于和岩溶基准面有类似的高程差。

通常，岩溶基准面的改变将决定碳酸盐岩出露地表所发生的时间及地点，以及相关的潜水面的位置。大幅度的岩溶基准面波动能够引起碳酸盐岩周期性的地表出露和淡水成岩作用。碳酸盐岩中不同水平部位洞穴的大量存在，很可能与岩溶基准面的不同位置有关。这方面的研究是岩溶地质学研究中的薄弱环节，塔里木盆地塔中西部及邻区、鄂尔多斯盆地西部奥陶系碳酸盐岩"岩溶基准面"研究近年来才引起人们的关注。

另外，岩溶作用是一个缓慢的地质过程，特别是岩溶平原、大型岩溶洼地等的发育需要较长的时间。现代岩溶学研究表明，洼地、峰林在湿润条件下是十万年至百万年级的产物。一般说来，碳酸盐岩暴露的时间越短，岩溶发育的时间也越短。早期岩溶发育阶段，渗流带与浅饱和水带之间的厚度可以很大，甚至可以达到数百米，溶洞之间的连通性较差；岩溶发育到老年期时，岩溶带的厚度相对减薄，可以为数十米甚至更小，溶洞之间的连通性较好。

6.3　埋藏期岩溶发育的控制因素

从表生阶段至中-深埋藏阶段，鄂尔多斯盆地西部奥陶系马家沟组的成岩环境发生了明显的改变，由常温、常压的近地表环境转变为埋深在 2000~4000m 左右的高温、高压中-深部埋藏环境。塔里木盆地塔中地区上奥陶统良里塔格组目前的埋深普遍超过 4500m。这就决定了碳酸盐岩将在一个相对封闭还原的体系中发育埋藏期岩溶。碳酸盐岩的矿物成分、岩石组构、孔渗性能、有机质组分及成熟度、孔隙流体的性质及变化、流体运动的量和速度、与埋深有关的温度和压力、构造作用等都是影响埋藏期岩溶发育的因素。这里主要探讨温度和压力、地层酸性水和构造运动等几方面对埋藏期岩溶发育的影响与控制。

6.3.1　温度和压力

因埋藏期岩溶作用多处于封闭体系，温度和压力的变化直接影响其作用过程。随着埋藏深度的增加，碳酸盐岩中的温度和压力也随之增加。中-深埋藏阶段温度超过 80～100℃，压力达到 20～25MPa，甚至更高。

温度对埋藏期岩溶作用发育的意义很大：①在地层水中方解石的溶解度随温度升高而降低，在 400℃的范围内，这种降低呈线性，十分显著；②影响无机成岩反应。在埋藏成岩环境中，由于温度、压力的增加将发生某些矿物反应，如白云石与高岭石、石英反应产生 CO_2(见反应式)；③影响有机质热演化过程。

$$5CaMg(Co_3)_2+Al_2Si_2O_5(OH)_4+SiO_2+2H_2O \longrightarrow Mg_5Al_2Si_3O_{10}(OH)_8+5CaCO_3+5CO_2$$

　(白云石)　　　　(高岭石)　　(石英)　　　　　　(绿泥石)　　　　(方解石)

由于有机质热演化过程中可以产生作为酸性流体来源的有机酸、CO_2 和 H_2S，所以有机质热演化过程对碳酸盐岩的埋藏期岩溶作用有着重要的影响。机质热演化过程与温度的关系十分密切。有机质在 65～120℃发生热催化，产生液态烃、有机酸、CO_2 和 H_2S；在 120～150℃发生热裂解，产生气态烃、CO_2、H_2S、CH_4 和少量有机酸(Mazzullo，1992；Moore，1989)。关于塔里木盆地塔中地区寒武系、奥陶系烃源岩有机质热演化与温度的关系在 5.4.1 小节已作详细论述。

普遍认为酸性流体的溶蚀作用是碳酸盐岩储层形成的重要制约因素。范明等(2007)以一个全新的模拟实验方式对不同类型碳酸盐岩在 CO_2 水溶液中的相对溶蚀能力进行了研究，结果发现随温度从常温至 200℃，碳酸盐岩的溶蚀能力由弱变强再变弱，在 60～90℃溶蚀能力最强。白云岩不管在低温还是高温环境下，总比灰岩更难溶蚀，过渡类型的岩类介于二者之间，当温度大于 150℃后，CO_2 对碳酸盐岩的溶蚀能力变得越来越弱，灰岩与白云岩的溶蚀差异也变得越来越小。这暗示碳酸盐岩在早成岩晚期-中成岩早期，CO_2 水溶液对灰岩的溶蚀作用有重要影响，而对白云岩的溶蚀作用影响较小，白云岩优质储层的形成可能与碳酸盐岩中钙质的流失或白云岩化作用有关。

普遍认为 CO_2、有机酸及 H_2S 是碳酸盐岩储层溶蚀作用的酸性流体。CO_2 对碳酸盐岩储层的溶蚀作用已有不少学者进行了研究，范明等(2009)以一个全新的模拟实验方式对不同类型碳酸盐岩在有机酸和 H_2S 水溶液中的相对溶蚀能力进行了研究，发现随温度从常温升高至 200℃，有机酸对碳酸盐岩的溶蚀能力由弱变强再变弱，在 90℃左右溶蚀能力最强。而 H_2S 水溶液对碳酸盐岩的溶蚀作用则明显不同，60℃时基本达到最大溶蚀率，温度继续升高后，溶蚀能力一直维持在较高的水平并略有增加，150℃后突然降低。由于 H_2S 主要是硫酸盐高温热还原作用(TSR，称作"热化学硫酸盐还原作用")产物，因而在碳酸盐岩成岩早期阶段，溶蚀作用的流体可能主要是有机酸和 CO_2，而在深埋阶段，H_2S 水溶液则可能是溶蚀作用的主要流体。

对 H_2S 的来源研究表明，H_2S 主要是热化学硫酸盐还原作用的产物，形成时温度较高。结合模拟实验结果，认为早期埋藏溶蚀的酸性流体主要是含有机酸及

CO_2 的流体，这种流体的来源与烃源岩的演化密切相关。晚期溶蚀发育于早期聚集的油热演化为沥青以后。当温度达到 180℃ 左右，有机酸已难以存在，从溶蚀实验看，高温条件下，含 H_2S 流体的溶蚀作用仍然很强，这与 H_2S 被氧化、硫酸根被还原成亚硫酸有关。

范明等(2011)设计了温度、压力同时变化的碳酸盐岩深埋藏溶蚀能力对比模拟实验，得到了一组近似箱状曲线的溶蚀率变化曲线。溶蚀作用在开始阶段随温度、压力的上升，溶蚀率上升，在 60～120℃ 形成一个高峰箱顶。该曲线表明，在一定深度"溶蚀窗"范围内(60～120℃)，对碳酸盐岩的溶蚀能力保持在较高的水平。而当深度进一步增加时，溶蚀能力急剧下降，当埋深相当于 4000m 左右时，溶蚀能力达到最低，此时的溶蚀能力仅比常温下略高一些。

碳酸盐岩在成岩过程中，如果没有抬升至地表接受大气淡水的淋滤作用而直接向下埋藏，那么处于浅埋藏阶段时，并不能发生大规模溶蚀，只有埋藏至 1300m 左右(相当于 60℃，13MPa)时，才能开始形成大量溶蚀孔隙，当碳酸盐岩处于 1300～3100m 的埋深时，可产生大量的溶蚀孔隙，如果地层流体活动频繁，新鲜的流体不断补充，就有可能形成优质储层，那么对于埋藏史的研究就成为关键，如果碳酸盐岩在埋藏过程中，在深度 3100～4100m，随着埋藏温深的加大，溶蚀能力很快下降，当深度大于 4100m 时，溶蚀能力基本维持一个较低的水平，变化较小。

当地层埋深大于 4100m、流体温度大于 150℃ 时，流体的溶蚀能力变得很低，表明这种流体中的碳酸盐浓度也很低，但是当地层的抬升或流体的循环作用又进入强溶蚀区，那么这种先期的低浓度流体在进入低温区后，会有较强的溶蚀能力，所以经过深埋或高温的含 CO_2 流体，在抬升反转进入低温区后，可以产生较强的深埋溶蚀作用，为储层的发育提供良好的条件。这个低温区就是碳酸盐岩深埋"溶蚀窗"。这点已被何治亮等(2010)、胡文暄等(2010)、漆立新等(2010)、蔺军等(2010)、杨玉芳等(2010)、郑和荣等(2009)、朱东亚等(2009)、吕修祥(2005)对塔里木盆地奥陶系的研究及范明等(2011)的模拟实验所证实。

作用于埋藏碳酸盐岩层的压力至少有三种：①静岩压力，通过岩石支撑格架传递；②静水压力，通过岩石孔隙系统的"水柱"传递，也称孔隙流体压力；③线性压力或定向压力(Bathurst，1975)。静岩压力和静水压力是由重力造成的，线性压力产生于构造作用。岩层的有效应力或净应力为静岩压力与孔隙流体压力之差。这些压力是埋藏环境中压实、压溶作用发生的动力来源。但在某些条件下，孔隙流体压力会变得异常高，高孔隙流体压力可以促进泥、页岩有机质的热演化，有利于 CO_2、CH_4 和其他一些气体的产生，提供酸性流体来源。此外，当温度超过 400℃，压力增加会在一定程度上影响方解石的溶解，出现方解石沉淀。

杨俊杰等(1995)利用碳酸和乙酸对采自鄂尔多斯盆地中部地区现今埋深约3000m 的奥陶系马家沟组第五段地层中的碳酸盐岩样品,进行表生和埋藏成岩作用的温压条件下不同组成碳酸盐岩溶蚀成岩过程的实验模拟研究。实验表明,表生到埋藏成岩作用的温度与压力(40～100℃,常压约 25MPa),方解石、白云石相对含量不同的碳酸盐岩的溶蚀证明,在表生与相对浅埋藏的温压条件(低于 75℃,20MPa)下,方解石的溶解速率大大超过白云石,随着温度和压力的升高,两者溶解速率的差值变小。在相对深埋藏的温压条件(高于 75℃,20MPa)下,白云石的溶解速率已超过方解石,在 100℃、25MPa 的温压条件下,微晶白云石的溶解速率已是含云灰岩的 2 倍,造成这种现象的原因是白云石的温度、压力效应大大超过方解石。据此说明,表生与相对浅埋藏的温压条件下,石灰岩的岩溶作用较白云岩发育;但在深埋藏阶段,由溶解作用造成的白云岩次生孔隙应比方解石更为发育,这是埋藏深度大于 2000m 的地层中,白云岩储层多于石灰岩的重要原因。因此,温度和压力对埋藏期岩溶的发育具明显的控制作用。

6.3.2　与地层酸性水有关的控制因素

无论是埋藏有机溶蚀,还是压释水岩溶或热水岩溶,都必须有地层酸性水的产生,并且地层酸性水要和岩石矿物发生反应。关于地层酸性水的来源、运移通道及溶蚀过程等方面在 5.4 节中已作了详细论述。现就与地层酸性水有关的几个埋藏期岩溶发育控制因素作一探讨。①大规模的区域性酸性流体的运移。在碳酸盐岩中发生埋藏期岩溶作用,形成足够数量的次生溶蚀孔隙需要有酸性流体大规模的运移是显而易见的。一方面是需要有对碳酸盐矿物欠饱和的、有腐蚀性的活性流体大规模进入碳酸盐岩,以便使溶蚀作用发生;另一方面是被溶蚀进入溶液的 Ca^{2+}、Mg^{2+} 等需要有大量流体将其带出。②酸性流体进入碳酸盐岩的时间。烃类进入碳酸盐岩储层孔隙后会阻止埋藏期岩溶作用的继续进行。因此,在已有烃类聚集的储集岩中不利于埋藏期岩溶作用的发生。塔中西部及邻区上奥陶统灰岩中的三期埋藏有机溶蚀作用与三次油气运移事件相伴随,但早于油气大规模聚集事件。溶蚀形成的孔隙中充填的碳酸盐矿物中有些含烃类包裹体,也说明埋藏期岩溶作用刚好发生在烃类大规模运移进入碳酸盐岩之前。

6.3.3　构造运动

构造运动对埋藏期岩溶发育的影响与控制主要表现在:①构造运动为酸性流体的运移提供了可能的通道,如开放的断层和断裂带、节理、裂缝发育带和不整合面等。其中断层和断裂带更是腐蚀性热水运移的良好通道,如鄂尔多斯盆地西部的深部断层和断裂带及塔里木盆地塔中地区塔 I 号断层。②构造运动形成的古构造环境影响埋藏期岩溶的发育部位。据研究，埋藏期岩溶在一些古隆起的顶部和面向生烃凹陷的上斜坡带发育比较好，但在古隆起低部位埋藏期岩溶作用很弱。因此，研究腐蚀性的活性流体大规模生成、运移时的古构造背景使我们有可能预测碳酸盐岩储层中溶解孔隙发育带的分布(陈景山，1999；文应初，1995)。

在热水岩溶中，由热水形成的洞穴形态和洞穴沉积物类型不同于大气水成因的洞穴系统，大多没有渗透带，与地表没有联系。Dublyansky(1995)研究认为，含CO_2的热水在上升过程中对碳酸盐岩溶解形成地下洞穴，受构造升降影响，溶蚀形成的洞穴可转变为沉淀带。在该系统中，碳酸盐岩溶解度受CO_2分压、温度和溶液离子强度的影响。Galdenzi(1995)等在研究意大利一些深部洞穴成因时认为，热水系统中富集的H_2S气体沿折裂带随热液向上运移时，在地下水位附近发生氧化后形成硫酸，从而对周围的碳酸盐岩产生侵蚀后形成洞穴。

6.4　本章小结

本章对研究区奥陶系同生期岩溶、表生期岩溶和埋藏期岩溶发育的控制因素分别进行讨论。认为同生期岩溶主要受海平面变化，尤其是高频海平面变化及滩、礁、潮坪沉积旋回共同控制；岩性、构造作用、古地形和古水文体系、古地质条件、古气候、海平面变化及岩溶基准面等几方面对表生期岩溶具明显的控制作用；埋藏期岩溶主要受温度、压力、地层酸性水的运移规模和进入储层的时间及构造运动等因素控制和影响。深入分析研究区奥陶系古岩溶发育的控制因素，不但可以在一定程度上剖析古岩溶发育的实质问题，同时也为古岩溶发育模式的建立提供可靠的依据。

参 考 文 献

曹建华, 袁道先, 2008. 岩溶动力学的理论与实践[M]. 北京: 科学出版社.
曹建文, 金意志, 夏日元, 等, 2012a. 塔河油田 4 区奥陶系风化壳古岩溶作用标志及控制因素分析[J]. 中国岩溶, 31(2): 220-226.
曹建文, 梁彬, 张庆玉, 等, 2012b. 黔中隆起及周缘地区灯影组古岩溶储层发育特征和控制因素[J]. 地质通报, 31(11): 1902-1909.
曹建文, 梁彬, 张庆玉, 等, 2013. 湘鄂西地区寒武系娄山关组古岩溶储层及其发育控制因素[J]. 中国岩溶, 32(3): 17-22.
陈安宁, 陈孟晋, 郑聪斌, 2000. 鄂尔多斯盆地奥陶系古岩溶特征与圈闭条件研究[R]. 西安: 中国石油天然气股份有限公司长庆油田分公司.
陈安泽, 钱方, 李兴中, 等, 2011. 中国喀斯特石林景观研究[M]. 北京: 科学出版社.
陈景山, 沈昭国, 王振宇, 等, 1994. 塔里木盆地寒武、奥陶系碳酸盐岩储层分析及预测[R]. 南充: 西南石油学院.
程小久, 1994.地质学研究中的思维模式[J]. 中国地质教育, 3(2): 60-62, 76.
邓自强, 1988. 桂林岩溶与地质构造[M]. 重庆: 重庆出版社.
地质矿产部岩溶地质研究所袁道先, 1991. 岩溶地质术语: GB/T 12329—1990[S]. 北京: 中国标准出版社.

范明, 何治亮, 李志明, 等, 2011. 碳酸盐岩溶蚀窗的形成及地质意义[J]. 石油与天然气地质, 32(4): 499-505.

范明, 胡凯, 蒋小琼, 等, 2009. 酸性流体对碳酸盐岩储层的改造作用[J]. 地球化学, 38(1): 20-26.

范明, 蒋小琼, 刘伟新, 等, 2007. 不同温度条件下CO_2水溶液对碳酸盐岩的溶蚀作用[J]. 沉积学报, 25(6): 825-830.

费琪, 2005. 油气勘探中的创造性思维[M]. 北京: 地震出版社.

龚自珍, 黄庆达, 1984. 碳酸盐岩岩块野外溶蚀速度试验[J]. 中国岩溶, 3 (2): 17-26.

顾家裕, 1996. 塔里木盆地沉积层序特征及其演化[M]. 北京: 石油工业出版社.

关士续, 申仲英, 吴延浩, 等, 2000. 自然辩证法概论[M]. 北京: 高等教育出版社.

国家地震局《中国岩石圈地球动力学图集》编委会, 1989. 中国岩石圈地球动力学图集[M]. 北京: 地图出版社.

韩宝平, 1993. 喀斯特微观溶蚀机理研究[J]. 中国岩溶, 12(2): 97-102.

何宇彬, 1991. 试论均匀状厚层灰岩动力剖面及实际意义[J]. 中国岩溶, 10(3): 1-11.

何宇彬, 金玉璋, 李康, 1984. 碳酸盐岩溶蚀机理研究[J].中国岩溶, 3(2): 12-16.

何治亮, 彭守涛, 张涛, 2010. 塔里木盆地塔河地区奥陶系储层形成的控制因素与复合-联合成因机制[J]. 石油与天然气地质, 31(6): 743-752.

侯方浩, 方少仙, 沈昭国, 等, 2005. 白云岩体表生成岩裸露期古风化壳岩溶的规模[J]. 海相油气地质, 10(1): 19-30.

胡文暄, 陈琪, 王小林, 等, 2010. 白云岩储层形成演化过程中不同流体作用的稀土元素判别模式[J]. 石油与天然气地质, 31(6): 810-818.

黄尚瑜, 1987. 碳酸盐岩的溶蚀与环境温度[J]. 中国岩溶, 6(4): 287-296.

黄思静, 2010. 碳酸盐岩的成岩作用[M]. 北京: 地质出版社.

黄思静, 杨俊杰, 张文正, 等, 1993. 去白云化作用机理的实验模拟探讨[J]. 成都地质学院学报, 20(4): 81-86.

黄思静, 杨俊杰, 张文正, 等, 1996. 石膏对白云岩溶解影响的实验模拟研究[J]. 沉积学报,14 (1): 103-109.

贾承造, 1997. 中国塔里木盆地构造特征与油气[M]. 北京: 石油工业出版社.

焦存礼, 何碧竹, 邢秀娟, 等, 2010. 塔中地区奥陶系加里东中期Ⅰ幕古岩溶特征及控制因素研究[J]. 中国石油勘探, 15(1): 21-26.

焦伟伟, 李建交, 田磊, 2009. 中国海相碳酸盐岩优质储层形成的地质条件[J]. 地质科技情报, 28(6): 64-70.

兰光志, 江同文, 陈晓慧, 等, 1995. 古岩溶与油气储层[M]. 北京: 石油工业出版社.

李振宏, 王欣, 杨遂正, 等, 2006. 鄂尔多斯盆地奥陶系岩溶储层控制因素分析[J]. 现代地质, 20(2): 299-306.

蔺军, 周芳芳, 袁国芬, 2010. 塔河地区寒武系储层深埋藏白云石化特征[J]. 石油与天然气地质, 31(1): 13-21, 27.

刘震, 李潍莲, 梁全胜, 2007. 地质思维科学与实践[M]. 北京: 石油工业出版社.

卢耀如, 张凤娥, 阎葆瑞, 2002. 硫酸盐岩岩溶发育机理与有关地质环境效应[J]. 地球学报, 23(1): 1-6.

吕修祥, 杨宁, 解启来, 等, 2005. 塔中地区深部流体对碳酸盐岩储层的改造作用[J]. 石油与天然气地质, 26(3): 284-289.

梅冥相, 马永生, 周丕康, 等, 1997. 碳酸盐沉积学导论[M]. 北京: 地震出版社.

聂跃平, 1984. 黔南地区碳酸盐岩的溶蚀试验初探[J]. 中国岩溶, 3(1): 39-45.

庞艳君, 代宗仰, 刘善华, 等, 2007. 川中乐山—龙女寺古隆起奥陶系古岩溶发育地质因素分析[J]. 重庆科技学院学报(自然科学版), 9(3): 1-11.

漆立新, 云露, 2010. 塔河油田奥陶系碳酸盐岩岩溶发育特征与主控因素[J]. 石油与天然气地质, 31(1): 1-12.

乔占峰, 沈安江, 邹伟宏, 等, 2011. 断裂控制的非暴露型大气水岩溶作用模式: 以塔北英买2构造奥陶系碳酸盐岩储层为例[J]. 地质学报, 85(12): 2070-2083.

任美锷, 刘振中, 王飞燕, 等, 1983. 岩溶学概论[M]. 北京: 商务印书馆.

戎昆方, 戎庆, 刘志宇, 2009. 研究岩溶的新观点: 以贵州独山南部织金洞为例[M]. 北京:地质出版社.

盛贤才, 郭战峰, 陈学辉, 等, 2007. 江汉平原及邻区海相碳酸盐岩的古岩溶特征及控制因素[J]. 海相油气地质, 12(2): 17-22.

宋焕荣, 黄尚瑜, 1988. 碳酸盐岩与岩溶[J]. 矿物岩石, 8(1): 9-17.

宋晓波, 王琼仙, 隆轲, 等, 2013. 川西地区中三叠统雷口坡组古岩溶储层特征及发育主控因素[J]. 海相油气地质, 18(2): 8-14.

苏中堂, 呼尚才, 刘宝宪, 等, 2016. 鄂尔多斯盆地西缘克里摩里组古喀斯特洞穴特征及发育控制因素[J]. 成都理工大学学报(自然科学版), 43(2): 233-240.

谭秀成, 肖笛, 陈景山, 等, 2015. 早成岩期喀斯特化研究新进展及意义[J]. 古地理学报, 17(4): 441-456.

汪啸风, 1989. 中国奥陶纪古地理重建及其沉积环境与生物相特征[J]. 古生物学报, 28(2): 234-248.

王宝清, 张金亮, 1996. 古岩溶的形成条件及其特征[J]. 西安石油学院学报, 11(4): 8-10.

王建力, 袁道先, 李廷勇, 等, 2009. 气候变化的岩溶记录[M]. 北京: 科学出版社.

王黎栋, 万力, 于炳松, 2008. 塔中地区 T_7^4 界面碳酸盐岩古岩溶发育控制因素分析[J]. 大庆石油地质与开发, 27(1): 34-38.

王振宇, 陈景山, 1999. 塔里木盆地塔中 1 号断裂构造带中上奥陶统岩溶系统研究[R]. 南充: 西南石油学院.

文应初, 王一刚, 郑家凤, 1995. 碳酸盐岩古风化壳储层[M]. 成都: 电子科技大学出版社.

翁金桃, 1984. 方解石和白云石的差异性溶蚀作用[J]. 中国岩溶, 3(1): 29-37.

翁金桃, 1987. 桂林岩溶与碳酸盐岩[M]. 重庆: 重庆出版社.

翁金桃, 罗贵荣, 1990. 碳酸盐岩的物理力学性质对喀斯特地貌和洞穴形成的影响[M]. 北京: 科学出版社.

徐国强, 刘树根, 武恒志, 等, 2005. 海平面周期性升降变化与岩溶洞穴层序次关系探讨[J]. 沉积学报, 23(2): 316-322. 学院.

杨俊杰, 黄思静, 张文正, 等, 1995a. 表生和埋藏成岩作用的温压条件下不同组成碳酸盐岩溶蚀成岩过程的实验模拟[J]. 沉积学报, 13(4): 49-54.

杨俊杰, 张文正, 黄思静, 等, 1995b. 埋藏成岩作用的温压条件下白云岩溶解过程的实验模拟研究[J]. 沉积学报, 13(3): 83-88.

杨玉芳, 钟建华, 陈志鹏, 等, 2010. 塔中地区寒武-奥陶系白云岩成因类型及空间分布[J]. 石油与天然气地质, 31(4): 455-462.

姚泾利, 王兰萍, 张庆, 等, 2011. 鄂尔多斯盆地南部奥陶系古岩溶发育控制因素及展布[J]. 天然气地球科学, 22(1): 56-65.

由伟丰, 2001. 岩溶储层发育控制因素与分布规律研究[D]. 北京: 中国石油大学(北京).

于兴河, 郑秀娟, 李胜利, 2010. 地质学高等教育方法论[M]. 北京: 高等教育出版社.

袁道先, 2015. 我国岩溶资源环境领域的创新问题[J]. 中国岩溶, 34(2): 98-100.

袁道先, 刘再华, 林玉石, 等, 2002. 中国岩溶动力系统[M]. 北京: 地质出版社.

袁道先, 朱德浩, 翁金桃, 等, 1994. 中国岩溶学[M]. 北京: 地质出版社.

张宝民, 刘静江, 2009. 中国岩溶储集层分类与特征及相关的理论问题[J]. 石油勘探与开发, 36(3): 12-29.

张春林, 朱秋影, 张福东, 等, 2016. 鄂尔多斯盆地西部奥陶系古岩溶类型及主控因素[J]. 非常规油气, 3(2): 11-16.

张凤娥, 卢耀如, 郭秀红, 等, 2003. 复合岩溶形成机理研究[J]. 地学前缘, 10(2): 495-500.

张锦泉, 1992. 鄂尔多斯盆地奥陶系沉积、古岩溶及储集特征[M]. 成都: 成都科技大学出版社.

张英骏, 缪钟灵, 毛健全, 等, 1983. 应用岩溶学及洞穴学[M]. 贵阳: 贵州人民出版社.

长庆油田石油地质志编写组, 1992. 中国石油地质志(卷十二)·长庆油田[M]. 北京: 石油工业出版社.

赵文智, 沈安江, 胡素云, 等, 2012. 中国碳酸盐岩储集层大型化发育的地质条件与分布特征[J]. 石油勘探与开发, 39(1): 1-12.

郑和荣, 刘春燕, 吴茂炳, 等, 2009. 塔里木盆地奥陶系颗粒石灰岩埋藏溶蚀作用[J]. 石油学报, 30(1): 9-15.

郑荣才, 彭军, 等, 2003. 渝东黄龙组碳酸盐岩的古岩溶特征及岩溶旋回[J]. 地质地球化学, 31(1): 28-35.

中国地理学会地貌专业委员会, 1985. 喀斯特地貌与洞穴[M]. 北京: 科学出版社.

中国科学院地质研究所岩溶研究组, 1979. 中国岩溶研究[M]. 北京: 科学出版社.

朱东亚, 金之钧, 胡文煊, 2009. 塔中地区热液改造型白云岩储层[J]. 石油学报, 30(5): 698-704.

JAMES N P, CHOQUETTE P W, 1991. 古岩溶与油气储层[M]. 成都地质学院沉积地质矿产研究所, 长庆石油勘探局勘探开发研究院, 译. 成都: 成都科技大学出版社.

邹元荣, 郭书元, 2005. 塔中地区奥陶系碳酸盐岩表生岩溶分布特征及主控因素[J]. 新疆地质, 23(2): 209-212.

BACETA J I, WRIGHT V P, BEAVINGTON-PENNEY S J, 2007. Palaeohydrogeological control of palaeokarst macro-porosity genesis during a major sea-level lowstand: Danian of the Urbasa-Andia plateau, Navarra, North Spain[J]. Sedimentary Geology, 199: 141-169.

BATHURST R G C, 1975. Carbonate sediments and their diagenesis. Developments in sedimentology 12[G]. 2rd ed. Amsterdam: Elsevier.

BERNER R A, KOTHAVALA Z, 2001. Geocarb Ⅲ: A revised model of atmospheric CO_2 over Phanerozoic time[J]. American Journal of Science, 301: 182-204.

BÖGLI A, 1980. Karst hydrology and physical speleology[M]. Berlin, Heidelberg, New York: Spring-Verlag.

BOSÁK P, 2003. Karst processes from the beginning to the end: How can they be dated[J]. Speleogenesis and Evolution of Karst Aquifers, 1(3): 1-24.

BRECKENRIDGE R M, OTHBERG K L, BUSH J H. 1997. Stratigraphy and paleogeomorphology of Columbia River Basalt, eastern margin of the Columbia River plateau[J]. Geological Society of America, 29(5): 6.

CANTER K L, STEARNS D B, 1993. Paleokarststructural and related paleokarst controls on reservoirs development in the Lower Ordovician Ellenburger Group, Val Verde basin[C]//FRITZ R D, WILSON J L, YUREWICZ D A. Paleokarst related hydrocarbon reservoirs: SEPM Core Workshop, 18: 61-99.

CARR T R, ANDERSON N L, FRANSEEN E K, 1994. Paleogeomorphology of the upper Arbuckle karst surface: Implications for reservoir and trap development in Kansas[C]. AAPG annual convention, 117.

CARR T R. TONY J T, 2000. Reservoir characterization, paleoenvironment, and paleogeomorphology of the Mississippian Redwall limestone paleokarst, Hualapai Indian Reservation, Grand Canyon area, Arizona[J]. AAPG Bulletin, 84(11): 1875.

CHOQUETTE P W, JAMES N P, 1988. Introduction[C]//JAMES N P, CHOQUETTE P W. Paleokarst. NewYork: Springer-Verlag.

DUBLYANSKY Y V, 1995. Speleogenetic history of the Hungarin hydrothermal karst[J]. Environmental Geology, 25(1): 24-35.

ESTEBAN M, 1991. Palaeokarst: Practical Applications[C]//WRIGHT V P, ESTEBAN M, SMART P L. Palaeokarsts and Palaeokarstic Reservoirs. Pris: Occassional Publication Series 2.

ESTEBAN M, KLAPPA C F, 1983. Subaerial exposure environments[C]//SCHOLLE P A, BEBOUT D G, MOORE C H. Carbonate depositional environments, AAPG Memoir 33: 1-95.

FORD D C, 1984. Karst groundwater activity in the modern permafrost regions of Canada[C]//LAFLEUR R. Groundwater weathering in geomorphology. London: George Allen and Unwin, Ltd.

FORD D C, 1988. Characteristics of dissolution cave systems in carbonate rocks[C]//JAMES N P, CHOQUETTE P W. Paleokarst. New York: Spinger-Verlag.

FORD D C, EWERS R O, 1978. The development of limestone cave systems in the dimensions of length and depth[J]. Canadian Journal of Earth Sciences, 15(11): 1783-1798.

FORD D C, WILLIAM B W, 2006. Perspectives on karst geomorphology, hydrology, and geochemistry[M]. Boulder: The Geological Society of America, Inc.

FORD D, WILLIAMS P, 2007. Karst hydrogeology and geomorphology[M]. New York: John Wiley & Sons Ltd.

GALDENZI S, MENICHETTI M, 1995. Occurrence of hypogenic caves in a karst region: Examples from central Italy[J]. Environmental Geology, 25(1): 39-47.

GRASSO D A, JEANNIN P Y, 2002. A global experimental system approach of karst springs hydrographs and chemographs[J]. Ground Water, 40: 608-617.

GRIMES K G, 2006. Syngenetic karst in Australia: A review[J]. Helictite, 39(2): 27-38.

HENDRY P P, 1993. Geological controls on regional subsurface carbonate cementation: an isotopic Paleohydrologic investigation of Middle Jurassic limestones in central EngLand[C]//HORBURY A D, ROBINSON A G. Diagenesis and basin development. AAPG Studies in Geology, 36: 231-260.

HOUSE M A, WERNICKE B P, FARLEY K A, 1999. Paleogeomorphology of the central and southern Sierra Nevada;

further insights from apatite(U-Th)/He ages[J]. Geological Society of America, 31(7): 481-482.

JAKUCS L, 1977. Morphogenetics of Karst Regions[M]. Hungary: Budapest press.

JAMES N P, CHOQUETTE P W, 1984. Diagenesis 9 Limestones-the meteoric diagenetic environment[J]. Geoscience Canada, 11: 161-194.

JAMES N P, CHOQUETTE P W, 1988. Paleokarst[C]. New York: Spinger-Verlag.

JENNINGS J N, 1968. Syngenetic karst in Australia: Contributions to the study of karst. Department of Geography Publication[J]. Australian National University, 5: 41-110.

LACE M J, MYLROIE J E, 2013. Coastal Karst Landforms[M]. Dordrecht, Heidelberg, New York, London: Springer.

LAND L S, 1986. Limestone diagenesis—Some geochemical considerations[C]//MUMPTON F A. Studies in diagenesis, Washington D C, US. Geological Survey Bulletin 1578: 129-137.

MARTIN R. 1966. Paleogeomorphology and its application to exploration for oil and gas[J]. AAPG Bulletin, 50(10): 2277-2311.

MAZZULLO S J, MAZZULLO L J, 1992. Paleokarst and karst-associated hydrocarbon reservoir in the Fusselman Formation, west Texas, Permian basin[C]//CANDELARIA M P, REED C L. Paleokarst, karst related diagenesis and reservoir development: examples from Ordovician-Devonian ages strata of west Texas and the mid-continent: Permian Basin section. SEPM Publication 92: 110-120.

MEYERS W J, 1988. Paleokarstic features on Mississippian limestone, New Mexico[C]//JAMES N P, CHOQUETTE P W. Paleokarst. New York: Springer-Verlag.

MOORE C H, 1989. Carbonate diagenesis and porosity[M]. New York: Elsevier.

MUSSMAN W J, MONTANEZ I P, READ F J, 1988. Ordovician Knox Paleokarst unconformity, Appalachians[C]//JAMES N P, CHOQUETTE P W. Paleokarst. New York: Spinger-Verlag.

MYLROIE J E, CAREW J L, 1995. Karst development on carbonate islands[C]//BUDD D A, SALLER A H, HARRIS P M. Unconformities and Porosity in Carbonate Strata. Am. Assoc. Pet. Geol. Mem., 63: 55-76.

MYLROIE J E, CAREW J L,1990. The flank margin model for dissolution cave development in carbonate platforms[J]. Earth Surf. Processes and Landforms, 15: 413-424.

MYLROIE J E, CAREW J L,1997. Land use and carbonate island karst[C]//BECK B F, STEPHENSON J B. The engineering geology andhydrogeology of karst terranes. A A Balkema, Brookfield: 3-12.

MYLROIE J E, MYLRIOE J R, NELSON C S, 2008. Flank margin cave development in telogenetic limestones of New Zealand[J]. Acta Carso-logica, 37(1): 15-40.

PALMER A N, 1991. Origin and morphology of limestone caves[J]. Geological Society of America Bulletin, 103: 1-25.

SCHOLLE P A, HALLEY R B, 1985. Burial diagenesis: Out of sight, out of mind[C]// SCHNEIDERMANN N, HARRIS P M. Carbonate cements. SEPM Special publication 36: 309-334.

SMART P L, BEDDOWS P A, COKE J, 2006. Cave development on the Caribbean coast of the Yucatan Peninsula, Quintana Roo, Mexico[C]//HARMON R S, WICKS C. Perspectives on Karst Geomorphology, Hydrology, and Geochemistry. Geological Society of America Special Paper, 404: 105-128.

SMART P L, DAWANS J M, WHITAKER F, 1988. Carbonate dissolution in a modern mixing zone[J]. Nature, 335: 811-813.

VACHER H L, MYLROIE J E, 2002. Eogenetic karst from the perspective of an equivalent porous medium[J]. Carbonates and Evaporites, 17(2): 182-196.

WHITAKER F, SMART P L, 1997. Groundwater circulation and geochemistry of a karstified bank-marginal fracture system, South Andros Island,Bahamas[J]. Hydrology, 197: 293-315.

第7章 奥陶系层序地层与古岩溶

7.1 层序中成岩作用研究的历史与现状

Vail 等(1977)在地震地层学的基础上，结合"沉积体系分析法"提出了层序地层学的概念并初步绘出显生宙全球海平面变化曲线。20 世纪 80 年代后期层序地层学发展成为一门新兴的地层学分支学科。正如 Vail 所言，"层序地层学概念在沉积岩上的应用有可能提供一个完整统一的地层学概念，就像板块构造曾经提供了一个完整统一的构造概念一样。层序地层学改变了分析世界地层记录的基本原则。因此，它可能是地质学中的一次革命，它开创了了解地球历史的一个新阶段"。层序地层学理论最初是在被动大陆边缘海相硅质碎屑岩地层研究的基础上建立起来的。层序地层学是研究以不整合面或与之相对应的整合面为边界的年代地层框架中具有成因联系的、旋回岩性序列间相互关系的地层学分支学科。层序地层学的基本单位是层序，它以不整合和与之可以对比的整合为界。一个层序可以分为若干个体系域，体系域是以它们在层序内的位置以及以海泛面为界的准层序组和准层序的叠置方式来定义的。准层序和准层序组是层序的基本构筑单位。一个准层序是以海泛面或与之可对比的面为界的成因上有联系的、相对整一的一套岩层或岩层组。一个准层序组是由成因相关的一套准层序构成的、具特征堆砌样式的一种地层序列，其边界为一个重要的海泛面和与之可对比的面，有时可与层序界面一致。

Vail(1988，1987)和 Posamentier(1985)对被动大陆边缘的层序地层特征作了较深入的研究工作，建立了碎屑岩层序地层模式；Haq 等(1988)经过多年努力建立了全球中、新生代海平面变化年代表，并大胆地提出，由于海平面变化的全球性，层序地层学可以成为建立全球性地层对比的手段。对此观点，许多学者有着不同的看法和争论，许多人认为在任何区域所建立的海平面变化周期，受控于构造、气候、全球性海平面变化、沉积物供给等多重复杂因素，因此这些因素在地层中留下的标志，只能说是相对的海平面变化。1988 年，Sarg 等主编的 *Carbonate Sequence Stratigraphy* 一书提出了新的层序模式，并将碳酸盐岩层序地层学研究向前推进了一大步；Sarg(1991)和 James(1992)建立了碳酸盐岩的层序地层模式。1991 年，由 Macdonald 主编的《活动边缘的沉积作用、构造运动和全球海平面变化》一书，进一步把层序地层学研究扩展到活动大陆边缘。层序地层学的发展促进了一些相应学科的发展，尤其是在沉积相研究方面。James 等(1992)编写的《沉积相模式》(第三版)，就是按照海平面变化控制沉积相及相模式的思路完成的。Burchette(1992)，James 等(1992)，也应用层序地层学的基本观点，对碳酸盐缓坡沉积体系、潮缘碳酸盐、碳酸盐台地、生物礁(丘)的沉积相模式进行修正、研究。

层序地层学在不断发展和广泛应用的基础上，产生了许多分支，主要有高频层序地层学、高分辨率层序地层学、层序生物地层学、成岩层序地层学和层序充填动力学等。美国经济古生物和矿物学家协会(Society of economic paleontologists and mineralogists, SEPM)42 号论文集 "*Sea-Level Change: An Integrated Approach*" 被译为《层序地层学原理: 海平面变化综合分析》在我国出版(徐怀大等译, 1993)，标志着层序地层学被正式引入中国。此后层序地层学的理论和技术、方法被中国一大批学者所接受和应用，并在理论和方法上有了一些创新和提高，如建立起了具真正理论意义上的陆相层序地层学。美国石油地质学家协会(AAPG)57 号专辑(1991 年会的碳酸盐岩层序地层学研讨会论文集)被译为《碳酸盐岩层序地层学——近期进展及应用》在我国出版(马永生等译, 2003)，预示着我国学者已经开始关注 "碳酸盐岩层序地层学如何深入研究的问题"。目前，层序地层学的理论和实践已被我国地质学家所广泛接受。

1992 年底，科委正式批准了中国地质大学王鸿桢教授负责的 "八五" 国家基础性研究重大项目 "中国古大陆及其边缘层序地层及海平面变化研究"。该课题是露头层序地层学研究的典范。露头层序地层学的研究，建立野外露头的层序划分、对比标准，必将引发多学科，多手段的研究，并为盆地腹地的层序地层学研究提供一个层序划分对比标准和指南。层序地层学研究使盆地周边研究与盆内研究紧密结合。

虽然层序地层学的概念术语和理论体系已经成功地应用于陆源硅质碎屑沉积中，但是在 20 世纪 90 年代，Posamentier 等(1990)就已经意识到碳酸盐岩层序地层是层序地层学研究的难点之一。实际上，由于碳酸盐生产的特殊性和复杂性及成岩作用影响深刻等原因，碳酸盐岩层序地层学的研究难度的确要比陆源硅质碎屑岩大得多，但是层序地层学在碳酸盐岩体系中的应用又将使层序地层学本身得以进一步发展和完善。

1993 年，Tucker 发表了题目为 *Carbonate Diageneses and Sequence Stratigraphy*(碳酸盐成岩作用和层序地层)的论文，把层序地层学的概念引入了碳酸盐岩成岩作用研究，为碳酸盐岩成岩作用研究注入了新的活力。层序地层学与碳酸盐岩成岩作用相结合，其实质就是有可能把碳酸盐岩成岩作用与相对海平面变化的模式联系起来。这种海平面的变化既是控制碳酸盐岩层序和它的体系域形成的基本因素，同时也是控制碳酸盐岩成岩作用模式和类型的基本因素。因为气候、海水化学性质以及碳酸盐岩矿物的变化，这些影响碳酸盐岩成岩作用的因素与相对海平面变化的模式有关。这就有可能把碳酸盐岩的成岩作用放在层序地层学的框架中来考虑，这样对于了解碳酸盐岩成岩作用，以及随之而发生的孔隙形成与演化更具有理论性和系统性，这对碳酸盐岩孔隙系统的预测也是一个有力的促进作用。Tucker(1993)试图从碳酸盐岩层序地层与成岩作用的关系来讨论孔隙的形成，并开展孔隙预测。

《碳酸盐岩层序地层学——近期进展及应用》一书中，仅有 Hovorka 等(1991)和 Mutti 等(1991)专门论述碳酸盐岩层序地层中的成岩作用相关问题。Hovorka(1991)认为大气淡水透镜体内原生孔隙度和渗透率的成岩改造体现在准层序规模上，而且是高频相对海平面变化(一般为五级)形成的古水文条件和沉积环境共同作用的结果。Mutti(1991)认为复合多变的海平面变化控制了旋回性地层沉积和同生成岩作用类型的分布。由于同生成岩作用记录了相对海平面变化的影响，因而其分布是可以预测的。同生成岩作用事件出现的时间顺序可用以说明同生成岩作用特征与沉积旋回及旋回界面间的关系。20 世纪 90 年代中后期，Mazzullo(1995)发表了《层序地层沉降中的成岩作用——边缘台地碳酸盐岩储层中的孔隙演化》一文；我国学者杜远生等(1995)关注了"碳酸盐准同生成岩作用分析在层序地层研究中的意义"；张文华等(1996)和陈方鸿等(1999)开展了碳酸盐岩成岩作用与层序地层学关系的研究；贾振远等(1997d)梳理了成岩地层学与层序地层学的关系，并认为可以通过成岩作用的微观研究来识别那些隐伏的层序界面；李儒峰等(1999)和周劲松(2000)等开展了成岩层序地层学的实例研究。概括起来，这些研究主要包括两个方面，一是通过成岩作用与海平面升降变化间关系的研究，来寻找碳酸盐岩层序界面的成岩标志，以便更科学合理地进行层序划分；二是在层序地层框架中以层序、体系域或准层序为单位，研究成岩作用类型、强度及成岩演化与孔渗变化的关系，以便更有效的预测储层的位置及分布。Moore(2001)出版了 *Carbonate reservoirs: Porosity evolution and diagenesis in a sequence stratigraphic framework*(中文名《碳酸盐岩储层：层序地层格架中的成岩作用和孔隙演化》)(姚根顺等译，2008)，总结了层序地层格架中成岩作用和孔隙演化研究的一些成果。2002 年 AAPG 年会上，碳酸盐岩成岩作用与层序地层研究倍受关注，并提出了成岩矿化度旋回的概念，认为一个完整的旋回从海水成岩作用开始，经过混合作用、淡水作用、混合水作用和海水作用过程，潜水面变化可能与相对海平面波动旋回有关。

20 世纪 90 年代，层序地层学的理论就被应用到了碳酸盐岩岩溶研究中，提出了海平面升降控制岩溶发育的理论。例如，Tinker(1995)发表了题目为 *Multiple Karst Events Relation to Stratigraphic cyclicity*(多重岩溶事件与地层旋回性的关系)的论文。相应的，中国学者徐国强等(2005a, 2005b, 2005c)连续发表了题目为"向源潜流侵蚀岩溶作用及其成因机理——以塔河油田早海西风化壳岩溶洞穴层为例""海平面周期性升降变化与岩溶洞穴层序次关系探讨"及"塔里木盆地早海西期多期次风化壳岩溶洞穴层"3篇论文,认为层序地层学理论不但为全球或跨地区的等时地层对比提供了理论和技术方法,而且对洞穴层的跨地区对比及序次分析同样适用;概括出了3种受海平面间歇性上升(或下降)变化控制的洞穴层序次模式;提出利用水平洞穴层同时期形成的沉积地层等地质体来确定洞穴层的形成年代,预测洞穴的发育分布。徐国强等(2005)的实际工作和理论总结对这个交叉学科的发展具有明显促进作用。刘忠宝等(2004)研究了塔里木盆地塔中地区中上奥陶统碳酸盐岩层序发育对同生期岩溶的控制作用。刘忠宝等(2007)研究了塔中地区西部奥陶系岩溶发育特征及其与关键不整合面的关系。林小兵等(2007)针对贵州南部石炭系、塔里木盆地轮南古隆起中下奥陶统碳酸盐岩开展了层序地层格架中的碳酸盐岩成岩作用研究。高雁飞等(2015)研究了"塔里木盆地奥陶系层序界面特征及其对碳酸盐岩岩溶的控制作用"。目前看来,层序地层学与岩溶学的交叉学科仍是一个较新的研究领域。

层序是控制岩溶发育的重要因素之一,并与括岩石学、沉积相、地层特征、构造条件、气候、海平面变化、植被、基准面、暴露时间、出露区的规模和地形等内、外因素并列。本书将古岩溶视作一种广义的成岩作用类型,认为存在三大古岩溶类型:同生期、表生期和埋藏期岩溶。同时侧重于从沉积学角度来研究古岩溶。本章将在重视"相对海平面变化控制层序界面形成,影响成岩作用"的前提下,主要探讨研究区奥陶系层序界面对古岩溶发育的影响及层序中古岩溶的类型及其分布。

7.2 奥陶系碳酸盐岩层序地层

层序地层学研究中层序界面的识别和类型标定是层序划分及盆地高精度等时性年代地层格架建立的关键。根据现有的定义,层序界面被认为是海平面下降期间形成的一种区域性的不整合面及相关的整合面,是一种横向上连续的、至少分布于整个盆地并且看来在世界范围内许多盆地可同时出现的广泛分布的面。

Vail等(1977)将作为层序界面的不整合面划分为代表陆架暴露的第一类层序界面和陆架未暴露的第二类层序界面,分别反映海平面的相对下降幅度。许效松等(1996)从Vail等的两类层序界面划分中独立出第三类层序界面,专指发育于碳酸盐岩层序之上的溶蚀型喀斯特界面,以区别于碎屑海岸由河流作用形成的侵蚀界面,并且这一划分是非成因的。目前多数研究者在硅质碎屑和碳酸盐岩沉积背景下的层序划分过程中普遍采用的是Vail等(1987,1977)和Sarg等(1988)所划分的两类层序界面,即类型Ⅰ和类型Ⅱ层序界面,并从绝对海平面下降速率与陆架坡折处的盆地沉陷速率相互关系角度分别对上述两类界面进行了约定。但已有的研究资料表明，这两类界面不足以描述克拉通型的沉积盆地，特别是碳酸盐岩沉积为主的充填物盆地所发育的三级层序界面特征。例如，Goldhammer 等(1993)就曾提出过"跨层序界面"(straddle sequence boundary，SBs)的存在。这是因为碳酸盐岩的沉积作用更明显受控于海平面变化所造成的，它的产能、堆积及沉积后的改造对环境条件具特有的敏感性。

蔡忠贤等(1997)根据海平面变化对层序界面形成的主控作用，以海平面下降幅度结合碳酸盐岩台地区暴露程度为标准，将碳酸盐岩台地层序界面划分为两大类、四种基本类型(表 7.1)。两个大类的划分主要依据对应的海平面变化阶段不同。四种基本类型中，Ⅳ型层序界面(the fourth type of sequence boundary，SB4)是指由海平面的迅速上升所形成的沉没不整合，其余三类与海平面下降有关的层序界面主要从海平面下降幅度不同所造成的碳酸盐岩台地区暴露程度上加以区分。Ⅰ型层序界面(the first type of sequence boundary，SB1)海平面下降幅度最大，在有坡折的镶边陆架中，碳酸盐岩台地边缘的海平面下降速率大于沉降速率。缓坡碳酸盐岩台地的潮缘带、内缓坡及部分外缓坡区和镶边台地中的大部分台区均能遭受长期暴露，因而与 Sarg(1988)的大规模Ⅰ型层序界面类似。Ⅱ型层序界面(the second type of sequence boundary，SB2)海平面下降幅度减小，镶边陆架中碳酸盐岩台地边缘的海平面下降速率小于或等于沉降速率，内台地、内缓坡及它们的潮缘带能遭受不同程度的暴露。Ⅲ型层序界面(the third type of sequence boundary，SB3)海平面下降幅度最小，镶边陆架中碳酸盐岩台地边缘的海平面下降速率明显小于沉降速率，因而仅有潮缘区遭受不同程度的景露，其中许多可能属于频繁的间歇性暴露。

表 7.1　碳酸盐岩台地三级层序界面的类型(修改自蔡忠贤，1997)

层序界面大类	层序界面基本类型	主要地质含义
海平面下降阶段形成	Ⅰ型层序界面(SB1)	海平面下降幅度大于 50(60)～150m，外台地(或深缓坡)上部及其向陆方向遭受广泛、长期暴露
	Ⅱ型层序界面(SB2)	海平面下降幅度 20～50(60)m，内台地(或内缓坡)及其向陆方向遭受暴露
	Ⅲ型层序界面(SB3)	海平面下降幅度小于 20m，潮缘区及台地浅滩区遭受暴露
海平面上升阶段形成	Ⅳ型层序界面(SB4)	沉没不整合

尽管碳酸盐岩的沉积机理明显不同于硅质碎屑岩，但起源于被动大陆边缘硅质碎屑岩沉积的层序地层学原理仍适用于碳酸盐岩的层序地层分析，即碳酸盐岩

的地层分布模式和岩相分布受构造沉降、全球海平面升降变化、沉积物的供给和气候等四个主要变量控制。构造沉降产生了沉积物的沉积空间；全球海平面升降变化是控制地层分布模式和岩相分布的主要因素(Vail et al., 1981)；沉积物的供给控制了沉积速率从而也影响着古水深；气候是控制沉积物类型的主要因素，其中降雨量和温度对碳酸盐岩、蒸发岩的分布和数量是相当重要的。

直到目前，大多数学者还是认为：层序地层学从最早研究的被动大陆边缘碎屑岩沉积体系中主要识别出了两种不同类型的三级层序，即Ⅰ型层序和Ⅱ型层序，并建立了这两类层序的体系域组构。被动大陆边缘完整的Ⅰ型层序从下向上依次为：低位体系(LST)、海进体系域(TST)和高位体系域(HST)；完整的Ⅱ型层序从下向上依次为：陆架边缘体系域(SMST)、海进体系域(TST)和高位体系域(HST)。

在碳酸盐岩地层中能够识别出Ⅰ型层序和Ⅱ型层序，Ⅰ型层序的底部是Ⅰ型层序界面，它以台地出露和侵蚀，以及伴生的斜坡前缘的海底侵蚀，上覆地层的上超和海岸上超的下移为特征。海岸上超向盆地方向迁移，使得潮缘区岩层常常直接突然地覆盖在深水相的潮下带之上。由于碳酸盐岩台地在多数地区趋向于增生到海平面，这对于确定台地或滩边缘的碳酸盐岩层序边界是极其有价值的。因此，Ⅰ型层序界面的成因可解释为海平面下降速率超过碳酸盐岩台地或滩边缘处的盆地沉降速率时形成的，在该位置上产生了海平面的相对下降。Ⅱ型层序界面以台内潮缘区和台地浅滩区出露地表为标志。Ⅱ型层序界面被解释为由海平面下降速率小于或等于台地或滩边缘区的沉降速率造成。因此，Ⅱ型层序界面处暴露于大气中，经历风化剥蚀的时间相对较短，识别上较困难且划分的意见常存在分歧。

正确划分并准确确定海平面的相对变化周期是层序地层学研究的基本问题，因为不同级别的海平面相对变化周期对应于相应级别的沉积层序。根据 Vail 等(1977)的研究成果，一般将海平面相对变化周期分为五级：一级(>100Ma)、二级(10~100Ma)、三级(1~10Ma)、四级(0.1~1Ma 或 0.2~0.5Ma)、五级(0.01~0.1Ma 或 0.01~0.2Ma)，其中一、二、三级周期的形成与泛大陆的形成与解体、构造运动、洋中脊变化、全球性大陆冰盖的生长和消亡有关，四、五级周期的形成除与冰盖、冰川的生长、变化和消亡有关外，还与天文驱动力因素有关。

7.2.1　鄂尔多斯盆地奥陶系三级层序

鄂尔多斯盆地奥陶系层序地层学研究始于 20 世纪 90 年代。郭彦如等(2014)、曹金舟等(2011)、雷卞军等(2011)、姚泾利等(2008)、何自新等(2004)、侯方浩等(2002)、田景春等(2001)、包洪平等(2000)、魏魁生等(2000)、贾振远等(1998, 1997)、韩征等(1997)、张文华等(1996)、王玉新等(1995)都对鄂尔多斯盆地奥陶系地层做了具体的层序地层学研究工作。

在此基础上，重点对鄂尔多斯盆地下奥陶统马家沟组(或相应地层)进行三级层序分析。将三级旋回平均时限暂定为 3.2Ma(王鸿祯等，1998)，按照碳酸盐岩地层中 I 型层序界面(SB$_1$)和 II 型层序界面(SB$_2$)的识别标志，对多口井进行三级层序划分对比，以近南北向连井纵剖面 E6—M6—DT2—Sh15—QS1—XT1 下奥陶统马家沟组马四—马六段三级层序划分对比为例(图 7.1)，结合前人研究成果，将鄂尔多斯盆地奥陶系地层划分为 19 个三级层序,并初步建立起该盆地奥陶系层序地层框架(图 7.2)。

目前看来，用美国艾克森石油公司(Exxon Mobil Corporation，EXXON)层序地层模式中的陆架边缘楔(shelf-margin wedge，SMW)或陆架边缘体系域(SMST)来描述克拉通内坳陷(盆地中、东部的内陆架盆地) II 型层序中最低位置的体系域已不恰当，因此将这个体系域称为内陆架低位体系域(inner shelf -margin lowland system tract，ISLST)。当内陆架发育 ISLST 时，大陆边缘则发育 SMST。

鄂尔多斯盆地南部下奥陶统冶里组包括两个三级层序(Osq1、Osq2)，下奥陶统亮甲山组也可分出两个三级层序(Osq3、Osq 4)。Osq1 底界面为 SB$_1$，Osq2、Osq3 和 Osq4 的底界面均为 SB$_2$。Osq3 底界面属于陆上暴露风化面；Osq4 顶界面为其起伏特征的古岩溶面。Osq1、Osq2、Osq3、Osq4 一般在盆地西部和中部不发育(图 7.2)。

鄂尔多斯盆地西部和中部下奥陶统马家沟组包括 5 个三级层序。①Osq5 相当于马一段，其底界面是怀远运动形成的不整合面，属于 SB$_1$，顶界面为 SB$_2$。Osq5 的 LST 和 TST 位于马一段下部。LST 规模极小，偶见低位自生碳酸盐岩楔，在盆地中、东部不发育；TST 由含泥白云岩和泥晶白云岩构成；Osq5 的 HST 位于马一段上部，为膏质白云岩和膏岩互层，盆地西部不发育 Osq5。②Osq6 相当于马二段，其底、顶界面均为 SB$_2$。Osq6 的 SMST 和 TST 位于马二段下部。SMST 仅见于盆地南部，由一个或多个微弱进积到加积的准层序组组成；TST 由微晶灰岩和含生屑灰岩构成，代表海侵期内陆架正常浅海沉积。Osq6 的 HST 位于马二段上部，为白云岩、灰岩夹膏盐岩沉积。盆地西缘桌子山剖面中 Osq6 相当于三道坎组，为 I 型层序。③Osq7 相当于马三、马四段，其底、顶界面均为 SB$_2$。马三段构成该层序的 ISLST(盆地中部)和 SMST(盆地西部和南部)，马四段下部构成该层序的 TST，马四段上部构成该层序的 HST。ISLST 和 SMST 沉积时，海平面下降，气候干燥，易发生同生白云石化，岩性以白云岩和泥晶灰岩为主；马四时鄂尔多斯盆地经历了规模最大、持续时间最长的一次海侵，TST 沉积时，发育微晶灰岩、含生屑灰岩和含颗粒灰岩；HST 主要由灰岩构成，但在晚高水位期，海平面开始缓慢下降，有利于混合水白云石化的发生。④Osq8 相当于马五 $_{5\text{-}10}$ 亚段(马五

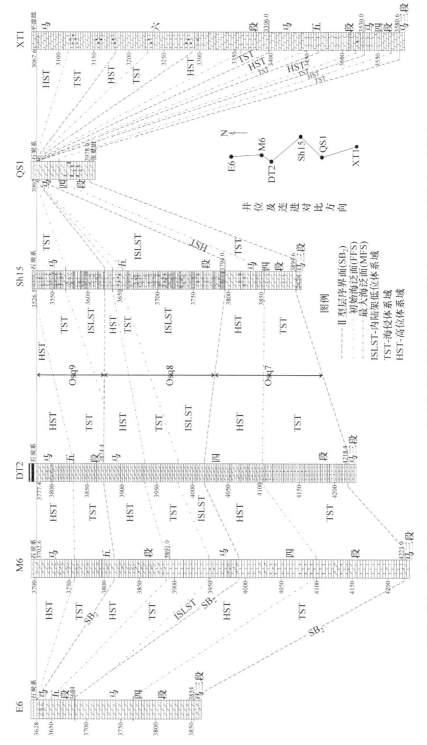

图7.1 E6—M6—DT2—Sh15—QS1—XT1 下奥陶统马家沟组马四—马六段三级层序划分对比图(单位: m)

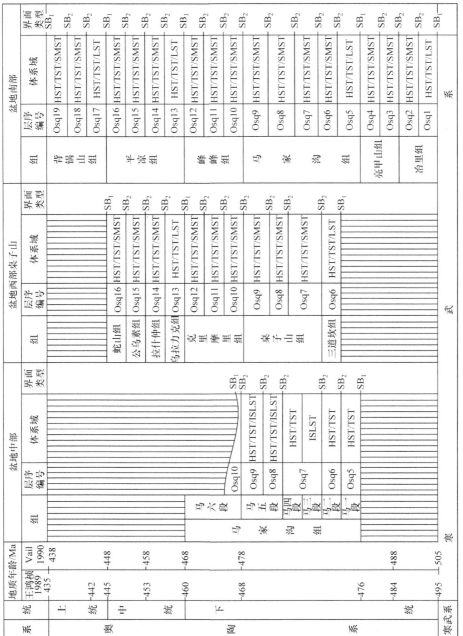

图7.2　鄂尔多斯盆地中部、西部和南部奥陶系三级层序划分对比图

段自上而下共分 10 个亚段)或桌子山组中-上部,其底、顶界面均为 SB_2。马五 $6\text{-}10$ 亚段构成该层序的 ISLST 和 SMST。马五 5^1 小层下、中部和马五 5^2 小层(马五 5 亚段自上至下共分两个小层)构成该层序的 TST,马五 5^1 小层上部构成该层序的 HST。SMST 仅见于盆地南部和西缘;ISLST 在盆地中部较发育,岩性以硬石膏岩、盐岩及泥晶白云岩为主;TST 沉积时的海侵范围仍然较广,灰黑色灰岩在盆地中分布较广;HST 的岩性主要是交代成因的细晶白云岩。⑤Osq9 相当于马五 $1\text{-}4$ 亚段或桌子山组顶部,其底、顶界面均为 SB_2。马五 $3+4$ 亚段构成该层序的 ISLST 和 SMST。马五 2 亚段和马五 1 亚段下部构成该层序的 TST,马五 1 亚段上部构成该层序的 HST。TST 期,海侵规模不大,到 HST 期,海平面缓慢下降,盆地内大部分地区演化为台地潮坪环境。由于加里东运动造成的长期风化剥蚀作用,盆地中大部分地区 Osq9 的顶界面与峰峰组(Osq12)顶部的风化面重合(图 7.2)。

鄂尔多斯盆地南部或西缘下奥陶统峰峰组或克里摩里组包括 3 个三级层序(Osq10、Osq11、Osq12)。盆地中部下奥陶统马六段剥蚀残余部分与 Osq10 有对应关系。除了 Osq10(马六段)和 Osq12 的顶界面为 SB_1 外,其余底、顶界面均为 SB_2。

鄂尔多斯盆地南部中奥陶统平凉组可划分出 4 个三级层序,分别为 Osq13、Osq14、Osq15 和 Osq16;盆地西缘中奥陶统的乌拉力克组,拉什仲组、公乌素组和蛇山组分别与 Osq13、Osq14、Osq15、Osq16 相当。除了 Osq13 的底界面和 Osq16 的顶界面为 SB_1 外,其余底、顶界面均为 SB_2。盆地南部上奥陶统背锅山组可划分出 3 个三级层序(Osq17、Osq18、Osq19),Osq17 的底界面和 Osq19 的顶界面为 SB_1 外,其余底、顶界面均为 SB_2(图 7.2)。

7.2.2　塔中西部及邻区奥陶系三级层序

塔里木盆地奥陶系层序地层研究始于 20 世纪 90 年代。高雁飞等(2015)、林畅松等(2013)、赵宗举等(2009)、樊太亮等(2007)、于炳松等(2005)、刘忠宝等(2004)、焦存礼等(2003)、王维纲等(1997)、张振生等(1997)都对塔里木盆地奥陶系地层做了具体的层序地层学研究工作。

塔中地区奥陶系层序地层学研究程度较低。由于缺少露头资料,该地区奥陶系层序地层学研究主要通过对岩心、测井和地震资料的分析进行。又因为塔中地区现有的多数钻井都未钻穿中下奥陶统鹰山组,所以前人主要是对该地区上奥陶统(桑塔木组和良里塔格组)进行初步的层序地层学研究或层序地层分析。

层序界面识别是划分层序的关键。层序界面与周期性的海平面变化有关,一般对应于海平面下降拐点,并以其本身固有的特征表现在露头剖面和钻井剖面中,也可以反映在测井曲线和地震反射剖面上。根据钻井和地震资料,参考测井曲线特征分析认为, Ⅰ 型、Ⅱ 型层序界面在塔中西部及邻区奥陶系地层中均有发育,但以 Ⅰ 型层序界面为主。并初步在本区奥陶系自下至上划分出四个三级层序:

SⅠ、SⅡ、SⅢ、SⅣ(图 7.3)。

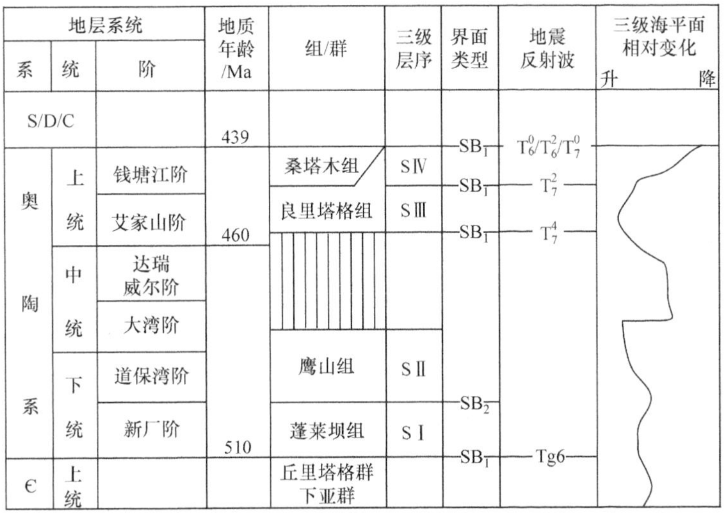

地层系统			地质年龄/Ma	组/群	三级层序	界面类型	地震反射波	三级海平面相对变化	
系	统	阶						升	降
S/D/C			439			SB₁	T₆⁰/T₆²/T₇⁰		
奥 陶 系	上 统	钱塘江阶		桑塔木组	SⅣ	SB₁	T₇²		
		艾家山阶	460	良里塔格组	SⅢ	SB₁	T₇⁴		
	中 统	达瑞 威尔阶							
		大湾阶							
	下 统	道保湾阶		鹰山组	SⅡ				
		新厂阶	510	蓬莱坝组	SⅠ	SB₂ SB₁	Tg6		
Є	上 统			丘里塔格群 下亚群					

图 7.3　塔中西部及邻区奥陶系三级层序划分简图

　　塔中西部及邻区下奥陶统和中下奥陶统发育两个层序：SⅠ和SⅡ。①SⅠ层序与下奥陶统蓬莱坝组对应，岩性以白云岩为主。该层序的底界面为 SB₁，相当于 Tg6 地震反射界面，表现出上超不整合到平行整一的特征；顶界面为 SB₂。该层序中 LST 发育于台地边缘相带以东的斜坡区，主要特征表现为碳酸盐岩碎屑流与浊流成因的砾屑灰岩、砂屑灰岩或者角砾云岩、砾屑云岩、砂屑云岩等组成的低位斜坡扇，如 TZ38 井下奥陶统。TST 上覆于 LST 之上，岩性主要为粉晶云岩、泥晶灰岩、隐藻云岩和藻叠层白云岩等，属于局限海台地浅水潮下或泻湖环境，沉积序列以水体向上变深为特点，表现为退积式或加积式。地震剖面上主要为中弱振幅较连续平行地震相或中弱振幅乱岗状地震相。TST 之上的 HST 以粒屑滩发育为特征，岩性以粒屑灰岩和粒屑云岩为主，具有水体向上变浅的沉积序列，表现为加积式或进积式。地震反射主要表现为乱岗状中弱振幅地震相。②SⅡ层序与中下奥陶统鹰山组对应，为灰岩与白云岩及其过渡岩类的不等厚互层。该层序的底界面是 SB₂；顶界面为 SB₁，相当于 T₇⁴地震反射界面。该层序中 SMST 主要由局限海台地相潮坪白云岩组成，多具水体向上变浅的沉积序列，表现为加积式。主要反映了台地潮缘区三级海平面的相对下降。该层序中 TST 和 HST 的特征与SⅠ层序类似。HST 时期，台地边缘粒屑滩发育良好。在台地内部，早期 HST 常表现出台内滩的粗粒沉积物与滩间海或泻湖的细粒沉积物不等厚互层；晚期 HST 位于层序的顶部，对应于海平面上升到高点后的初始下降阶段，以加积式为主，粒屑滩和潮坪沉积发育。

　　塔中西部及邻区上奥陶统也发育两个层序：SⅢ和SⅣ。①SⅢ层序与上奥陶统良里塔格组对应，主要由灰岩和含泥灰岩构成。该层序的底、顶界面均为 SB₁，

分别与 T_7^4 和 T_7^2 地震反射界面对应。T_7^4 界面为一单相位的可追踪的中弱振幅反射，T_7^2 界面表现出上超和下超不整合现象(图 7.3，图 7.4，表 2.1)。该层序中 LST 分布于斜坡区下部，发育由砾屑及砂屑灰岩组成的低位斜坡楔，砾屑和砂屑来源于台地边缘或斜坡上部。台地内部及台地边缘 TST 发育，TZ12 井的 TST 直接覆盖在 SB₁ 上，主要由开阔海台地相的台内缓坡泥晶灰岩、生屑泥晶灰岩和隐藻泥晶灰岩组成，夹有灰泥丘和砂屑滩灰岩。斜坡区的 TST 位于 LST 之上，由深水沉积的泥页岩、泥质灰岩和泥晶灰岩组成。在地震剖面上，显示出较连续的平行反射，并具有明显的上超反射结构。TZ12 井的 HST 由开阔海台地相的台内缓坡泥晶灰岩，生屑滩灰岩；台地边缘滩间海、灰泥丘和台缘滩灰岩组成(图 7.5)。往往具有向上水体变浅的沉积序列，表现为加积式或进积式。②SⅣ层序与上奥陶统桑塔木组对应，岩性以泥岩和灰质泥岩为主。该层序的底、顶界面均为 SB₁，底界面为 T_7^2 反射界面；顶界面为 T_7^0 (志留系底界)，或为 T_6^2 (泥盆系底界)，或为 T_6^0 (石炭系底界)。T_6^0 界面为一可连续追踪的中强反射，具有明显的削截现象(图 7.4)；该层序中 LST 分布于斜坡区和槽盆边缘，以发育低位斜坡扇或斜坡楔为其典型特征。在地震剖面上，这些扇体和楔形体具有丘形或楔形的反射外形，内部反射结构复杂(图 7.4)。据 TZ28、TZ29、TZ32 井揭露，这些斜坡扇或斜坡楔主要由海底重力流成因的粗粒沉积物组成。TST 和 HST 主要由泥岩和灰质泥岩构成，夹粉砂岩和细砂岩等，说明该层序对应的三级海平面总体上趋于下降。

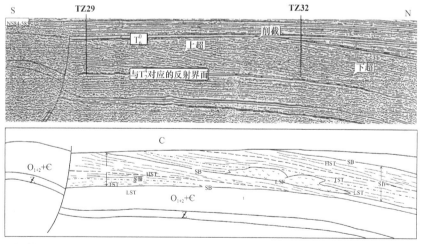

SB₁- Ⅰ 型层序界面；SⅢ-层序Ⅲ；SⅣ-层序Ⅳ；LST-低位体系域；TST-海侵体系域；HST-高位体系域；LSF-低位体系扇

图 7.4　NS84-585 地震反射剖面及层序结构解释

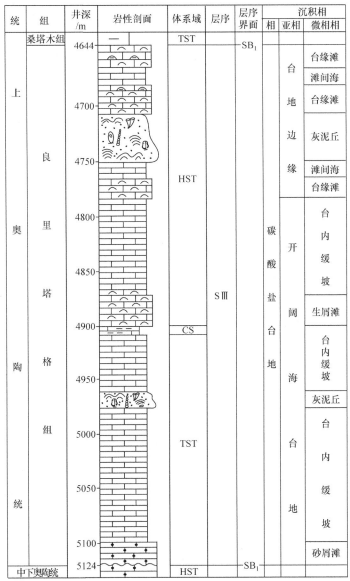

SB₁-Ⅰ型层序界面；TST-海侵体系域；HST-高位体系域；CS-凝缩段

图 7.5　TZ12 井良里塔格组三级层序结构

7.3　奥陶系层序界面与古岩溶

旋回性、级次性、阶段性是地质历史演化的基本特征之一，岩溶发育也不例外。如果说地层是地壳沉降过程中古地理环境的记录，则岩溶就是地壳抬升过程中碳酸盐岩发育区古地理环境的记录。研究表明，同样受控于板块运动、区域和局地构造活动以及全球、区域或局地性海平面升降变化，地壳沉降期形成的沉积岩层与地壳隆升期碳酸盐岩分布区发育的岩溶具有一一对应的旋回性和级次性。其中，对应于高频层序(四、五、六级)，发育与古地貌高部位有关的同生期岩溶和准同生期岩溶；对应于一、二、三级层序，则发育与区域性岩溶不整合有关的潜山岩溶和与之相共生的顺层深潜流岩溶；对应于二级层序和高频层序，还发育由不同时间尺度、不同规模构造隆升幅度控制的礁滩体岩溶和内幕岩溶。显然，不同级别的层序界面，控制了不同规模和成因类型的基准面岩溶。但非基准面岩溶(深部岩溶)主要受构造和断裂控制，因而不同级别的层序界面仅仅起间接作用，即为岩溶水或热流体提供渗流通道和扩溶的先决条件(表7.2)。这些又均成为层序成岩学研究的核心科学问题(张宝民，2009)。

表7.2　旋回地层级别、成因机制及其与岩溶作用的关系(张宝民，2009)

旋回地层(层序)级别	时限/Ma	成因机制		岩溶作用类型				国外的岩溶分类术语
超层序(一级)	200~400	板块构造运动所引起的构造型海平面变化	泛大陆形成与解体引起的全球海平面变化	潜山岩溶	顺层(承压)深潜流岩溶	垂向深潜流岩溶		跨区域岩溶与I型层序不整合有关，其古地形起伏、地层剥蚀/上超和大规模岩溶形态，均可在地震剖面上清晰地识别出来
大层序(二级)	10~40		大洋中脊扩张体系引起的全球海平面变化			热流体岩溶(热水岩溶)		
层序(三级)	1~10		洋中脊变化及大陆冰川消长引起的全球海平面变化，以及板块内构造沉降与抬升作用对局地海平面变化的影响			表生期岩溶	礁滩体岩溶 / 内幕岩溶	
准层序组(四级)	0.4或0.8	米兰科维奇天文周期引起的冰川型海平面变化或局地构造运动	长偏心率旋回或大陆冰盖消长	准同生期岩溶				局地岩溶
准层序(五级)	0.1或0.2		短偏心率旋回	准同生期岩溶 同生期岩溶				局地岩溶 沉积岩溶
韵律层(六级)	0.02或0.04		岁差旋回或黄赤交角旋回	同生期岩溶				沉积岩溶
交替纹层(七级)	0.002~0.005		冰川消融与大地水准面变化					

7.3.1　层序界面的古岩溶特征

如 7.2 节所述，目前在碳酸盐岩地层中，能够识别出的层序界面主要是Ⅰ型和Ⅱ型层序界面。这两类层序界面都是由于海平面相对下降所产生的，只是形成层序界面时，海平面下降的幅度和下降持续的时间不同。

当海平面迅速下降且速率大于碳酸盐岩台地或滩边缘盆地沉降速率、下降幅度相对较大(一般下降 70～150m)、海平面位置低于台地或滩边缘时，就形成了碳酸盐岩的Ⅰ型层序界面。Ⅰ型层序界面形成时，碳酸盐岩台地广泛的陆上暴露多发育表生期岩溶(风化壳岩溶)。因此风化壳岩溶是识别碳酸盐岩Ⅰ型层序的重要标志。理想的Ⅰ型层序界面有以下岩溶特征。

(1) 古岩溶面常不规则，纵向起伏几十米至几百米。岩溶地貌常表现为岩溶斜坡和岩溶洼地。

(2) 紫红色泥岩、灰绿色铝土质泥岩以及覆盖的角砾灰岩、角砾云岩构成地表岩溶带。风化壳顶部的岩溶角砾成分单一、分选和磨圆差。颗粒灰岩常被选择性溶蚀。

(3) 古岩溶带存在明显的分带性，自上而下可分为垂直渗流岩溶带、水平潜流岩溶带和深部缓流岩溶带。

(4) 岩溶面和岩溶带中出现各种溶蚀刻痕和溶洞，如细溶沟、阶状溶坑、起伏几十米至几百米的夷平面、落水洞、溶洞以及均一的中小型蜂窝状溶孔洞等。

(5) 溶孔内可充填不规则层状且分选差的角砾岩、泥岩和白云质泥的示底沉积、隙间或溶洞内氧化铁黏土和石英粉砂，以及淡水淋滤形成的淡水方解石和白云石。

(6) 淡水透镜体的形成与海平面下降速率、海平面下降幅度及海平面保持在低于台地或滩边缘位置的时间长短有关。大规模Ⅰ型层序界面形成时期(海平面下降幅度大于 70m，并保持相当长的时间)，在台地上形成淡水透镜体，并可能发生向海和向盆地方向迁移。但在全球海平面下降中，少见大规模的Ⅰ型海平面下降。一般的海平面下降幅度不超过 70m。因此在小规模Ⅰ型层序界面形成时期，淡水透镜体也出现，但未被充分建立起来。

(7) 钙结壳具有溶扩的并被黏土充填的解理和分布广泛的选择性溶解孔隙。

(8) 岩溶地层具有明显的电测响应，如明显的低电阻率、相对较高的声波时差、较高的中子孔隙度、较明显的扩径、杂乱的地层倾角模式和典型的成像测井响应。

(9) 古岩溶面相应于起伏较明显的不规则地震反射，古岩溶带常对应明显低速异常带。

(10) 古岩溶面上下地层产状、古生物组合、微量元素及地球化学特征也有明显的差异。

当海平面下降速率小于碳酸盐岩台地或滩边缘盆地下降速率时,下降幅度相对较小(一般下降 20~60m),多形成Ⅱ型层序界面。此时,盆地可容纳空间扩大,仅台地潮缘区和台地浅滩较短期出露地表遭受侵蚀和微岩溶作用。与Ⅰ型层序界面相比,Ⅱ型层序界面形成时海平面在相对短的时间内就开始上升并淹没外台地。

综上所述,Ⅰ型层序界面,由于强烈的溶蚀作用,可形成大区域的古风化壳岩溶。Ⅱ型层序界面,岩溶作用弱于Ⅰ型界面,但是也有溶蚀现象,可形成钙结壳、豆石等,甚至发生古土壤化。

7.3.2 研究区奥陶系层序界面与古岩溶

通常,以大型不整合界面为主的高级层序界面(一、二级层序界面)是控制古岩溶平面分布的直接因素。碳酸盐沉积物沉积后,即使很小级别的海平面下降也会产生暴露而使其受到大气淡水成岩作用的改造,从而形成较多的反映沉积物从海水到淡水的高频成岩层序,其物理的、化学的、生物的作用使碳酸盐沉积物和碳酸盐岩的结构、构造、成分以及物理化学性质发生变化。因此,不整合面和与之相伴发育的低级层序界面(高频层序界面)是控制碳酸盐岩岩溶作用强度及其分带性的关键因素之一。需要指出的是,三级层序界面与古岩溶的关系较复杂。

鄂尔多斯盆地南部奥陶系地层发育最全,本次研究共识别出 20 个三级层序界面,其中有 5 个层序界面属于Ⅰ型(SB_1),15 个层序界面属于Ⅱ型(SB_2)。通过露头剖面、岩心、录井和测井资料分析认为,该地区的 SB_2 及其附近不发育古岩溶,岩溶现象较少见。5 个 SB_1 中,第一个 SB_1(Osq1 底界面为上寒武统与下奥陶统的界线),有暴露侵蚀现象,岩溶不发育,层序界面类型有争议(郭彦如等,2014;曹金舟等,2011;雷卞军等,2011;侯方浩等,2002;郭绪杰等,2002;王鸿祯等,2000;韩征等,1997;贾振远等,1997b);第二个 SB_1(Osq5 底界面)古岩溶发育,见起伏特征明显的古岩溶面;第三个 SB_1(Osq13 底界面),第四个 SB_1(Osq17 底界面)和第五个 SB_1(Osq19 顶界面)属于暴露侵蚀面或相转换面,岩溶不发育。这主要与该地区在整个奥陶纪都属于碳酸盐岩缓坡环境,加里东运动影响不明显,海平面下降幅度小、持续时间短有关。

鄂尔多斯盆地中部下奥陶统马家沟组地层中共识别出 7 个三级层序界面,其中有 2 个层序界面属于Ⅰ型,5 个层序界面属于Ⅱ型。通过岩心、录井和测井资料分析认为,2 个 SB_1(Osq5 底界面、Osq10 顶界面)中,Osq5 底界面常见岩溶现象,与怀远运动有关;Osq10 在该区大多数地方剥缺,Osq10 残存部分岩溶发育;该区中,大部分地区 Osq9 的顶界面与 Osq10 的顶界面或峰峰组(Osq12)的顶界风化壳岩溶面重合,这均与晚加里东运动的构造抬升有关。该地区的 5 个 SB_2(Osq6、Osq7、Osq8、Osq9、Osq10 的底界面)属于暴露侵蚀面,可能发育微岩溶。加里东运动,尤其是奥陶纪末的加里东运动对该区影响明显,海平面下降幅度大,致使 I 型层序界面的岩溶作用发育。

鄂尔多斯盆地西缘奥陶系地层中共识别出 12 个三级层序界面,其中有 3 个层序界面属于 I 型,9 个层序界面属于 II 型。通过露头剖面、岩心、录井和测井资料分析认为,9 个 SB_2(Osq7、Osq8、Osq9、Osq10、Osq11、Osq12、Osq14、Osq15 和 Osq16 底界面)属于相转换面或准层序组转换面,岩溶不发育(不考虑热水岩溶)。3 个 SB_1(Osq6 底界面、Osq13 底界面、Osq16 顶界面)中,Osq6 界面为平行不整合,无岩溶现象,Osq13 底界面(Osq12 顶界面)岩溶发育;Osq16 顶界面为假整合面,基本无岩溶现象。该地区虽然也受到奥陶纪末加里东运动的影响,但 I 型层序界面处的岩溶作用没有盆地中部发育。

研究区跨越了鄂尔多斯盆地南部和中部的部分地区,由于海平面变化和构造运动的区域差异性,致使研究区奥陶系层序界面与古岩溶的关系复杂。总体上,研究区奥陶系古岩溶的发育受 I 型层序界面影响远大于 II 型层序界面,但地区差异大。Osq5 底界面、Osq9 顶界面、Osq10 顶界面、Osq12 顶界面(Osq13 底界面)对本区岩溶发育的影响较大(表 7.3)。

表 7.3　鄂尔多斯盆地奥陶系三级层序界面与古岩溶的关系

层序界面	I 型界面	II 型界面	岩溶发育的层序界面
盆地南部	Osq1、Osq5、Osq13 和 Osq17 底界面,Osq19 顶界面,共 5 个	Osq2、Osq3、Osq4、Osq6、Osq7、Osq8、Osq9、Osq10、Osq11、Osq12、Osq14、Osq15、Osq16、Osq18 和 Osq19 底界面,共 15 个	Osq5 底界面
盆地中部	Osq5 底界面、Osq10 顶界面,共 2 个	Osq6、Osq7、Osq8、Osq9、Osq10 底界面,共 5 个	Osq5 底界面、Osq9 顶界面、Osq10 顶界面、Osq12 顶界面
盆地西缘	Osq6 底界面、Osq13 底界面、Osq16 顶界面,共 3 个	Osq7、Osq8、Osq9、Osq10、Osq11、Osq12、Osq14、Osq15 和 Osq16 底界面共 9 个	Osq13 底界面(Osq12 顶界面)

塔里木盆地塔中西部及邻区奥陶系地层中发育 5 个三级层序界面,其中有 4 个 I 型层序界面(SB_1),1 个 II 型层序界面(SB_2)。4 个 SB_1(S I 、S III 和 SIV 底界面,S IV 顶界面)中,S I 底界面根据地震反射上超不整合确定,岩溶现象不明确; S III 底界面岩溶作用较发育;SIV 底界面岩溶作用发育;SIV 顶界面无岩溶现象,地震反射界面的削截现象明显。1 个 SB_2(S II 底界面)为相转换面,无岩溶现象。说明该区奥陶系古岩溶的发育受 I 型层序界面的影响,而且主要受 S III 、SIV 底界面影响。

塔中西部及邻区奥陶系三级层序对同生期岩溶的控制主要体现在对大气成岩

透镜体的控制作用。刘忠宝等(2004)在建立 TZ54-TZ44-TZ16-TZ161-TZ24 井中上奥陶统层序地层对比格架的基础上，结合大气成岩透镜体的发育层位，进一步建立了三级层序地层与大气成岩透镜体对比剖面。从层序地层与大气成岩透镜体对比剖面中发现，大气成岩透镜体的发育与三级层序界面具有密切的相关性。本区中上奥陶统发育的 4 个大气成岩透镜体，除顶部的一个透镜体受奥陶纪末不整合岩溶的影响而跨几个层序外，其下部的 3 个大气成岩透镜体的发育均在某一层序界面以下。这充分说明了三级层序界面对同生期大气成岩透镜体发育的控制作用。因层序界面形成时的海平面下降，导致台地边缘礁滩相的碳酸盐岩暴露出水面接受大气淡水淋滤而形成同生期大气成岩透镜体。因此，建立层序地层格架，揭示不同级别层序界面对台地边缘碳酸盐岩同生期岩溶的控制，对于正确预测碳酸盐岩储层的发育规律，具有重要的指导意义。

焦存礼等(2010)研究认为：塔里木盆地塔中地区下奥陶统岩溶带的发育与层序界面具有十分密切的关系。岩溶带多发育在各级层序界面以下，且三级层序界面以下岩溶带明显比四级层序界面以下的发育。个别四级层序界面以下岩溶带不发育或者同一层序界面以下不同区域岩溶发育强度不同，造成这一现象的原因很可能是因为层序界面形成时相对海平面下降的幅度较小，碳酸盐岩仍处于水下没有发生暴露或暴露时间较短，由于古地貌特征的差异，处于高部位的暴露出水面发生淋滤风化作用，而低部位的则仍处于水下，从而导致了岩溶作用强度的差异。

7.4　奥陶系层序中的古岩溶

7.4.1　层序中的成岩作用及岩溶类型

温湿气候条件下的碳酸盐台地沉积体系中，层序的形成和演化与成岩作用相伴随，每个层序中的体系域也都必然具有不同的成岩环境和成岩作用。①低位体系域(LST)，该体系域较少见，是在海平面下降过程中形成的，碳酸盐台地的地下水带向盆地方向迁移。台地受大气水溶蚀作用影响，发生混合水白云石化；低位楔碳酸盐沉积物(较少见)经历海底成岩和压实作用。总体上表生成岩作用明显。②陆架边缘体系域(SMST)，该体系域较少见，是在海平面下降，海退过程中形成的，发育大量的重力流沉积，颗粒岩为基质充填，具有深部破裂作用。③海侵体系域(TST)，该体系域是在海平面上升初期形成的，地下水带向陆地方向迁移，碳酸盐沉积物主要经历海底成岩作用,早期沉积物可能发生混合水和海水白云石化。④高位体系域(HST)，该体系域是在海平面上升继而下降过程中形成的，碳酸盐沉积物经历海底成岩作用，有大气水淋滤作用和白云石化，发育淡水透镜体。(陈方鸿，1999；贾振远，1997a；Tucker，1993)。由此可见，LST 期和 HST 晚期发育岩溶作用，TST 期、HST 早期岩溶作用相对不发育。

　　LST 期间的岩溶作用：伴随着相对海平面下降和 LST 的形成，碳酸盐台地的地下水带向盆地方向迁移。在温湿的气候条件下，LST 期，伴随着大气水渗流带和潜流带的产生，台地暴露的早期层序的 HST 沉积岩(物)将遭受淡水成岩作用。早期岩溶伴随着海平面持续下降而发展。它使得在近地表台地早期层序的 HST 顶部，甚至 TST 碳酸盐岩中可以发育广泛的岩溶体系[图 7.6(a)]。本书将这种岩溶称为 "低位期前层序岩溶(the former sequence solution in LST)"。这种岩溶属于表生期岩溶。这种岩溶作用一般会形成碳酸盐岩台地上的 I 型层序界面。

　　HST 晚期的岩溶作用：HST 晚期，海平面开始下降，在温湿的气候条件下，由于大气水的补给，使碳酸盐台地的地下水带向盆地方向迁移。台地边缘上发育一个淡水透镜体。大气水成岩作用将影响台内沉积物，可以出现岩溶面、层纹壳和钙质古土壤[图 7.6(b)]。本书将这种同生期岩溶称为 "晚高位期岩溶(the solution in late HST)"。

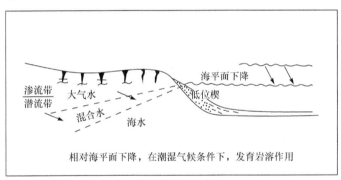

(a) 低位体系域(LST)期

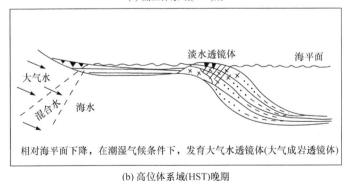

(b) 高位体系域(HST)晚期

图 7.6　碳酸盐台地 LST 期、HST 晚期的岩溶作用(Tucker et al., 1993)

7.4.2　研究区奥陶系层序中的古岩溶

　　目前人们已经认识到，海平面的变化既是控制碳酸盐岩层序和它的体系域形成的基本因素,同时也是控制碳酸盐岩成岩作用模式和类型的基本因素。近二十年来,许多专家学者的研究工作和理论总结(刘忠宝,2004;周劲松,2000;陈方鸿,1999;贾振远,1997c)证实,把碳酸盐岩成岩作用放在层序地层格架中来研究是可行的。这些研究对正确把握碳酸盐岩储层的发育分布规律无疑具有一定指导意义。但是将古岩溶这种广义的成岩作用置于层序地层格架中进行研究,仍然是一个较新的课题。本书在 7.3 节中已经分析了两个研究区奥陶系层序界面对古岩溶发育的影响,这里主要探讨层序中的古岩溶类型及分布状况。

本书通过分析鄂尔多斯盆地西部 Y8、E6、Y27、DE3、Y25、B1、E7、T3、E8、M6、LH1、T2、DT2、Chc1、DT1、Sh51 和 Sh15 等 17 口井奥陶系岩溶发育井段与三级层序及体系域的关系,发现本区奥陶系的层序 Osq7、Osq8、Osq9、Osq12、Osq13、Osq14,尤其是 Osq9 中岩溶发育。这些岩溶发育井段主要属于层序中的高位体系域(如 E6、DE3、Y25、B1、E7、T3、E8、M6、T2、DT2、Chc11 和 Sh51 等井),部分属于海侵体系域(如 Y8、E6、Y27、DE3、E7 和 LH1 等井),仅有 DT1 井的一个岩溶发育井段(3897.00~3965.00m)既属于海侵体系域,又属于高位体系域(表 7.4)。研究区内大部分地区奥陶系上部地层及马家沟组上部由于奥陶纪末加里东运动的构造抬升遭受了长期的风化剥蚀和大气淡水的改造。

因此,上述 17 口井奥陶系岩溶发育井段虽然主要出现在 HST 和 TST,但并不属于"低位期前层序岩溶",只是因为自上而下的岩溶作用先在马五段或其他层位的 HST 中进行(图 7.7),后在 TST 中发育,或者是由于 HST 剥缺,岩溶作用直接在 TST 中进行。所以,本区奥陶系表生期岩溶在 Osq7、Osq8、Osq9、Osq12、Osq13 和 Osq14 等三级层序的 HST 中发育,在部分 TST 中发育。

在 6.1 节中,根据 $^{87}Sr/^{86}Sr$ 的变化及滩、礁沉积旋回,在塔里木盆地塔中西部及邻区的 TZ12 井上奥陶统良里塔格组中识别出 4 个大气成岩透镜体,自下而上分别在 4966.1~5068.5m、4815~4880m、4744~4803m、4688~4730m 井段。现将 4 个大气成岩透镜体置于 TZ12 井上奥陶统的三级层序地层格架中,发现 4815~4880m、4744~4803m、4688~4730m 井段的 3 个大气成岩透镜体位于层序 SⅢ 的 HST 中,4966.1~5068.5m 井段的大气成岩透镜体位于层序 SⅢ 的 TST 中(图 7.8)。4815~4880m、4744~4803m、4688~4730m 这 3 个井段发育的同生期岩溶属于"晚高位期岩溶"。4966.1~5068.5m 井段的大气成岩透镜体属于海平面上升初期,滩、礁沉积旋回未被海水完全淹没时形成的。据此,说明塔中西部及邻区晚奥陶世良里塔格期同生岩溶可能主要在三级层序的高位体系域晚期发育。

表 7.4　鄂尔多斯盆地西部奥陶系层序中的古岩溶

井号	层位	岩溶发育井段/m	岩性	距风化壳顶的厚度 /m	层序	体系域
B1	O_{21}	3998.60～4006.00	云灰岩、泥云岩	风化壳近顶部	Osq14	HST
B1	O_{1m5}	4174.00～4175.46	云斑灰岩	距顶 180m	Osq9	HST
Chc1	O_{1m5}	3633.50～3639.90	白云岩	风化壳近顶部	Osq9	HST
DE3	O_{1m5}	4197.00～4207.00	云斑灰岩	风化壳近顶部	Osq9	HST
DE3	O_{1m4}	4494.00～4505.00	粉细晶云岩	距顶 386m	Osq8	TST
DT1	O_{1m5}	3897.00～3965.00	细晶云岩	风化壳顶部	Osq9	HST TST
DT2	O_{1m5}	3777.40～3802.00	细晶云岩	风化壳顶部	Osq9	HST
E6	O_{1m5}	3630.50～3635.00	白云岩	风化壳近顶部	Osq8	HST
E6	O_{1m4}	3830.50～3853.00	细晶云岩	距顶 202.5m	Osq7	TST
E7	O_{2P}	4019.00～4026.50	灰岩	风化壳近顶部	Osq13	TST
E7	O_{1k}	4126.50～4131.50	中细晶云岩	距顶 107.5m	Osq12	HST
E8	O_{1m5}	3855.00～3914.00	细晶云岩	距顶 33m	Osq9	HST
E8	O_{1m4}	3921.00～3926.00	中细晶云岩	距顶 95m	Osq7	TST
LH1	O_{2W}	4051.22～4059.25	灰岩	风化壳顶部	Osq13	TST
M6	O_{1m5}	3703.00～3721.00	粉细晶云岩	风化壳近顶部	Osq9	HST
T2	O_{1m5}	3419.08～3428.60	白云岩	风化壳近顶部	Osq9	HST
T3	O_{1m5}	3467.61～3480.42	含泥白云岩	风化壳近顶部	Osq9	HST
T3	O_{1m5}	3494.05～3502.28	白云岩	风化壳近顶部	Osq9	HST
Y8	O_{1m4}	3868.20～3880.40	云斑灰岩	距顶 166m	Osq7	TST
Sh15	O_{1m5}	3526.50～3534.00	含膏泥粉晶云岩	风化壳近顶部	Osq9	TST
Sh51	O_{1m5}	3692.90～3700.30	白云岩	风化壳近顶部	Osq9	HST
Y25	O_{1m5}	4229.46～4229.88	白云岩	距顶 138.5m	Osq9	HST
Y27	O_{21}	1016.0～1040.00	微晶灰岩	距顶 495m	Osq14	TST

早海西期的奥陶系碳酸盐岩古岩溶是塔里木盆地塔中西部及邻区重要的一期表生期岩溶,岩溶地层主要是层序 SⅡ(中下奥陶统鹰山组:灰岩和白云岩互层段)。早海西期,塔里木盆地塔北、和田古隆起中下奥陶统碳酸盐岩陆块

内部发育了 3 个期次的表生期岩溶洞穴层，其序次为下老上新，它们是在晚泥盆世-早石炭世间歇性海平面上升过程中形成的，其同时期形成的沉积地层为上泥盆统东河砂岩段、下石炭统生屑灰岩段和中泥岩段中上部(徐国强，2005)。早海西期，塔中西部及邻区出露的碳酸盐岩陆块主要分布于背斜顶部，呈天窗方式产出，单个岩溶体系范围小。经盆地范围内的对比，发现该区中下奥陶统碳酸盐岩陆块内部主要发育 1 期表生期岩溶洞穴层，它是在晚泥盆世海平面上升过程中形成的，其同时期形成的沉积地层为上泥盆统东河砂岩段(层序 CⅠ)。从时间上看，潜水面洞穴层发育期与层序 CⅠ的高位体系域沉积期对应；从空间上看，潜水面洞穴层(稳定潜水面)与最大海泛面(mfs)的标志层面具有空间对应关系(图 7.9)。

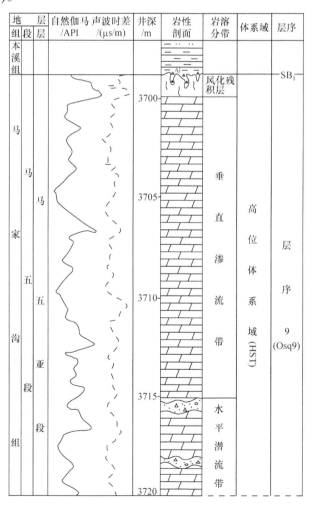

图 7.7　M6 井 Osq9 中的表生期岩溶

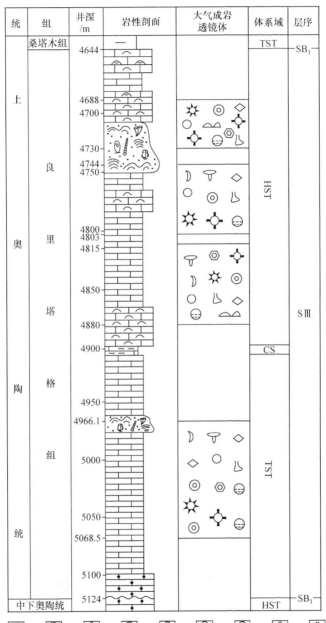

图 7.8 TZ12 井 SⅢ中的同生期岩溶

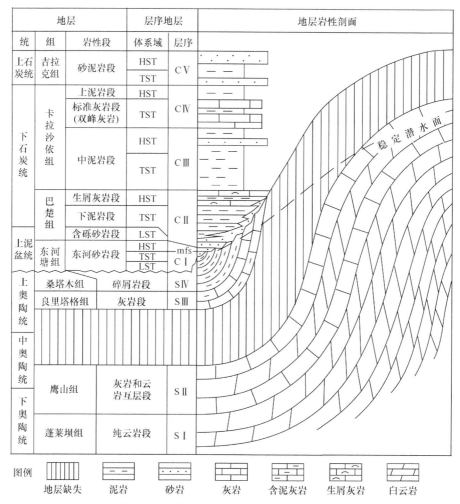

S I ~ S IV-奥陶系三级层序；C I ~ C V-石炭系三级层序；mfs-最大洪泛面

图 7.9　塔中西部及邻区早海西期表生期岩溶相关地层剖面

奥陶系岩性地层及层序地层划分依据本书；石炭系岩性地层及层序地层划分据周新源，2002；
郭建华等，2004，略有改动

7.5　层序中的古岩溶分布模式

　　本书对鄂尔多斯盆地西部、塔里木盆地塔中西部及邻区奥陶系进行了较详细的三级层序地层分析，并重点探讨了层序界面对古岩溶发育的影响及层序中的古岩溶类型及分布状况。这些工作为建立层序地层格架中古岩溶的分布模式奠定了基础。

　　这里主要以鄂尔多斯盆地西部下奥陶统为例，通过仔细分析该区下奥陶统马
家沟组及其相应层位的单井三级层序，在 Osq5～Osq12(与马家沟组对应，包括马
六段或克里摩里组，主要在该区的西部和中部)中和 Osq8～Osq9(与马五段对应，
主要在该区的东部)中建立了鄂尔多斯盆地西部下奥陶统层序地层格架中古岩溶
的东西向分布模式，如图 7.10 所示。该模式反映出，本区的西部主要发育断裂与
表生期岩溶配合形成的水平洞穴层；近中部为表生期岩溶成因的垂直岩溶发育带
及热水岩溶带；中-东部的 Osq9 中表生期岩溶发育。

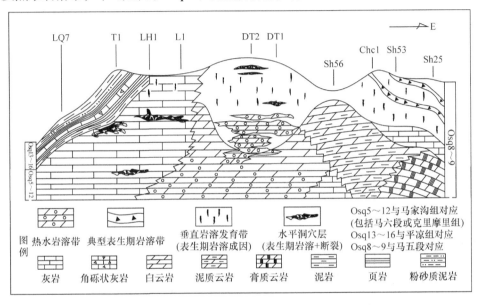

图 7.10　鄂尔多斯盆地西部下奥陶统层序格架中古岩溶分布模式示意图

7.6　本 章 小 结

　　本章充分调研层序地层学的研究现状、碳酸盐岩层序地层学的研究进展及层
序地层学与成岩作用结合的研究历程，对鄂尔多斯盆地和塔里木盆地塔中西部及
邻区奥陶系分别进行了较为详细的三级层序地层分析。在鄂尔多斯盆地奥陶系中
共识别出 20 个三级层序界面，19 个三级层序，划分了体系域；在塔中西部及邻
区奥陶系中，结合地震剖面，识别出 5 个三级层序界面，4 个三级层序，分析了
层序结构。着重探讨了层序界面对古岩溶发育的影响及层序中的古岩溶类型及分
布状况，发现两个研究区奥陶系古岩溶的发育受 I 型层序界面影响远大于 II 型层
序界面，但地区差异大；塔中西部及邻区奥陶系三级层序对同生期岩溶的控制主
要体现在对大气成岩透镜体的控制作用，实质是三级层序界面对同生期大气成岩

透镜体发育的控制；通常，古岩溶在三级层序的高位体系域(HST)中较为发育。以鄂尔多斯盆地西部下奥陶统为例，初步建立了该地区层序地层格架中古岩溶的分布模式，为有效预测碳酸盐岩古岩溶储层提供了重要的理论依据。

　　本章同时还提出了"内陆架低位体系域"的层序地层学概念，明确了"低位期前层序岩溶"和"晚高位期岩溶"两个层序地层学与古岩溶交叉研究的新概念。

参 考 文 献

包洪平, 杨承运, 2000. 碳酸盐岩层序分析的微相方法——以鄂尔多斯东部奥陶系马家沟组为例[J]. 海相油气地质, 5(1-2): 153-157.

蔡忠贤, 贾振远, 1997. 碳酸盐岩台地三级层序界面的讨论[J]. 地球科学(中国地质大学学报), 22(5): 456-459.

曹金舟, 冯乔, 赵伟, 等, 2011. 鄂尔多斯盆地南缘奥陶纪层序地层分析[J]. 沉积学报, 29(2): 286-292.

陈方鸿, 谢庆宾, 王贵文, 等, 1999. 碳酸盐岩成岩作用与层序地层学关系研究——以鄂尔多斯盆地寒武系为例[J]. 岩相古地理, 19(1): 20-24.

陈旭, 戎嘉余, 张元动, 等, 2000. 奥陶纪年代地层学研究评述[J]. 地层学杂志, 24(1): 18-26.

杜远生, 颜佳新, 1995. 碳酸盐准同生成岩作用分析在层序地层研究中的意义[J]. 岩相古地理, 15(1): 10-17.

樊太亮, 于炳松, 高志前, 2007. 塔里木盆地碳酸盐岩层序地层特征及其控油作用[J]. 现代地质, 21(1): 57-65.

高雁飞, 傅恒, 王同, 等, 2015. 塔里木盆地奥陶系层序界面特征及其对碳酸盐岩岩溶的控制[J]. 新疆地质, 33(3): 362-367.

郭建华, 王明艳, 蒋小琼, 等, 2004. 塔里木盆地塔中和满西地区石炭系层序地层[J]. 中南大学学报(自然科学版), 35(1): 122-128.

郭彦如, 赵振宇, 徐旺林, 等, 2014. 鄂尔多斯盆地奥陶系层序地层格架[J]. 沉积学报, 32(1): 44-60.

韩征, 何镜宇, 1997. 华北地区下古生界沉积相和层序地层分析[J]. 地球科学(中国地质大学学报), 22(3): 293-299.

何自新, 杨奕华, 2004. 鄂尔多斯盆地奥陶系储层图册[M]. 北京: 石油工业出版社.

侯方浩, 方少仙, 赵敬松, 等, 2002. 鄂尔多斯盆地奥陶系碳酸盐岩储层图集[M]. 成都: 四川人民出版社.

贾承造, 2002. 层序地层学研究新进展[J]. 石油勘探与开发, 29(5): 1-4.

贾振远, 1997a. 中国古大陆及其边缘早古生代层序地层及海平面变化的基本特征[J]. 地球科学(中国地质大学学报), 22(5): 544-551.

贾振远, 蔡华, 蔡忠贤, 等, 1997b. 鄂尔多斯地区南缘奥陶纪层序地层及海平面变化[J]. 地球科学(中国地质大学学报), 22(5): 491-503.

贾振远, 蔡华, 秦玉娟, 等, 1997c. 鄂尔多斯盆地南缘早古生代碳酸盐岩高频沉积旋回分析[J]. 地球科学(中国地质大学学报), 22(5): 504-510.

贾振远, 蔡忠贤, 1997d. 成岩地层学与层序地层学[J]. 地球科学(中国地质大学学报), 22(5): 538-543.

贾振远, 蔡忠贤, 1998. 鄂尔多斯盆地南部及南缘寒武——奥陶纪层序地层及海平面变化研究[J]. 地质科技通报, 9(10): 7-8.

焦存礼, 何碧竹, 邢秀娟, 等, 2010. 塔中地区奥陶系加里东中期Ⅰ幕古岩溶特征及控制因素研究[J]. 中国石油勘探, 15(1): 21-26.

焦存礼, 吕延仓, 朱俊玲, 等, 2003. 塔中地区前中生界层序地层特征与非构造圈闭[J]. 石油勘探与开发, 30(6): 20-23.

雷卞军, 付金华, 孙粉锦, 等, 2010. 鄂尔多斯盆地奥陶系马家沟组层序地层格架研究——兼论陆表海沉积作用和早期成岩作用对相对海平面变化的响应[J]. 地层学杂志, 34(2): 145-153.

李儒峰, 鲍志东, 1999. 鄂尔多斯盆地中部马五$_1$亚段高分辨率层序地层格架中风化成岩模式和储层特征[J]. 沉积学报, 17(3): 390-395.

李儒峰, 鲍志东, 1999. 鄂尔多斯盆地中部马五$_1$亚段高分辨率层序地层格架中风化成岩模式和储层特征[J]. 沉积
学报, 17(3): 390-395.

林畅松, 杨海军, 蔡振中, 等, 2013. 塔里木盆地奥陶纪碳酸盐岩台地的层序结构演化及其对盆地过程的响应[J].
沉积学报, 31(5): 907-919.

林小兵, 李国忠, 田景春, 等, 2007a. 黔南石炭系层序地层格架中碳酸盐岩成岩作用研究[J].成都理工大学学报(自
然科学版), 34(3): 267-272.

林小兵, 王振宇, 田景春, 等, 2007b. 层序地层格架中碳酸盐岩准同生成岩作用分析——以轮南古隆起下中奥陶统
碳酸盐岩为例[J]. 沉积与特提斯地质, 27(4): 50-55.

刘忠宝, 谢华锋, 于炳松, 等, 2007. 塔中地区西部奥陶系岩溶发育特征及其与关键不整合面的关系[J]. 地层学杂
志, 31(2): 127-132.

刘忠宝, 于炳松, 李廷艳, 等, 2004. 塔里木盆地塔中地区中上奥陶统碳酸盐岩层序发育对同生期岩溶作用的控制
[J]. 沉积学报, 22(1): 103-109.

田景春, 彭军, 覃建雄, 等, 2001. 长庆气田中区"马家沟组"高频旋回层序地层学分析[J]. 油气地质与采收率, 8
(1): 31-34.

王宏语, 樊太亮, 赵为永, 等, 2008. 碳酸盐岩测井层序识别方法研究——以塔中隆起卡1地区奥陶系为例[J]. 地学
前缘, 15(2): 51-58.

王鸿祯, 史晓颖, 1998. 沉积层序及海平面旋回的分类级别——旋回周期的成因讨论[J]. 现代地质, 12(1): 1-16.

王维纲, 吕炳全, 1997. 小尺度的碳酸盐岩层序地层学分析——塔里木盆地桑塔木断垒带奥陶系层序地层学研究
[J]. 沉积学报, 15(4): 24-29.

王学平, 2002. 鄂尔多斯南缘奥陶纪地层对比分析[J]. 陕西地质, 20(2): 20-25.

王玉新, 冯增昭, 韩征, 等, 1995. 鄂尔多斯地区奥陶系马家沟群层序地层学研究[J]. 石油大学学报(自然科学版),
19(增刊): 31-37.

魏魁生, 徐怀大, 叶淑芬, 2000. 碳酸盐岩层序地层学: 以鄂尔多斯盆地为例[M]. 北京: 地质出版社.

徐国强, 李国蓉, 刘树根, 等, 2005a. 塔里木盆地早海西期多期次风化壳岩溶洞穴层[J]. 地质学报, 79(4): 557-568.

徐国强, 刘树根, 李国蓉, 等, 2005b. 向源潜流侵蚀岩溶作用及其成因机理——以塔河油田早海西风化壳岩溶洞穴
层为例[J]. 中国岩溶, 24(1): 35-40.

徐国强, 刘树根, 武恒志, 等, 2005c. 海平面周期性升降变化与岩溶洞穴层序次关系探讨[J]. 沉积学报, 23(2):
316-322.

许效松, 刘宝珺, 赵玉光, 1996. 上扬子台地西缘二叠系-三叠系层序界面成因分析与盆山转换[J]. 特提斯地质, 20:
1-22.

姚泾利, 赵永刚, 雷卞军, 等, 2008. 鄂尔多斯盆地西部马家沟期层序岩相古地理[J].西南石油大学学报(自然科学
版), 30(1): 33-37, 16.

于炳松, 陈建强, 林畅松, 2005. 塔里木盆地奥陶系层序地层格架及其对碳酸盐岩储集体发育的控制[J]. 石油与天
然气地质, 26 (3): 305-309.

张宝民, 刘静江, 2009. 中国岩溶储集层分类与特征及相关的理论问题[J]. 石油勘探与开发, 36(3): 12-29.

张春林, 朱秋影, 张福东, 等, 2016. 鄂尔多斯盆地西部奥陶系古岩溶类型及主控因素[J]. 非常规油气, 3(2): 11-16.

张文华, 徐怀大, 王广昀, 等, 1996. 桌子山奥陶系沉积层序特征[M]. 北京: 石油工业出版社.

张振生, 刘社平, 王绍玉, 1997. 塔里木盆地海相地层层序地层学与非构造圈闭研究[J]. 石油地球物理勘探, 32(4):
538-555.

赵宗举, 吴兴宁, 潘文庆, 等, 2009.塔里木盆地奥陶纪层序岩相古地理[J]. 沉积学报, 27(5): 939-955.

周劲松, 赵澄林, 2000. 陕甘宁盆地中部马五段上部成岩层序地层学研究及其意义[J]. 岩石矿物学杂志, 19(2):
113-120.

周新源, 李曰俊, 郭宏, 等, 2002. 中国陆上最深钻井——塔参1井的地层剖面及讨论[J]. 地质科学, 37 (S1):14-21.

朱筱敏, 1998. 层序地层学原理及应用[M]. 北京: 石油工业出版社.

LOUCKS R G, SARG J F, 2003. 碳酸盐岩层序地层学——近期进展及应用[M]. 马永生, 刘波, 梅冥相, 等, 译. 北

京: 海洋出版社.

MAZZULLO S J, 1995. 层序地层沉降中的成岩作用——边缘台地碳酸盐岩储层中的孔隙演化[J]. 宋庆祥, 译. 天然气地球科学, 6(6): 21-25.

MOORE C H, 2008. 碳酸盐岩储层——层序地层格架中的成岩作用和孔隙演化[M]. 姚根顺, 沈安江, 潘文庆, 等, 译. 北京: 石油工业出版社.

WILGUS C K, 1993. 层序地层学原理:海平面变化综合分析[M]. 徐怀大, 魏魁生, 洪卫东, 等, 译. 北京: 石油工业出版社.

BURCHETTE T P, WRIGHT V P, 1992. Carbonate ramp depositional systems[J]. Sedimentary Geology, 79(1): 3-57.

ERLICH R N, BARRETT S F, GAO B J, 1990. Seismic and geologic characteristics of drowning events on carbonate platforms[J]. AAPG Bulletin, 74(10): 1523-1537.

GOLDHAMMER R K, DUNN P A, HARDIE L A, 1990. Depositional cycles, composite sea level changes, cycle stacking patterns, and the hierarchy of stratigraphic forcing: examples from platform carbonates of the Alpine Triassic[J]. Geological Society of America Bulletin, 102: 535-562.

GOLDHAMMER R K, LEHMANN P J, DUNN P A, 1993. The origin of high-frequency platform carbonate cycles and third-order sequences (Lower Ordovician El Paso Gp., west Texas): constraints from outcrop data and stratigraphic modeling[J]. Journal of Sedimentary Petrology, 63(3): 318-359.

HAQ B, HARDENBOL J, VAIL P, 1988. Mesozoic and Cenozoic chronostratigraphy and cycles of sea level change[C]//WILGUS C, HASTINGS B S, KENDALL C G. Sea level changes: An integrated approach. SEPM Special Publication 42: 40-45.

JAMES N P, KENDALL A C, 1992. Introduction to carbonate and evaporate facies models[C]//WALKER R G, JAMES N P. Facies models, response to sea level change. Geological Association of Canada, Waterloo Ontario: 265-275.

MIALL A D, 1991. Sequence stratigraphy and their chronostratigraphical correlation. Jour Sediment Petrol[J], 61(4): 497-505.

MOORE C H, 2001. Carbonate reservoirs: Porosity evolution and diagenesis in a sequence stratigraphic framework, Development in Sedimentology[M]. Amsterdam: Elsevier.

POSAMENTIER H W, JAMES D P, ALLEN G P, 1990. Aspects of sequence stratigraphy: Recent and ancient example of forced regressions (abstract)[J]. AAPG Bullentin, 74(2):742.

POSAMENTIER H W, VAIL P R, 1988. Eustatic controls on clastic deposition II -sequence and systems tract models[C]//WILGUS C K, HASTINGS B S, KENDALL C G. Sea level changes-an integrated approach. SEPM Special Publication, 42:125-154.

POSAMENTIER H, ALLEN G, 1993. Variability of the sequence stratigraphic model: effects of local basin factors[J]. Sedimentary Geology, 86(2): 91-109.

READ J F, 1985. Carbonate platform facies models[J]. AAPG Bulletin, 69(1):1-21.

SARG J F, 1988. Carbonate sequence stratigraphy[C]//WILGUS C K, HASTINGS B S, KENDALL C G. Sea level changes-an integrated approach. SEPM Special Publication, 42: 155-181.

SCHLAGER W, 1989. Drowning unconformities on carbonate platforms[C]//CREVELLO P D, WILSON J L, SARG J F, et al. Controls on carbonate platform to basin development. SEPM Special Publication, 44:15-25.

TINKER S W, EHRETS J R, BRONDOS M D. 1995. Multiple karst events related to stratigraphic cyclicity: San Andres Formation, Yates Field, West Texas[C]//BUDD D A, SALLER A H, HARRIS P M. Unconformities and porosity in carbonate strata. AAPG Memoir 63: 213-237.

TOBIN K J, DRIESE S G, 2003. Echinoderm stabilization associated with a paleokarst surface at the Mississippian-Pennsylvanian boundary in Tennessee, USA [J]. Journal of Sedimentary Research, 73(2): 206-216.

TUCKER M E. 1993. Carbonate diagenesis and sequence stratigraphy[C]// WRIGHT P V, et al. Sedimentology Review1. Oxford: Blackwell Scientific Publications.

VAIL P R, 1987. Seismic stratigraphy interpretation utilizing sequence stratigraphy[C]//BALLY A W. Atlas of seismic stratigraphy. AAPG Studies in Geology, 27(1): 1-10.

VAIL P R, 1988. Sequence stratigraphy workbook, fundamentals of sequence stratigraphy[C]. Texas: AAPG Annual Convention Short Course.

VAIL P R, AUDEMARD F, BOWMAN S A, 1991. The stratigraphic signatures of tectonics, eustasy and sedimentology-an overview[C]//EINSELE G, RICKENW, SEILACHER A. Cycles and Events in Stratigraphy. Berlin, Heidelberg: Springer Verlag.

VAIL P R, MITCHUM R M, TODD R G, et al., 1977. Seismic stratigraphy and global changes of sea level[C]//CLAYTON C E. Seismic stratigraphy-application to hydrocarbon exploration. AAPG Memoir 26: 26-212.

VAIL P R, TODD R G, 1981. North Sea Jurassic unconformities, chronostratigraph, and sea-level changes from seismic stratigraphy[C]//ILLING L V, HOBSON G D. Proceedings, Petroleum Geology of the Continental Shelf, Northwest Europe Conference. London: Heydon and Sons.

VAN BUCHEM F S P, RAZIN P, 2002. Stratigraphic organization of carbonate ramps and organic-rich intrashelf basins: Natih Formation(middle Cretaceous) of northern Oman[J]. AAPG Bulletin, 86(1): 1639-1658.

VAN WAGONER J C, 1988. An overview of the fundamentals of sequence stratigraphy and key definitions[C]//WILGUS C K. Sea-level changes: an integrated approach Society of Economic Paleontologists and Mineralogists. SEPMSpecial Publication, 42: 39-45.

VAN WAGONER J C, MITCHUM R M, CAMPION K M, et al., 1990. Siliciclastic sequence stratigraphy in well logs, cores, and outcrops: concepts for high-resolution correlation of time and facies[J]. AAPG Methods in Exploration Series, 7: 1-55.

第8章 奥陶系古岩溶体系评价预测

在确定,计算和统计塔里木盆地塔中西部及邻区奥陶系碳酸盐岩垂向岩溶率、岩溶强度、残余岩溶强度等岩溶参数,划分并且评价预测岩溶系统,对其奥陶系 T_7^4 反射层(中下奥陶统鹰山组顶部)碳酸盐岩进行古构造应力场分析和裂缝预测的基础上,采用多因素综合评价预测方法,对塔中西部上奥陶统良里塔格组叠加型岩溶体系和中下奥陶统鹰山组叠加型岩溶体系做出平面分级评价预测。并根据鄂尔多斯盆地西部下奥陶统碳酸盐岩中三类古岩溶的发育规律、表生期岩溶发育模式和岩溶古地貌及该区下奥陶统层序地层格架中古岩溶的分布模式,对鄂尔多斯盆地西部下奥陶统古岩溶体系进行平面分布预测。

8.1 塔中西部及邻区奥陶系古岩溶体系评价预测

8.1.1 岩溶参数及岩溶系统划分评价

1. 岩溶参数表征

为了明确岩溶作用的强弱程度,研究岩溶缝洞的发育规律,确定如下岩溶参数:

1) 垂向岩溶率

垂向岩溶率是指单井储层中岩溶段的厚度与储层总厚度的百分比。这里将垂向岩溶率 σ 的表达式确定为

$$\sigma = H_v / H_1 \times 100\% \tag{8.1}$$

式中, H_v 为岩溶段厚度(m),是指原始缝洞率大于零的层段总厚度; H_1 为储层总厚度(m),是指取心段的总厚度。

垂向岩溶率 σ 指示了单井纵向剖面中岩溶段发育的相对厚度规模,从一个侧面反映了岩溶作用的强弱程度。

2) 岩溶强度

岩溶强度是表征易溶岩类,特别是碳酸盐岩溶蚀强弱的一个综合指标,是指单井平均原始缝洞率与岩溶段厚度的乘积,再除以储层总厚度。这里将岩溶强度 T 的表达式确定为

$$T = \Phi_{原始} \times H_v / H_1 \tag{8.2}$$

式中, $\Phi_{原始}$ 为平均原始缝洞率(%); H_v 为岩溶段厚度(m),是指原始缝洞率大于零

的层段总厚度；H_1 为储层总厚度(m)，是指取心段的总厚度。

岩溶强度 T 不仅反映了岩溶段的相对厚度，而且反映了岩溶作用形成的缝洞的多少，比较全面地反映了岩溶作用的强弱程度。

3) 残余岩溶强度

残余岩溶强度是指易溶岩类经溶蚀、压实、胶结、再溶蚀、再压实和胶结反复进行后所残留的溶蚀强度，也就是现在取出岩心或在露头上所观察到的岩溶的残余强度。镜下观察表明，90%以上的有效孔洞缝都是岩溶作用产生的或受到了岩溶作用的溶蚀扩大。因此残余岩溶强度比较全面地表征了岩溶作用所形成的储层孔洞缝的有效性，它是表征碳酸盐岩储集性能的一个重要指标。

王允诚(1999)针对鄂尔多斯盆地长庆气田马五$_1$储层提出，残余岩溶强度(残余岩溶率)理论上是碳酸盐岩岩溶率减去充填率，在实际应用中，将储层残余岩溶强度简化为有效厚度(岩溶段累加厚度)除以岩层总厚度，再乘以有效厚度的平均孔隙度。这里根据塔中西部及邻区单井上奥陶统良里塔格组各岩性段的储层岩溶发育和保存的实际情况，将残余岩溶强度 R 的表达式确定为

$$R = (\varPhi_{有效缝洞} + \varPhi_{岩心}) \times H_k / H_1 \tag{8.3}$$

式中，$\varPhi_{有效缝洞}$ 为有效缝洞率(%)，是指岩心中缝洞被矿物充填后的残余缝洞(有效缝洞)的总面积与所统计的岩心总面积之比；$\varPhi_{岩心}$ 为岩心孔隙度(%)，根据小岩心柱实测得到；H_k 为有效储层厚度(m)，是($\varPhi_{有效缝洞} + \varPhi_{岩心}$)大于 1.5%的储层厚度(1.5%为研究区良里塔格组储层孔隙度下限)；H_1 为储层的总厚度(m)。

2. 岩溶参数的空间变化

1) 岩溶参数纵向变化

塔中西部及邻区垂向岩溶率统计见表 8.1(共统计 16 口井)。良二段的垂向岩溶率值最高，为 73.85%；其次为良三段，垂向岩溶率值为 43.21%；良一段垂向岩溶率值仅为 26.88%。单井中剖面中，TZ15、TZ16、TZ24、TZ26、TZ30、TZ42、TZ44、TZ45、TZ54、TZ161 井良里塔格组垂向岩溶率高，垂向岩溶率值均在 60%以上，其中，TZ26 的垂向岩溶率值高达 89%；其次为 TZ12 井和 TZ49 井，垂向岩溶率值分别为 46%和 34%，其他井的垂向岩溶率值小于 20%。

塔中西部及邻区岩溶强度统计见表 8.1(共统计 16 口井)。良二段的岩溶强度值最高，为 2.339%；其次为良三段，岩溶强度值为 0.314%，良一段岩溶强度值仅为 0.075%；单井剖面中，TZ12、TZ16、TZ24、TZ42、TZ45、TZ54 井良里塔格组岩溶强度值高，岩溶强度值在 1%以上，其次为 TZ15、TZ30、TZ44、TZ161 井，岩溶强度值为 0.5%～1%，其他井的岩溶强度值基本小于 0.2%。

塔中西部及邻区残余岩溶强度统计见表 8.1(共统计 16 口井)。良二段的残余

表 8.1　塔中西部及邻区上奥陶统良里塔格组各岩性段岩溶参数统计表

岩溶参数	井号 层位	TZ 12	TZ 15	TZ 16	TZ 24	TZ 26	TZ 30	TZ 35	TZ 42	TZ 43	TZ 44	TZ 45	TZ 49	TZ 54	TZ 161	TZ 162	TZ 451	平均值
垂向岩溶率 /%	良一段	46.36	0	—	—	—	100	0	—	3.85	—	—	28.57	—	0	—	2.16	26.88
	良二段	83.42	92.55	76.67	71.28	88.75	95.82	87.57	82.74	0	78.78	82.85	54.54	96.69	71.64	29.25	22.55	73.85
	良三段	10.89	—	69.91	100	—	28.59	8.36	60.00	6.16	30.00	—	28.57	47.99	81.09	8.17	—	43.21
	平均值	46	84	74	77	89	79	16	67	4	69	83	34	88	76	19	15	47.98
岩溶强度 /%	良一段	0.27	0	—	—	—	0.36	0	—	0.01	—	—	0.12	—	0	—	0	0.075
	良二段	3.53	0.73	5.48	1.22	0.15	1.46	0.04	1.8	0	0.95	13.64	0.34	2.42	0.42	0.41	0.16	2.339
	良三段	0.05	—	1.18	2.16	—	0.12	0.02	1.18	0.01	0.05	—	0.03	0.85	0.72	0.02	—	0.314
	平均值	1.35	0.67	3.8	1.41	0.15	0.94	0.03	1.31	0.01	0.77	13.46	0.16	2.12	0.59	0.23	0.10	0.91
残余岩溶强度 /%	良一段	1.37	0	—	—	—	0	1.88	—	0.18	—	—	0	—	0	0.23	0	0.43
	良二段	1.63	0.59	5.88	1.56	1.22	1.49	0	2.09	0	1.74	4.25	0.86	2.99	1.22	0.59	0.77	1.68
	良三段	0	—	0	1.94	—	0	0	2.11	0	0.07	—	0	1.78	0.37	0	—	0.52
	平均值	1.02	0.54	3.57	1.64	1.22	0.87	0.2	2.1	0.10	1.41	4.25	0.35	2.76	0.71	0.31	0.50	0.88

注：—表示无岩心资料。

岩溶强度值最高，为 1.68%，其次为良三段，残余岩溶强度值为 0.52%，良一段的残余岩溶强度值为 0.43%。单井剖面中，TZ16、TZ42、TZ45 和 TZ54 井良里塔格组残余岩溶强度值高，残余岩溶强度值均大于 2%，其次为 TZ12、TZ24、TZ26、TZ44 井，残余岩溶强度值为 1%～2%，其他井的残余岩溶强度值小于 1%。

通过以上分析，结合图 8.1 发现：无论是垂向岩溶率，还是岩溶强度、残余岩溶强度，都以良二段值最大，其次为良三段，良一段值最低。说明塔中西部及邻区上奥陶统良里塔格组中，良二段岩溶最发育，且保存最好，其次是良三段，良一段最差。

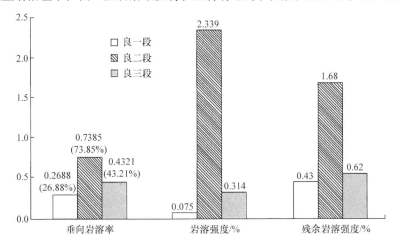

图 8.1　塔中西部及邻区上奥陶统良里塔格组各岩性段岩溶参数分布图

2) 岩溶参数横向变化

(1) 垂向岩溶率。塔中西部及邻区上奥陶统良里塔格组垂向岩溶率高值区(垂向岩溶率大于 70%)主要分布于 TZ45、TZ54 井周围，以及 TZ30 井至 TZ15 井一带，在 TZ16、TZ161、TZ24、TZ27 井一线以北至塔中 1 号断层区域也为高值区。垂向岩溶率中值区(垂向岩溶率 40%～70%)主要分布于 TZ451 井至 TZ12 井一线以北，围绕高值区呈环状分布，在 TZ16、TZ161、TZ24、TZ27 井一线以南也有狭窄条带状的中值区分布。垂向岩溶率低值区(垂向岩溶率小于 40%)主要分布于上述中值区以南，在 TZ451 井以西也为低值区。

研究区良三段垂向岩溶率高值区分布于 TZ45 井周围以及 TZ16 井至 TZ24 井一线以北地区。中值区分布于 TZ452 井以北，围绕 TZ45 井呈环状分布，TZ30 井以北到塔中 1 号断层也为中值区，东部围绕 TZ161 井至 TZ24 井高值区也有中值区分布。低值区分布于上述中值区以南，TZ451 井以西也为低值区。

研究区良二段垂向岩溶率高值区主要分布于 TZ45 井至 TZ12 井一线以北到塔中 1 号断层区域，TZ12 井以东塔中 1 号断层至 10 号断层之间也为高值区，仅 TZ162 井除外。中值区分布于 TZ49 井附近，呈东南向延伸，以及 TZ45 井至 TZ12 井一线以南 TZ11 井以北区域,塔中 10 号断层以南、TZ43 井以北也为中值区。低值区主要分布于 TZ201 井区附近,TZ43 井以南和 TZ27 井至 TZ25 井一线以东也为低值区。

研究区良里塔格组垂向岩溶率从南向北总体上呈增加趋势。

(2) 岩溶强度。塔中西部及邻区上奥陶统良里塔格组岩溶强度高值区(岩溶强度大于 2.0%)主要分布在 TZ45、TZ54 和 TZ44 井周围,范围局限。岩溶强度中值区(岩溶强度 1.0%～2.0%)主要分布于 TZ45、TZ12 和 TZ30 井一线以北。围绕高值区呈环状分布,TZ24 井周围也有小范围的中值。低值区(岩溶强度小于 1.0%)主要分布于 TZ45、TZ12 和 TZ30 井以南区域,在 TZ161 井和 TZ26 井一线以南也为低值区。TZ45 井以西主要为岩溶强度低值区。

研究区良三段岩溶强度高值区仅见于 TZ24 井周围的极小范围内,中值区分布于 TZ45、TZ42 和 TZ16 井周围,其他广大范围内为岩溶强度低值区。

研究区良二段岩溶强度高值区主要分布于 TZ30 井以西,TZ45 井以东的广大范围内,围绕 TZ45 井和 TZ12 井呈环状分布,TZ16 井周围也为高值区。中值区主要分布于上述高值区外围,在 TZ30 井以东也主要为中值区。低值区主要分布于 TZ451、TZ35、TZ11 井一带附近,TZ451 井以西、TZ15 井至 TZ162 井一带以及 TZ161 井至 TZ26 井以南也为低值区。

研究区良里塔格组岩溶强度从南向北总体上呈增加趋势。

(3) 残余岩溶强度。塔中西部及邻区上奥陶统良里塔格组残余岩溶强度高值区(残余岩溶强度大于 2.0%)主要分布于 TZ45、TZ54 和 TZ16 井周围。中值区(残余岩溶强度 1.0%～2.0%)主要分布于 TZ451、TZ12、TZ30 井一线以北,围绕高值区呈环状分布,TZ44、TZ24、TZ26 井一带也为中值区。低值区(残余岩溶强度小于 1.0%)分布于上述中值区以南靠近塔中 10 号断层部位,在 TZ451 井以西也为低值区。

研究区良二段残余岩溶强度高值区主要分布于 TZ45 井至 TZ42 井一线以北到塔中 1 号断层区域。TZ16 井也有小范围高值区。中值区主要分布于 TZ451、TZ11、TZ50 井一线以北高值区以南区域。在 TZ30 井以东塔中 1 号断层和 10 号断层之间的区域也主要为中值区。低值区主要分布于 TZ451 井以西以及 TZ451 井至 TZ11 井一线以南区域,在 TZ161 井至 TZ26 井一线以南也为低值区。

研究区良里塔格组残余岩溶强度从南向北总体上呈增加趋势。

综上所述,在塔中 I 号断裂构造带上,无论垂向岩溶率、岩溶强度,还是残余岩溶强度,从南到北都呈增加趋势,反映越靠近塔中 1 号断层,岩溶作用越强,岩溶缝洞越发育。

3. 岩溶系统划分

根据原始缝洞率和填充率的相对大小,可定量判断岩溶作用的强弱程度和充填情况,从而可对岩溶系统类型进行划分。这里把塔中西部及邻区上奥陶统良里

塔格组碳酸盐岩原始缝洞率分为三级，原始缝洞率大于 2.0%为强溶蚀，1.0%～
2.0%为中等溶蚀，小于 1.0%为弱溶蚀。同样地把充填率分为三级，充填率小于
60%为弱充填，60%～80%为中等充填，80%～100%为强充填。根据原始缝洞率
和充填率的组合情况，就可把岩溶系统划分为 9 个类型(表 8.2)，每个类型有不同
的储层特性，储层物性以强溶蚀弱充填类型最好，其次为强溶蚀中等充填类型和
中等溶蚀弱充填类型，再次为强溶蚀强充填类型、中等溶蚀中等充填类型和弱溶
蚀弱充填类型，然后为中等溶蚀强充填类型和弱溶蚀中等充填类型，弱溶蚀强充
填类型储层物性最差。当原始缝洞率为零时，定义为致密类型，其储层物性也最
差，与弱溶蚀强充填类型类似。

表 8.2　塔中西部及邻区上奥陶统良里塔格组岩溶系统划分表

相关参数	岩溶系统类型		
	原始缝洞率>2.0%	原始缝洞率 1.0%～2.0%	原始缝洞率<1.0%
充填率<60%	强溶蚀弱充填类型	中等溶蚀弱充填类型	弱溶蚀弱充填类型
充填率 60%～80%	强溶蚀中等充填类型	中等溶蚀中等充填类型	弱溶蚀中等充填类型
充填率 80～100%	强溶蚀强充填类型	中等溶蚀强充填类型	弱溶蚀强充填类型

4. 岩溶系统综合评价预测

1) 良里塔格组碳酸盐岩岩溶系统

塔中西部及邻区上奥陶统良里塔格组碳酸盐岩强溶蚀弱充填类型主要分布在
TZ54 井周围，TZ16 井周围也有小范围分布。强溶蚀中等充填类型分布在 TZ54
井与 TZ45 井之间，紧靠塔中 1 号断层地带。中等溶蚀弱充填类型分布在 TZ54
井以东、TZ24 井以西，紧靠塔中 1 号断层地带。强溶蚀强充填类型主要分布于
TZ45 井区。弱溶蚀强充填类型分布于 TZ452 井、TZ35 井和 TZ201 井一带，致密
类型分布于该带以南以及 TZ43 井至 TZ27 井一带。中等溶蚀中等充填类型和中等
溶蚀强充填类型主要夹持于弱溶蚀强充填类型与强溶蚀中等充填或弱充填类型之
间。弱溶蚀弱充填类型分布于 TZ451 井以西地区和 TZ15 井区。弱溶蚀中等充填
类型主要分布于 TZ49 井西北地区和 TZ161 井至 TZ26 井一带。

总体上有利岩溶系统类型区(包括强溶蚀弱充填类型、强溶蚀中等充填类型和
中等溶蚀弱充填类型)分布于塔中构造中部紧靠塔中 1 号断层部分，其中最有利的
强溶蚀弱充填类型仅分布于 TZ54 井周围。塔中 1 号断裂构造带东部、西部以及
南部地区要么溶蚀作用太弱、要么充填强度太大，对储层发育不利。

2) 良二段碳酸盐岩岩溶系统

根据原始缝洞率、充填率，可以确定塔中西部及邻区良二段碳酸盐岩岩溶系
统各类型区在平面上的分布，从而对其岩溶系统做出综合评价预测。强溶蚀弱充

填类型主要分布在 TZ54 井、TZ42 井和 TZ44 井一带,在 TZ12 井西北也有大范围的强溶蚀弱充填类型分布,在 TZ16 井周围及 TZ45 井东南部有小范围的该类型区分布。中等溶蚀弱充填类型主要沿塔中 1 号断层分布,西北起自 TZ451 井以西,东南抵达 TZ24 井。强溶蚀中等充填类型主要分布在 TZ12 井周围及其西北方向,在 TZ45 井东南部及 TZ44 井东南部有小范围的该类型区分布。弱溶蚀强充填类型主要分布于 TZ452 井、TZ35 井和 TZ11 井一带,而致密类型主要分布于该带以南,在 TZ26 井以东也为致密类型。其他类型区如中等溶蚀中等充填类型、中等溶蚀强充填类型、弱溶蚀弱充填类型、弱溶蚀中等充填类型主要夹持于中等溶蚀弱充填类型或强溶蚀弱充填类型与弱溶蚀强充填类型之间,且分布范围较小。

总体上从南向北,越靠近塔中 1 号断层,原始缝洞率呈增加趋势,而充填率呈减小趋势,只有少数井点(如 TZ16 井和 TZ45 井)除外。有利岩溶类型区(包括强溶蚀弱充填类型、强溶蚀中等充填类型和中等溶蚀弱充填类型)主要沿塔中 1 号断层分布,其中最有利的强溶蚀弱充填类型区主要分布在塔中构造带中部,TZ12 井以北地区。

8.1.2　T_7^4 反射层古构造应力场分析及裂缝预测

岩溶发育的地段往往和一定的地质构造相联系,在断层附近和褶曲轴部,构造裂缝较为发育,岩溶也最为发育,溶缝、溶洞分布相对密集。尤其是大型断裂附近,由于较强的挤压破碎作用,有利于岩溶发育,局部可形成溶洞群。

由于构造应力的大小、方向决定了岩石的破坏状态和方式,进而影响和控制水流的运移方向和动力条件,一定程度上决定着岩溶发育的特点和规律,而裂缝作为岩体破坏的主要产物之一,为水流对可溶性岩类的溶蚀创造了基本条件,因此古构造应力场分析及裂缝预测结果既是古岩溶体系评价预测的构造背景,又是古岩溶体系评价预测的重要依据。

1. 有限元应力场模拟的基本思路

地应力是在岩体自重、地质构造作用、地质体岩性、地形地貌、温度、应力等作用下形成的,在一个较大的区域上,区域现今应力场的总体规律,可以在调查断层的新构造活动特征,震源机制解和地应力实测的基础上得出初步认识。但要定量地反映区域应力场,找出应力集中部位,则需要通过地应力实测和数值模拟来实现。

所谓区域应力场的有限元反演,就是采用有限单元法根据已有的已知地应力实测点和震源机制解推求整个计算区域的地应力场。方法是首先根据区域地质调查结果,建立研究区的地质力学模型;然后通过不断改变边界力作用方式和大小量值(包括大小和方向)与已有地应力实测结果和地震震源机制(最大主应力大小和方向)达到最佳拟合。由此即可得出反映研究区现今应力-形变场的真实情况。

然而，古构造应力场不能像现代区域应力场那样用实测点来进行拟合模拟，因为古构造应力场特别是比较久远的构造应力场现在还没有办法实测其在个别点的值的大小和方向，现在探索使用的 kaiser 效应方法是一种新的方法，对于近期的地应力的测定比较准确，而对于年代久远的地应力的测定结果尚在探索中。因此，古构造应力场只能根据现今的构造形迹来进行应变场的模拟，这种模拟需要有正确的构造发展及演化的认识结果，并且模拟结果仅是相对值，不能当实际应力值使用。

2. 本书使用的有限元软件介绍

本书模拟计算采用二维有限元数值模拟。利用经过二次开发的"二维有限元分析软件 2D-σ"对塔中西部及邻区奥陶系 T_7^4 反射层(良里塔格组与鹰山组间的反射界面)进行古构造应力场分析的模拟研究。在此基础上，基于岩体强度理论，对研究区上奥陶统良里塔格组碳酸盐岩开展裂缝预测，为该区奥陶系古岩溶体系评价预测提供重要依据。本次使用的有限元软件特点如下。

1) 2D-σ 的特点

二维有限元分析软件 2D-σ 采用了既容易理解，又容易操作的基本概念和方法，将有限元的快速建模、网格的自动生成、分析结果的可视化及可操作性有机地结合起来，实现了有限元分析的高度自动化，从而使用户很简单地就能对问题进行有限元分析计算(图 8.2)。

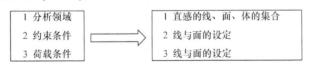

图 8.2　二维有限元分析软件 2D-σ 的功能流程图

2) 2D-σ 的功能

二维有限元分析软件 2D-σ 主要分为前处理、计算和后处理三大功能模块。

前处理主要有作图、识别分析域、约束条件设定、荷载条件的设定、网格生成、材料参数的设定等功能，作图窗口用于定义分析对象的形状、材料范围、挖掘断面及填土预定面等几何信息。识别分析域的功能用于区分不同材料(地层)或指定挖掘和填土区域，并指定各区域材料。约束条件设定是设定所选择边界约束。荷载条件的设定用于设定所选择边界或点的荷载。网格生成根据所设定的网格分割数自动生成有限元计算网格。材料参数设定通过填写参数设定对话框来完成材料参数的设定。通过前处理,得到有限元分析所需的所有数据,可进行分析计算。

后处理主要用于查看及分析结果。后处理为用户提供了丰富的功能,主要有位移和应力的色谱图和等值线图、断面曲线、轴力曲线、各分量的数值表。

2D-σ 的分析功能是通过物理模型设定来实现的,物理模型设定功能主要用于定义与各种问题本质相关的材料模型、问题特性、热应力及惯性力等内容。2D-σ 能分析的材料模型包括弹性、非线性、弹塑性三种,提供了平面应变、平面应力和轴对称问题的设定。对于弹性分析,使用 Mohr-Coulomb 方法对破坏接近程度(破坏危险度)及安全率进行评价。非线性采用 Mohr-Coulomb、Duncan-Chang 等本构模型,而弹塑性分析采用的屈服准则有 Mohr-Coulomb 准则、Drucker-Prager 准则等。并可通过设定接触面单元和软弱面单元来模拟地质构造,通过设定初始应力和侧压系数来模拟初始地质应力条件。

3. 计算模型的建立

塔中西部及邻区 T_7^4 反射层构造图反映出,其断裂发育,但构造幅度不大,主要发育与断层相伴生的断隆,断层沿北西向、北东向、北北西向和北北东向延伸,其中北西向断层的规模最大,其余断层规模较小,且延伸不远。根据上述构造特征,结合区域构造背景分析,确定该区主要受到北东向区域构造挤压力作用。

现以塔中西部及邻区 T_7^4 地震反射层构造图为基础,建立用于模拟计算的材料结构模型(图 8.3)。模拟对象是研究区奥陶系 T_7^4 反射层碳酸盐岩。由于构造图边界不规则,影响模拟计算的结果,而将结构模型区域取为矩形,矩形的上边与北西向大断层平行,右边与之垂直,这样使得模型的上、下和左边界均超出了构造图范围。模拟计算时,认为材料结构模型主要受一期构造挤压力作用;不同的构造部位,如断层、断隆、构造高点、向斜、斜坡、陡坡等,在模拟计算时分别赋予其不同的物理力学参数值,对于超出构造图范围的区域也给定特定的物理力学参数值加以控制,从而使模型不产生较大的形变。计算所涉及的物理力学参数(包括弹性模量、泊松比、残余内聚力、残余内摩擦角以及岩体抗拉强度)主要依据相类似材料的试验测试经验值和工程地质类比法确定。

考虑碳酸盐岩体的埋藏深度,在计算模型的北东边界施加 70MPa 的正应力,东南边界施加 25MPa 的支撑力,应力均为均匀载荷。北西边界进行北西-南东向约束,南西边界进行北东-南东向约束。采用八结点四边形单元和六结点三边形单元将整个计算模型离散为 10845 个结点、3666 个单元,将计算模型区域网格化(图 8.4)。

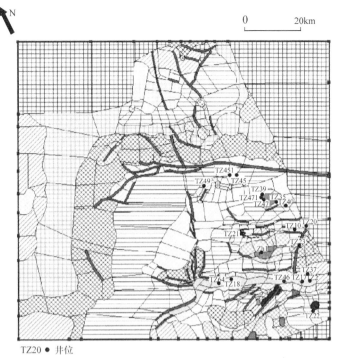

TZ20 ● 井位

图 8.3　用于模拟计算的结构模型图(见彩图)

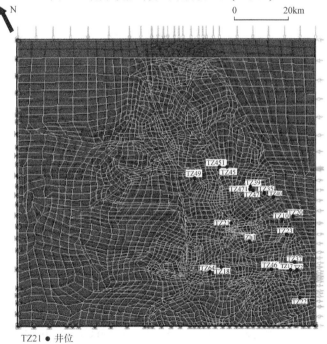

TZ21 ● 井位

图 8.4　边界条件、网格单元及模型变形图(见彩图)

4. 古构造应力场数值模拟分析

在建立上述计算模型的基础上,通过不断地调整网格单元的物理力学参数值,使该模型最后的变形特征与现今的构造形迹达到最佳拟合(拟合度达到 85%以上),实现对加里东期-海西期古构造应力场的模拟。最后计算得到研究区 T_7^4 反射层的最大主应力(σ_1)、最小主应力(σ_2)和剪应力(τ)分布特征(计算得到的应力场遵循弹塑性力学的约定,即张为正、压为负)。

(1) 最大主应力(σ_1):总体上呈北东-南西向展布,与北西-南东向的主构造迹线垂直,且总体上,自北西向南东,最大主应力值逐渐减小,但最大主应力值分布比较均匀, 在−64.739～−73.898MPa, 主要分布在−66.667～−70.524MPa。塔中Ⅰ号构造带及其周围的最大主应力值明显大于塔中Ⅱ号构造带及其周围, 最大主应力值在 TZ2 井附近可达 74MPa, TZ451、TZ45、TZ471 井一带最大主应力值较高, TZ64 井的西北边和 TZ49 井的西南边部分地区及 TZ23 井一带最大主应力值偏低(图 8.5)。

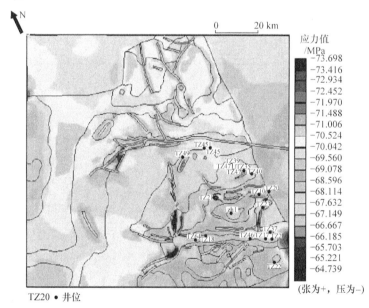

图 8.5　最大主应力分布色谱图(见彩图)

(2) 最小主应力(σ_2):展布方向与最大主应力垂直,呈北西-南东向展布,自北西向南东,最小主应力值有增加的趋势,但塔中Ⅰ、Ⅱ号构造带内为最小主应力的低值区,可能是由于应力释放造成的。最小主应力值的分布范围较大, 在−13.146～−32.443MPa, 主要在−21.271～−27.365MPa(图 8.6)。

(3) 剪应力(τ):剪应力值分布比较均匀, 在 5.963～−5.485MPa, 在断层的末端及不同断层的交会处出现剪应力集中(图 8.7)。

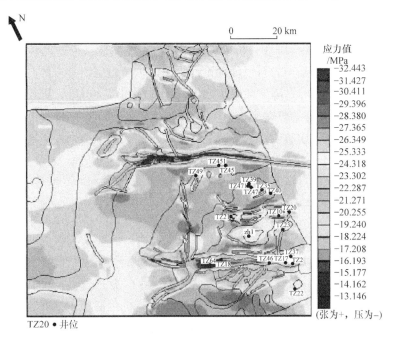

图 8.6　最小主应力分布色谱图(见彩图)

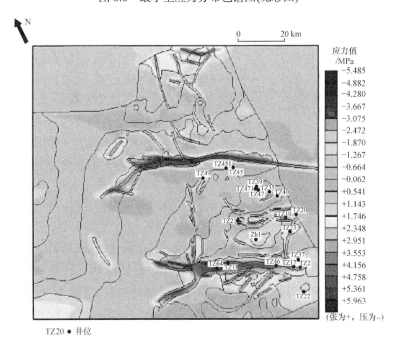

图 8.7　剪应力分布色谱图(见彩图)

5. 岩体破坏接近度系数的计算

在岩石力学的应力-应变分析中，常用量值岩体破坏接近度系数(η)表示岩石的破坏程度，该值是基于岩石强度理论而得出的一个量值，是岩体受力变形的综合体现。塔中地区奥陶系碳酸盐岩顶面埋深一般都超过 4000m，理论上，岩石处于脆弹性-弹塑性变形的范畴，塔里木盆地塔中西部及邻区 T_7^4 地震反射层构造图反映出，断裂发育，褶皱构造不发育的特征，说明岩石的力学性质可能更靠近脆弹性，因此采用 Mohr-Coulomb 准则作为判断岩石破裂的依据。

根据莫尔理论，岩体破坏接近度系数的简单表达式为 $\eta=f(\sigma)/k(\mathrm{k})$，其具体表达式如下：

$$\eta = \frac{f}{k} = \frac{\sigma_1 - \sigma_2}{\left(\dfrac{c}{\tan\phi} - \dfrac{\sigma_1 + \sigma_2}{2}\right)\sin\phi} \tag{8.4}$$

式中，σ_1、σ_2 分别为构造运动时期的最大、最小主应力；c 为岩石的内聚力；ϕ 为岩石的内摩擦角。岩石的 c、ϕ 为对碳酸盐岩所测得的经验值。与表达式对应的基于莫尔准则的破坏接近程度图解见图 8.8。

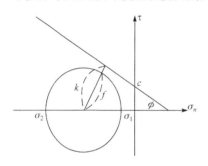

图 8.8　基于莫尔准则的破坏接近程度图解

按照严格的岩石力学理论，应有以下判断标准：

当 $\eta<1.00$ 时，岩体将是稳定的，一般不会被破坏(其应力状态处于屈服曲面的内部)；但根据材料破裂的微观机理，岩体不破坏失稳，并不意味着岩体不产生细微裂缝。

当 $\eta\geq1.00$ 时，岩体所受的应力状态已处于或超过 Mohr-Coulomb 应力圆破裂包络线，岩体将失稳产生较明显的破裂(应力莫尔圆处于屈服曲面外或屈服曲面上)。

岩体破坏接近度系数(η)可以表示岩体破裂的相对发育程度，即裂缝的发育程度。一般说来，η 值越大，裂缝就越发育。

利用古构造应力场数值模拟分析结果及岩体破坏接近度系数(η)计算公式，计算得到塔中西部及邻区 T_7^4 反射层碳酸盐岩体的破坏接近度系数及其分布特征(图 8.9)。本区中下奥陶统顶部碳酸盐岩储层岩体破坏程度较高，大部分地区的岩体破坏接近度系数(η)均大于 0.95，已经超过或接近破裂临界值。高值区集中在断层、断隆及其附近地区，最高值大于 1.52，出现在北西向大断层的北西末端及其与近南北向断层相交的部位，岩体破裂程度最大；北西向大断层的其余部位、中小型断层，以及与断层相伴生的构造高点及其附近区域，岩体破坏接近度系数

(η)在 1.52~1.04，均超过破裂临界值。

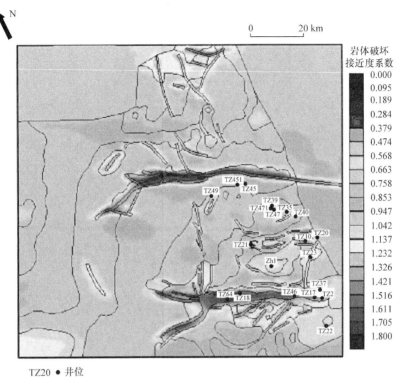

TZ20 ● 井位

图 8.9　塔中西部及邻区 T_7^4 反射层碳酸盐岩岩体破坏程度图(见彩图)

6. 裂缝预测

　　根据古构造应力场数值模拟分析结果及岩体破坏接近度系数(η)，结合塔中西部及邻区的地质、构造特征和钻井、测试及生产资料进行综合分析，针对本区的裂缝发育程度，制订了以下评价预测标准(表 8.3)。

表 8.3　塔中西部及邻区 T_7^4 反射层裂缝发育评价预测的 η 值标准

η 值	破裂程度	裂缝发育级别
≤1.04	破裂欠发育区	Ⅳ级
1.04~1.23	破裂发育临界区	Ⅲ级
1.23~1.42	破裂较发育区	Ⅱ级
1.42~1.52	破裂发育区	Ⅰ级
≥1.52	破坏区	断裂带

　　利用裂缝评价预测标准(表 8.3)，将本区 T_7^4 反射层碳酸盐岩体按裂缝的发育

程度划分为断裂带、Ⅰ级裂缝发育区、Ⅱ级裂缝发育区、Ⅲ级裂缝发育区和裂缝欠发育区。4个级别的裂缝发育区在本区内的分布如图 8.10 所示。

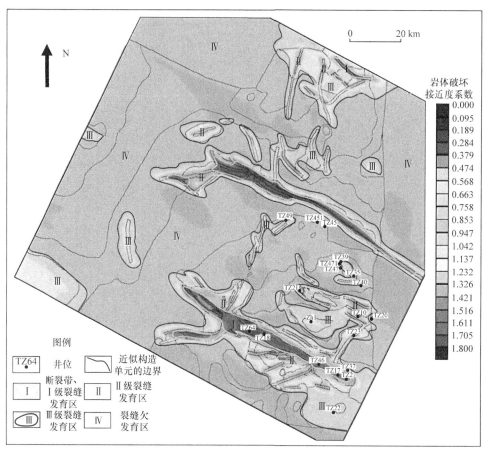

图 8.10　塔中西部及邻区 T_7^4 反射层裂缝发育程度预测图(见彩图)

(1) 断裂带和Ⅰ级裂缝发育区主要分布在本区近北西-南东向大断裂带及其伴生断层附近,该区裂缝发育程度最高,裂缝类型多,且有多个延伸方向,有高角度剪切缝发育,但主要发育低角度剪切缝,裂缝展布的主体方向为北西-南东向。

(2) Ⅱ级裂缝发育区分布在Ⅰ级裂缝发育区外围,以及中型断层及其附近区域,裂缝发育程度较高,裂缝类型也主要为低角度剪切缝和高角度剪切缝,裂缝延伸方向较多,北西向、北东向、近东西向和近南北向裂缝均有发育。

(3) Ⅲ级裂缝发育区分布范围较大,小型断层、高点、断隆及其附近区域,以及Ⅱ级裂缝发育区外围较大范围内均有分布,裂缝类型和延伸方向均多样,包括高角度剪切缝、低角度剪切缝和高角度张性缝,裂缝延伸方向为北西向、北东向、近东西向和近南北向。

经与实钻井的岩心裂缝观察、测井裂缝评价结果对比，上述预测结果的符合率较高，可达 65%以上，预测结果可靠。

8.1.3　奥陶系古岩溶体系评价预测

碳酸盐岩古岩溶体系评价预测目前尚未有理想的方法。本次研究从地质的角度，将残余岩溶强度(R)、岩体破坏接近度系数(η)、裂缝发育级别、岩溶作用相对强弱和岩溶孔洞缝发育与保存情况等定量参数和指标相结合，将塔中西部奥陶系碳酸盐岩岩溶发育区划分为 4 个级别：Ⅰ级(发育)、Ⅱ级(中等发育)、Ⅲ级(较发育)和Ⅳ级(欠发育)(表 8.4)，重点对其叠加型岩溶体系进行平面上的多因素综合评价预测。

表 8.4　塔中西部奥陶系碳酸盐岩岩溶发育区分级评价标准

岩溶区级别	残余岩溶强度(R)/%	岩体破坏接近度系数(η)	裂缝发育级别	岩溶作用强弱	岩溶孔洞缝发育与保存情况
Ⅰ级区	≥2.0	(1.52, 1.23)	Ⅰ级、Ⅱ级	强	好
Ⅱ级区	(1.0, 2.0)		Ⅱ级、部分Ⅰ级和少部分Ⅲ级	较强	中等
Ⅲ级区	≤1.0	(1.23, 1.04)	Ⅲ级、部分Ⅱ级和Ⅳ级	较弱	较差
Ⅳ级区		≤1.04	Ⅳ级、少部分Ⅲ级和Ⅱ级	弱	差

塔中西部上奥陶统良里塔格组古岩溶体系(主要为同生期岩溶+埋藏期岩溶的叠加型古岩溶)在平面上的Ⅰ级岩溶发育区大致沿塔中Ⅰ号断裂构造带附近断续分布，基本上与良里塔格组台地边缘外带重合。Ⅱ级岩溶发育区呈条带状分布于Ⅰ级区的西侧或周缘，总体上与良里塔格组台地边缘内带的分布大体一致。东北部的斜坡-盆地区为Ⅲ+Ⅳ级岩溶发育区。西北部台内洼地区岩溶基本不发育，为Ⅳ级区。其余广大地区以Ⅲ级岩溶发育区为主(图 8.11)。

结合图 5.17 和图 5.19，分析认为塔中西部中下奥陶统鹰山组古岩溶体系(主要为表生期岩溶+埋藏期岩溶的叠加型古岩溶)在平面上的Ⅰ级岩溶发育区主要沿塔中Ⅱ号断裂构造带呈北西-南东向带状展布，其次分布于该构造带北侧的 Zh1—Zh12 井一带以及西南侧的几个鼻状构造上，主要是岩溶斜坡、残丘和残台区。Ⅱ级岩溶发育区，主要分布于残丘和残台区，具体有四个分布区：①是沿塔中Ⅰ号断裂构造带呈北西-南东向带状展布；②是沿塔中Ⅱ号断裂构造带周边分布；③是沿塔中 10 号构造呈北西-南东向带状分布；④是大致在 sh2 井—Zh13 井一带呈近南北向带状分布。东北部为Ⅲ+Ⅳ级岩溶发育区，处于岩溶高地位置。西部、西北部岩溶不发育，为Ⅳ级区，处于岩溶谷地和洼坑区。其余地区以Ⅲ级岩溶发育区为主，分布于岩溶高地边缘和岩溶谷地上游区(图 8.12)。

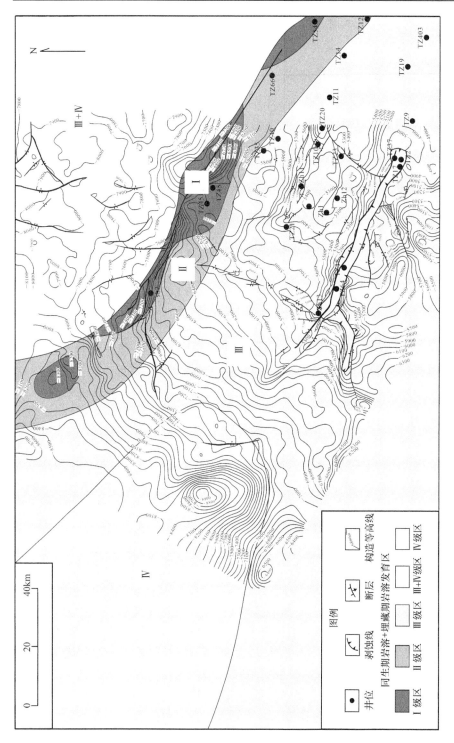

图8.11 塔中西部上奥陶统良里塔格组叠加型岩溶体系评价图
底图为T74地震反射层构造图

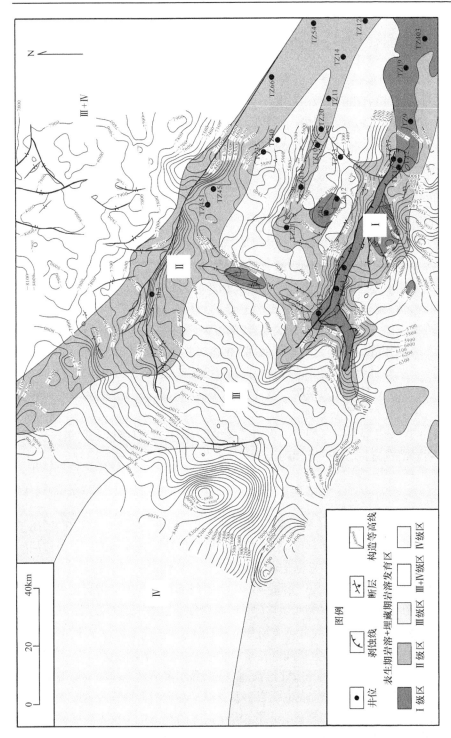

图8.12　塔中西部中下奥陶统鹰山组叠加型岩溶体系评价图
底图为T74地震反射层构造图

8.2　鄂尔多斯盆地西部下奥陶统古岩溶体系分布预测

根据鄂尔多斯盆地西部下奥陶统碳酸盐岩中三类古岩溶的发育规律、表生期岩溶发育模式和岩溶古地貌及该区下奥陶统层序地层格架中古岩溶的分布模式(图 5.16, 图 5.18, 图 7.10), 对鄂尔多斯盆地西部下奥陶统古岩溶体系进行平面分布预测。将岩溶发育区分为四级(图 8.13)。

(1) Ⅰ级岩溶发育区: 分布于苏 15—苏 2—苏 22—陕 15 井一线以东地区, 该区因同生期岩溶、表生期岩溶和热水岩溶或压释水岩溶发育叠加, 古岩溶体系最发育。主要分布于岩溶斜坡区。

(2) Ⅱ级岩溶发育区: 大体上东以苏 15—苏 2—苏 22—陕 15 井一线为界, 西以伊 8—鄂 7—李 1 井一线为界, 北至伊 8—苏 26 井一线, 南抵吴旗—莲 1 井一线。该区属于表生期岩溶、热水岩溶及压释水岩溶发育区, 这几类岩溶基本上分属于不同地区。主要分布于岩溶台地边缘区和部分岩溶鞍地区。

(3) Ⅲ级岩溶发育区: 呈北宽南窄的条带状, 大体上西以伊 8 井—伊 27 井—任 1 井—芦参 1 井—镇原—泾川一线为界, 南以长武—彬县—耀参 1 井一线为界, 其北部与Ⅱ级区相邻, 南部与Ⅳ级区及Ⅲ+Ⅳ级区相邻。属于表生期岩溶和热水岩溶发育区。主要分布于岩溶鞍地区和部分岩溶斜坡区。

(4) Ⅳ级岩溶发育区: 为吴旗、莲 1 井、华池和庆深 2 井等所围限, 为弱岩溶发育区, 主要分布在岩溶台地上。

(5) Ⅲ+Ⅳ级岩溶发育区围绕中央古陆剥蚀区分布, 被Ⅲ级区和Ⅳ级区包围, 属于表生期岩溶发育区, 主要分布于岩溶斜坡-鞍地区。

8.3　本　章　小　结

本章确定的 3 个关键岩溶参数(垂向岩溶率、岩溶强度、残余岩溶强度)适用于表征碳酸盐岩岩溶作用的强弱程度。残余岩溶强度可以比较全面地表征岩溶作用所形成的储层孔洞缝的有效性, 它也是表征碳酸盐岩储集性能的一个重要指标。根据原始缝洞率和填充率的相对大小, 定量判断了塔中西部及邻区上奥陶统良里塔格组碳酸盐岩岩溶作用的强弱程度和充填情况, 进而划分了岩溶系统的类型。在对奥陶系 T_7^4 反射层碳酸盐岩进行古构造应力场分析和裂缝预测的基础上, 采用多因素综合评价预测方法, 对塔中西部上奥陶统良里塔格组叠加型岩溶体系和中下奥陶统鹰山组叠加型岩溶体系做出平面分级评价预测。根据鄂尔多斯盆地西部下奥陶统碳酸盐岩中三类古岩溶的发育规律、表生期岩溶发育模式和岩溶古地貌及该区下奥陶统层序地层格架中古岩溶的分布模式, 对鄂尔多斯盆地西部下奥陶统古岩溶体系进行平面分布预测。针对两个地区, 形成了两种古岩溶体系评价预测方法。

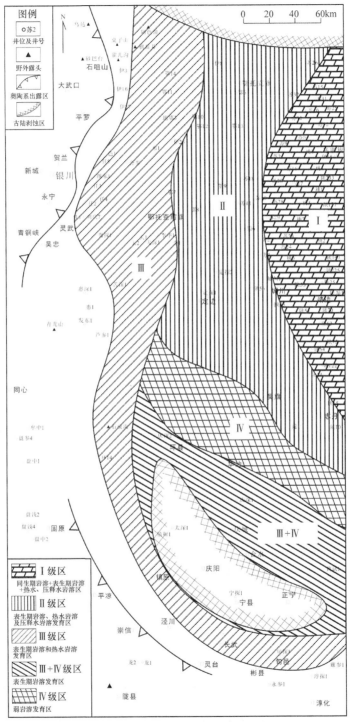

图 8.13　鄂尔多斯盆地西部下奥陶统叠加型岩溶体系评价预测图

参 考 文 献

艾合买提江·阿不都热和曼, 钟建华, 李阳, 等, 2008. 碳酸盐岩裂缝与岩溶作用研究[J]. 地质论评, 54(4): 485-493.

陈安宁, 陈孟晋, 郑聪斌, 2000. 鄂尔多斯盆地奥陶系古岩溶特征与圈闭条件研究[R]. 西安: 中国石油天然气股份有限公司长庆油田分公司.

陈景山, 王振宇, 代宗仰, 等, 2000. 塔中地区碳酸盐岩储层评价和有利储集空间预测[R]. 南充: 西南石油学院.

陈子光, 1986. 岩石力学性质与构造应力场[M]. 北京: 地质出版社.

耿晓洁, 林畅松, 吴斌, 等, 2016. 塔中地区鹰山组溶洞型储层特征及油气地质意义[J]. 东北石油大学学报, 40(6): 35-43, 73.

龚福华, 刘小平, 2003. 塔里木盆地轮古西地区断裂对奥陶系古岩溶的控制作用[J]. 中国岩溶, 22(4): 313-317.

龚洪林, 潘建国, 王宏斌, 等, 2007. 塔中地区碳酸盐岩裂缝综合预测技术及其应用[J]. 石油与天然气地质, 28(6): 841-846.

韩杰, 吴萧, 江杰, 2016. 塔中Ⅰ号气田西部鹰山组碳酸盐岩储层类型划分及储层连续性分析[J]. 油气地质与采收率, 23(1): 14-21.

何碧竹, 焦存礼, 贾斌峰, 等, 2009. 塔里木盆地塔中西部地区奥陶系岩溶作用及对油气储层的制约[J]. 地球学报, 30(3): 395-403.

何治亮, 魏修成, 钱一雄, 等, 2011. 海相碳酸盐岩优质储层形成机理与分布预测[J]. 石油与天然气地质, 32(4): 489-498.

黄捍东, 魏修成, 叶连池, 等, 2001. 碳酸盐岩裂缝性储层研究的地质物理基础[J]. 石油地球物理勘探, 36(5): 591-596, 639.

贾振远, 1997. 论碳酸盐岩储集层(体) [J]. 海相油气地质, 6(4): 1-7.

蒋孝煜, 1984. 有限单元法基础[M]. 北京: 清华大学出版社.

琚岩, 孙雄伟, 张承森, 等, 2011. 塔中奥陶系碳酸盐岩裂缝的多方法表征及分布规律[J]. 新疆石油地质, 32(3): 262-266.

兰光志, 江同文, 陈晓慧, 等, 1995. 古岩溶与油气储层[M]. 北京: 石油工业出版社.

李国军, 张国华, 张伟, 2009. 利用多学科资料预测碳酸盐岩洞穴型储集层[J]. 断块油气田, 16(1): 28-30.

李文科, 张研, 张宝民, 等, 2014. 川中震旦系-二叠系古岩溶塌陷体成因、特征及意义[J]. 石油勘探与开发, 41(5): 513-522.

李志明, 张金珠, 1997. 地应力与油气勘探开发[M]. 北京: 石油工业出版社.

刘宝宪, 张军, 章贵松, 等, 2002. 鄂尔多斯盆地中东部奥陶系裂缝体系特征[J]. 天然气工业, 22(6): 35-38.

刘忠宝, 孙华, 于炳松, 等, 2007. 裂缝对塔中奥陶系碳酸盐岩储集层岩溶发育的控制[J]. 新疆石油地质, 28(3): 289-291.

吕修祥, 杨宁, 周新源, 等, 2008. 塔里木盆地断裂活动对奥陶系碳酸盐岩储层的影响[J]. 中国科学(D 辑): 地球科学, 38(增刊): 48-54.

钱一雄, TABERNER C, 邹森林, 等, 2007. 碳酸盐岩表生岩溶与埋藏岩溶比较[J]. 海相油气地质, 12 (2): 1-7.

强子同, 1998. 碳酸盐岩储层地质学[M]. 东营: 中国石油大学出版社.

宋慧珍, 贾承造, 欧阳建, 等, 2001. 裂缝储层研究理论与方法[M]. 北京: 石油工业出版社.

王宝清, 徐论勋, 李建华, 等, 1995. 古岩溶与储层研究——陕甘宁盆地东缘奥陶系顶部[M]. 北京: 石油工业出版社.

王彩丽, 孙六一, 王琛, 等, 2001. 长庆气田马五₁储层裂缝特征及控制因素探讨[J]. 沉积学报, 19(4): 536-555.

王大兴, 曾令帮, 张盟勃, 等, 2011. 鄂尔多斯盆地台缘带下古生界碳酸盐岩储层预测与综合评价[J]. 中国石油勘探, 6(5-6): 89-110.

王宏斌, 张虎权, 孙东, 等, 2009. 风化壳岩溶储层地质-地震综合预测技术与应用——以塔中北部斜坡带下奥陶统为例[J]. 天然气地球科学, 20(1): 131-137.

王景仪, 谭飞, 赵一入, 等, 2016. 塔中地区鹰山组洞穴型碳酸盐岩储集层定量刻画及评价[J]. 新疆石油地质,

37(2): 173-178.

王拥军, 张宝民, 董月霞, 等, 2012. 南堡凹陷奥陶系潜山岩溶塌陷体识别、储层特征及油气勘探前景[J]. 石油学报, 33(4): 570-580.

王允诚, 1999. 油气储层评价[M]. 北京: 石油工业出版社.

王振宇, 陈景山, 1999. 塔里木盆地塔中Ⅰ号断裂构造带中上奥陶统岩溶系统研究[R]. 南充: 西南石油学院.

魏国齐, 贾承造, 宋惠珍, 等, 2000. 塔里木盆地塔中地区奥陶系构造-沉积模式与碳酸盐岩裂缝储层预测[J]. 沉积学报, 18(3): 408-413.

文应初, 王一刚, 郑家凤, 等, 1995. 碳酸盐岩古风化壳储层[M]. 成都: 电子科技大学出版社.

邬长武, 熊琦华, 王志章, 2002. 塔中碳酸盐岩储集空间预测及质量评价[J]. 新疆石油地质, 23(4): 290-292.

邬光辉, 李建军, 卢玉红, 1999. 塔中Ⅰ号断裂带奥陶系灰岩裂缝特征探讨[J]. 石油学报, 23(4): 19-25.

邬光辉, 李建军, 杨栓荣, 等, 2002. 塔里木盆地中部地区奥陶纪碳酸盐岩裂缝与断裂的分形特征[J]. 地质科学, 37(增刊): 51-56.

肖树芳, 杨淑碧, 1987. 岩体力学[M]. 北京: 地质出版社.

谢传礼, 2005. 长庆气田奥陶系马五段碳酸盐岩裂缝发育程度与气藏关系研究[J]. 天然气勘探与开发, 28(3): 8-13.

闫晓芳, 陈景阳, 2005. 塔中地区奥陶系裂缝性碳酸盐岩储集层描述[J]. 新疆石油天然气, 1(3): 21-23,27.

张宗命, 胡明, 秦启荣, 等, 1993. 应用有限单元法预测碳酸盐岩裂缝发育区带[J]. 天然气工业, 13(3): 21-27.

赵明, 樊太亮, 于炳松, 等, 2009. 塔中地区奥陶系碳酸盐岩储层裂缝发育特征及主控因素[J]. 现代地质, 23(4): 709-718.

赵永刚, 陈景山, 李凌, 等, 2015. 基于残余岩溶强度表征和裂缝预测的碳酸盐岩储层评价——以塔中西部上奥陶统良里塔格组为例[J]. 吉林大学学报(地球科学版), 45(1): 25-36.

郑聪斌, 张军, 李振宏, 等, 2005. 鄂尔多斯盆地西缘古岩溶洞穴特征[J]. 天然气工业, 25(4): 27-30.

郑兴平, 沈安江, 寿建峰, 等, 2009. 埋藏岩溶洞穴垮塌深度定量图版及其在碳酸盐岩缝洞型储层地质评价预测中的意义[J]. 海相油气地质, 14(4): 55-59.

周文, 李秀华, 金文辉, 等, 2011. 塔河奥陶系油藏断裂对古岩溶的控制作用[J]. 岩石学报, 27(8): 2339-2348.

BARTON C C, 1995. Fractal analysis of sealing and spatial clustering of fractures[C]//BARTON C C, LAPOINTE P R. Fractals in the Earth Science. New York: Plenum Press.

DROGUE C, MOUMTAZ R, YUAN D, 1988. Structure of karstic reservoirs according to microtectonic and fissural analysis; area of the experimental site of Yaji, Guilin, China: Proceedings of the International Association of Hydrologists 21st Congress[C]. Karst Hydrogeology and Karst Environment Protection. Beijing: Geological Publishing House.

LOUCKS R G, 1999. Paleocave carbonate reservoirs: Origins, burial depth modifications, spatial complexity, and reservoir implications[J]. AAPG Bulletin, 83(11): 1795-1834.

LOUCKS R G, MESCHER P K, MCMECHAN G A, 2004. Three-dimensional architecture of a coalesced, collapsed-paleocave system in the lower Ordovician ellenburger group, central Texas[J]. AAPG Bulletin, 2004, 88(5): 545-564.

LOUCKS R G, 2007. A Review of coalesced, collapsed-paleocave systems and associated suprastratal deformation[J]. Acta Carsologican, 36(1): 121-132.

NELSON R A, 1985. Geologic analysis of naturally fractured reservoirs[M]. Houston: Culf Publishing Company.

第9章 奥陶系古岩溶储层特征及评价预测

9.1 古岩溶储层的界定

早期国内外对古岩溶储层并没有一个明确的界定，只是把与古岩溶作用有关的碳酸盐岩储层笼统地称为"古岩溶储层"，也简称"岩溶储层"。我国学者对古岩溶储层有明确的定义始于 20 世纪 90 年代。比较有代表性的界定如下。

蓝光志等(1995)认为，古岩溶储层是指与古岩溶作用有关的油气储层，它既包括以溶洞、溶孔为主要储集空间的储层，也包括溶洞垮塌形成的角砾岩储层。古岩溶储层的形成机制包括储集空间的形成、改造和保存的全过程。

罗平等(2008)认为，岩溶储层可以分为三种类型，即表生成岩作用期，以大规模构造运动形成的区域不整合为特征的岩溶风化壳储层，沉积期海平面升降引起的短暂小幅度大气暴露的层间(沉积)岩溶储层以及埋藏后由地下流体活动引起的局部溶蚀的深部岩溶储层。岩溶风化壳储层依岩溶成熟度和构造型式有三种，即克拉通内岩溶老年期的低幅度地貌层状白云岩储层，岩溶壮年期的高幅度地貌非均质裂缝-洞穴单元储层，以及断块掀斜翘倾的岩溶青年期独立岩溶储层。层间(沉积)岩溶和深部岩溶形成的油气田规模小，在中国发现实例不多。以构造抬升暴露形成的大规模古岩溶风化壳储层在中国陆上已获得重大发现，是目前最主要的岩溶储层类型。岩溶风化壳储层主要发育在中国陆上的 4 个地区或盆地，即塔里木盆地、鄂尔多斯盆地、四川盆地和渤海湾盆地。根据岩溶储层的母岩类型、构造演化特点，可总结出稳定抬升型(鄂尔多斯盆地、四川盆地)、挤压隆升型(塔里木盆地塔北隆起)和伸展断块型(渤海湾盆地潜山)三种类型的岩溶储层。

吴欣松等(2009)认为，碳酸盐岩古岩溶储层是碳酸盐岩在经历沉积埋藏以后受构造抬升作用露出地表，并经过长期的风化溶蚀作用(表生岩溶)以及在深埋过程中由于成岩作用(埋藏岩溶)形成的以溶洞、裂缝和溶蚀孔隙为主要储集空间的储层。

由此可见，岩溶储层的定义也不统一，但是"风化壳岩溶储层(表生期岩溶储层)"是典型的岩溶储层，已达成共识。此外，国内部分学者也将古岩溶储层称作"岩溶型储层"。

本书所指古岩溶储层是指主要由古岩溶作用所控制的碳酸盐岩储层。古岩溶储层的主要储渗空间是由古岩溶作用及岩溶期与其相联系的构造作用共同参与下形成的，目前主要以充填残余或未充填的溶蚀孔洞缝的形式出现。

9.2　奥陶系古岩溶储层特征及评价预测

第 8 章已对两个研究区奥陶系古岩溶体系进行了评价预测，本章主要分析其奥陶系碳酸盐岩古岩溶储层特征，揭示岩溶作用对奥陶系碳酸盐岩储层形成、分布的控制作用或重要意义，并对研究区奥陶系古岩溶储层进行平面分级评价预测。

9.2.1　奥陶系古岩溶储层特征

灰岩和白云岩是塔里木盆地塔中西部和鄂尔多斯盆地西部奥陶系古岩溶储层的两大储集岩类。塔中西部奥陶系礁灰岩较发育，鄂尔多斯盆地西部奥陶系，尤其是下奥陶统马家沟组膏质云岩分布较广。

1. 研究区奥陶系储渗空间类型及特征

Choquette 等(1970)以地质成因观点和孔隙演化方向为依据，提出了对碳酸盐岩孔隙进行系统的分类和命名的方案，共划分出十五种基本的孔隙类型(包括孔洞缝)。其后的一些学者在储层孔隙分类的研究中，多是在 Choquette 等(1970)孔隙分类的基础上，结合所研究地区的实际地质情况及特殊的勘探开发应用目的或研究目的，进行孔隙类型的划分(Moore et al., 2013; Ahr, 2008; Lucia et al., 2007; Wang et al., 2002; 强子同, 1998; Lucia et al., 1995; Moore et al., 1989; 包茨等, 1988; 罗蛰潭等, 1986)。我国学者通常将碳酸盐岩储层的储渗空间划分为孔、洞、缝三大类，孔隙包括原生孔隙和次生孔隙两类，孔隙类型超过了十五种。

"管道"这一术语在国内相关岩溶研究的文献中似乎较少出现，而在国外文献中却经常出现(Moore et al., 2010; Grimes, 2006; Vacher et al., 2002)。所谓"管道"，实际上就是相对较大的溶蚀孔洞，由微裂缝(如晚成岩期碳酸盐岩)或者粒间孔(如早成岩期碳酸盐岩)扩溶形成，且可比作专门用于输导流体的管状通道，直径一般大于10mm，随着溶蚀扩大可达10m，从而形成所谓的"管道-溶洞"。

晚成岩期碳酸盐岩中的管道与未形成管道的裂缝共同组成了一个管道-裂缝的双孔隙介质模型。实际上，在晚成岩期碳酸盐岩缝洞系统内的洞，就是由交织的管道扩大形成的空间，而缝则是那些未形成管道的原始裂缝空间(Vacher et al., 2002)。

通过对岩心的系统观察与描述及对有孔铸体薄片的显微镜下详细鉴定与统计发现：次生孔隙、溶洞和裂缝三大类储渗空间在塔中西部和鄂尔多斯盆地西部奥陶系碳酸盐岩古岩溶储层中发育，原生孔隙基本不发育，共计 14 种储渗空间类型。粒内溶孔、铸模孔、粒间溶孔、晶间孔、晶间微孔、晶间溶孔和非组构选择性溶孔等 7 种次生孔隙为两个地区所共有。溶洞充填残余孔在前者中较典型。晶内溶孔、膏模孔和盐模孔等 3 种孔隙类型见于后者中。粒内溶孔、溶洞充填残余孔和非组构选择性溶孔为前者的主要孔隙类型；晶间溶孔、晶间孔、非组构选择性溶孔是后者的主要孔隙类型。孔径一般小于 2mm，洞径一般大于 2mm。裂缝在两个地区的奥陶系碳酸盐岩中均发育，通常呈长条状，主要包括构造缝和溶蚀缝两类。

1) 次生孔隙

(1) 粒内溶孔：主要发育于亮晶颗粒灰岩中，多见于砂屑和鲕粒内，偶见于生物碎屑中。孔径一般为 0.01～0.04mm，平均孔径 0.16mm。部分粒内溶孔孔径可达 0.5～0.8mm。多呈孤立状，少数被裂缝沟通。塔中西部上奥陶统良里塔格组颗粒灰岩中该类孔隙发育(图版Ⅴ-1、2)。

(2) 铸模孔：主要分布于亮晶颗粒灰岩中，是粒内溶孔的进一步溶蚀扩大，整个颗粒几乎被全部溶蚀，仅保存颗粒的外形或泥晶套。孔径一般为 0.1～1mm。塔中西部上奥陶统良里塔格组二段中铸模孔发育(图版Ⅴ-3)。

(3) 粒间溶孔：多在颗粒灰岩和具残余结构的砂屑白云岩中发育。它是由粒间的碳酸盐胶结物被溶蚀而成的。边缘不规则，呈港湾状溶蚀边缘。多呈孤立状，少数连通性好。平均孔径 0.16mm，一般在 0.01～0.4mm。这类孔隙在两个地区的奥陶系碳酸盐岩古岩溶储层中均可以见到(图版Ⅴ-4)。

(4) 溶洞充填残余孔：主要见于晶粒白云岩中。它是先期岩溶作用形成的溶洞被白云石晶体后期部分充填而残余的空间。孔径普遍大于晶间孔，一般在 0.2～0.6mm。该类孔隙在塔中西部中下奥陶统鹰山组中常见(图版Ⅴ-5)。

(5) 晶间孔、晶间微孔和晶间溶孔：分布于晶粒白云岩中，晶间孔主要见于粉-细晶、细晶和中晶白云石间，多呈三角形或多边形，孔径一般在 0.01～0.05mm；晶间微孔多见于细-粉晶和粉晶白云岩中，孔径一般都小于 0.002mm；晶间溶孔由白云石晶间孔和晶间微孔溶蚀扩大形成，孔隙边缘常被溶蚀成齿状和港湾状，孔径变化较大，一般在 0.05～0.2mm。该类孔隙呈分散状，或顺层密集状分布。这类孔隙在在两个地区的奥陶系碳酸盐岩古岩溶储层中均发育(图版Ⅴ-6、7、8，图版Ⅵ-1，图版Ⅶ-4)。

(6) 晶内溶孔：发育于白云石、方解石晶粒之中。近圆形、矩形、三角形和不规则形状，孔径一般在 0.005～0.08mm。这类孔隙多分布于晶粒白云岩、结晶灰岩中，主要见于鄂尔多斯盆地西部奥陶系碳酸盐岩古岩溶储层中。

(7) 膏模孔：为(硬)石膏晶体或(硬)石膏结核被选择性溶蚀形成的(硬)石膏晶模孔或印模孔。(硬)石膏晶体经选择性溶蚀常形成板条状孔隙，孔径一般为 0.05～0.3mm；石膏结核经选择性溶蚀常形成近圆形孔隙，孔径一般在 0.1～2mm，部分孔径大于 2mm，形成膏模洞。大部分膏模孔、洞被渗流粉砂、石英、方解石、伊利石等化学充填物半充填或全充填，见明显的示底构造。在鄂尔多斯盆地西部的东缘，膏模孔、洞充填残余部分是最重要的储渗空间类型之一(图版Ⅶ-1、2)。

(8) 盐模孔：为石盐晶体被选择性溶蚀形成的石盐晶模孔。孔隙常呈正方形或长方形，孔径在 0.1～0.3mm，部分被渗流粉砂、石英、方解石半充填，常见示底构造。该类孔隙在鄂尔多斯盆地西部的东缘也较常见(图版Ⅶ-3)。

(9) 非组构选择性溶孔：是指既溶蚀颗粒又溶蚀胶结物和基质而形成的串珠状或囊状孔隙，在粉-细晶白云岩中，是沿白云石晶间孔、晶间溶孔或微裂缝溶蚀扩大而形成的。常沿裂缝、缝合线及其附近分布，形成时间对应或稍后。孔径较大，一般在 0.1～1mm，最大可达 2mm(图版Ⅵ-2)。非组构选择性溶孔是塔中西部良里塔格组次要孔隙类型。

2) 溶洞

镜下洞径一般在 2～5mm，岩心中洞径一般在 2～30mm，录井显示的钻具放空最大值超过 1m。溶洞可由微小孔隙溶蚀扩大形成，或由非组构选择性溶孔经溶蚀扩大形成，也可沿裂隙带溶蚀坍塌形成，或是膏盐类晶体或结核被溶蚀形成。溶洞是两个地区重要的储渗空间类型(图版Ⅳ-1、3、4，图版Ⅵ-3、4、5、8，图版Ⅶ-5、6、7)。溶洞作为塔中西部良里塔格组有效储集空间，早期溶洞多以充填残余洞、孔的形式保留。

3) 裂缝

两个地区奥陶系碳酸盐岩中裂缝均较发育。不仅岩心上有大量可见的宏观裂缝，缝宽一般在 1～5mm，最宽处可达几厘米，而且发育大量微裂缝，缝宽在 0.01～1mm，主要包括构造缝和溶蚀缝两种类型。

(1) 构造缝：为主要的，也是最有效的裂缝类型，区内以微裂缝居多(图版Ⅵ-2、6，图版Ⅶ-8)。纯粹的构造缝较少见，多数见溶蚀和充填现象。早期构造缝几乎已被完全充填。构造缝为塔中西部良里塔格组主要的、也是最有效的裂缝类型。

(2) 溶蚀缝：溶蚀缝是沿着早期的裂缝系统、缝合线产生溶蚀扩大形成的(图版Ⅵ-7)。这种裂缝在两个地区奥陶系碳酸盐岩中较发育，缝宽一般大于 1mm，表现为破裂面的不规则溶蚀扩大，不完全充填的溶蚀缝也具重要的油气储渗意义。溶蚀缝继续溶蚀扩大形成溶沟。

2. 研究区良里塔格组储渗空间类型及特征

从塔中西部上奥陶统良里塔格组储层中主要识别出 6 种储渗空间类型(表9.1)。粒内溶孔多见于砂屑和鲕粒内，为良里塔格组主要孔隙类型，如 sh2 井良二段 6781～6802m 井段粒内溶孔发育[图 9.1(a)、(b)]，良一段局部可见。铸模孔是粒内溶孔的溶蚀扩大，仅保存颗粒外形或泥晶套，sh2 井良二段铸模孔发育良好，多是砂屑和鲕粒的铸模[图 9.1(b)]。非组构选择性溶孔是指既溶蚀颗粒又溶蚀胶结物和基质而成的串珠状或囊状孔隙，为良里塔格组次要孔隙类型[图 9.1(c)]。溶洞多为良里塔格组有效储集空间，早期溶洞多以充填残余洞的形式保留。溶缝是沿着早期的裂缝、缝合线溶蚀扩大而形成的。构造缝是良里塔格组主要的也是最有效的裂缝类型，以微缝居多[图 9.1(d)]。

表 9.1　塔中西部良里塔格组储层储渗空间类型统计表

储渗空间类型	粒内溶孔	铸模孔	非组构选择性溶孔	溶洞	溶缝	构造缝
薄片数/个	71	6	21	12	8	32
平均面孔率/%	0.45	0.08	0.11	0.30	0.13	0.21
孔洞径或缝宽/mm	一般的：0.01～0.04 较大的：0.5～0.8	一般的：0.1～1.0 最大的：>2.0	一般的：0.1～1.0 最大的：2.0	岩心的：2～30 镜下的：2～5	一般的：>1.0	岩心的：1.0～5.0 镜下的：0.01～1.0
储渗意义	储集为主	储集为主	储集与渗流	储集为主	渗流为主	渗流为主
主要控制因素	岩溶作用	岩溶作用	岩溶作用	岩溶作用	构造破裂+岩溶作用	构造破裂作用

注：根据 150 块有孔铸体薄片统计。

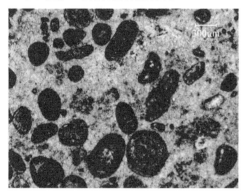

(a) 亮晶鲕粒砂屑灰岩，粒内溶孔。sh2井，6798.6m，O_3l^2，红色铸体片，单偏光

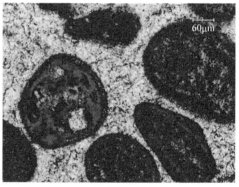

(b) 亮晶砂屑鲕粒灰岩，铸模孔和粒内溶孔。sh2井，6798.3m，O_3l^2，红色铸体片，单偏光

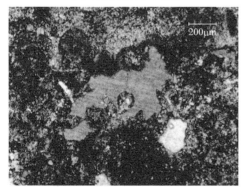

(c) 亮晶鲕粒砂屑灰岩，非选择性溶孔。sh2井，6798.6m，O_3l^2，红色铸体片，单偏光

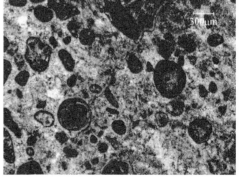

(d) 亮晶砂屑鲕粒灰岩，构造裂缝。sh2井，6797.3m，O_3l^2，红色铸体片，单偏光

图 9.1　塔中西部良里塔格组储层的主要储渗空间类型(见彩图)

3. 物性特征

塔里木盆地塔中西部和鄂尔多斯盆地西部奥陶系碳酸盐岩储层均属于特低孔低渗储层。塔中西部奥陶系碳酸盐岩储层孔隙度分布在 0.03%～12.74%，主要分布范围为 0.03%～2.0%，平均孔隙度为 1.39%；渗透率分布在(0.0003～81)×10^{-3}μm^2，主要分布范围为(0.001～1)×10^{-3}μm^2，平均渗透率为 1.23×10^{-3}μm^2(表 9.2，图 9.2，图 9.3)。储层孔隙度与渗透率无明显的相关性(图 9.4)。鄂尔多斯盆地西部奥陶系碳酸盐岩储层孔隙度分布在 0.02%～20.22%，主要分布范围 0.02%～4.0%，平均孔隙度为 2.28%；渗透率分布在(0.005～273.8)×10^{-3}μm^2，主要分布范围为(0.01～0.5)×10^{-3}μm^2，平均渗透率为 2.41×10^{-3}μm^2(表 9.2)。储层孔隙度与渗透率也无明显的相关性。

表 9.2　研究区奥陶系碳酸盐岩储层物性统计表

研究区及层位	孔隙度/%		渗透率/(×10^{-3}μm^2)	
	主要分布范围	平均值	主要分布范围	平均值
塔里木盆地塔中西部奥陶系	0.03～2.0	1.39	0.001～1	1.23
鄂尔多斯盆地西部奥陶系	0.02～4.0	2.28	0.01～0.5	2.41

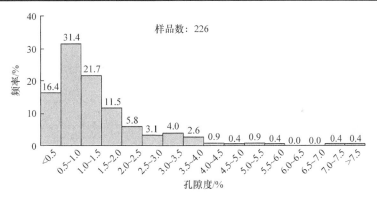

图 9.2　塔中西部奥陶系碳酸盐岩储层孔隙度分布频率图

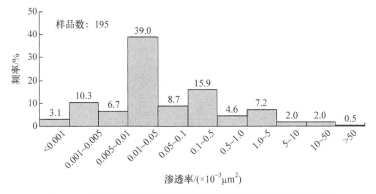

图 9.3　塔中西部奥陶系碳酸盐岩储层渗透率分布频率图

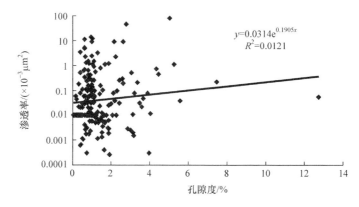

图 9.4 塔中西部奥陶系碳酸盐岩储层孔隙度、渗透率关系图

通过对塔中西部上奥陶统良里塔格组碳酸盐岩储层岩心样品分析,得到本区良里塔格组碳酸盐岩储层孔隙度分布在 0.06%～12.74%,主要分布在 0.06%～2.5%(图 9.5),平均孔隙度为 1.46%;渗透率分布在$(0.000274～81)×10^{-3}μm^2$,主要分布在$(0.01～0.05)×10^{-3}μm^2$ 和$(0.10～0.50)×10^{-3}μm^2$(图 9.6),平均渗透率为$1.37×10^{-3}μm^2$。良里塔格组储层总体上具有特低孔低渗的物性特征,孔隙度与渗透率无明显的相关性。良二段储层物性优于良一、良三段(表 9.3)。

表 9.3 塔中西部良里塔格组各岩性段储层物性统计表

岩性段	孔隙度/%		渗透率/$(×10^{-3}μm^2)$	
	分布范围	平均值	分布范围	平均值
良一段	0.30～1.49	0.92	0.04～0.99	0.34
良二段	0.39～2.57	1.17	0.01～8.19	1.95
良三段	0.44～1.40	0.77	0.001～1.91	0.50

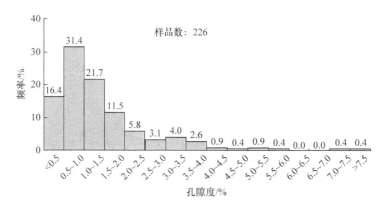

图 9.5 塔中西部良里塔格组碳酸盐岩储层孔隙度分布频率图

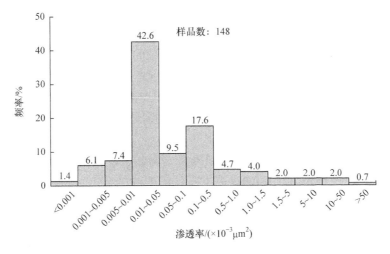

图 9.6　塔中西部良里塔格组碳酸盐岩储层渗透率分布频率图

通过对塔中西部中下奥陶统鹰山组碳酸盐岩储层岩心样品分析，得到本区鹰山组碳酸盐岩储层孔隙度分布在 0.03%~3.66%，主要分布在 0.03%~2.0%，平均孔隙度为 1.18%；渗透率分布在$(0.000302~11)×10^{-3}\mu m^2$，主要分布在$(0.001~0.005)×10^{-3}\mu m^2$、$(0.01~0.05)×10^{-3}\mu m^2$ 和$(0.1~0.5)×10^{-3}\mu m^2$，平均渗透率为$0.78×10^{-3}\mu m^2$。鹰山组储层总体上具有特低孔特低渗的物性特征，孔隙度与渗透率也无明显的相关性。

塔中西部良里塔格组同生期岩溶型储层以 sh2 井和 TZ12 井为代表，其储层孔隙度分布在 0.32%~3.98%，平均孔隙度 1.57%；储层渗透率分布在$(0.0001~0.25)×10^{-3}\mu m^2$，平均渗透率 $0.03×10^{-3}\mu m^2$。由于该类储层的主要储渗空间类型为孤立状分布的铸模孔和粒内溶孔，孔隙的连通性差，造成该类古岩溶储层具有孔隙度较高、渗透率较低的特征。

表生期岩溶型储层见于塔中西部良里塔格组顶部和鹰山组顶部，如 Zh1、Zh12、Zh13、TZ2、TZ9、TZ19 井。储层孔隙度分布在 0.87%~12.74%，平均孔隙度为 3.67%；储层渗透率分布在$(0.06~11)×10^{-3}\mu m^2$，平均渗透率为$1.53×10^{-3}\mu m^2$。

埋藏期岩溶型储层主要在塔中西部良里塔格组灰岩中发育。例如，TZ45 井，储层孔隙度分布在 0.7%~2.0%，平均孔隙度为 1.35%；储层渗透率分布在$(0.1~1.25)×10^{-3}\mu m^2$，平均渗透率为$0.78×10^{-3}\mu m^2$。

物性分析表明，岩溶作用控制下的储层是本区奥陶系碳酸盐岩储层中的高孔渗段，但岩溶作用也使碳酸盐岩储层具有极强的非均质性。

4. 古岩溶储层的孔隙结构类型及特征

储层孔隙结构是指储层所具有的孔隙和喉道的几何形状、大小、分布及其相互连通的关系。通过毛管压力曲线(压汞曲线)形态及特征参数来研究储层孔隙结构的方法是比较常用的方法。碳酸盐岩储层中的连通喉道主要为片状和管状喉道,孔隙收缩喉道较为少见。裂缝是塔中西部奥陶系碳酸盐岩古岩溶储层的渗滤通道之一,片状喉道多见于晶粒白云岩中。

根据岩心观察、铸体薄片鉴定和孔喉图像分析,发现在塔中西部奥陶系碳酸盐岩古岩溶储层中起连通作用的喉道主要有裂缝和方解石晶间微孔两种类型。裂缝喉道可分为宽缝喉道、小缝喉道和微缝喉道 3 类:宽缝喉道宽度在 0.1mm 以上,通常肉眼可识别;小缝喉道宽度为 0.01~0.1mm,显微镜下可识别,有铸体进入;微缝喉道宽度<0.01mm,显微镜下可见,但铸体难进入。方解石晶间微孔喉道宽度和方解石晶体大小有关,一般晶体越粗,方解石晶间微孔喉道越大,但孔喉宽度一般小于 0.01mm。

1) 塔中西部奥陶系碳酸盐岩孔隙结构及储层类型

本书根据塔中西部奥陶系碳酸盐岩古岩溶储层的压汞资料和铸体薄片的镜下详细观察及扫描电镜分析,将其奥陶系古岩溶储层的孔隙结构划分为Ⅰ、Ⅱ、Ⅲ、Ⅳ四类,并分别与四种不同类型的压汞法毛管压力曲线对应。

(1) 孔隙结构类型。①Ⅰ类孔隙结构:这类孔隙结构的毛管压力曲线具有排驱压力和中值压力较低,最大连通孔喉半径和中值半径较大、孔喉分选较好,并具粗歪度的特点,曲线下凹,并具一个较明显的平台(图 9.7)。主要代表细晶白云岩储层的孔隙结构特征。孔隙度为 1.58%~3.25%,平均值为 2.33%;渗透率为 $(0.0013~0.166)×10^{-3}μm^2$,平均值为 $0.035×10^{-3}μm^2$;排驱压力为 0.30~7.33MPa,平均值为 2.78MPa;中值压力为 12.14~50.03MPa,平均值为 23.78MPa。最大连通孔喉半径为 0.1003~2.51μm,平均值为 0.976μm;中值半径为 0.0147~0.0605μm,平均值为 0.0372μm。分选系数为 1.37~4.036,平均值为 2.548;变异系数为 0.106~0.405,平均值为 0.2397。②Ⅱ类孔隙结构:这类孔隙压力曲线(Ⅱ类)具有排驱压力和中值压力较高,最大连通孔喉半径和中值半径较大、孔喉分选较好-中等,并具细歪度的特点,曲线呈向上凸的斜线型(图 9.8)。主要代表细晶白云岩、粉-细晶白云岩储层的孔隙结构特征。孔隙度为 0.30%~3.10%,平均值为 1.77%;渗透率为 $(0.0002~0.0934)×10^{-3}μm^2$,平均值为 $0.0144×10^{-3}μm^2$;排驱压力为 0.46~8.21MPa,平均值为 7.31MPa;中值压力为 35.59~176.15MPa,平均值为 100.84MPa。最大连通孔喉半径为 0.40~1.60μm,平均值为 0.3899μm;中值半径为 0.0042~0.0207μm,平均值为 0.0099μm。分选系数为3.36～5.37，平均值为4.475；变异系数为0.312～0.774，平均值为0.507。
③Ⅲ类孔隙结构：这类孔隙结构的毛管压力曲线的排驱压力很高，进汞量少。平直段不明显，分选较差，喉道分布具细歪度；一般由于裂缝的作用，渗透率较Ⅱ类曲线高，孔隙度不高；分选系数、变异系数的平均值均显示，该类曲线的孔喉分选性在四类毛管压力曲线中次于Ⅱ类曲线，喉道分布具细歪度(图9.9)。主要代表云质灰岩的孔隙结构特征。孔隙度为0.30%～3.98%，平均值为1.47%；渗透率在$(0.0001～0.0167)×10^{-3}\mu m^2$，平均值为$0.0028×10^{-3}\mu m^2$；排驱压力为0.73～29.26MPa，平均值9.52MPa；中值压力为81.66～178.21MPa，平均值为131.66MPa。最大连通孔喉半径为0.025～1.001μm，平均值为0.263μm。中值半径为0.004～0.009μm，平均值为0.006μm。分选系数为3.38～5.94，平均值为4.846；变异系数为0.289～1.728，平均值为0.775。④Ⅳ类孔隙结构：这类孔隙结构的毛管压力曲线的排驱压力很大，其孔喉分选性在四类毛管压力曲线中最差(图9.10)。主要代表致密灰岩的孔隙结构特征。孔隙度在0.40%～1.85%，平均值为0.81%；渗透率在$(0.0002～8.31)×10^{-3}\mu m^2$，平均值为$1.62×10^{-3}\mu m^2$；排驱压力为0.0717～45.836MPa，平均值为9.79MPa；中值压力未能测出。最大连通孔喉半径为0.016～10.25μm，平均值为2.003μm。分选系数为1.63～3.37，平均值为2.178；变异系数为0.143～7.71，平均值为4.446。

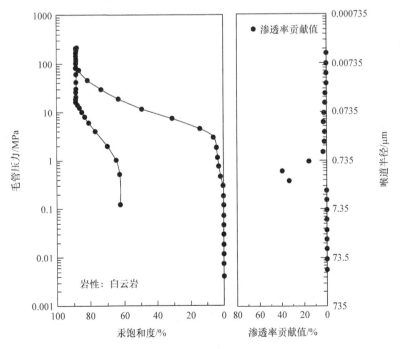

图9.7　塔中西部奥陶系储层Ⅰ类毛管压力曲线

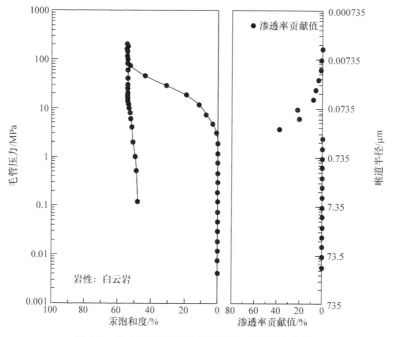

图9.8　塔中西部奥陶系储层Ⅱ类毛管压力曲线

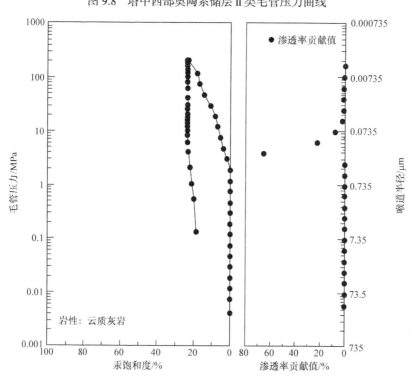

图9.9　塔中西部奥陶系储层Ⅲ类毛管压力曲线

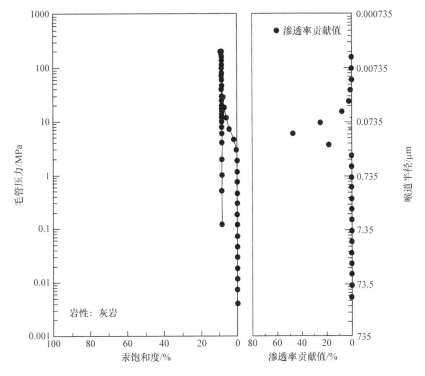

图 9.10　塔中西部奥陶系储层Ⅳ类毛管压力曲线

(2) 储层类型。有学者依据孔隙、孔洞和裂缝三种空隙在储集岩总空隙中所占的比例，将碳酸盐岩储层划分为 6 种类型，即孔洞-孔隙型、孔隙型、裂缝-孔隙型、孔隙-裂缝型、裂缝型及孔洞-裂缝型。在上述研究的基础上，结合塔中西部奥陶系已有的岩心描述、薄片鉴定、录井、测井和测试资料，认为该区奥陶系碳酸盐岩古岩溶储层中存在由孔隙、孔洞和裂缝几种基本的储集类型按不同的方式、配比及规模组合成裂缝-孔洞型、裂缝-孔隙型、孔隙-裂缝型、裂缝-溶洞型和孔隙型等几种储层类型。

① 裂缝-孔洞型储层：这类储层主要发育于亮晶砂屑灰岩、藻黏结砂屑灰岩、生屑泥晶灰岩和白云岩等岩石类型中，是塔中西部奥陶系一种重要的储层类型。裂缝-孔洞型储层中裂缝和孔洞均是重要的储渗空间类型，但孔洞的贡献更大，裂缝主要充当渗滤通道。储集空间类型主要有溶蚀孔、洞和溶扩缝等。该类储层总体上储渗性能好，往往能形成较好或稳定的产层。本区良里塔格组和鹰山组均发育这种储层类型，TZ54 井 5754.63～5757.73m 井段和 5852.0～5853.2m 井段、Zh1 井 5363～5381m 为这类储层的典型代表。该类储层具有 Ⅰ 类孔隙结构类型。

② 裂缝-孔隙型储层和孔隙-裂缝型储层：这类储层发育于台缘滩、台内滩相颗粒灰岩，局限台地泻湖或半局限台地泻湖相白云岩中，岩石类型为亮晶砂屑灰

岩、亮晶藻砂屑灰岩、亮晶生屑砂屑灰岩和晶粒白云岩等，储集空间主要为粒内溶孔和铸模孔、非选择性溶孔；溶洞充填残余孔、晶间溶孔、晶间微孔和晶间孔等，见多期构造缝和溶缝，沿构造缝和压溶缝有串珠状溶孔发育。例如，Zh11 井5623~5640.2m 的砂屑灰岩、云质砂屑灰岩和白云岩储层属于该类储层。该类储层具有 I 类和 III 类孔隙结构类型。

③ 裂缝-溶洞型储层：这类储层的储集空间类型主要是溶洞或溶洞的充填残余洞(洞径大于 5mm)，裂缝主要起渗滤通道和连通溶洞的作用。当溶洞体积足够大时，钻井过程中会出现钻具放空以及钻井液大量漏失的现象。该类储层的分布与古岩溶发育带，尤其是与表生期岩溶带密切相关。TZ 45 井 6077~6109m 的储层就属于裂缝-溶洞型储层。

④ 孔隙型储层：孔隙型储层在塔中西部上奥陶统良里塔格组仅见于台地边缘相带的亮晶砂屑灰岩、亮晶鲕粒砂屑灰岩、亮晶砂屑鲕粒灰岩等岩石类型中，储集空间类型为砂屑、鲕粒或其他颗粒中的针状小溶孔、粒内溶孔和铸模孔等。这些孔隙多呈孤立状分布，难以见到较明显的喉道与之相连通，反映这种类型的储层具有较好的储集性能，但渗流能力差。孔隙型储层在剖面上一般厚度仅数米，横向上多呈透镜体状，如 sh2 井 6783~6802m 井段和 6855~6860m 井段。此外，在本区中下奥陶统鹰山组晶粒白云岩中也能见到这一类型储层，储集空间类型主要是晶间溶孔和晶间孔。该类储层具有 I 类和 II 类孔隙结构类型。

2) 塔中西部良里塔格组碳酸盐岩孔隙结构类型

本次研究根据压汞曲线形态和压汞特征参数统计将塔中西部良里塔格组储层孔隙结构大致划分为四类。

(1) I 类孔隙结构。该类孔隙结构的进汞曲线下凹，具平缓段。具有排驱压力和中值压力较低、进汞饱和度大、孔喉分选性和连通性较好的特点。排驱压力为 0.29MPa，中值压力为 12.14MPa，最大进汞饱和度为 88.31%，分选系数为 2.04。孔隙度一般大于 4.5%，渗透率一般大于 $5 \times 10^{-3} \mu m^2$。本区的裂缝-孔洞型储层和裂缝-孔隙型储层均具有这类孔隙结构(图 9.11)。

(2) II 类孔隙结构。该类孔隙结构的进汞曲线呈平缓斜坡型。具有排驱压力和中值压力较高、进汞饱和度中等、孔喉分选性中等的特点。排驱压力为 1.71MPa，中值压力为 65.13MPa，最大进汞饱和度为 54.52%，分选系数为 4.85。孔隙度一般在 2%~5%，渗透率为 $(0.10~5) \times 10^{-3} \mu m^2$。本区的孔隙型储层多具有这种孔隙结构(图 9.11)。

(3) III 类孔隙结构。该类孔隙结构的进汞曲线呈明显陡坡型。具有排驱压力和中值压力高，进汞饱和度小、孔喉分选性差的特点。排驱压力为 1.95MPa，最大进汞饱和度 23.30%，分选系数为 5.45。孔隙度一般在 1.5%~3.0%，渗透率为 $(0.01~0.10) \times 10^{-3} \mu m^2$(有裂缝的贡献)。本区的裂缝型储层和少量裂缝-孔隙型储层常具有这种孔隙结构(图 9.11)。

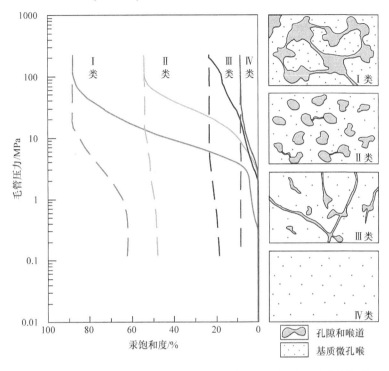

图 9.11　塔中西部良里塔格组储层毛管压力曲线及相应微观孔隙结构类型

(4) Ⅳ类孔隙结构。该类孔隙结构的进汞曲线呈陡短型。具有排驱压力大、进汞饱和度很小、孔喉分选性很差的特点。排驱压力为 2.92MPa，最大进汞饱和度为 8.23%。孔隙度一般小于 1.5%，渗透率一般小于 $0.01×10^{-3}\mu m^{2}$，由于裂缝作用，有时可见渗透率值异常高的情况。本区的致密灰岩和以基质微孔喉为主的岩石具有此类孔隙结构(图 9.11)。

9.2.2　岩溶作用对储层形成和分布的控制作用

岩溶作用对储层的孔洞发育和储层的非均质性具有重要的控制作用(Moore, et al., 2013; Ahr, 2008；陈景山等, 2007; Wang et al., 2002; Dehgehghani et al., 1999; Loucks, 1999; Demiralin et al., 1994；郭建华, 1993)。由于岩溶类型不同，其产生的孔、洞、缝的充填程度及充填物类型也有差异。例如，白云岩型岩溶产生的孔、洞、缝的充填程度较低，充填物以硅质、方解石和白云石等矿物为主，陆源碎屑砂泥质充填物较少，多形成有利的储集空间；灰岩型岩溶形成的孔、洞、缝大多为不同成因的岩溶充填物充填，充填物以陆源碎屑砂泥质为主，充填程度较高，使储集油气的有效性大大降低。

1. 岩溶作用产生的储渗空间类型

塔里木盆地塔中西部和鄂尔多斯盆地西部奥陶系碳酸盐岩古岩溶储层的储渗空间是同生期岩溶、表生期岩溶和埋藏期岩溶作用的产物。

1) 同生期岩溶作用

(1) 台缘滩、礁型同生期岩溶作用。既选择性溶蚀由准稳定矿物文石、高镁方解石组成的颗粒或第一期方解石胶结物，形成粒内溶孔、铸模孔和粒间溶孔，又发生非选择性溶蚀作用，形成溶缝和小型溶洞。但后者随后均被完全充填，只有前者的部分孔隙保存下来成为有效的储集空间，见于塔中西部及邻区上奥陶统良里塔格组台地镶边体系中。

(2) 台内滩、潮坪型同生期岩溶作用。该岩溶作用明显弱于台缘滩、礁型同生期岩溶作用，在台内滩中主要形成粒内溶孔、铸模孔和粒间溶孔及非组构选择性溶孔等，但数量少，规模小，主要呈孤立分散状分布，如鄂尔多斯盆地西部中央古隆起北侧下奥陶统马五段碳酸盐台地中。在浅水潮坪中形成晶间溶孔、粒间溶孔和非组构选择性溶孔等，如鄂尔多斯盆地西部伊盟古陆南缘的马五段白云岩潮坪中。

(3) 蒸发潮坪型同生期岩溶作用。在蒸发潮坪中形成晶间溶孔、膏盐模孔洞和非组构选择性溶孔等，主要见于鄂尔多斯盆地西部东缘马五段盆缘蒸发潮坪中。

2) 表生期岩溶作用

它一方面使地层遭到不同程度的剥蚀，另一方面导致不整合面以下的碳酸盐岩发生广泛而又强烈的岩溶作用，形成了大小不等，形态各异、为数众多的各种岩溶孔洞缝，有粒间孔、粒内溶孔、晶间溶孔、溶缝、中小型溶蚀孔洞和大型溶洞等类型。但随后多数被部分或完全充填，只有一些残余的孔洞缝可以保存下来成为有效的储集空间，见图4.45。

3) 埋藏期岩溶作用

埋藏期岩溶作用在塔中西部及邻区奥陶系碳酸盐岩中至少发育3期。晚加里东-早海西期岩溶作用对先期大气成岩透镜体中的孔隙层、裂缝、缝合线等进行溶蚀改造，主要形成各种溶扩孔、缝，有晶间溶孔、粒间溶孔和溶扩缝洞等类型，伴随发生第一次油气充注事件，导致胶结作用中断，孔隙得以保存；晚海西期岩溶作用主要形成溶扩孔、缝，以树状岩溶缝洞系统为特征，有晶间溶孔、非组构溶孔、小型溶蚀孔洞、溶缝和少量溶洞等类型，缝洞部分充填后的剩余空间成为主要的油气储集空间；伴随着构造破裂作用的发生，喜山期岩溶作用主要形成少量溶扩孔、缝，有晶间溶孔、溶扩缝、串珠状溶孔和小型溶洞等类型充当油气的储集空间(表5.7)。

埋藏期压释水岩溶在鄂尔多斯盆地西部东缘下奥陶统马家沟组五段形成溶缝-溶孔组合、溶孔-裂缝组合和斑状-聚合溶孔组合。溶缝一般呈网状、枝状或顺层状分布，溶孔呈不规则状，大小悬殊。埋藏期热水岩溶改造鄂尔多斯盆地西部岩溶洞穴堆积物的储集空间，形成了以溶孔、溶缝为主，顺层分布的岩溶带，溶孔多呈球粒状，分布于白云岩中。

2. 表生期岩溶垂向剖面中不同岩溶带的储集特征

5.3.2 小节中，以 Zh1、TZ16 和 TZ1 井为例，对塔中西部及邻区奥陶系岩块构造型表生期岩溶的垂向分带特征进行了研究，表生期岩溶作用在该区奥陶系碳酸盐岩中形成的储集空间的类型及其在各岩溶带内的分布特征和有效性评价见表 9.4。在四个表生期岩溶带中，地表岩溶带的粒间孔和粒间溶孔，垂直渗流岩溶带和水平潜流岩溶带的孔洞缝充填残余空间可作为有效的储集空间。不同岩溶带的储集特征分述如下。

表 9.4　表生期岩溶作用形成的储集空间类型及其评价

岩溶带划分	主要储集空间类型	充填情况	有效性评价
地表岩溶带	少量粒间孔和粒间溶孔	未充填或半充填	好
垂直渗流岩溶带	以高角度溶缝为主，见中小型溶蚀孔洞	半充填或全充填	中
水平潜流岩溶带	大型水平溶洞，中小型溶蚀孔洞，溶缝，洞顶破裂缝，粒间溶孔，晶间溶孔	大洞几乎全充填，其他为半充填或全充填	好
深部缓流岩溶带	零散分布的溶孔和溶缝	半充填或全充填	差

1) 地表岩溶带

地表岩溶带中，常发育零至几十米厚的紫红色泥岩、灰绿色铝土质泥岩、粉砂岩、角砾灰岩、角砾白云岩等覆盖型沉积物及岩溶残积物。其中以碎屑支撑的角砾灰岩、角砾白云岩的孔渗性能较好，可作为良好的储层。例如，TZ1 井石炭系底部的角砾岩，但是分布局限。

2) 垂直渗流岩溶带

该岩溶带的储集体有两类：一类是溶洞充填物储集体，储集空间类型为粒间孔及角砾灰岩的砾间溶孔。它们主要发育于灰岩型岩溶剖面中，位于不整合面之下 0~30m 的范围内，该类储集体横向上不连续，呈非均质囊状、脉状产出。另一类是碳酸盐岩围岩储集体，主要储集空间为半充填溶缝、溶蚀孔洞。它们主要分布于白云岩型岩溶剖面中，其孔洞充填程度较低，一般可作为良好的储层。

3) 水平潜流岩溶带

灰岩型岩溶剖面中，大型的水平溶洞多为洞穴充填物充填，未充填及半充填的大型溶洞仅见于个别井中，如 TZ16 井在 4259～4260.68m 钻井放空 1.68m，录井过程中见自形、半自形方解石充填物；鄂尔多斯盆地西部的天 1 井在 3934.7～3935.8m，钻井放空 1.1m，天深 1 井在 4069.0～4070.0m，钻井放空 1.0m，录井过程中均见到石英、细-中晶白云石等充填物。

白云岩型岩溶剖面中，孔洞发育段与低孔段或致密段相间出现，储层发育段与水平潜流岩溶亚带的孔洞发育段相吻合。储集空间类型以未充填或半充填溶蚀孔洞、针孔为主，储集性能良好。部分白云岩型岩溶剖面中，储集空间类型的垂向变化与距不整合面的距离密切相关。以 TZ1 井为例，从中下奥陶统顶部不整合面 3583m 向下至 3856m，为中、小型溶洞带；3856～3900m 为小型溶洞带；3900～4110m 为小型溶洞、针孔带；4110～4188m 为针孔带；4188m 以下针孔断续出现。这表明距不整合面的距离越远，孔洞直径变小，数量也变少。另外距不整合面越远，相应的裂缝宽度也变小。

4) 深部缓流岩溶带

该岩溶带发育溶缝、针孔及小型溶蚀孔洞。孔缝多被泥质、方解石、白云石充填或半充填，孔隙度较低，储集性能较差。如果经后期构造作用及埋藏期岩溶作用的改造，可发育成裂缝型储层。

3. 岩溶作用对储层形成、分布的控制与影响

1) 塔中西部及邻区奥陶系碳酸盐岩储层

(1) 三大类岩溶作用的重要意义。岩溶作用对塔中西部及邻区奥陶系碳酸盐岩储层的形成、演化至关重要。本区奥陶系碳酸盐岩储层成岩演化过程中，同生期岩溶作用使碳酸盐沉积物的孔隙度增加 10%～15%不等，同生期岩溶作用控制该区奥陶系早期碳酸盐岩储层的形成与分布，储集空间类型以大气淡水选择性溶蚀形成的粒内溶孔、铸模孔和粒间溶孔等为主，其储层一般呈透镜体沿台地边缘镶边体系高能相带断续分布。

表生期岩溶作用使碳酸盐岩储层的孔隙度增加 15%～25%不等，表生期岩溶作用是该区奥陶系碳酸盐岩储层形成的关键作用，它不仅为原来致密的碳酸盐岩提供了数量不等的有效储集空间，并且使现今该区奥陶系碳酸盐岩储层主要分布于表生期岩溶发育范围与发育深度的框架内。受到表生期岩溶作用深刻影响的该区奥陶系碳酸盐岩储层主要沿塔中Ⅱ号构造带及其周边分布。

埋藏期岩溶作用使碳酸盐岩储层的孔隙度增加 1%～10%不等，埋藏期岩溶作用一般沿原有的孔缝系统进行，是碳酸盐岩储层优化改造的关键因素之一。明显受到埋藏期岩溶作用改造的该区奥陶系碳酸盐岩储层在靠近塔中Ⅰ号构造带和塔中Ⅱ号构造带的地区及塔中 10 号构造附近发育。

(2) 叠加型古岩溶的控制作用。由于塔中西部及邻区奥陶系海相碳酸盐岩厚

度大，分布广，类型多，经历时间长，经过了多旋回和多期次重大的构造作用与成岩作用的改造，这不仅造成了碳酸盐岩发生显著变化，并且导致其储层的发育演化变化多端。就叠加型岩溶体系与碳酸盐岩储层的关系而言，本区奥陶系碳酸盐岩古岩溶储层主要存在三种基本类型：同生期岩溶+埋藏期岩溶型储层，主要分布于上奥陶统良里塔格组；表生期岩溶+埋藏期岩溶型储层，主要分布于中下奥陶统鹰山组；构造缝-埋藏期岩溶型储层，在良里塔格组和鹰山组均有分布。

　　叠加型古岩溶对塔中西部及邻区奥陶系碳酸盐岩储层的形成及分布起着一定的控制作用。主要表现在以下五个方面。①同生期、表生期岩溶作用产生的孔、洞、缝虽然部分被充填物充填，但仍保留了一些有效的储集空间。其中，白云岩型表生期岩溶形成的孔洞，充填程度较低，储集条件较灰岩型岩溶优越。②同生期、表生期岩溶作用形成的孔、洞、缝及后期产生的构造裂缝改善了碳酸盐岩的渗透能力，为埋藏期岩溶作用的发生，奠定了良好的基础。埋藏期岩溶作用进一步形成的继承性溶缝、溶蚀孔洞及构造裂缝与前期岩溶作用形成的有效储集空间一起构成现今奥陶系碳酸盐岩储层的储渗组合。③白云岩型表生期岩溶垂向剖面中，孔洞发育段与低孔段或致密段相间出现，储层发育段与水平潜流岩溶亚带的孔洞发育段相吻合。④由于表生期岩溶作用对不整合面下几百米厚地层的改造，使该段碳酸盐岩的机械强度大为降低，从而有利于构造裂缝的产生。现今裂缝型储层的发育深度，也与岩溶作用深度基本吻合。⑤叠加型古岩溶的重要意义还在于，它大体上使本区奥陶系碳酸盐岩储层的发育和现今分布被限制在古岩溶体系的范围和深度以内。

　　2) 鄂尔多斯盆地西部奥陶系碳酸盐岩储层

　　古岩溶的演化过程控制着鄂尔多斯盆地西部奥陶系碳酸盐岩储层中孔、洞体系的发育。在漫长的演化过程中，①同生期岩溶的发生，奠定了孔、洞体系的基础，同时，也发生了第一期淡水白云石和淡水方解石的充填作用。②表生期岩溶的发育，使同生期岩溶产生的孔洞雏形得到了进一步的溶蚀扩大，同时，也出现了第二期淡水白云石和淡水方解石充填物，发生了机械破碎物、搬运物的充填作用。但是，随着奥陶系古岩溶系统进入埋藏环境后，岩溶环境由开放体系转变为封闭体系。岩溶空间随着上覆地层的沉积而经历了压实、胶结、压溶等成岩作用类型，使储层孔隙度降低。③奥陶系古岩溶系统进入中-深埋藏阶段后，随着有机质的成熟和压释水岩溶的发育，发生了孔隙度的转换，同时出现第三期充填物：白云石、方解石、铁白云石、铁方解石和石英等。④奥陶系古岩溶系统进入深埋藏阶段后，热水岩溶发育，不但促进了烃类的降解和裂解，而且使岩溶空间由改造阶段演变为水岩作用平衡及定型阶段，从而促进储层的形成。同时出现了第四期充填物：富铁白云石、富铁方解石、异形白云石(鞍状白云石)和铅锌矿等热液矿物及其组合。

因此,古岩溶演化在奥陶系碳酸盐岩储层中既有建设性的一面——溶蚀作用,又有破坏性的一面——充填和物理化学作用,两个方面相互制约和依存,最终因热水岩溶的发育及烃类的运聚使储层的溶蚀孔洞定形。总之,同生期岩溶作用孕育了该地区奥陶系古岩溶储层储集空间的雏形,表生期岩溶作用形成了古岩溶储层的基本轮廓,埋藏期岩溶作用进一步将古岩溶储层改造为现今状况。

9.2.3 奥陶系古岩溶储层评价预测

1. 国内碳酸盐岩储层评价现状

油气勘探开发实践证明,正是由于溶孔、溶洞和溶缝的广泛存在及构造裂缝的发育,使得碳酸盐岩储层评价变得更复杂(王允诚,1999)。调研塔里木、四川和鄂尔多斯含油气盆地碳酸盐岩储层的地质评价现状发现:塔里木盆地碳酸盐岩储层评价多是综合储层岩性、岩石结构、孔隙结构参数及压汞曲线、物性参数和储层类型等方面的指标(周波等,2013;代宗仰等,2001);四川盆地碳酸盐岩储层评价所选指标与塔里木盆地相似(叶朝阳等,2009;周彦等,2009);鄂尔多斯盆地碳酸盐岩储层评价主要是从岩性和沉积微相特征、物性及孔隙结构特征、成岩作用等角度对储层进行单因素分类分析,通过优选参数、计算平均值、计算单项参数评价分数、确定权重系数,建立了碳酸盐岩综合评价体系,据此开展储层评价工作(王起琮等,2012;王作乾等,2009)。国内用于油气储层评价的石油天然气行业标准属于孔隙型储层评价的范畴,反映出我国目前在碳酸盐岩油气勘探阶段常用的《油气储层评价方法》(SY/T6285—2011)的指标以物性参数为主,也结合孔隙结构参数,未见与岩溶和构造裂缝有关的定量评价指标,因而不能比较客观地评价碳酸盐岩古岩溶储层。

目前从地质角度评价碳酸盐岩古岩溶储层主要是从垂向岩溶带、岩溶古地貌、碳酸盐岩储层分类评价标准等几个方面,单要素评价或多要素评价,以定性评价居多,结合一些定量评价参数。

2. 研究区奥陶系古岩溶储层评价预测

以叠加型古岩溶体系评价预测结果及平面图为基础。本书在系统分析塔中西部奥陶系古岩溶储层特征的基础上,将能够表征岩溶作用所形成的孔洞缝的有效性的定量指标(残余岩溶强度 R)和反映裂缝发育程度的定量指标(岩体破坏接近度系数η)与岩石类型、沉积微相、成岩作用、储层基本类型、物性参数、压汞曲线类型和产能等多项储层地质参数综合,进一步完善了我国碳酸盐岩古岩溶储层的分类评价标准(表9.5)。应用此标准(表9.5),将塔中西部奥陶系碳酸盐岩古岩溶储层划分为4类,即Ⅰ类储层(好储层)、Ⅱ类储层(较好储层)、Ⅲ类储层(中等储层)

及Ⅳ类储层(差或非储层)(表 9.5)。根据该区奥陶系古岩溶储层综合分类评价标准(表 9.5)，对大量重点井开展单井储层评价，在统计单井储层残余岩溶强度(R)和岩体破坏接近度系数(η)的基础上，应用多因素综合分析叠合成图的方法，对本区上奥陶统良里塔格组灰岩叠加型古岩溶储层和中下奥陶统鹰山组碳酸盐岩叠加型古岩溶储层在平面上进行评价预测(图 9.12，图 9.13)。

表 9.5　塔中西部奥陶系碳酸盐岩古岩溶储层综合分类评价标准

指标		Ⅰ类	Ⅱ类	Ⅲ类	Ⅳ类
岩石类型		亮晶颗粒灰岩、泥晶颗粒灰岩		礁(丘)灰岩、泥晶颗粒灰岩	泥晶灰岩 泥晶颗粒灰岩
沉积微相		台缘滩、台内滩、潮坪		生物礁、灰泥丘、部分颗粒滩、潮坪	台内缓坡、台内洼地、潟湖
成岩作用		岩溶作用强烈，破裂作用明显	岩溶作用较强，偶见破裂作用	偶见岩溶作用，充填作用较强	岩溶作用一般不发育
储层基本类型		裂缝-孔洞型、裂缝-孔隙型	孔隙型、裂缝-孔隙型	裂缝型、孔隙-裂缝型	致密型、裂缝型
残余岩溶强度(R)/%		≥2.0	2.0~1.0	≤1.0	
岩体破坏接近度系数(η)		1.52~1.42	1.42~1.23	1.23~1.04	≤1.04
物性参数	Φ/%	≥4.5	4.5~2.5	2.5~1.5	≤1.5
	$K/(\times 10^{-3}\mu m^2)$	≥5	5~0.1	0.1~0.01	≤0.01
压汞曲线类型		Ⅰ类	Ⅰ类、Ⅱ类为主	Ⅲ类为主，部分Ⅱ类	Ⅳ类为主，部分Ⅲ类
产能		自然产能较大	自然产能中等	自然产能低	无自然产能
储层评价		好储层	较好储层	中等储层	差或非储层

(1) 塔中西部上奥陶统良里塔格组Ⅰ、Ⅱ类储层主要分布于台地边缘相带的 sh2—TZ45—TZ12 井一带，其次是分布在 Zh11—TZ10—TZ11 井一带，Ⅰ类储层分布区仅见于台地边缘相带的 TZ451—TZ45 井一带;Ⅳ类储层分布于研究区的西北部和东北部。其余地区以发育Ⅲ+Ⅳ类储层分布区为主(图 9.12)。

(2) 塔中西部中下奥陶统鹰山组Ⅰ+Ⅱ类储层主要分布于三个地区:①是沿着塔中Ⅰ号构造带呈北西-南东向带状展布，大致分布在 sh2—TZ45—TZ66—TZ12 井一带;②是沿塔中Ⅱ号构造带及其周边呈北西-南东向宽带状分布;③是沿着塔中 10 构造带呈北西西向窄带状展布;其余地区为Ⅲ+Ⅳ类储层分布区(图 9.13)。

这对于进一步明确塔中西部地区今后油气勘探的主攻方向具有重要意义，同时也为我国碳酸盐岩古岩溶储层评价提供了新思路。

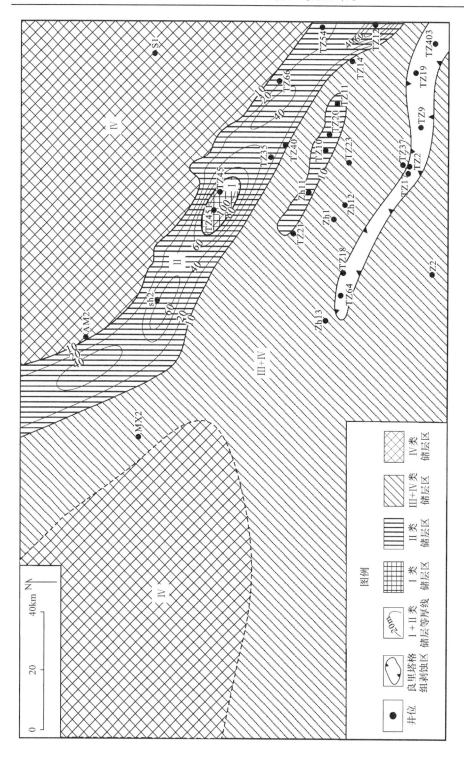

图9.12 塔中西部上奥陶统良里塔格组古岩溶储层评价预测图

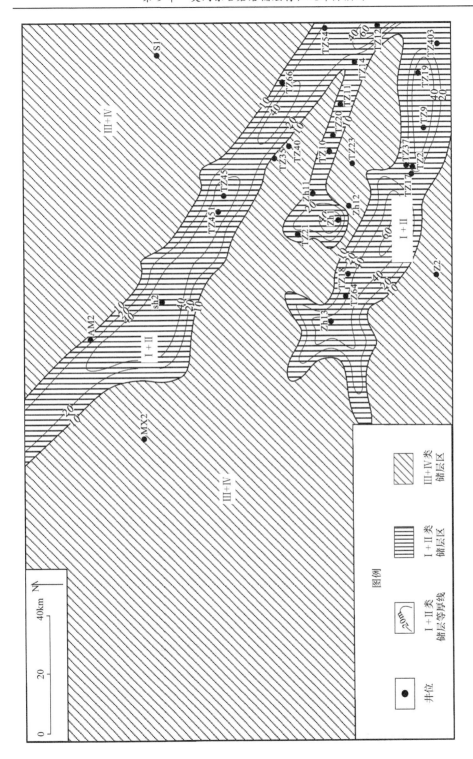

图9.13　塔中西部中下奥陶统鹰山组古岩溶储层评价预测图

　　本书主要依据鄂尔多斯盆地西部下奥陶统叠加型岩溶体系评价预测图(图 8.13)，结合该区下奥陶统的测试及生产资料，将其下奥陶统碳酸盐岩古岩溶储层分为四类，在平面上进行分布预测(图 9.14)。

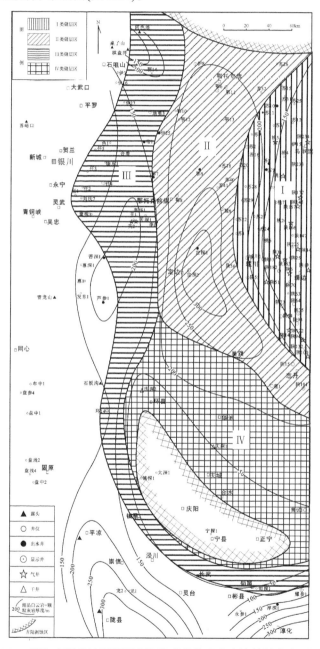

图 9.14　鄂尔多斯盆地西部下奥陶统碳酸盐岩古岩溶储层分布预测图

(1) Ⅰ类储层区：分布在苏 15—苏 2—陕 56—陕 14 井一线以东的弧形区，主要位于岩溶阶地上，基本上属于同生期岩溶、表生期岩溶和热水岩溶发育区在平面上的叠合区，古岩溶储层分布于马五段，目前该地区气井、显示井和出水井均有分布，气井所占比例大(图 9.14)。

(2) Ⅱ类储层区：半环绕Ⅰ类区分布，大体上以伊 25—鄂 7—吴旗—莲 1 井一线与Ⅲ类区、Ⅳ类区相邻，处于岩溶台地和岩溶鞍地上，同生期岩溶对该区北部有影响，受表生期岩溶改造，表生期岩溶成因的水平洞穴较发育，并受热水岩溶控制。古岩溶储层分布于克里摩里组和马四、马五段，目前有显示井和出水井分布(图 9.14)。

(3) Ⅲ类储层区：其西界为伊 3—任 1—苦深 1—环 14 井—镇原—旬邑一线，大致以伊 25—鄂 7—吴旗—莲 1 井一线为界，与Ⅱ类区相邻，并向南呈窄带状大体围绕中央古隆起边界分布，与Ⅳ类区相邻。断裂+表生期岩溶成因的水平洞穴发育，现今储层受热水岩溶改造而定型。古岩溶储层分布于克里摩里组和桌子山组中。个别井为气井，主要是显示井(图 9.14)。

(4) Ⅳ类储层区：该储层区为Ⅱ类区和Ⅲ类区包围，主要处于岩溶台地区，岩溶作用相对较弱，古岩溶储层在马四、马五段见分布(图 9.14)。

9.3　本　章　小　结

本章从梳理"古岩溶储层"的定义出发，分析两个研究区奥陶系碳酸盐岩古岩溶储层特征，揭示岩溶作用对奥陶系碳酸盐岩储层形成、分布的控制作用或重要意义，并对研究区奥陶系古岩溶储层进行平面分级评价预测。重点分析了塔中西部良里塔格组储层毛管压力曲线及相应的微观孔隙结构类型。总结了三大类岩溶作用产生的储渗空间类型，分析了表生期岩溶垂向剖面中不同岩溶带的储集特征，深入探讨了三大类岩溶作用及叠加型古岩溶对研究区奥陶系碳酸盐岩古岩溶储层重要的控制与影响。

将能够表征岩溶作用所形成的孔洞缝有效性的定量指标(残余岩溶强度 R)和反映裂缝发育程度的定量指标(岩体破坏接近度系数η)与多项储层地质参数综合，进一步完善了我国碳酸盐岩古岩溶储层的分类评价标准，并将其应用于塔中西部奥陶系碳酸盐岩古岩溶储层的评价预测中。这对于进一步明确塔中西部地区今后油气勘探的主攻方向具有重要意义，同时也为我国碳酸盐岩古岩溶储层评价提供了新思路。

参 考 文 献

包茨, 1988. 天然气地质学[M]. 北京: 科学出版社.

曹正林, 王英民, 赵锡奎, 2001. 鄂尔多斯盆地北部古风化壳储层孔隙分布定量预测及非构造圈闭形成模式探讨[J]. 成都理工学院学报, 28(3): 296-301.

陈景山, 王振宇, 1999. 塔中北斜坡奥陶系碳酸盐岩沉积相及优质储层预测研究[R]. 南充: 西南石油学院.

陈景山, 王振宇, 2000. 塔中地区碳酸盐岩储层评价和有利储集空间预测研究[R]. 南充: 西南石油学院.

陈景山, 李忠, 王振宇, 等, 2007. 塔里木盆地奥陶系碳酸盐岩古岩溶作用与储层分布[J]. 沉积学报, 25(6): 858-868.

代宗仰, 周冀, 陈景山, 等, 2001. 塔中中上奥陶统礁滩相储层的特征及评价[J]. 西南石油学院学报, 23(4): 1-4.

方少仙, 侯方浩, 1998. 石油天然气储层地质学[M]. 北京: 石油工业出版社.

方少仙, 董兆雄, 侯方浩, 等, 1999. 层状白云岩储层特征与成因——以黔桂地区泥盆地系、石炭系及湘鄂交界地区三叠系为例[M]. 北京: 地质出版社.

方少仙, 付锁堂, 2006. 鄂尔多斯盆地靖边潜台及周边奥陶系马家沟组风化壳储层分布与评价[R]. 南充, 庆阳: 西南石油学院, 中国石油天然气股份有限公司长庆油田分公司.

郭建华, 1993. 塔里木盆地轮南地区奥陶系潜山古岩溶及其所控制的储层非均质性[J]. 沉积学报, 11(1): 56-64.

国家能源局, 2011. 中华人民共和国石油天然气行业标准——油气储层评价方法(SY/T6285—2011)[S]. 北京: 石油工业出版社.

何江, 方少仙, 侯方浩, 等, 2013. 风化壳古岩溶垂向分带与储集层评价预测——以鄂尔多斯盆地中部气田区马家沟组马五$_5$—马五$_1$亚段为例. 石油勘探与开发[J], 40(5): 534-542.

何自新, 杨奕华, 2004. 鄂尔多斯盆地奥陶系储层图册[M]. 北京: 石油工业出版社.

侯方浩, 方少仙, 赵敬松, 等, 2002. 鄂尔多斯盆地奥陶系碳酸盐岩储层图集[M]. 成都: 四川人民出版社.

黄道军, 2009. 鄂尔多斯盆地东部奥陶系风化壳有利储层分布规律[R]. 西安: 西安石油大学.

蓝光志, 江同文, 陈晓慧, 等, 1995. 古岩溶与油气储层[M]. 北京: 石油工业出版社.

李国蓉, 司俊霞, 石发展, 等, 1997. 鄂尔多斯盆地奥陶系马家沟组储渗空间类型与形成机制[J]. 成都理工学院学报, 24(1): 17-23.

李凌, 谭秀成, 陈景山, 等, 2009. 塔中西部上奥陶统良里塔格组同生喀斯特储层成因分析[J]. 成都理工大学学报(自然科学版), 36(1): 8-12.

黎平, 陈景山, 王振宇, 2003. 塔中地区奥陶系碳酸盐岩储层形成控制因素及储层类型研究[J]. 天然气勘探与开发, 26(1): 37-42.

李振宏, 郑聪斌, 2004. 古岩溶演化过程及对油气储集空间的影响——以鄂尔多斯盆地奥陶系为例[J]. 天然气地球科学, 15(3): 247-252.

李振宏, 王欣, 杨遂正, 等, 2006. 鄂尔多斯盆地奥陶系岩溶储层控制因素分析[J]. 现代地质, 20(2): 299-306.

刘洛夫, 李燕, 王萍, 等, 2008. 塔里木盆地塔中地区 I 号断裂带上奥陶统良里塔格组储集层类型及有利区带预测[J]. 古地理学报, 10(3): 221-230.

罗平, 张静, 刘伟, 等, 2008. 中国海相碳酸盐岩油气储层基本特征[J]. 地学前缘, 15(1): 36-50.

苗继军, 贾承造, 邹才能, 等, 2007. 塔中地区下奥陶统岩溶风化壳储层特征与勘探领域[J]. 天然气地球科学, 18(4): 497-451.

强子同, 1998. 碳酸盐岩储层地质学[M]. 东营: 中国石油大学出版社.

沈安江, 王招明, 杨海军, 等, 2006. 塔里木盆地塔中地区奥陶系碳酸盐岩储层成因类型、特征及油气勘探潜力[J]. 海相油气地质, 11(4): 1-12.

孙崇浩, 于红枫, 王怀盛, 等, 2012. 塔里木盆地塔中地区奥陶系鹰山组碳酸盐岩孔洞发育规律研究[J]. 天然气地球科学, 23(2): 230-236.

谭秀成, 肖笛、陈景山, 等, 2015. 早成岩期喀斯特化研究新进展及意义[J]. 古地理学报, 17(4): 441-456.

王宝清, 徐论勋, 李建华, 等, 1995. 古岩溶与储层研究——陕甘宁盆地东缘奥陶系顶部储层特征[M]. 北京: 石油工业出版社.

王红伟, 刘宝宪, 毕明波, 等, 2011. 鄂尔多斯盆地西北部地区奥陶系岩溶缝洞型储层发育特征及有利目标区分析 [J]. 现代地质, 25(5): 917-924.

王起琮, 赵淑萍, 魏钦廉, 等, 2012. 鄂尔多斯盆地中奥陶统马家沟组海相碳酸盐岩储集层特征[J]. 古地理学报, 14(2): 229-242.

王嗣敏, 吕修祥, 2004. 塔中地区奥陶系碳酸盐岩储层特征及其油气意义[J]. 西安石油大学学报, 19(4): 72-77.

王雪莲, 王长陆, 陈振林, 2005. 鄂尔多斯盆地奥陶系风化壳岩溶储层研究[J]. 特种油气藏, 12(3): 32-35.

王英民, 曹正林, 赵锡奎, 等, 2003. 鄂尔多斯盆地北部古岩溶储层流体——岩石系统孔隙发育规律及成岩圈闭定量预测[J]. 矿物岩石, 23(3): 51-56.

王允诚, 1999. 油气储层评价[M]. 北京: 石油工业出版社.

王作乾, 何顺利, 2009. 靖边下古生界气藏马五段碳酸盐岩储层综合评价[J]. 石油天然气学报, 31(4): 180-182.

王志兴, 曾伟, 董兆雄, 2001. 鄂尔多斯盆地中央古隆起东北侧奥陶系碳酸盐岩储层研究[R]. 南充: 西南石油学院.

文应初, 王一刚, 郑家凤, 等, 1995. 碳酸盐岩古风化壳储层[M]. 成都: 电子科技大学出版社.

吴欣松, 魏建新, 昌建波, 等, 2009. 碳酸盐岩古岩溶储层预测的难点与对策[J]. 中国石油大学学报(自然科学版), 33(6): 16-21.

闫相宾, 李铁军, 张涛, 等, 2005. 塔中与塔河地区奥陶系岩溶储层形成条件的差异[J]. 石油与天然气地质, 26(2): 202-207.

杨海军, 韩剑发, 孙崇浩, 等, 2011. 塔中北斜坡奥陶系鹰山组岩溶型储层发育模式与油气勘探[J]. 石油学报, 32(2): 199-205.

杨柳, 李忠, 吕修祥, 等, 2014. 塔中地区鹰山组岩溶储层表征与古地貌识别——基于电成像测井的解析[J]. 石油学报, 35(2): 265-275, 293.

杨秋红, 李增浩, 裴钰, 等, 2012. 塔里木盆地轮古东地区奥陶系碳酸盐岩储层评价和预测[J]. 新疆石油天然气, 8(2): 10-16.

杨奕华, 1990. 鄂尔多斯盆地西部地区下古生界碳酸盐岩孔隙发育规律及储层特征[R]. 庆阳: 长庆石油勘探局.

叶朝阳, 秦启荣, 龙胜祥, 等, 2009. 川西飞仙关组海相碳酸盐岩储层特征与评价[J]. 岩性油气藏, 21(1): 61-65.

曾伟, 王兴志, 董兆雄, 2001. 鄂尔多斯盆地中央古隆起东北侧奥陶系碳酸盐岩储层研究[R]. 南充: 西南石油学院.

翟永红, 王泽中, 王正允, 等, 1994. 塔中 1 井储层段岩石学特征及成岩作用[J]. 西安地质学院学报, 16(2): 38-45.

张宝民, 刘静江, 2009. 中国岩溶储集层分类与特征及相关的理论问题[J]. 石油勘探与开发, 36(3): 12-29.

赵永刚, 2009. 鄂尔多斯盆地西缘奥陶系古岩溶与储层特征研究[R]//陕西省教育厅专项科研计划项目. 西安: 西安石油大学.

赵永刚, 2013. 碳酸盐岩古残丘储层发育规律及预测模式研究[R]//中国石油科技创新基金研究项目. 西安: 西安石油大学.

赵永刚, 陈景山, 李凌, 等, 2015. 基于残余岩溶强度表征和裂缝预测的碳酸盐岩储层评价——以塔中西部上奥陶统良里塔格组为例[J]. 吉林大学学报(地球科学版), 45(1): 25-36.

赵永刚, 陈景山, 赵明华, 2005. 沉积岩(物)数字图像粒度分析的一种新方法[J]. 石油工业计算机应用, 13(2): 10-13.

赵永刚, 赵明华, 赵永鹏, 等, 2006. 一种分析碳酸盐岩孔隙系统数字图像的新方法[J]. 天然气工业, 26(12): 75-78.

赵宗举, 周新源, 陈学时, 等, 2006. 塔中地区中晚奥陶世古潜山岩溶储集层特征[J]. 新疆石油地质, 27(6): 660-663.

赵宗举, 王招明, 吴兴宁, 等, 2007. 塔里木盆地塔中地区奥陶系储层成因类型及分布预测[J]. 石油实验地质, 29(1): 40-46.

周波, 邱海峻, 段书府, 等, 2013. 塔中 I 号断裂坡折带上奥陶统碳酸盐岩储层微观孔隙成因[J]. 吉林大学学报(地球科学版), 43(2): 351-359.

周进高, 邓红婴, 郑兴平, 2003. 鄂尔多斯盆地马家沟组储集层特征及其预测方法[J]. 石油勘探与开发, 30(6): 72-74.

周文. 1998. 裂缝性油气储集层评价方法[M]. 成都: 四川科学技术出版社.

周彦, 谭秀成, 刘宏, 等. 2009. 四川盆地磨溪构造嘉二段孔隙型碳酸盐岩储层的评价[J]. 石油学报, 30(3): 372-378.

AHR W M, 2013. 碳酸盐岩储层地质学——碳酸盐岩储层的识别、描述及表征[M]. 姚根顺, 沈安江, 郑剑锋, 等,译. 北京: 石油工业出版社.

LUCIA F J, 2011. 碳酸盐岩储层表征[M]. 2 版. 夏义平, 黄忠范, 李明杰, 等, 译. 北京: 石油工业出版社.

AHR W M, 2008. Geology of carbonate reservoirs: The identification, description, and characterization of Hydrocarbon reservoirs in carbonate rocks[M]. Hoboken: John Wiley & Sons, Inc.

ANSELMETTI F S, LUTHI S, EBERLI G P, 1998. Quantitative characterization of Carbonate Pore Systems by Digital Image Analysis[J]. AAPG Bulletin, 82(10): 1815-1836.

BATHURST R G C, 1986. Carbonate diagenesis and reservoir development: conservation, destruction and creation of pores[J]//WARME J E, SHANLEY K W. Carbonate Depositional. Environments, Modern and Ancient. Part 5: Diagenesis I Colorado. Colo. School of Mines Quarterly, 81. 1-25.

CHOQUETTE P W, PRAY L C, 1970. Geologic nomenclature and classification of porosity in sedimentary carbonates[J]. AAPG Bulletin, 54(2): 207-244.

DAVID A, BUDD A H S, PAUL M H, 1995. Unconformities and porosity in carbonate strata[C]. AAPG Bulletin, Memoir 63: 1-313.

FORD D C, 1988. Characteristics of dissolutional cave systems in carbonate rocks[C]//JAMES N P, CHOQUETTE P W. Paleokarst. Berlin: Springer-Verlag.

FRITZ R D, WILSON J L, YUREWICZ D A, et al., 1993. Paleokarst related hydrocarbon reservoirs[G]. SEPM Core Workshop. 18.

GRIMES K G, 2006. Syngenetic karst in Australia: A review[J]. Helictite, 39(2): 27-38.

KERANS C, 1988. Karst-controlled reservoir heterogeneity in Ellenburger Group Carbonates of west Texas[J]. AAPG Bulletin, 72: 1160-1183.

KERANS C. 1990. Depositional Systems and Karst Geology of the Ellenburger Group, (Lower Ordovician), subsurface west Texas: The University of Texas at Austin, Bureau of Economic Geology[R]. Report of investigations, 193: 63.

LONGMAN M W, 1980. Carbonate diagenetic textures from nearsurface diagenetic environments[J]. AAPG Bulletin, 63: 401-487.

LOUCKS R G, MESCHER P K, 1997. Interwell Scale Architecture, heterogeneity, and pore-network development in Paleocave reservoir: Dallas Geological Society and SEPM Field Trip 11 Guidebook[G]. Unpaginated.

LOUCKS R G, 1999a. Paleocave carbonate reservoir: origins, Burial-depth modifications, spatial complexity, and Implications[J]. AAPG Bulletin, 83(11): 1795-1834.

LOUCKS R G, 1999b. Origin and attributes of Paleocave carbonate reservoirs(in Karst modeling; proceedings of the symposium)[J]. Karst Waters Institute Special Publication, 5: 59-64.

LOUCKS R G, 2009. Origins of reservoir heterogeneity in paleokarst reservoirs; key to understanding production[G]. Bureau of Economic Geology Centennial Lecture Program: 12-15.

LUCIA F J, 1995. Rock-fabric/petrophysical classification of carbonate pore space for reservoir characterization[J]. AAPG Bulletin, 79: 1275-1300.

LUCIA F J, 2007. Carbonate Reservoir Characterization-An Integrated Approach(Second Edition)[M]. Heidelberg, Berlin: Springer-Verlag.

MAZZULLO S J, HARRIS P M, 1992. Mesogenetic dissolution: Its role in porosity development in carbonate reservoirs[J]. AAPG Bulletin, 76(5): 607-620.

MAZZULLO S J, CHILINGARIAN, G V. 1996. Hydrocarbon reservoirs in karsted carbonate rocks[C]//CHILINGARIAN G V, characterization: a geologic-engineering analysis, part II . Amsterdam: Elsevier.

MOORE C H, DRUCKMAN Y, 1981. Burial diagenesis and porosity evolution, upper Jurassic Smackover, Arkansas and Lousisina[J]. AAPG Bulletin. 65(4): 597-628.

MOORE C H, 1989. Carbonate diagenesis and porosity: Amsterdam, Developments in Sedimentology[M]. Amsterdam: Elsevier.

MOORE P J, MARTIN J B, SCREATON E J, et al., 2010. Conduit enlargement in an eogenetic karst aquifer[J]. Journal of

Hydrology, 393:143-155.

MOORE C H, WADE W J, 2013. Carbonate reservoirs: Porosity and Diagenesis in a Sequence Stratigraphic Framework[M]. Oxford: Elsevier.

TROSCHINETZ, J, 1992. An example of karsted Silurian reservoir: Buckwheat field, Howard County, Texas[C]//CANDELARIA M P, REED C L. Paleokarst, karst related diagenesis and reservoir development: examples from Ordovician-Devonian ages strata of west Texas and the mid-continent: Permian Basin section. SEPM Special Publication, 92-33: 131-133.

VACHER H L, MYLROIE J E, 2002. Eogenetic karst from the perspective of an equivalent porous medium[J]. Carbonates and Evaporites, 17(2): 182-196.

WANG B, AL-AASM I S, 2002. Karst-controlled diagenesis and reservoir development: Example from the Ordovician main-reservoir carbonate rocks on the eastern margin of the Ordos basin, China[J]. AAPG Bulletin, 86(9): 1639-1658.

第 10 章　结论与建议

本书以我国塔里木盆地塔中西部和鄂尔多斯盆地西部为例，系统研究了奥陶系碳酸盐岩古岩溶及其储层，得到如下结论。

(1) 针对岩溶、古岩溶概念尚不统一的现状，通过对"古岩溶与油气储层"专题的充分调研，结合塔里木盆地塔中西部及邻区和鄂尔多斯盆地西部奥陶系海相碳酸盐岩中古岩溶发育的实际情况，认为岩溶是一种成岩相，趋向于既包括岩溶作用又包括该作用的结果。岩溶作用可以在开放的大气水环境中发生，也可以是埋藏封闭环境中地层酸性水或热水的溶蚀作用。古岩溶是在地质历史时期发育的岩溶，与油气储层有关的古岩溶多被相对年青的地层覆盖，现已演变为复杂的叠加型岩溶体系。

(2) 鄂尔多斯盆地周缘广泛出露不同时代的碳酸盐岩，均受到不同程度和不同时期的岩溶化作用，古岩溶露头分布较为普遍，特征鲜明。鄂尔多斯盆地奥陶系岩溶岩分类体系与国际上流行的岩溶角砾岩分类方案(Loucks，1999)有一定的对应关系，但自身特征很明显，且奥陶系的岩溶角砾岩多数是紊乱角砾岩，有少数是镶嵌角砾岩和裂缝角砾岩。风化壳中岩溶相的识别有助于认识、评价奥陶系岩溶储层。岩溶环境划分能够揭示岩溶作用的实质，这是预测奥陶系优质岩溶储层的有效地质手段。

(3) 按照成岩阶段和成环境将奥陶系碳酸盐岩古岩溶划分为同生期、表生期和埋藏期岩溶三大类：①通过对比塔里木盆地塔中西部和鄂尔多斯盆地西部奥陶系的碳酸盐岩古岩溶，从沉积相角度，首次将同生期岩溶区分为台缘滩、礁型、台内滩、潮坪型和蒸发潮坪型进行研究。总结出台缘滩、礁型同生期岩溶的 6 种主要识别标志，概括出台内滩、潮坪型同生期岩溶的 6 种主要识别标志。台缘滩、礁型和台内滩、潮坪型同生期岩溶的发育模式基本一致，出现大气成岩透镜体，而蒸发潮坪中发育淡水、盐水双层透镜体。②按照区域构造形态，将研究区奥陶系表生期岩溶分为岩块构造型和平缓褶皱型两类。塔里木盆地塔中西部及邻区奥陶系表生期岩溶属于岩块构造型，至少发育 4 期，其中以加里东中期岩溶和海西早期岩溶的规模较大，其岩溶发育模式类似于"A"型自生岩溶模式；鄂尔多斯盆地西部奥陶系表生期岩溶属于平缓褶皱型，至少发育 3 期。通过详细观察岩心和对钻井显示、地球物理响应特征的研究，总结出表生期岩溶的主要识别标志。③认为埋藏期岩溶是碳酸盐岩在早、晚成岩阶段，埋藏成岩环境中发生的一切岩溶作用及出现的一切岩溶现象。综合两个地区奥陶系碳酸盐岩埋藏期岩溶类型，将奥陶系埋藏期岩溶分为埋藏有机溶蚀、压释水岩溶和热水岩溶三类。塔中西部及邻区上奥陶统良里塔格组灰岩中埋藏有机溶蚀作用发育，地层酸性水的最主要来源是有机成因的 CO_2，且主要发育三期溶蚀作用(晚加里东-早海西期、晚海西期和喜山期)；鄂尔多斯盆地西部的东缘下奥陶统马家沟组顶部出现压释水岩溶，酸性压释水来自古风化壳的上覆烃源岩；热水岩溶主要在鄂尔多斯盆地西部下奥陶统碳酸盐岩中发育，热水的来源主要为深循环的热水。埋藏期岩溶作为叠加在同生期岩溶或表生期岩溶之上的一期岩溶，它在改造和修饰前期岩溶产物的同时，也使自身的岩溶现象复杂化。

(4) 从成岩阶段和成岩环境演化的角度，结合两个地区奥陶系碳酸盐岩中古岩溶的类型及叠加顺序，对碳酸盐岩叠加型古岩溶进行界定及类型划分。认为塔中西部上奥陶统良里塔格组灰岩中主要发育同生期岩溶+埋藏期岩溶的叠加型古岩溶；中下奥陶统鹰山组碳酸盐岩中主要发育表生期岩溶+埋藏期岩溶的叠加型古岩溶。鄂尔多斯盆地西部的东缘发育同生期岩溶+表生期岩溶+埋藏期岩溶的叠加型古岩溶。

(5) 对研究区奥陶系碳酸盐岩同生期、表生期和埋藏期岩溶发育的控制因素分别进行了讨论。认为同生期岩溶主要受海平面变化，尤其是高频海平面变化及滩、礁、潮坪沉积旋回共同控制；岩性、构造作用、古地形和古水文体系、古地质条件、古气候、海平面变化及岩溶基准面等几方面对表生期岩溶具明显的控制作用；埋藏期岩溶主要受温度、压力、地层酸性水的运移规模和进入储层的时间及构造运动等因素控制和影响。

(6) 对鄂尔多斯盆地和塔中西部及邻区奥陶系分别进行了较为详细的三级层序地层分析。在鄂尔多斯盆地奥陶系中共识别出 20 个界面，19 个层序，其中有 5 个Ⅰ型层序界面(SB_1)，15 个Ⅱ型层序界面(SB_2)。层序中发育低位体系(LST)、内陆架低位体系域(ISLST)、陆架边缘体系域(SMST)、海进体系域(TST)和高位体系域(HST)，以 SMST、TST 和 HST 所占比例较大。在塔中西部及邻区奥陶系中，结合地震剖面，识别出 5 个界面，4 个层序，其中有 4 个 SB_1，1 个 SB_2，层序中 TST 和 HST 发育。在层序地层格架中研究古岩溶是一个较新的课题。本书着重探讨了层序界面对古岩溶发育的影响和层序中的古岩溶类型及分布，建立起了鄂尔多斯盆地西部下奥陶统层序地层格架中古岩溶的分布模式。认为奥陶系古岩溶的发育主要受Ⅰ型层序界面的控制或影响，并且揭示了同生期岩溶和表生期岩溶在层序中的分布规律。首次提出了区别于低位体系域的内陆架低位体系域的概念，明确了低位期前层序岩溶和晚高位期岩溶两个概念。

(7) 确定了 3 个关键岩溶参数(垂向岩溶率、岩溶强度、残余岩溶强度)，适用于表征碳酸盐岩岩溶作用的强弱程度。残余岩溶强度可以比较全面地表征岩溶作用所形成的储层孔洞缝的有效性,它也是表征碳酸盐岩储集性能的一个重要指标。根据原始缝洞率和填充率的相对大小,定量判断了塔中西部及邻区上奥陶统良里塔格组碳酸盐岩岩溶作用的强弱程度和充填情况,进而划分了岩溶系统的类型。在对塔中西部及邻区奥陶系 T_7^4 反射层碳酸盐岩进行古构造应力场数值模拟分析的基础上,基于岩体强度理论,进行了裂缝预测,为叠加型古岩溶体系评价预测提供了定量依据。运用多因素综合评价预测方法,分别对塔中西部上奥陶统良里塔格组叠加型岩溶体系(同生期岩溶+埋藏期岩溶)和中下奥陶统鹰山组叠加型岩溶体系(表生期岩溶+埋藏期岩溶)作出了平面分级评价预测。针对两个地区,形成了两类古岩溶体系评价预测方法。

塔中西部上奥陶统良里塔格组叠加型岩溶体系在平面上的Ⅰ级岩溶发育区大致沿塔中Ⅰ号断裂构造带附近断续分布,基本上与良里塔格组台地边缘外带重合。Ⅱ级岩溶发育区呈条带状分布于Ⅰ级区的西侧或周缘,总体上与良里塔格组台地边缘内带的分布大体一致。东北部的斜坡-盆地区为Ⅲ+Ⅳ级岩溶发育区。西北部台内洼地区岩溶基本不发育,为Ⅳ级区。其余广大地区以Ⅲ级岩溶发育区为主。

塔中西部中下奥陶统鹰山组叠加型岩溶体系在平面上的Ⅰ级岩溶发育区主要沿塔中Ⅱ号断裂构造带呈北西-南东向带状展布,其次分布于该构造带北侧的Zh1—Zh12井一带以及西南侧的几个鼻状构造上,分布于岩溶斜坡、残丘和残台区。Ⅱ级岩溶发育区,主要分布于残丘和残台区,有四个分布区:①沿塔中Ⅰ号断裂构造带呈北西-南东向带状展布;②沿塔中Ⅱ号断裂构造带周边分布;③沿塔中10号构造呈北西-南东向带状分布;④大致在sh2井—Zh13井一带呈近南北向带状分布。东北部为Ⅲ+Ⅳ级岩溶发育区,处于岩溶高地位置。西部-西北部岩溶不发育,为Ⅳ级区,处于岩溶谷地和洼坑区。其余地区以Ⅲ级岩溶发育区为主,分布于岩溶高地边缘和岩溶谷地上游区。

(8) 根据鄂尔多斯盆地西部下奥陶统碳酸盐岩中三类古岩溶的发育规律、表生期岩溶发育模式和岩溶古地貌及该区下奥陶统层序地层格架中古岩溶的分布模式,对鄂尔多斯盆地西部下奥陶统古岩溶体系进行平面分布预测。将岩溶发育区分为四级,平面分布如下。

Ⅰ级岩溶发育区:分布于苏15—苏2—苏22—陕15井一线以东地区,该区因同生期岩溶、表生期岩溶和热水岩溶或压释水岩溶发育叠加,古岩溶体系最发育。主要分布于岩溶斜坡区。Ⅱ级岩溶发育区:大体上东以苏15—苏2—苏22—陕15井一线为界,西以伊8—鄂7—李1井一线为界,北至伊8—苏26井一线,南抵吴旗—莲1井一线。该区属于表生期岩溶、热水岩溶及压释水岩溶发育区,几类岩溶基本上分属于不同地区,主要分布于岩溶台地边缘区和部分岩溶鞍地区。Ⅲ级岩溶发育区:呈北宽南窄的条带状,大体上西以伊8井—伊27井—任1井—

芦参 1 井—镇原—泾川一线为界，南以长武—彬县—耀参 1 井一线为界，其北部与Ⅱ级区相邻，南部与Ⅳ级区及Ⅲ+Ⅳ级区相邻。属于表生期岩溶和热水岩溶发育区，主要分布于岩溶鞍地区和部分岩溶斜坡区。Ⅳ级岩溶发育区：为吴旗、莲 1 井、华池和庆深 2 井等所围限，为弱岩溶发育区，主要分布在岩溶台地上。Ⅲ+Ⅳ级岩溶发育区围绕中央古陆剥蚀区分布，被Ⅲ级区和Ⅳ级区包围，属于表生期岩溶发育区，主要分布于岩溶斜坡-鞍地区。

(9) 次生孔隙、溶洞和裂缝 3 大类储渗空间在两个地区奥陶系碳酸盐岩古岩溶储层中均发育，原生孔隙基本不发育，共计有 14 种储渗空间类型。古岩溶储层有裂缝-孔洞型、裂缝-孔隙型或孔隙-裂缝型、裂缝-溶洞型和孔隙型等储集类型。塔中西部良里塔格组储层四类毛管压力曲线对应的四种微观孔隙结构类型。

认为岩溶作用对奥陶系碳酸盐岩储层形成、分布的控制作用主要表现在四个方面：①奥陶系碳酸盐岩古岩溶储层的储渗空间主要是同生期岩溶、表生期岩溶和埋藏期岩溶作用的产物；②表生期岩溶垂向剖面中不同岩溶带有着不同的储集特征，一般来说，水平潜流岩溶带储集性最好，其次是垂直渗流岩溶带；③叠加型古岩溶大体上使塔中西部及邻区奥陶系碳酸盐岩储层的发育和现今分布被限制在古岩溶体系的范围和深度以内；④古岩溶演化过程中，同生期岩溶作用孕育了鄂尔多斯盆地西部奥陶系古岩溶储层储集空间的雏形，表生期岩溶作用形成了古岩溶储层的基本轮廓，埋藏期岩溶作用进一步将古岩溶储层改造为现今状况。

(10) 以叠加型古岩溶体系评价预测结果及平面图为基础，在系统分析塔中西部奥陶系古岩溶储层特征的基础上，将能够表征岩溶作用所形成的孔洞缝的有效性的定量指标(残余岩溶强度 R)和反映裂缝发育程度的定量指标(岩体破坏接近度系数η)与岩石类型、沉积微相、成岩作用、储层基本类型、物性参数、压汞曲线类型和产能等多项储层地质参数综合，进一步完善了我国碳酸盐岩古岩溶储层的分类评价标准。应用此标准，将塔中西部奥陶系碳酸盐岩古岩溶储层划分为 4 类，即Ⅰ类储层(好储层)、Ⅱ类储层(较好储层)、Ⅲ类储层(中等储层)及Ⅳ类储层(差或非储层)。根据该区奥陶系古岩溶储层综合分类评价标准，应用多因素综合分析叠合成图的方法，分别对塔中西部上奥陶统良里塔格组和中下奥陶统鹰山组古岩溶储层作出了平面分类评价预测。4 类储层平面分布如下：

① 塔中西部上奥陶统良里塔格组Ⅰ、Ⅱ类储层主要分布于台地边缘相带的 sh2—TZ45—TZ12 井一带，其次是分布在 Zh11—TZ10—TZ11 井一带，Ⅰ类储层分布区仅分布于台地边缘相带的 TZ451—TZ45 井一带；Ⅳ类储层分布于研究区的西北部和东北部。其余地区以Ⅲ+Ⅳ类储层分布区为主。②塔中西部中下奥陶统鹰山组Ⅰ+Ⅱ类储层主要分布于三个地区：一是沿着塔中Ⅰ号构造带呈北西-南东向带状展布，大致分布在 sh2—TZ45—TZ66—TZ12 井一带；二是沿塔中Ⅱ号构造带及其周边呈北西-南东向宽带状分布；三是沿着塔中 10 构造带呈北西西向窄

带状展布；其余地区为Ⅲ+Ⅳ类储层分布区。

(11) 主要依据鄂尔多斯盆地西部下奥陶统叠加型岩溶体系评价预测图，并结合该区下奥陶统的测试及生产资料，将其下奥陶统碳酸盐岩古岩溶储层在平面上分为四类地区进行评价预测。4 类储层平面分布如下：

Ⅰ类储层区分布在苏 15—苏 2—陕 56—陕 14 井一线以东的弧形区，主要位于岩溶阶地上。Ⅱ类储层区半环绕Ⅰ类区分布，大体上以伊 25 井—鄂 7 井—吴旗—莲 1 井一线与Ⅲ类区、Ⅳ类区相邻。Ⅲ类储层区的西界为伊 3 井—任 1 井—苦深 1 井—环 14 井—镇原—旬邑一线，大致以伊 25 井—鄂 7 井—吴旗—莲 1 井一线为界与Ⅱ类区相邻，并向南呈窄带状大体围绕中央古隆起边界分布，与Ⅳ类区相邻。Ⅳ类储层区为Ⅱ类区和Ⅲ类区包围，处于岩溶台地-斜坡-谷地区，岩溶作用相对较弱。

通过系统研究，对两个地区奥陶系提出以下勘探建议：①塔里木盆地塔中西部奥陶系，塔中Ⅰ号断裂构造带北半段的上奥陶统良里塔格组具有良好的勘探前景，建议寻找埋藏较浅的构造进行钻探；塔中Ⅱ号断裂构造带西半段及其周边地区中下奥陶统鹰山组是寻找古岩溶储层的有利地区，建议寻找其南侧的鼻状构造进行钻探。②鄂尔多斯盆地西部下奥陶统，鄂托克旗北和天池-布里克是有潜力的勘探区域，建议在有利的构造位置钻探；镇原-泾川是有前景的勘探区域，可布探井。

中国的海相碳酸盐岩地质研究、勘探与开发工作方兴未艾，古岩溶与油气储层研究不断升温。奥陶系碳酸盐岩古岩溶及其储层今后仍将是需要深入研究的重要课题，其中，"古岩溶体系及古岩溶储层预测"是重中之重，预测精度的提高始终是努力的方向。

图 版 说 明

图 版 Ⅰ

1. 浅灰色云质泥晶灰岩，生物扰动处因发生白云石云化，呈深灰色斑状。塔里木盆地 Zh13 井，$O_{1-2}ys$，井深 5723m，岩心。

2. 浅灰白色亮晶砂屑云岩，有小溶洞和针孔。塔里木盆地 Zh13 井，$O_{1-2}ys$，井深 5846.5m，岩心。

3. 苔藓虫-四方管珊瑚障积岩，生物种类丰富，泥质含量相对较低，藻黏结特征明显。塔里木盆地 Zh11 井，O_3l，井深 5331.9m，岩心。

4. 灰色砾屑灰岩-粒屑泥晶灰岩，冲刷搬运沉积。塔里木盆地 TZ12 井，$O_{1-2}ys$，井深 5238.7m，岩心切面。

5. 花斑状细晶云岩，由于白云石的晶粒和颜色的差异造成"花斑"，花斑处的白云石晶粒粗，颜色浅。鄂尔多斯盆地定探 1 井，O_1，块号：$20\frac{162}{193}$，岩心。

6. 浅褐色溶塌角砾白云岩，角砾大小不一，砾径在 0.2～5cm。陕 55 井，O_1，块号：$1\frac{61}{81}$，岩心。

7. 灰-灰白色膏质泥微晶云岩，石膏呈斑点状分布，局部密集，溶蚀现象不明显。鄂尔多斯盆地莲 1 井，O_1，块号：$9\frac{5}{17}$，岩心。

8. 深灰色有石盐晶体印模的泥晶云岩，石盐晶体已被溶解，晶模局部充填。鄂尔多斯盆地陕 139 井，O_1，井深 3590.6m，岩心切面。

图 版 Ⅱ

1. 亮晶藻砂屑灰岩，粒间发育一期到两期亮晶方解石胶结物。塔里木盆地 sh2 井，O_3l，井深 6797.2m，单偏光，×63。

2. 亮晶鲕粒灰岩，粒间一般有两期亮晶方解石胶结物。塔里木盆地 sh2 井，O_3l，井深 6879.5m，单偏光，×40。

3. 亮晶鲕粒灰岩，第三期中粗晶方解石胶结物直接与鲕粒接触，出现嵌含晶。塔里木盆地 sh2 井，O_3l，井深 6879.5m。单偏光，×100。

4. 含石膏结核的泥-粉晶云岩，一条切穿石膏结核的构造微缝被硬石膏充填。鄂尔多斯盆地陕 139 井，O_1m_5，井深 3192.85m，正交偏光，×20。

5. 含石盐假晶的泥晶云岩，石盐假晶的晶模现为方解石充填，并保留了石盐晶体的轮廓。鄂尔多斯盆地莲 1 井，O_1，块号：$11\frac{13}{90}$，单偏光，标尺=300μm。

6. 细晶云岩，发育雾心亮边白云石，粗晶方解石充填小溶洞。塔里木盆地 Zh13 井，$O_{1-2}ys$，井深 5972.1m，单偏光，×40。

7. 亮晶砂屑灰岩，溶洞被三期方解石充填物充填，洞壁呈皮壳状。塔里木盆地 Zh11 井，O_3l，井深 5640.2m，单偏光，×40。

8. 白云岩溶孔中充填鞍状白云石，鞍状白云石具有弯曲的解理和晶面，正交偏光下呈扫描式波状消光。鄂尔多斯盆地莲 1 井，O_1，块号：$8\frac{2}{40}$，单偏光，标尺=300μm。

图 版 Ⅲ

1. 亮晶鲕粒砂屑灰岩。鲕粒和砂屑发暗橙黄-暗橙红光，粒间微晶和粉晶方解石不发光。溶洞充填物中，含铁方解石总体上不发光，边缘发暗橙红光；发光方解石发暗橙红光；环带方解石发暗橙红-亮黄光。塔里木盆地 sh2 井，O_3l，井深 6797.2m，阴极发光，×40。

2. 微晶生屑砂屑灰岩。生屑和砂屑发暗橙红光，粒间微晶方解石不发光。溶洞内充填的叶片状方解石不发光-发暗橙红光；粉细晶方解石不发光；亮晶方解石发橙红光，边缘发橙黄光。塔里木盆地 sh2 井，O_3l，井深 6793.3m，阴极发光，×40。

3. 亮晶鲕粒灰岩，粒间有两期方解石胶结物：第一期为纤状环边，第二期为细粒状。早期纤状环边胶结物被溶蚀，与细粒状方解石呈不整合接触。塔里木盆地 sh2 井，O_3l，井深 6879.5m，单偏光，×100。

4. 亮晶藻砂砾屑灰岩，粒间孔内发育纤状和细粒状方解石胶结物。早期纤状环边胶结物被溶蚀，与细粒状方解石呈不整合接触。塔里木盆地 TZ15 井，O_3l，井深 4671.4m，单偏光，×63。

5. 灰泥丘泥晶灰岩，小型溶洞下部的渗流粉砂与上部的粉细晶方解石构成示顶底构造。塔里木盆 Zh1 井，O_3l，井深 5200.1m，单偏光，×25。

6. 亮晶鲕粒灰岩，粒间见两期方解石胶结物，铸模孔和粒内溶孔发育。塔里木盆地 sh2 井，O_3l，井深 6798.6m，正交偏光，加石膏试板，×40。

7. 灰泥丘泥晶灰岩，早期构造缝已被亮晶方解石全充填，切割渗流粉砂。塔里木盆地 Zh1 井，O_3l，井深 5200.1m，单偏光，×25。

8. 泥晶-亮晶砂屑灰岩，非选择性溶孔发育。塔里木盆地 sh2 井，O_3l，井深 6798.6m，红色铸体片，单偏光，×40。

图 版 Ⅳ

1. 浅灰色砂砾屑云岩，溶蚀孔洞发育，呈水平拉长状延伸，一条构造裂缝沟通部分溶孔，属于水平潜流岩溶带。塔里木盆地 TZ1 井，O_{1-2}，井深 3807m，岩心。

2. 浅灰色角砾云岩，属于水平潜流岩溶带，可见方解石晶洞构造。塔里木盆地 TZl 井，O_{1-2}，井深 3803.5m，岩心。

3. 灰色细晶云岩，小型溶洞发育，属于水平潜流岩溶带。塔里木盆地 Zh1 井，$O_{1-2}ys$，井深 5370m，岩心。

4. 浅灰褐色砂屑云岩，发育蜂窝状溶蚀孔洞，洞径在 0.2～0.5cm，面孔洞率约 15%，属于水平潜流岩溶带。塔里木盆地 TZ2 井，O_{1-2}，井深 4094m，岩心。

5. 灰色细晶云岩，溶塌成因的白云质角砾未经搬运和磨蚀作用，角砾棱角分明，砾间充填渗流粉砂，属于水平潜流岩溶带。鄂尔多斯盆地莲 1 井，O_1，块号：$11\frac{67-68}{90}$，岩心切面。

6. 粉晶云岩，上部岩溶溶洞及其下延的溶缝中见渗流鲕粒，属于垂直渗流岩溶带。鄂尔多斯盆地 M6 井，O_1，井深 3711.6m，岩心。

7. 微粉晶云岩。该段岩心上部边缘呈花边状，小溶洞和溶沟被白云岩砾、砂屑及渗流粉砂充填；白云岩中产生纵向为主的破裂缝。属于水平潜流岩溶带。鄂尔多斯盆地 Sh52 井，O_1，井深 3333.8m，岩心。

图 版 Ⅴ

1. 亮晶藻砂屑灰岩，粒间孔内发育纤状和粒状方解石胶结物，可见同生期岩溶成因的粒内溶孔和铸模孔，并经后期埋藏期岩溶作用改造。塔里木盆地 TZ161 井，O_3l，井深 4397m，红色铸体片，单偏光，×38。

2. 针孔状砂屑灰岩，粒内溶孔发育，孔内分布片状、丝缕状伊利石。塔里木盆地 sh2 井，O_3l，井深 6798.6m，扫描电镜，标尺=100μm。

3. 亮晶砂屑灰岩，粒间发育纤状和粒状方解石胶结物，铸模孔和粒内溶孔发育。塔里木盆地 sh2 井，O_3l，井深 6798.3m，红色铸体片，单偏光，标尺=300μm。

4. 残余砂屑云岩，发育粒间溶孔。塔里木盆地 TZ1 井，O_{1-2}，井深 3850.1m，红色铸体片，单偏光，×24。

5. 细晶云岩，晶体混浊，此处的白云石晶间孔属于溶洞充填残余空间。塔里木盆地 Zh1 井，$O_{1-2}ys$，井深 5376.6m，红色铸体片，单偏光，×25。

6. 细晶-中晶云岩，发育晶间孔。TZ12 井，O_{1-2}，井深 5231m，红色铸体片，单偏光，×24。

7. 粉-细晶云岩，晶间溶孔非常发育，连通呈网络状，白云石晶体呈"漂浮状。塔里木盆地 TZ162 井，O_{1-2}，井深 5983.53m，红色铸体片，单偏光，×24。

8. 细晶云岩，晶间溶孔发育，被自形白云石半充填，孔内分布片状伊利石。塔里木盆地 Zh1 井，$O_{1-2}ys$，井深 5367.6m，扫描电镜，标尺=100μm。

图 版 VI

1. 细晶云岩，白云石晶体混浊，晶间孔、晶间溶孔发育。塔里木盆地 Zh1 井，$O_{1-2}ys$，井深 5371m，红色铸体片，标尺=300μm。

2. 亮晶藻砂屑灰岩。微裂缝及其附近由埋藏期岩溶作用形成的非组构选择性溶孔。塔里木盆地 TZ161 井，O_3l，井深 4406.6m，红色铸体片，单偏光，×38。

3. 浅灰色藻砂屑灰岩。埋藏期岩溶作用形成的孔洞沿裂缝及溶扩缝附近分布，被黑色原油充填。塔里木盆地 TZ15 井，O_3l，井深 4658.2m，岩心。

4. 粉晶云岩，发育小型溶洞。塔里木盆地 TZ1 井，O_{1-2}，井深 3952.8m，红色铸体片，单偏光，×24。

5. 细-中晶云岩，发育晶间孔、晶间溶孔和小型溶洞，溶洞几乎被沥青全充填。塔里木盆地 Zh1 井，$O_{1-2}ys$，井深 5376.6m，红色铸体片，单偏光，×25。

6. 细晶云岩，构造缝发育，晶间溶孔沿着裂缝富集。塔里木盆地 Zh13 井，$O_{1-2}ys$，井深 5973.5m，红色铸体片，单偏光，×40。

7. 生屑泥晶灰岩，发育微裂缝及其溶扩缝。塔里木盆地 TZ44 井，O_3l，井深 4883.1m，红色铸体片，单偏光，×15。

8. 粉晶白云岩，膏溶孔、洞十分发育，溶孔呈孤立状分布，小溶洞呈拉长状分布，几乎未充填。鄂尔多斯盆地陕 139 井，O_1，块号：$12\frac{39}{95}$，岩心。

图 版 VII

1. 泥-粉晶云岩，硬石膏结核溶模孔大致顺层分布，膏模孔明显扩溶后互相连接，并被自形细粉晶白云石和石英半充填。鄂尔多斯盆地苏 2 井，O_1，井深 3589.6m，红色铸体片，单偏光，×65。

2. 球粒泥晶灰岩和泥晶灰岩，硬石膏晶体或结核被选择性溶蚀形成膏模孔，后又部分被白云石晶体充填。鄂尔多斯盆地苏 2 井，O_1，井深 3574.7m，红色铸体片，单偏光，×20。

3. 细粉晶云岩，石盐晶体被选择性溶蚀形成盐模孔，后又被方解石充填形成石盐假晶(红色部分)，磁铁矿星散状分布。鄂尔多斯盆地陕 55 井，O_1，块号：$2\dfrac{49}{81}$，染色片，单偏光，标尺=200μm。

4. 粉-细晶云岩，晶间孔、晶间溶孔发育。鄂尔多斯盆地鄂 17 井，O_1，块号：$4\dfrac{80}{97}$，蓝色铸体片，单偏光，标尺=300μm。

5. 灰色细晶云岩，埋藏期岩溶成因的溶孔、溶洞较发育。鄂尔多斯盆地鄂 17 井，O_1，块号：$6\dfrac{103}{161}$，岩心。

6. 细晶云岩，晶间孔和小型溶洞发育。鄂尔多斯盆地鄂 7 井，O_1m_4，井深 4253m，红色铸体片，单偏光，×65。

7. 粉-细晶灰岩，溶蚀孔洞发育，碳酸盐矿物棱角被溶蚀圆化。鄂尔多斯盆地天 1 井，O_1k，井深 3936m，扫描电镜，标尺=100μm。

8. 纹层状细粉晶云岩，构造微裂缝发育，后又被方解石充填(红色部分)。鄂尔多斯盆地陕 139 井，O_1m5，井深 3157.7m，染色片，单偏光，×20。

图 版 Ⅷ

1. 亮晶砂屑灰岩，粒间溶孔形成于压实作用和粒状方解石胶结作用之后，主要为沥青和重质原油充填。塔里木盆地 TZ15 井，井深 4664.1m，单偏光，×63。

2. 泥晶灰岩，缝合线切割早期方解石充填的成岩缝，缝合线扩大溶蚀作用明显，为泥质、沥青和方解石充填。塔里木盆地 TZ16 井，井深 4343.4m，单偏光，×25。

3. 亮晶砂屑灰岩孔洞中的镶嵌状方解石具应力双晶，发育晶间溶孔，为沥青充填。属于第一期埋藏有机溶蚀作用。塔里木盆地 TZ44 井，井深 4881.2m，红色铸体片，单偏光，×25。

4. 亮晶砂屑灰岩，早期裂缝切割粒间孔中第三期胶结物，其粉细晶方解石被溶蚀，形成晶间溶孔，被沥青充填。属于第一期埋藏有机溶蚀作用。塔里木盆地 TZ161 井，井深 4400.5m，单偏光，×40。

5. 充填在裂缝中的中粗晶镶嵌状方解石，经第二期埋藏有机溶蚀作用形成晶间溶孔。塔里木盆地 TZ161 井，井深 4397.5m，红色铸体片，单偏光，×25。

6. 大型溶洞中的半自形-自形粗晶萤石充填物，溶洞呈半充填状，残余溶洞的大小为 5cm×10cm。塔里木盆地 TZ45 井，井深 6094.5m，岩心。

7. 泥晶灰岩，具应力双晶的粗晶方解石充填裂缝，经第三期埋藏有机溶蚀作用形成晶间溶孔，见油浸。塔里木盆地 TZ16 井，井深 4342.8m，单偏光，×63。

8. 亮晶粒屑灰岩，低角度的溶扩缝及沿裂缝发育的串珠状溶蚀孔洞。塔里木盆地 TZ54 井，井深 5852.2m，岩心。

图 版

图版 II

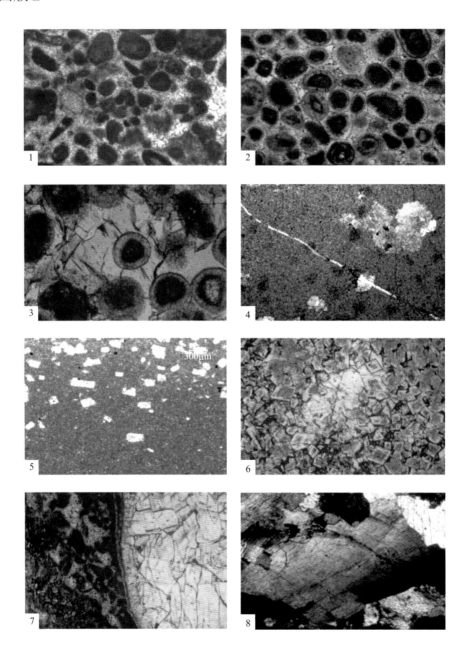

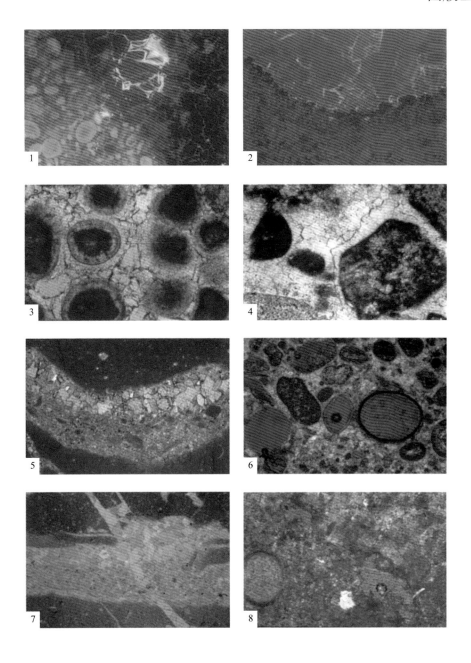

图版IV

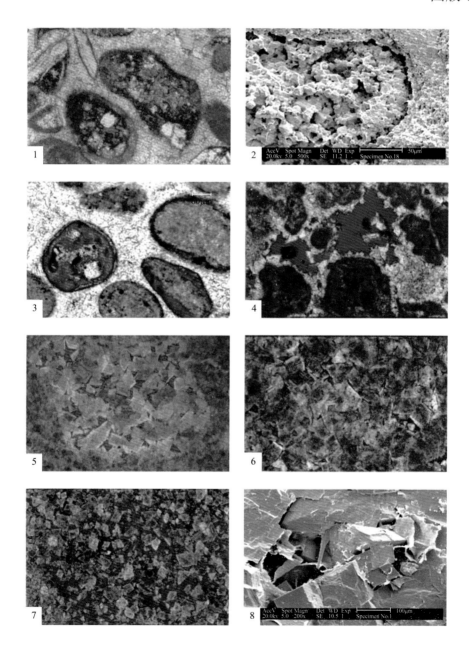

图版Ⅵ

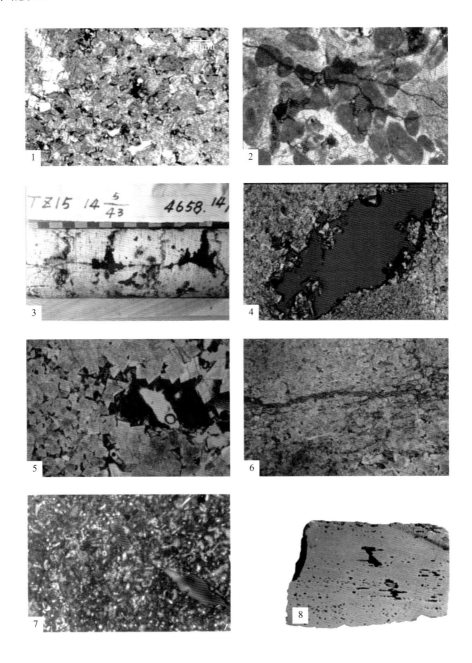

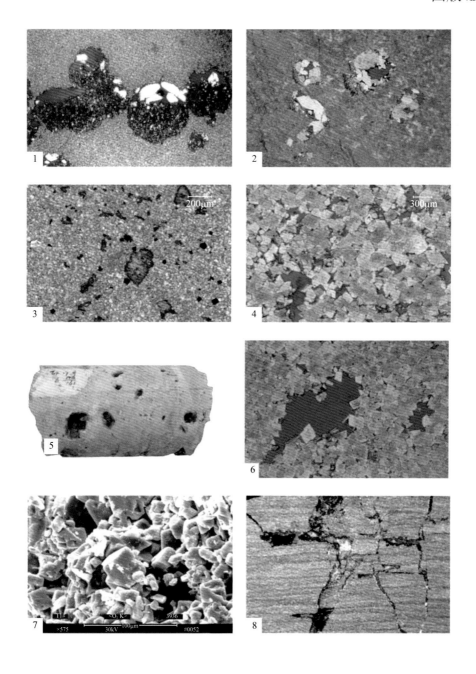

图版Ⅷ

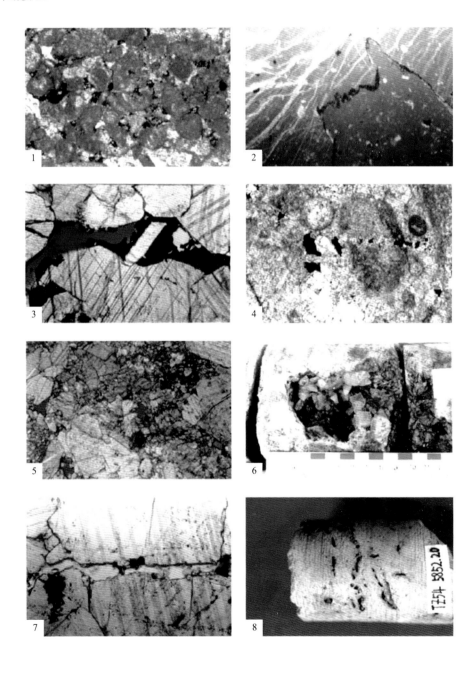

彩 图

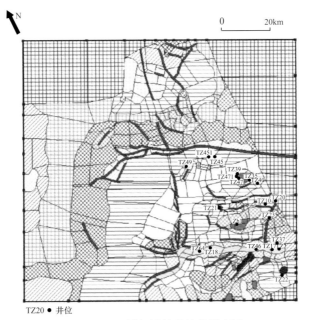

TZ20 ● 井位

图 8.3　用于模拟计算的结构模型图

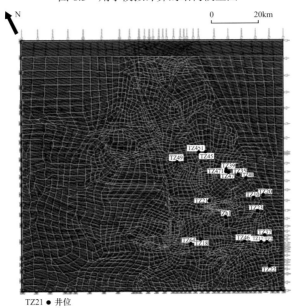

TZ21 ● 井位

图 8.4　边界条件、网格单元及模型变形图

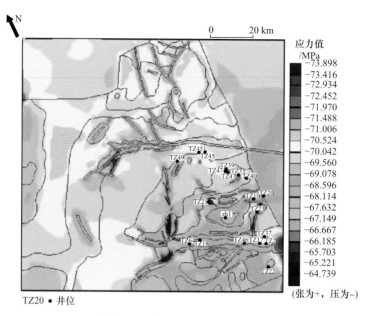

图 8.5 最大主应力分布色谱图

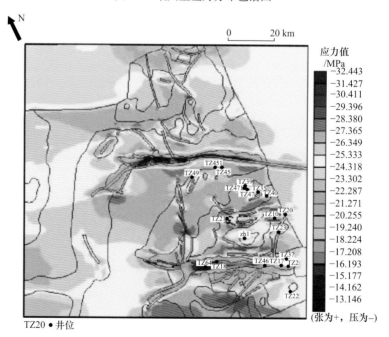

图 8.6 最小主应力分布色谱图

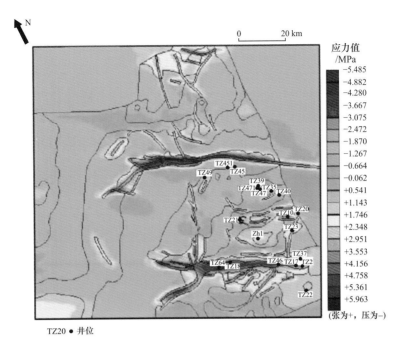

TZ20 ● 井位

图 8.7　剪应力分布色谱图

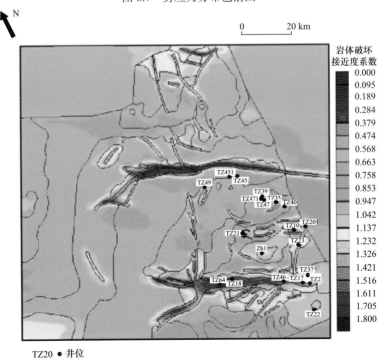

TZ20 ● 井位

图 8.9　塔中西部及邻区 T_7^4 反射层碳酸盐岩岩体破坏程度图

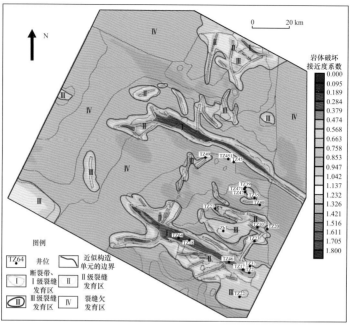

图 8.10 塔中西部及邻区 T_7^4 反射层裂缝发育程度预测图

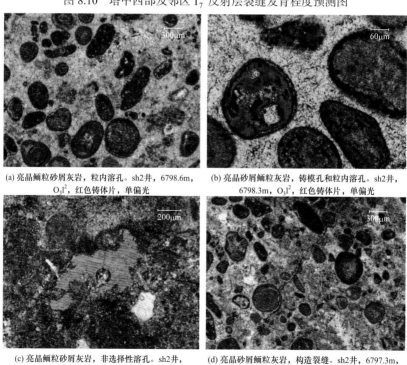

(a) 亮晶鲕粒砂屑灰岩，粒内溶孔。sh2井，6798.6m， O_3l^2 ，红色铸体片，单偏光

(b) 亮晶砂屑鲕粒灰岩，铸模孔和粒内溶孔。sh2井，6798.3m， O_3l^2 ，红色铸体片，单偏光

(c) 亮晶鲕粒砂屑灰岩，非选择性溶孔。sh2井，6798.6m， O_3l^2 ，红色铸体片，单偏光

(d) 亮晶砂屑鲕粒灰岩，构造裂缝。sh2井，6797.3m， O_3l^2 ，红色铸体片，单偏光

图 9.1 塔中西部良里塔组储层的主要储渗空间